Sozialunternehmen in Deutschland

Stephan A. Jansen • Rolf G. Heinze
Markus Beckmann (Hrsg.)

Sozialunternehmen in Deutschland

Analysen, Trends und Handlungsempfehlungen

Unter Mitarbeit von Rieke Schües

Springer VS

Herausgeber
Prof. Dr. Stephan A. Jansen
Zeppelin Universität Friedrichshafen
Deutschland

Prof. Dr. Markus Beckmann
Friedrich-Alexander-Universität
Erlangen-Nürnberg, Deutschland

Prof. Dr. Rolf G. Heinze
Ruhr-Universität Bochum, Deutschland

„Sozialunternehmen in Deutschland" ist im Rahmen des Mercator-Forscherverbunds „Innovatives Soziales Handeln – Social Entrepreneurship" entstanden, der von der Stiftung Mercator initiiert und gefördert wurde.

Stiftung Mercator

ISBN 978-3-658-01073-7   ISBN 978-3-658-01074-4 (eBook)
DOI 10.1007/978-3-658-01074-4

Die Deutsche Nationalbibliothek verzeichnet diese Publikation in der Deutschen Nationalbibliografie; detaillierte bibliografische Daten sind im Internet über http://dnb.d-nb.de abrufbar.

Springer VS

Lektorat: Dr. Cori Mackrodt, Daniel Hawig

Gedruckt auf säurefreiem und chlorfrei gebleichtem Papier

Springer VS ist eine Marke von Springer DE. Springer DE ist Teil der Fachverlagsgruppe Springer Science+Business Media.
www.springer-vs.de

Inhalt

II
Ost-Konsortium

III
Nord-Konsortium

IV
West-Konsortium

V

Zusammenfassende Handlungsempfehlungen der Konsortien

Geleitwort:
Social Entrepreneurship – Innovationen, die sich rechnen

Bernhard Lorentz / Felix Streiter

Die Strategie der Stiftung Mercator sieht unter anderem vor, eigeninitiativ sogenannte „explorative" Forschungsthemen zu fördern. Damit sind Themen gemeint, die innovativ sind, die noch nicht durch die öffentliche Finanzierung breit gefördert werden und die auch ein gewisses Maß an Risikobereitschaft seitens der Stiftung und seitens der Wissenschaftler erfordern.

Als wir uns in der Stiftung Mercator vor drei Jahren für ein Engagement im Bereich Social Entrepreneurship entschieden haben, trafen wir auf solch ein Thema: ein mediales Phänomen, das weder in der Forschung noch in der Lehre an Universitäten in Deutschland verankert war. Die Erforschung der Bedingungen für sozialunternehmerisches Handeln war bis dahin von der angelsächsischen Sichtweise auf Unternehmertum, Sozialstaat und Gesellschaftsordnung geprägt. Wir wollten aber wissen, welche Wirkungsmacht die Sozialunternehmer hier in Deutschland haben. Bislang hat Social Entrepreneurship im deutschen Wirtschaftssystem einen verschwindend geringen Anteil, irgendwo im einstelligen Prozentbereich. Das entspricht aus unserer Sicht nicht seiner Bedeutung für die deutsche Gesellschaft. Wir sehen hier ein großes Potential. Um dieses zu heben, galt es zunächst, einen Forschungs- und Handlungsansatz zu entwickeln, der die spezifischen Erfahrungen des deutschen Sozialstaats berücksichtigt.

Wichtig war uns, dass nicht bloß einzelne Fallbeispiele erfolgreicher oder gescheiterter Social Entrepreneurs analysiert werden, sondern dass das Phänomen in seiner Gesamtheit erfasst wird. Daher haben wir das Projekt als einen breit angelegten Forscherverbund gestaltet, in dem Anwendbarkeit, Nutzen, Grenzen und Wirkung des Konzepts Social Entrepreneurship als ein Modell für innovatives sozialunternehmerisches Handeln multidisziplinär und ergebnisoffen untersucht wird. Insgesamt hat die Stiftung Mercator für das Vorhaben rund eine Million Euro zur Verfügung gestellt.

Der Forscherverbund bestand aus rund 25 Wissenschaftlern, die in vier Teilprojekten an insgesamt acht deutschen Universitäten und Forschungsinstituten gearbeitet haben: der Zeppelin Universität in Friedrichshafen, der Technischen Universität München, dem Centrum für soziale Investitionen und Innovationen x der Universität Heidelberg, der Universität Bochum, der Jacobs University Bremen, der Universität Lüneburg, dem Institut für ökologische Wirtschaftsforschung in Berlin und der Universität Greifswald. Der Verbund umfasste sowohl die führenden Wissenschaftler in dem Bereich als auch Post-Docs und Doktoranden. Das Besondere war, dass in diesem Rahmen erstmals Wissenschaftler aus ganz Deutschland und aus vielen verschiedenen Fachrichtungen (insbesondere Sozial-, Wirtschafts-, Politik- und Rechtswissenschaften) gemeinsam über Social Entrepreneurship forschten. Im Zentrum der wissenschaftlichen Analysen standen Fragen wie Organisations- und Marktstrukturen, Gründungsmotivationen, Finanzierungskonzepte, Skalierungsstrategien, Kommunikationsanalysen, Legitimität, Wirksamkeitsmessungen und Beziehungsfähigkeiten.

Im Rahmen der zweijährigen Projektlaufzeit (2010 bis 2012) hat der Forscherverbund das Ziel, Social Entrepreneurship wissenschaftlich fundiert in einen deutschen Kontext zu stellen, eindrucksvoll erreicht. Die nun vorliegende Verbundstudie stellt die erste umfassende, interdisziplinäre und vergleichende Vermessung von Sozialunternehmen in Deutschland dar. Aus den Forschungsergebnissen haben die Wissenschaftler zudem praxisorientierte Handlungsempfehlungen für Unternehmer, Förderer, Wirtschaft, Politik, Hochschulsystem und etablierte Wohlfahrtseinrichtungen abgeleitet.

Erstmals vorgestellt wurden die Ergebnisse und Handlungsempfehlungen auf der Abschlusskonferenz des Forscherverbundes am 28. und 29. Juni 2012 an der Zeppelin Universität in Friedrichshafen. Mit einem Parlamentarischen Abend am 13. September 2012 wurden die Handlungsempfehlungen auch dem Berliner Fachpublikum präsentiert.

Man kann lange darüber streiten, ob Social Entrepreneurship ein altes Phänomen oder ein neuer Ansatz ist. Viel wichtiger ist uns als Stiftung die langfristige Wirkung der Social Entrepreneurs: die Lösung gesellschaftlicher Probleme durch innovative Ideen.

Es ist gut und hilfreich, wenn seit einigen Jahren durch Ashoka und andere die mediale Aufmerksamkeit auf das Sozialunternehmertum gelenkt wird, indem beispielhaft besonders erfolgreiche Social Entrepreneurs mit Preisen ausgezeichnet werden. Aber um die gesellschaftliche Problemlösungskompetenz zu erhöhen, reicht es nicht aus, individuelle Heldengeschichten zu erzählen. Weitere Maßnahmen sind wichtig, um über den Einzelfall hinaus systemische Wirkung zu erzielen. Das wiederum gelingt nur auf einer sicheren Faktenbasis. Dieses Fundament bilden die Ergebnisse des Mercator Forscherverbundes Innovatives Soziales Handeln – Social Entrepreneurship. Der Forscherverbund hat die Social

Entrepreneurs gewissermaßen aus der Mythologie befreit. Jetzt muss man daran arbeiten, die Rahmenbedingungen für soziale Unternehmer zu verbessern. In den Handlungsempfehlungen der Wissenschaftler stehen zahlreiche Vorschläge, wie dies gelingen kann.

Um ein paar Beispiele hervorzuheben: Sozialunternehmer zu werden ist leicht, es zu bleiben ungleich schwerer. Förderprogramme für die Startphase gibt es einige: Die Vodafone Stiftung und die Schwab Foundation fördern studentische Initiativen. Seit diesem Jahr bietet die Kreditanstalt für Wiederaufbau ein spezielles Förderprogramm für Sozialunternehmen an. Hinzu kommen die herkömmlichen Programme zur Gründerfinanzierung, die zumindest für die Sozialunternehmer in Betracht kommen, die langfristig kostendeckend arbeiten wollen. Die Erkenntnisse des Forscherverbunds belegen indes, dass nicht diese Gründungsphase, sondern die anschließende Wachstumsphase die entscheidende Hürde für soziale Initiativen und Innovationen darstellt. Das ist nicht nur ein Nischenproblem von Sozialunternehmern. In einem weiteren Sinne geht es auch darum, welche Chancen die deutsche Gesellschaft innovativem Engagement einräumt. Hier gibt es viel zu verbessern: auf Seiten des Staates, auf Seiten der einzelnen Social Entrepreneurs, die sich in vielen Bereichen professionalisieren können, und auf Seiten der etablierten Wohlfahrtsverbände, die sich gegenüber Social Entrepreneurs etwas aufgeschlossener zeigen könnten.

Wir sind beeindruckt, dass es trotz vergleichsweise geringer finanzieller Anreizstrukturen offensichtlich eine große Gründungsenergie gibt. Ebenfalls bemerkenswert finden wir, dass fast die Hälfte aller Initiativen mehr als zehn Jahre Bestand hat. Die Erfolgsquote von herkömmlichen, gewinnorientierten Start-Ups ist viel kleiner. Außerdem zeigen die Umfragen, dass die Sozialunternehmer besser miteinander vernetzt werden müssen, und zwar regional- und themenbezogen. Wichtig ist zudem, dass die etablierten Akteure und die Newcomer vermehrt miteinander sprechen. Nicht nur die Entrepreneurs, sondern auch die Intrapreneurs verdienen mehr Aufmerksamkeit und Förderung. Hier sind vor allem die etablierten Wohlfahrtsinstitutionen gefragt, geeignete interne Anreizstrukturen zu setzen. Einige Institutionen sind da bereits auf einem guten Weg, aber eben nicht alle.

Wir hoffen, dass die in diesem Band vorgestellten Forschungsergebnisse und Handlungsempfehlungen die Grundlage für neue Entscheidungsprozesse bilden, die langfristig dazu beitragen können, dass sich soziale Innovationen und die damit verbundenen Investitionen für die Gesellschaft rechnen.

Wir danken allen beteiligten Wissenschaftlern für ihre engagierte Arbeit in den letzten zwei Jahren. Unser Dank gilt außerdem den Social Entrepreneurs und Vertretern von Wohlfahrtsinstitutionen, die sich an den Umfragen und Veranstaltungen des Forscherverbunds aktiv beteiligt haben. Ohne ihre Mithilfe wäre die Forschung nicht möglich gewesen. Schließlich danken wir Rieke Schües von der Zeppelin Universität, die in den vergangenen Monaten die Publikation dieses Sammelbands mit großem Elan koordiniert hat.

Einleitung: „Nur noch kurz die Welt retten" Oder: Nur noch kurz Deutschlands Sozialunternehmer vermessen...

Stephan A. Jansen

Die Idee: Unternehmerische Forschung über forsche Unternehmer.

Es erscheint ein wenig vermessen, die sogenannten und doch unbekannten SozialunternehmerInnen zu Beginn des 21. Jahrhunderts in einem ganzen Land zu vermessen. Die Ausgangsthese der folgenden Vermessungsversuche ist die einer neuen Tektonik in der gesellschaftlichen Arbeitsteilung des Guten (vgl. dazu im folgenden Jansen 2012).

Diese Tektonik scheint gekennzeichnet durch das Versagen der ritualisierten Versagensrhetorik von Märkten und Staaten und den sich daraus wechselseitig legitimierenden Transaktionslogiken. Diese Tektonik schafft – wie bei allen guten Kontinentalplattenverschiebungen – neue Zwischenräume, hier konkret: neue Gesellschaftsspiele und Spieler verbunden mit der politisch, marktlich wie zivilgesellschaftlich induzierten Infragestellung der aktuellen wie potentiellen Arbeitsteilung. Gesellschaftsspiele sind so verstanden, Spiele der Gesellschaft mit ihrer eigenen Arbeitsteilung, also der institutionellen und regulatorischen Optionalität zur Produktion öffentlicher, privater oder quasi-öffentlicher Güter einerseits und ihrer Spieler als wettbewerblichen Produzenten anderseits.

Die institutionelle und regulatorische Intelligenz der Spiele der Identifikation, Produktion, Finanzierung, Vertrieb, und Gewährleistung von Gütern gegen öffentliche „Schlechts" – also soziale Probleme – wird über die Wettbewerbsfähigkeit eines Landes entscheiden können, so eine der grundsätzlichen Thesen dieses Bandes. Diese Gesellschaftsspiele sind im Gegensatz zu den meisten Brettspielen wirklich dicke Bretter, die wir bohren müssen. Es sind Brettspiele der sozialen Innovation, also der marktfähigen Ideen für sozialen Wandel. Dabei geht es bei der durchaus als erforscht geltenden Spieleranalyse von marktlichen, staatlichen und wohlfahrtsverbandlich Spielern um einen vermeintlich neuen Mitspieler: den Sozialunternehmer.

Er bringt medial, theoretisch und wohl auch praktisch das institutionelle Design in der gesellschaftlichen Arbeitsteilung des Guten durcheinander. Wie schön – für die Praxis und erst recht für Wissenschaft. Und für die immer wieder zu rettende Welt.

Das Team: interdisziplinär, interorganisational und intergenerativ

Der von der Stiftung Mercator geförderte Forscherverbund bestand über die Projektzeit aus rund 25 Wissenschaftlern – Doktoranden, Habilitanden und Professoren – und zahlreichen studentischen Mitarbeitern. Vier interdisziplinäre sozial-, kommunikations-, wirtschafts-, politik- und rechtswissenschaftliche Teilprojekte in vier interorganisationalen Konsortien an insgesamt acht deutschen Universitäten und Forschungsinstituten: So haben im Süden das „Civil Society Center | CiSoC" der *Zeppelin Universität* in Friedrichshafen, das „Center for Entreupreneurial & Financial Studies | CEFS" der *Technischen Universität München*, dem *Centrum für soziale Investitionen und Innovationen* der Universität Heidelberg, im Westen die *Universität Bochum*, im Norden die *Jacobs University* in Bremen und die *Leuphana Universität* und im Osten das *Institut für ökologische Wirtschaftsforschung (IÖW)* in Berlin und die *Universität Greifswald* zusammen gearbeitet.

Die Forschung: Breite Vermessung eines breiten Samples

Der Input: 150 Interviews. Über 40 Fallstudien. Mehr als 2400 Fragebögen. Die Verarbeitung: wissenschaftliche Analysen zu Fragen der Organisations- und Marktstrukturen, Gründungsmotivationen, Finanzierungskonzepte, Skalierungsstrategien, Kommunikationsanalysen, Legitimität, Wirksamkeitsmessungen und Beziehungsfähigkeiten. Der Output: Eine Erhebung und Ergebnisse, die es bislang in Deutschland so noch nicht gegeben hat und die – auch angesichts der noch immer bestehenden Sample-Herausforderung – nicht die letzte gewesen sein sollte.

Nach einer ersten wissenschaftlichen Konferenz an der Zeppelin Universität am 28. Juni 2012 wurden die Ergebnisse und Handlungsempfehlungen mit Praktikern aus Politik, der Fördererorganisationen und Finanziers sowie der Wohlfahrtsverbände diskutiert.

Die Ergebnisse werden – zum Teil in höherer Detailschärfe – aus den Konsortien und zu den dortigen Schwerpunkten auch international vorgestellt und publiziert. Mit diesem Sammelband war es uns allen aber wichtig, die Ergebnisse im Überblick geschlossen als unsere Verbundforschung vorzustellen.

Die Beiträge im Einzelnen: Vom Süden zum Osten, vom Norden in den Westen

Für das **Südkonsortium** stellen *Wolfgang Spiess-Knafl, Rieke Schües, Saskia Richter, Thomas Scheuerle* und *Björn Schmitz* das umfangreiche Sample im Detail vor. In ihrem Beitrag *Eine Vermessung der Landschaft deutscher Sozialunternehmen* zeigen sie die Emergenz der Debatte auf, um dann das gezogene Sample genauer zu beschreiben, auf dem die weiteren Beiträge des Konsortiums basieren.

Stephan A. Jansen versucht in seinem Beitrag zunächst die *Begriffs- und Konzeptionsgeschichte von Sozialunternehmen* nachzuzeichnen und leistet mit Blick auf Non Government- und Non Profit-Organisationen sowie Sozialen Bewegen eine differenztheoretische Typologisierung. Dies war auch die Basis einer gemeinsamen Arbeitsdefinition für Sozialunternehmen.

In einem weiteren Beitrag von *Stephan A. Jansen* zur *Skalierung von sozialer Wirksamkeit* werden *Thesen, Tests und Trends zur Organisation und Innovation von Sozialunternehmen und deren Wirksamkeitsskalierung* vorgestellt, was nicht selten von politischer wie fördernder Seite als das entscheidende Problem der Sozialunternehmen herausgestellt wird. Dabei werden verschiedene Skalisierungsformen unterschieden und die Empirie aus der Studie vorgestellt. Hier wird gezeigt, dass tatsächlich erhebliche Skalierungsherausforderungen bestehen.

Björn Schmitz und *Thomas Scheuerle* widmen sich in ihrem Beitrag auf Basis von einem Literaturüberblick und den 27 Interviews des Südkonsortiums genau den *Hemmnissen der Wirkungsskalierung von Sozialunternehmen in Deutschland.*

In einem weiteren Beitrag von *Thomas Scheuerle, Björn Schmitz* und *Martin Hölz* wird die *Steuerung von Sozialunternehmen als hybride Organisationen* untersucht. Dabei geht es um die Analyse von Governance-Strukturen in einer Lebenszyklus-Betrachtung der Sozialunternehmen anhand der Empirie.

Der Beitrag im Südkonsortium von *Ann-Kristin Achleitner, Judith Mayer* und *Wolfgang Spiess-Knafl* widmet sich den fundamentalen Fragen *der Sozialunternehmen und ihrer Kapitalgeber.* Die Analyse der Informationsasymmetrien und der daraus entstehenden Prinzipa-Agenten-Konflikte sowie deren Lösungsansätze stehen im Mittelpunkt dieses Beitrages.

Saskia Richter stellt am Fallbeispiel *abgeordnetenwatch.de* die Frage nach dem Zusammenhang zwischen Zivilgesellschaft und Sozialunternehmen für politische Partizipation jenseits von Parteien.

Schmitz und *Scheuerle* widmen sich abschließend dem Thema *Social Intrapreneurship* und untersuchen innovative und unternehmerische Aspekte in drei deutschen christlichen Wohlfahrtsträgern.

„Das **Ost-Konsortium** setzt sich mit der Nutzung von Social Marketing in Social Entrepreneurship-Initiativen und deren Beitrag zu Einstellungs- und Verhaltensänderungen auseinander. *Marianne Henkel* und *Christian Dietsche* zeigen am Beispiel von drei qualitativen Fallstudien in den Bereichen Umwelt und Entwicklungszusammenarbeit auf, wie Social Entrepreneurs partizipative Angebote in Neuen Medien und Event-Kultur entwickeln, um ihr Zielpublikum für die Organisationsziele zu gewinnen.".

Im **Nord-Konsortium** wird zunächst durch *Markus Beckmann* und *Steven Ney* die *Vernetzung in fragmentierten Entscheidungslandschaften als Skalierungsstrategie am Beispiel des Social Labs in Köln* vorgestellt. Interessant hierbei sind die unterschiedlichen Bedingungen der Diffusion von individuellen und kollektiven Entscheidungen und die Ressource „Zugang".

Ein zweiter grundlegender Beitrag von *Steven Ney, Markus Beckmann, Dorit Gräbnitz* und *Rastislava Mirkovic* analysiert die Institutionslandschaft anhand einer Teilstichprobe von 18 Entscheidern im Social Entrepreneurship Policy Netzwerk.

Im **West-Konsortium** arbeiten *Rolf Heinze, Anna Lena Schönauer, Katrin Schneiders, Stephan Grohs* und *Claudia Ruddat* anhand einer Analyse von 1605 Schulen und Interviews mit Schülern zu der Frage nach neuen und alten Akteuren im Wohlfahrtsmarkt.

Ataner Öztürk leistet aus einer rechtswissenschaftlichen Analyse heraus die Notwendigkeiten des Übergangs des Sozialunternehmertums vom Schlagwort zum Rechtsbegriff, in dem er die *Verankerung von Social Entrepreneurship im Sozialgesetzbuch* mit einem konkreten Umsetzungsvorschlag zur Diskussion stellt.

Abschließend werden die **Handlungsempfehlungen der Konsortien** zusammenfassend aufgeführt.

Der Dank: Überschüsse produzieren die Innovation

Jeder der Beteiligten in dieser gut zweijährigen Zusammenarbeit hat mehr gegeben als er müsste. Das sind die Gelingensbedingungen für Projekte, die grösser sind als jeder einzelne. Zu allererst ist der Stiftung Mercator für ein durchaus sozialunternehmerisches und damit riskantes Stiftungsengagement eines entstehenden Forschungsfeldes zu danken – hier vor allem dem Projektleiter Dr. Felix Streiter und seiner Kollegin Sarah Wilewski sowie Honorar-Professor Dr. Bernhard Lorentz und Dr. Wolfgang Rohe, die mit aufrichtigem Interesse auch für die

eigene Arbeit als Stiftung dieses Projekt nicht nur finanziert, sondern auch refle-
xiv begleitet haben. Weiterhin ist der guten Zusammenarbeit zwischen den Universitäten – von der Verwaltung bis hin zu den konkret arbeitenden Kolleginnen
und Kollegen – und den Disziplinen zu danken. Eine Zwischenkonferenz an der
Jacobs University und die Abschlusskonferenz an der Zeppelin Universität haben
eine gute Kooperationskultur geschaffen und auch eine Skalierung dieses nicht-
trivialen Feldzugangs ermöglicht.

Unser besonderer Dank gilt aber den knapp 2.000 Beteiligten aus der Praxis, die diese empirische Arbeit und die Veranstaltungserfolge überhaupt erst ermöglicht haben.

Abschließend möchte ich mich im Namen der Herausgeber und Mitautoren
bei meinem Team am Civil Society Center | CiSoC sowie den vielen Kolleginn-
nen und Kollegen an der Zeppelin Universität bedanken, die sowohl diesen Band
wie auch die zweitägige Abschlusskonferenz am und im Bodensee möglich gemacht haben. Da steckt viel Arbeit dahinter und daher geht ein besonderer Dank
an Rieke Schües, die in den vergangenen achtzehn Monaten für die Koordination
der Konferenz und dieser Publikation verantwortlich zeichnete. Und ein Dank
geht an Springer VS und hier ganz besonders an die gewohnt und eben nicht ge-
wöhnliche gute Zusammenarbeit mit Dr. Cori Antonia Mackrodt von Springer VS.

Und ganz zuvorderst gilt natürlich unser Dank Ihnen, dem Leser und der
Leserin, die sich in diese vermessene Vermessung des Sozialunternehmerischen
hineinbegeben hat.

Der englische Philosoph und bis heute einflussreiche Ökonom des 19. Jahrhunderts John Stuart Mill schrieb: „Alles Gute, das besteht, ist eine Frucht der
Originalität." Und Voltaire antworte schon gut 100 Jahre zuvor: „Das Bessere ist
der Feind des Guten."

In diesem Sinne hoffen wir sehr, dass unsere Arbeiten originär sind, also
anregend und erfolgreich im Sinne des Folgenreichen. Gern können Sie zur Verbesserung besser weiter forschen oder uns direkt schreiben – uns als Herausgeber oder den jeweiligen AutorInnen direkt. Wir freuen uns.

Alles Gute wünscht im Namen der Herausgeber und AutorInnen

Friedrichshafen,
im Dezember 2012
Stephan A. Jansen

I
Süd-Konsortium

Eine Vermessung der Landschaft deutscher Sozialunternehmen

Wolfgang Spiess-Knafl[1] / Rieke Schües[1] / Saskia Richter[2] / Thomas Scheuerle[3] / Björn Schmitz[3]

1. Einleitung

Das Forschungsfeld zu Social Entrepreneurship ist relativ jung und die wissenschaftliche Debatte wird erst seit Mitte der 1990er Jahre intensiver geführt (Danko, Brunner, & Kraus, 2011)[4]. In dieser Zeit hat sich in der interdisziplinären und mit starkem Praktikereinfluss geführten Debatte noch keine einheitliche Definition gefunden (Mair & Martí, 2006, Hill et al., 2010). Einige Abgrenzungen unterschiedlicher Forschungsperspektiven und Denkschulen lassen sich allerdings vornehmen:

Zunächst sind verschiedene Blickwinkel der Forschung zu unterscheiden. So kann sich die Forschung auf die Person (Social Entrepreneur), die Organisation (Social Enterprises) oder das Phänomen (Social Entrepreneurship) konzentrieren (vgl. Danko et al., 2011, Mair & Martí, 2006). Grob zusammengefasst stehen bei der Personenperspektive die Charaktereigenschaften, Motive und Entwicklung von Gründerpersönlichkeiten im Vergleich zu kommerziellen Unternehmern im Vordergrund (Prabhu, 1999; Brooks, 2009), während die Organisationsperspektive sich vor allem strukturelle Merkmale der Organisation in Bezug auf Governance-Struktur und Stakeholdereinbindung (Bacchiega & Borzaga 2003, vgl. zum Beispiel auch die Debatten um Kooperativen (Pestoff, 2004, Roelants, 2009) sowie Geschäfts- bzw. Wertschöpfungsmodelle und Finanzierungskonzepte konzentriert (Alter 2006; Achleitner, Spiess-Knafl & Volk, 2011). Forschung mit Bezug auf das Phänomen Social Entrepreneurship konzentriert sich demgegenüber eher auf den Beitrag sozialunternehmerischer Prozesse zu sozialem Wandel oder

---

1   Zeppelin Universität, Lehrstuhl für Strategische Organisation und Finanzierung (SOFi) / Center for Civil Society (CiSoC).
2   Universität Hildesheim, Institut für Sozialwissenschaften
3   Universität Heidelberg, Centrum für soziale Investitionen und Innovation
4   Sozialunternehmerische Persönlichkeiten und Initiativen an sich sind dagegen kein neues Phänomen. Historische Persönlichkeiten wie Florence Nightingale oder Maria Montessori oder die genossenschaftliche Bewegung in Deutschland lassen sich mindestens bis ins 19 Jh. zurückdatieren (Bornstein, 2004).

seine Einbettung in gesellschaftliche Strukturen oder politische Systeme (Alvord, Brown & Letts, 2003). Eine konsequente Trennung dieser Perspektiven lässt sich im Rahmen empirischer Forschung allerdings kaum realisieren, ist aber für die Strukturierung der Debatten hilfreich.

Bei den konkreten Eigenschaften in Definitionsversuchen von Social Entrepreneurship spielen der Grad der Einkommensgenerierung und die Innovationskraft eine zentrale Rolle (Schmitz & Scheuerle, 2012). Dees und Anderson (2005) unterscheiden anhand dieser Kristallisationspunkte zwei unterschiedliche „Schools of Practice and Thought" in der Debatte. Die „Social Enterprise School" legt den Fokus dabei auf die Einkommensgenerierung durch Sozialunternehmen bei der Lösung sozialer Probleme als Voraussetzung einer nachhaltigen, selbsttragenden Wirkung und hat ihre Wurzeln in der Ökonomisierungsdebatte von Non-Profit-Organisationen (Skloot, 1983, Weisbrod, 1998; Salamon, 1997; Priller & Zimmer, 2003). Die „Social Innovation School" stellt dagegen eher das Innovationspotential von Sozialunternehmern in den Vordergrund (Drayton & McDonald, 1993; Drucker, 1995). Bereits konzeptionell weist diese Trennung allerdings einige Schwierigkeiten auf, insbesondere da in der Einkommensgenerierung oft gerade der innovative Charakter liegt (Dees & Anderson 2006; Defourny & Nyssens, 2010). Die Diskussion um Innovationskraft konzentriert sich im Übrigen häufig implizit auf junge Gründungsorganisationen. Um etablierte Organisationen hier stärker ins Blickfeld zu rücken, prägten Mair und Martí (2006) den Begriff „Social Intrapreneurship".

Schließlich lässt sich feststellen, dass sich in Europa (z. B. Borzaga & Defourney, 2001; Nyssens, 2006) und den USA (z. B. Dees, 2001) zunächst relativ unabhängige Debatten um Social Entrepreneurship entwickelten, die erst durch die Arbeiten von Nicholls (2006) oder Mair et al. (2006) nach und nach verbunden wurden (eine genauere Diskussion der unterschiedlichen Entwicklungen findet sich bei Defourney & Nyssens, 2010 oder Kerlin, 2006). Darüber hinaus sind noch weitere Strömungen zu unterscheiden. Am bekanntesten ist dabei sicherlich das Konzept des Social Business, ausgehend von Friedensnobelpreisträger Muhammed Yunus (Yunus, 1999). Während die Debatte in Europa stärker mit dem Dritten Sektor bzw. der Sozialökonomie oder *économie solidaire* (Defourny & Nyssens, 2010) verbunden wird und dementsprechend auch eher eine Abgrenzung bzw. Verbindung zu traditionellen Non-Profit-Organisationen und politischen Wohlfahrtskonzepten im Vordergrund steht, ist das Phänomen und die amerikanische Debatte stärker business-orientiert.

Methodisch war die bisherige Forschung mit dem Aufbau des Feldes beschäftigt und setzte dazu insbesondere auf Case Studies meist heroischer Fälle (Nicholls

2010; Dacin, Dacin & Tracey, 2011) und Definitions- und damit Abgrenzungsdiskussionen. Die Anzahl breitfächiger empirischer Untersuchungen ist gering (Hoogendorn, Pennings, & Thurik, 2010). Diese überaus schwache empirische Datenlage (Hjorth & Bjerke, 2006) stellt neben dem Mangel an Theoriebildung (Dacin, Dacin & Tracey, 2011) eine große Schwäche des Forschungsfeldes dar. Dieser Artikel möchte einen Beitrag zur Vermessung des Sozialunternehmertums leisten und insbesondere auf die grundlegenden Charakteristika von Sozialunternehmen in Deutschland eingehen.[5]

Im Rahmen dieses Beitrags wird die im Konsortium entwickelte Arbeitsdefinition von (Jansen et al., 2010) zugrunde gelegt. Diese Definition umfasst neben Gründungsorganisationen ausdrücklich auch unternehmerische Aktivitäten etablierter Sozialorganisationen, die in einer gesamten Neuausrichtung oder der Ausgründung rechtlich eigenständiger Unternehmungen aus den Organisationen heraus bestehen kann. Damit geht der Beitrag auch insbesondere auf den sich abzeichnenden Hybridisierungstrend von gemeinnützigen Organisationen ein (z. B. Glänzel & Schmitz, 2012). Von den drei üblicherweise gewählten Perspektiven – Person, Organisation, Phänomen (Danko, Brunner & Kraus, 2011) – haben wir uns in der Studie im Wesentlichen auf die Organisationsperspektive konzentriert, die anderen beiden Perspektiven aber an unterschiedlichen Stellen mitberücksichtigt.

2. Datenerhebung

Die Erhebung erfolgte im Rahmen des Mercator-Forscherverbunds „Innovatives Soziales Handeln – Social Entrepreneurship", in dem das Centrum für Soziale Investitionen und Innovation der Universität Heidelberg, der Lehrstuhl für Entrepreneurial Finance der TU München sowie das Civil Society Center der Zeppelin Universität in einem Teilkonsortium zusammenarbeiteten. Der Projektaufbau gliederte sich dabei in mehrere Phasen. Nach der Entwicklung einer theoretischen Basis wurden die zugrundeliegenden Annahmen und Thesen zunächst mit Hilfe von 30 semi-strukturierten Interviews überprüft. Die Ergebnisse der Interviews wurden dann unter anderem dazu genutzt, einen standardisierten Fragebogen für eine Onlinebefragung zu den Forschungsfeldern der drei Partneruniversitäten zu entwickeln.

Der Fragebogen deckte neben den Strukturvariablen die folgenden Themen ab: (1) Entstehung und bisheriges Wirken der befragten Organisationen, (2) Persönliche Merkmale des Gründers bzw. Geschäftsführers, (3) Governance-Struk-

---

5   Für einen Überblick zu Skalierung siehe Jansen und zu Governance Scheuerle, Schmitz & Hölz im gleichen Buch.

turen, (4) Finanzierung, (5) Einbettung und Stakeholderbeziehungen, (6) Wachstum/Skalierung und (7) Kommunikation. Die Antworten konnten entweder mit vorgegebenen Antworten oder mit offenen Textfeldern beantwortet werden. Der Fragebogen wurde mit neun Personen aus dem Sektor getestet und die Dauer, die zum Ausfüllen des Fragebogens benötigt wird, auf 30 Minuten geschätzt.

Im Anschluss wurde ein Sample mit 1.710 Organisationen für die Onlinebefragung auf Basis der Arbeitsdefinition sowie durch Fremdzuschreibungen über Datenbanken von Förderorganisationen und Verbandsstrukturen aufgebaut. Dafür wurden die entsprechenden Adressen im ersten Schritt zunächst durch eine Desktop-Recherche erhoben. Die erhobenen Adressdaten wurden dann ergänzt durch die zur Verfügung gestellten Adressdatenbanken der Förderorganisationen Ashoka Deutschland,[6] der Schwab Foundation for Social Entrepreneurship,[7] sowie von start social, einem bundesweiten Wettbewerb für Sozialunternehmen[8]. Dabei wurden nicht nur die jeweiligen ausgewählten Stipendiaten oder Fellows bzw. Gewinner berücksichtigt, sondern auch letztlich abgelehnte Organisationen, die sich beworben hatten oder vorgeschlagen worden waren. Eine weitere Ergänzung erfolgte um die Mitgliedsunternehmen von Verbänden mit dem Schwerpunkt Arbeitsmarktintegration, die eher einen wohlfahrtlichen oder kommunalen Hintergrund aufwiesen. Dies waren die Bundesarbeitsgemeinschaft Integrationsfirmen, der Evangelische Fachverband für Arbeit und soziale Integration und die Katholische Bundesarbeitsgemeinschaft „Integration durch Arbeit" im Deutschen Caritasverband. Die Mitgliedsunternehmen dieser Verbände sind in die Strukturen des Arbeitsmarktes eingebettet und versuchen ökonomische Mechanismen zur Erreichung eines sozialen Ziels fruchtbar zu machen. Kerlin (2010) sieht in Westeuropa in Arbeitsintegrationsinitiativen auch die ersten Maßnahmen mit sozialunternehmerischem Charakter. Weitere Adressdaten wurden durch einen sog. „Snowball-Sampling" (Diekmann 2009) erhoben. Jedes angesprochene Sozialunternehmen hatte die Möglichkeit, weitere Sozialunternehmen für die Studie zu nominieren.

Im Mai 2011 wurde der Fragebogen an die 1.710 Sozialunternehmen verschickt. Die Umfrage wurde mit der Internet-Präsenz www.mefose.de flankiert, auf der weitere Informationen zur Verfügung gestellt wurden.

Innerhalb von acht Wochen gab es drei Erinnerungen, die in regelmäßigen Abständen verschickt wurden. Insgesamt gab es 258 ausgefüllte Fragebögen und somit eine Rücklaufquote von 15,1 %. Die geringe Rücklaufquote lässt sich vermutlich erklären durch die Länge des Fragebogens, die Komplexität der Fragen,

---

6   Vgl. Ashoka (2011) für eine Darstellung der Auswahlkriterien.
7   Vgl. Schwab Foundation for Social Entrepreneurship (2011) für eine Darstellung der Auswahlkriterien.
8   Vgl. Start Social (2011) für eine Darstellung des Wettbewerbs.

die hohe Anzahl an wissenschaftlich motivierten Befragungen im Bereich Sozialunternehmertum sowie durch die Schwierigkeit, spezifische Fragen für das
heterogene Sample zu entwickeln. Allerdings vergleicht sich die Anzahl an Sozialunternehmen positiv mit einer Studie von (Light, 2008), in der 131 Sozialunternehmen die Datengrundlage darstellten.

Von den 258 Fragebögen wurden 14 Sozialunternehmen aus dem Sample
entfernt. Ausschlusskriterien waren eine ausschließlich Wirkungsentwicklung
im Ausland, eine fehlende Rechtsform oder ein nicht erkennbare Lösungsstrate-
gie für ein soziales Problem.[9]

3. Sample-Beschreibung

Strukturdaten – Altersverteilung und Tätigkeitsfelder

Die Sozialunternehmen, die im Rahmen dieser Befragung untersucht wurden,
wiesen eine relativ ausgeglichene Altersverteilung auf. So zeigt sich auch in dieser Altersverteilung, dass Sozialunternehmertum kein neues Phänomen ist (Bornstein, 2004). Es ist allerdings auch so, dass ein Viertel der Sozialunternehmen
jünger als fünf Jahre ist und mehr als die Hälfte der befragten Sozialunternehmen mit unter zehn Jahren als jung bezeichnet werden können.

Abbildung 1: Altersverteilung der Sozialunternehmen (N = 241)

| 26,1% | 26,1% | 18,7% | 19,9% | 9,1% |

| <5 Jahre | 5-9 Jahre | 10-19 Jahre | 20-29 Jahre | >30 Jahre |

Fast genau die Hälfte der befragten Sozialunternehmen (49,8 Prozent) war in
mehr als einem Tätigkeitsfeld aktiv. Durch die Verbindung verschiedener Ansätze zeigt sich ein innovativer Charakter des Feldes, indem verschiedene Felder
kombiniert werden. Beispielhaft kann an dieser Stelle auf Integrationsinitiativen
mit Hilfe von Sportkonzepten verwiesen werden. Die vier größten Themenfelder

---

9   Die Sample-Größe für die Finanzierungsdaten beträgt 208, da nur diese Sozialunternehmen
     sämtliche Daten zu den Finanzierungsstrukturen zur Verfügung gestellt hatten.

dieser Untersuchung waren Bildung und Wissenschaft, Arbeitsmarktintegration, Gesellschaftliche Inklusion und Soziale Dienste.

Abbildung 2: Themenfelder der Sozialunternehmen (N = 239)

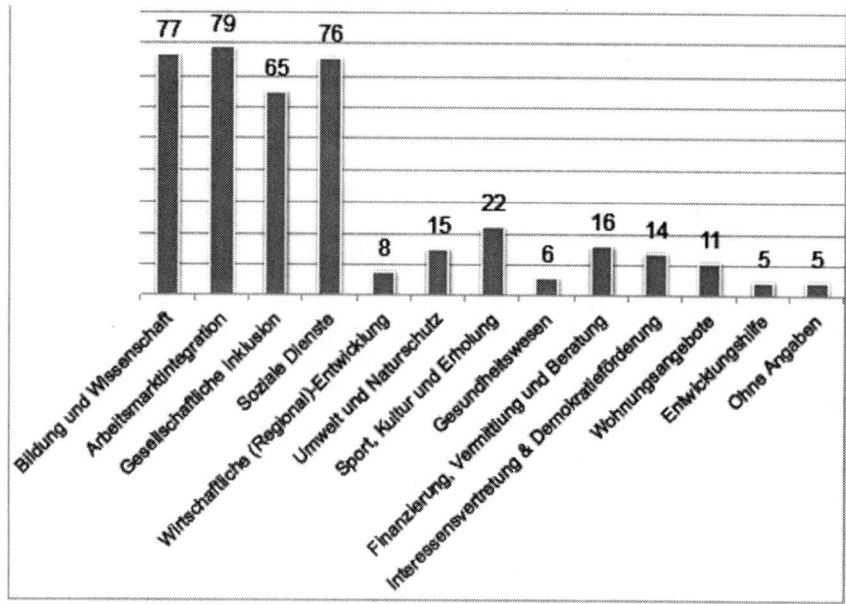

Gründungsmotive

In der wissenschaftlichen Debatte wird regelmäßig über die Gründungsmotive von Sozialunternehmen diskutiert (Achleitner, Lutz, Mayer, & Spiess-Knafl, 2013; Barendsen & Gardner, 2004; Glaeser & Shleifer, 2001). Im Rahmen der Untersuchung konnte gezeigt werden, dass Gründer im Wesentlichen von drei Motiven angetrieben waren, die sich auch teilweise überschnitten. Das meistgenannte Gründungsmotiv (37,8 Prozent der Fälle) waren dabei eine professionelle Motivation, bei der der oder die Gründer/in mit dem Problem und der aus seiner/ihrer Sicht unzureichenden Lösung konfrontiert war und/oder organisationsstrategische Überlegungen eine (Aus-)gründung nahe legten. Das zweite große Motiv setzte sich aus persönlicher Betroffenheit oder Betroffenheit im persönlichen/familiären Umfeld mit dem bearbeiteten Problem zusammen (insgesamt 30,7 Prozent). Schließlich gab es noch ideell getriebene Gründungen, bei der es vornehmlich um die Verwirklichung sozial orientierter Wertvorstellung und Sinnhaftigkeit im beruflichen Handeln ging.

Tabelle 1: Gründungsmotive der Sozialunternehmer (N=238)

Gründungsmotiv	Beobachtungen	Relativer Anteil
Persönliche Betroffenheit	35	14,7%
Betroffenheit im persönlichen/ familiären Umfeld	38	16,0%
Erfahrungen und Umstände im professionellen Kontext	90	37,8%
Gesellschaftlicher Mehrwert	49	20,6%
Unbekannt	38	16,0%

Dazu wurde etwa ein Viertel der antwortenden Organisationen (26,7 Prozent) als Social Intrapreneurship klassifiziert, da eine Ausgründung aus Kommunen oder Wohlfahrtsorganisationen bzw. die inhaltliche Neuausrichtung einer bestehenden Organisation vorlag. Interessant war zudem, dass es sich bei den Gründern hauptsächlich um Personen aus der sog. Bildungselite handelte und die Gründer nicht über alle Bildungsabschlüsse gleichmäßig streuten. So besaßen 41,7% der Gründer einen Universitätsabschluss und sogar 11,7% hatten promoviert. Hinzu kamen 30,4% mit einem Fachhochschulabschluss. Kumuliert ergibt sich daraus, dass 83,9% der Gründer einen akademischen Abschluss erworben hatten. Andere höchste Bildungsgrade waren weniger häufig, wie etwa betriebliche Ausbildung (3,0%), Abitur (7,4%), mittlerer Schulabschluss (3,0%) oder Hauptschulabschluss (0,9%)."

Governance-Strukturen

Sozialunternehmen zeichnen sich ebenfalls über den erhöhten Transparenz- und Governance-Anspruch aus. Verschiedene Wissenschaftler (Defourny & Nyssens, 2010; Dees, 2001) sehen in einer partizipativen Governance-Struktur und einer erhöhten Rechenschaftspflicht sogar einen Definitionsbestandteil von Sozialunternehmen. Insofern liegt es nahe, dass auch die Anzahl an Sozialunternehmen, die im Rahmen ihrer Unternehmensverfassung auf Aufsichtsgremien setzen, relativ hoch sein müsste. Immerhin nutzt eine knappe Mehrheit (54,1 Prozent) eine Art von Aufsichtsgremium für ihr Sozialunternehmen.

Interessant ist auch der Zusammenhang mit der Altersverteilung. So gibt es einen Zusammenhang zwischen Unternehmensalter und Existenz eines Aufsichtsgremiums, der jedoch im ersten Jahrzehnt der Existenz eines Sozialunternehmens noch nicht zu beobachten ist. Man könnte vermuten, dass die Professionalisierungstendenzen (z. B. Dart, 2004) der letzten Jahre dazu beigetragen haben, dass auch schon die jungen Sozialunternehmen auf professionelle Governance-Strukturen setzen.

Abbildung 3: Existenz von Aufsichtsgremien nach Organisationsalter (N=229)

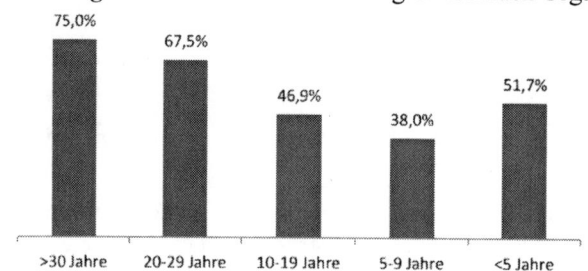

Finanzierung

Bei der Finanzierung bestätigt sich die Vermutung, dass es sich um einen Sektor mit kleinstrukturierten Einheiten handelt. So müssen mehr als die Hälfte der befragten Sozialunternehmen mit Einnahmen von unter € 250.000 ihre Kosten decken.

Tabelle 2: Einnahmenverteilung der Sozialunternehmen (N = 209)x

Einnahmen ('000€)	Anteil am Sample	Kumuliert
<50	28,37%	28,37%
50-100	9,13%	37,50%
100-250	12,02%	49,52%
250-500	10,10%	59,62%
500-1.000	9,62%	69,23%
1.000-5.000	23,08%	92,31%
>5.000	7,69%	100,00%
Total	**100,00%**	

Das trägt dazu bei, dass sie gezwungenermaßen auf nicht-marktliche Austausch-logiken setzen müssen (Jansen et al., 2010). Unter nicht-marktliche Austauschlo-giken fallen insbesondere ehrenamtliche Mitarbeiter, die zur Erbringung sozialer Dienstleistungen eingesetzt werden können. So gibt es in diesem Zusammenhang interessanterweise eine U-Kurve, wobei gerade die kleinen und die großen So-zialunternehmen auf ehrenamtliche Mitarbeiter zur Leistungserbring setzen. Es lässt sich in diesem Zusammenhang vermuten, dass kleine Sozialunternehmen aus Notwendigkeit auf die Unterstützung zurückgreifen und große Sozialunter-nehmen die notwendigen Strukturen zur Einbindung in das operative Gesche-hen bereitstellen können.

Tabelle 3:   Alter und Mitarbeiterzahl je Einnahmenkategorie (N = 208)

Einnahmen (in €1000)	Alter der Organisation (Median)	Mitarbeiter (Median)	Anzahl Ehrenamtliche (Median)
<50	4	0,5	12
50-100	8	2	11
100-250	9	5	10
250-500	10	7	5
500-1.000	10,5	14,5	4
1.000-5.000	18	41	3
>5.000	30,5	250	44

Die Einnahmequellen, die Sozialunternehmen zur Verfügung stehen, sind Leis-tungsentgelte, Umsätze mit der Zielgruppe, Zuschüsse, Spenden, Stiftungsbei-träge, Sponsoring, Mitgliedsbeiträge und andere Einkommensströme. Leistungs-entgelte und Zuschüsse sind Einkommensströme, die ein Sozialunternehmen von der öffentlichen Hand beziehen kann. Leistungsentgelte stehen Sozialunterneh-men für die Erbringung vorab festgelegter sozialer Dienstleistungen zu. Zuschüs-se werden hingegen in der Regel zur Projektfinanzierung gewährt und auf eine gewisse Laufzeit begrenzt. Über das gesamte Sample stehen öffentliche Gelder für 36,2 % der Einnahmen.

Umsätze mit der Zielgruppe sind die Einnahmen, die das Sozialunternehmen in der Leistungserbringung durch die Zielgruppe oder Dritte erzielt. 21,0 % der Einnahmen erwirtschaften die Sozialunternehmen über diese Einkommensquelle. Spenden und Stiftungsbeiträge sind Zuwendungen von Spendern oder Stiftungen und entgegen der allgemeinen Auffassung stehen sie für 17,4 % der Einnahmen.

Das unterstreicht die eingangs geführte Diskussion darüber, dass sozialunternehmerische Modelle nicht nur auf die unternehmerische Einkommensgenerierung reduziert werden können. Sponsoring bezeichnet die Beiträge von Unternehmen, die mit der Unterstützung eine gewisse Assoziierung mit dem Sozialunternehmen und letztlich mit dem sozialen Ziel erreichen wollen. Mitgliedsbeiträge umfasst die finanzielle Unterstützung durch Mitglieder des Sozialunternehmens und betrifft in der Regel die Finanzierung von Clubgütern oder die Unterstützung der Arbeit von Interessensvertretungsorganisationen. In den Bereich der anderen Einkommensströme fallen beispielsweise Bußgeldzuweisungen, Preisgelder oder Einkommen aus stiftungsähnlichem Kapital (Spiess-Knafl 2012).

Im Rahmen der Studie konnte auch gezeigt werden, dass sich die Einkommensstrukturen in den verschiedenen Themenfeldern unterscheiden. So unterscheidet sich die durchschnittliche Einkommensstruktur von Sozialunternehmen im Bildungsbereich doch deutlich von der Einkommensstruktur im Bereich der Arbeitsmarktintegration. So stehen im Bereich der Arbeitsmarktintegration Spenden und Stiftungsbeiträge für 3,0% der Einnahmen. Im Bereich der Bildung und Wissenschaft stehen Spenden und Stiftungsbeiträge allerdings für 20,5% der Beiträge. Ähnliche Rückschlüsse lassen sich auch bei der Höhe der Umsätze mit der Zielgruppe schließen. So kann im Bereich der Arbeitsmarktintegration die Zielgruppe noch am ehesten zu dieser Einkommensgruppe beitragen, wohin Sozialunternehmen im Bereich der gesellschaftlichen Inklusion auf andere Einkommensquellen zurückgreifen müssen.

Abbildung 4: Einnahmenverteilung je Themenfeld (N = 208)

Primäres Leistungsfeld	Leistungsentgelte	Zielgruppe	Zuschüsse	Spenden	Stiftungsbeiträge	Sponsoring	Mitgliedsbeiträge	Andere
Bildung und Wissenschaft	20,7%	16,8%	14,7%	9,8%	10,7%	16,8%	2,9%	7,6%
Arbeitsmarktintegration	24,2%	36,9%	15,8%	2,3%	0,7%	0,3%	0,1%	19,6%
Gesellschaftliche Inklusion	24,9%	14,1%	17,7%	5,4%	9,1%	1,6%	9,6%	17,8%
Soziale Dienste	27,7%	7,9%	20,0%	10,8%	10,7%	10,5%	3,7%	8,7%
Gesamt	20,8%	21,0%	15,4%	10,3%	7,1%	8,0%	5,0%	12,6%

4. Diskussion und Ausblick

Mit der vorliegenden Studie wurde der Versuch einer empirischen Vermessung der Sozialunternehmerlandschaft in Deutschland vorgenommen. Dies ist bedingt gelungen. Es konnte beispielsweise gezeigt werden, dass Sozialunternehmen in Deutschland zum Großteil eher aus kleinstrukturierten Einheiten bestehen. Weiterhin liegt meist eine gemischte Finanzierungsstruktur aus öffentlichen und privaten Mitteln vor, die durch Freiwilligenengagement ergänzt wird. Darin unterscheiden sich Sozialunternehmen kaum von gewöhnlichen Organisationen des Dritten Sektors (siehe hierzu zuletzt Priller et al., 2012). Schließlich zeigte sich in der Studie, dass ein Innovationspotential nicht nur auf Seiten von Gründungsorganisationen, sondern auch bei etablierten Akteuren im Sozialsektor vorhanden ist, welches noch stärker Beachtung finden sollte.

Gewisse Abgrenzungsproblematiken von Sozialunternehmen zu anderen Akteuren sowohl aus dem dritten Sektor als auch aus der freien Wirtschaft bleiben allerdings bestehen und konnten im Rahmen der Studie noch nicht zufriedenstellend gelöst werden. Hier sollte ein standardisiertes Testinstrumentarium zur Überprüfung des Hybriditätsgrades von Organisationen, also der Kombination unterschiedlicher Ressourceneinsätze und Steuerungsprinzipien der Sektoren Markt, Politik und Zivilgesellschaft, entwickelt werden (vgl. etwa Glänzel & Schmitz, 2012). Dementsprechend kann auch nicht von einer Repräsentativität für den gesamten Sektor ausgegangen werden.

Auch die spezifischen Voraussetzungen für soziales Unternehmertum in einem starken, durch das Subsidiaritätsprinzip geprägten Sozialstaat wie Deutschland müssen in der bisher stark angelsächsisch geprägten Debatte noch besser verstanden werden. Gerade in der gegenseitigen Ergänzung und dem Zusammenspiel zwischen jungen und etablierten Akteuren könnten die besten Chancen für die Entstehung und Entwicklung sozialer Innovationen liegen, die Antworten für die zukünftigen Herausforderungen des Wohlfahrtssystems geben. Der Vergleich mit den Rahmenbedingungen anderer Länder könnte dann ebenfalls Gegenstand weiterer empirischer Untersuchungen sein.

Literaturverzeichnis

Achleitner, A.-K., Lutz, E., Mayer, J. & Spiess-Knafl, W. (2013). Disentangling Gut Feeling: Assessing the Integrity of Social Entrepreneurs. *Voluntas: International Journal of Voluntary and Nonprofit Organizations*, 24(1): 93-124.

Achleitner, A.-K., Mayer, J., Heinecke, A., Schöning, M. & Noble, A. (2012). *Corporate Governance of Social Enterprises*. World Economic Forum, Download unterhttp://www.schwabfound.org/pdf/schwabfound/Governance_Social_Enterprises.pdf.

Achleitner, A.K., Spiess-Knafl, W. & Volk, S. (2011). Finanzierung von Social Enterprises - Neue Herausforderungen für die Finanzmärkte, in: Hackenberg. H. & Empter, S. (Hrsg.): *Social Entrepreneurship - Social Business: Für die Gesellschaft unternehmen*. Wiesbaden: VS Verlag für Sozialwissenschaft.

Alter, K (2006). *A Social Enterprise Typology*. San Francisco: Virtue Ventures LLC.

Alvord, S.H., Brown, L.D. & Letts, C.W. (2003). Social entrepreneurship and social transformation: an exploratory study. *The Journal of Applied Behavioral Science*, 40 (3), 260–282.

Ashoka (2011). Venture-Programm Auswahlkriterien, online: http://germany.ashoka.org/de/venture-programm.

Bacchiegga, A. & Borzaga, C. (2003). The economics of the third sector, in: Anheier, H.K. & Ben-Ner, A. (Hrsg.). *The study of the nonprofit enterprise, theories and approaches*. New York: Kluwer Academic, Plenum Publishers

Barendsen, L. & Gardner, H. (2004). Is the Social Entrepreneur a New Type of Leader? *Leader to Leader*, 34, Fall, 43-50.

Bornstein, D. (2004). *How to Change the World, Social Entrepreneurs and the Power of New Ideas*. New York: Oxford University Press.

Borzaga, C. & Defourny, J. (Hrsg.) (2001). *The emergence of social enterprise*. London and New York: Routledge.

Bosma, N. & Levie, J. (2009). *Global Entrepreneurship Monitor - Executive Report*. Babson College, Babson Park, MA.

Brooks, A.C. (2009). *Social entrepreneurship: A modern approach to social venture creation*. Upper Saddle River, NJ: Pearson.

Dacin, T.M., Dacin, P.A. & Tracey, P. (2011): Social Entrepreneurship: A Critique and Future Directions. *Organization Science*, 22(5), 1203-1213.

Danko, A., Brunner, C. & Kraus, S. (2011). Social Entrepreneurship - An Overview of the Current State of Research. *European Journal of Management*, 11(1), 82-91.

Dart, R. (2004). Being "Business-Like" in a Nonprofit Organization: A Grounded and Inductive Typology. *Nonprofit and Voluntary Sector Quarterly*, 33 (2), 290-310.

Dees, G.J. (2001). *The Meaning of Social Entrepreneurship*. Duke University: The Fuqua School of Business, Download unter http://www.fuqua.duke.edu/centers/case/documents/dees_sedef.pdf.

Dees, G. J. & Anderson B. (2006). *Framing a Theory of Social Entrepreneurship: Building on Two Schools of Practice and Thought*. Working Paper presented at the Association for Research on Nonprofit Organizations and Voluntary Action (ARNOVA), Indianapolis, IN.

Defourny, J. & Nyssens, M. (2010). Conceptions of Social Enterprise and Social Entrepreneurship in Europe and the United States: Convergences and Divergences. *Journal of Social Entrepreneurship*, 1(1), 32-53.

Diekmann, A. (2009). *Empirische Sozialforschung. Grundlagen, Methoden, Anwendungen. 20., überarbeitete Auflage*. Reinbek bei Hamburg: Rowohlt.

Drayton, W. & MacDonald, S. (1993). *Leading public entrepreneurs.* Arlington, VA: Ashoka: Innovators for the Public.

Drucker, P. (1985). *Innovation and entrepreneurship.* New York: Harper, Row.

Glaeser, E.L. & Shleifer, A. (2001). Not-For-Profit Entrepreneurs. *Journal of Public Economics,* 81(1), 99-115.

Hill, T.L., Kothari, T.H. & Shea, M. (2010). Patterns of Meaning in the Social Entrepreneurshipo Literature: A Research Platform. *Journal of Social Entrepreneurship,* 1(1): 5-31.

Hjorth, D. & Bjerke, B. (2006). Public Entrepreneurship: Moving From Social Consumer to Public Citizen, in Steyaert, C. & Hjorth, D. (Hrsg): *Entrepreneurship as Social Change: A Third Movements in Entrepreneurship Book.* Cheltenham, UK: Edward Elgar.

Hoogendorn, B., Pennings, E. & Thurik, R. (2010). What Do We Know about Social Entrepreneurship? An Analysis of Empirical Research. *International Review of Entrepreneurship,* 8(2), 1-42.

Jansen, S.A., Richter, S., Hahnke, E., Achleitner, A.K., Spiess-Knafl, W., Volk, S., Then, V., Mildenberger, G., Scheuerle, T. & Schmitz, B. (2010). *Eine Definition von Social Entrepreneurship.* Working Paper Zeppelin Universität Friedrichshafen, CSI Universität Heidelberg, TU München. Download unter: http://papers.ssrn.com/sol3/papers.cfm?abstract_id=1713358.

Kerlin, J.A.(2006). Social enterprise in the United States and Europe: understanding and learning from the differences. *Voluntas: International Journal of Voluntary and Nonprofit Organizations,* 17 (3), 247–263.

Kerlin, J.A. (2010). A Comparative Analysis of the Global Emergence of Social Enterprise. *Voluntas: International Journal of Voluntary and Nonprofit Organizations,* 21(2), 162-179.

Glänzel, G. & Schmitz, B. (2012). Hybride Organisationen – Spezial- oder Regelfall?, in: Anheier, H., Schröer, A. & Then, V. (Hrsg.): *Soziale Investitionen - Interdisziplinäre Prespektiven.* Wiesbaden: VS Verlag für Sozialwissenschaften.

Light, P. (2008). *The Search for Social Entrepreneurship.* Washington: Brookings.

Mair, J. & Martí, I. (2006). Social Entrepreneurship research: A Source of Explanation, Predicition and Delight. *Journal of World Business,* 41(1): 36-44

Mair, J., Robinson, J. & Hockerts, K. (Hrsg.) (2006). *Social entrepreneurship.* Houndmills: Palgrave Macmillan.

Nicholls, A. (Hrsg.) (2006). *Social entrepreneurship, new models of sustainable social change.* Oxford: Oxford University Press.

Nicholls, A. (2010). The Legitimacy of Social Entrepreneurship: Reflexive Isomorphism in a Pre-Paradigmatic Field, *Entrepreneurship Theory and Practice,* 34(4): 611-633.

Nyssens, M. (Hrsg.) (2006). *Social enterprise – at the crossroads of market, public policies and civil society.* London: Routledge.

Pestoff, V. (2004). The development and future of the social economy in Sweden, in: Evers, A. & Laville, J.-L. (Hrsg.). *The third sector in Europe.* Cheltenham, UK: Edward Elgar.

Prabhu, G.N. (1999). Social Entrepreneurial Leadership. *Career Development International,* 4 (3), 140-145.

Priller, E. & Zimmer, A. (2003). Dritte Sektor-Organisationen zwischen Markt und Mission, in: Gosewinkel, D., Kocka, J. & Rucht, D. (Hrsg.): *Zivilgesellschaft: Bedingungen, Pfade, Abwege.* (WZB-Jahrbuch). Berlin: edition sigma.

Priller, E., Alscher, M., Droß, P. J., Paul, F., Poldrack, C. J., Schmeißer, C. & Waitkus, N. (2012). *Dritte-Sektor-Organisationen heute: Eigene Ansprüche und ökonomische Herausforderungen – Ergebnisse einer Organistaionsbefragung,* Wissenschaftszentrum Berlin für Sozialforschung, Download unter: http://www.wzb.eu/sites/default/files/%2Bwzb/zkd/zeng/dritte-sektor-organisationen_heute.pdf.

Roder, B. (2010). *Reporting im Social Entrepreneurship.* Wiesbaden: Gabler Verlag.

Roelants B. (2009). *Cooperatives and Social Enterprises. Governance and Normative Frameworks.* Brüssel: CECOP Publications.

Salamon, L.M. (1997). Holding the Center: America's Nonprofit Sector at a Crossroads. New York: Nathan Cummings Foundation.

Schmitz, B. & Scheuerle, T. (2012). Founding or Transforming? - Social Intrapreneurship in three German Christian based NPOs. *Journal of Entrepreneurship Perspectives,* 1(1), 13-36.

Schwab Foundation for Social Entrepreneurship. (2011). Social Entrepreneur des Jahres - Auswahl-kriterien, online http://www.schwabfoundseoy.org/de/competitions/competition/135.

Simmons, R. (2008). Harnessing Social Enterprise for Local Public Services: The Case of New Lei-sure Trusts in the UK. *Public Policy and Administration,* 23(3). 177-202.

Skloot, E. (1983). Should not-for-profits go into business? *Harvard Business Review,* 61(1), 20-27.

Start Social (2011). Wettbewerbskriterien, onlinehttps://www.startsocial.de/wettbewerb.

Spiess-Knafl, W. (2012). *Finanzierung von Sozialunternehmen – Eine theoretische und empirische Analyse.* Download unter: http://mediatum.ub.tum.de/node?id=1098776.

Weisbrod, B.A. (Hrsg.) (1998). *To Profit or Not to Profit – The Commercial Transformation of the Nonprofit Sector.* Cambridge: Cambridge University Press.

Yunus, M. (1999). *Banker to the poor: Micro-lending and the battle against world poverty.* New York: Public Affairs.

Begriffs- und Konzeptgeschichte von Sozialunternehmen
Differenztheoretische Typologisierungen[1]

Stephan A. Jansen

1. Einleitung

1.1 Phänomen, Begriffsfindung und Forschungsfeld „Sozialunternehmen"

Sozialunternehmen haben in den vergangenen Jahren ein durchaus beachtliches mediales Echo ausgelöst. Die Medialisierungen schienen in ein spezifisches Milieu der „Moralisierung der Märkte" (vgl. Stehr 2008) und dem daraus entstehenden Bedarf des „Managements der Moralisierung" (vgl. Jansen 2010) zu passen. Es spricht einiges für ein einsetzendes Paradigma des Sozialunternehmens auch in Lehre und Forschung (vgl. auch Nicholls 2010 mit Bezug auf Thomas Kuhn), über dessen Nachhaltigkeit – über eine für Management- und Organisationstheorien nicht unübliche Modenhaftigkeit im Zuge einer Arenenbildung von interessierten Akteuren (vgl. z. B. Kieser 1996) hinaus – jedoch noch keine Aussage getroffen werden kann.

Als Begriff in den 1980er Jahren von William Drayton – einem ehemaligen Partner der Unternehmensberatung McKinsey & Comp. – lanciert, als erste Unterstützungsorganisation mit Ashoka und derzeit gut 160 Mitarbeitern und über 30 Mio. USD Budget (2006) institutionalisiert sowie mit unzähligen als solchen bezeichneten *Social Entrepreneurs* – davon allein gut 2000 in 70 Ländern von Ashoka geförderten – als Phänomen beobachtbar, steht die wissenschaftliche Forschung zu Sozialunternehmertum nach knapp 30 Jahren noch immer vergleichsweise am Anfang, wie alle wesentlichen Autoren in dieser Debatte wiederholt ausführen (vgl. für viele z. B. Light 2006, 2008; Perrini 2006, Short / Moss / Lumpkin 2009, Zahra et al. 2009 oder aktuell Nicholls 2010). Grundsätzlich wird

1   Diese Version ist 2010 während eines Forschungsaufenthalts an der Stanford University entstanden. Der besondere Dank für diese Zeit gilt Sepp Gumbrecht, der dies ermöglicht hat und mit vielen schönen Abenden zu einem unvergesslichen Aufenthalt machte. Unterstützung habe ich für Zwischenversionen durch Recherchen von Elisabeth Hahnke und Dr. Saskia Richter erfahren. Dem Südkonsortium aus dem CSI Heidelberg sowie der TU München sei herzlich für die sehr kritische Diskussion gedankt.

die Emergenz der fokussierten Forschung auf Mitte der 1990er Jahren zu datieren sein (populärer Startpunkt sicherlich Leadbeater 1997). Der Schwerpunkt der als solche gelabelte Forschung kann in den 2000er Jahren gesehen werden. In Deutschland hat diese Entwicklung vergleichsweise spät – und wohl weitgehend ursächlich mit der Verleihung des Friedensnobelpreises an die Grameen Bank und Muhammad Yunus – eingesetzt.

1.2 Anforderungen an eine Arbeitsdefinition „Sozialunternehmen": Einbettung, Kriterien und Theorien

Es steht zu vermuten, dass national unterschiedliche Relevanzen und Akzentuierungen hinsichtlich der konstitutionellen und kulturellen Umwelten im Kontext der bisherigen *gesellschaftlichen Arbeitsteilung zur Identifikation, Produktion, Distribution und Gewährleistung von (Quasi-)Öffentlichen Gütern* (vgl. zusammenfassend Buchanan / Musgrave 2001) hinsichtlich der Initiierung, Organisation und Politikwirksamkeit öffentlicher Debatten über soziale Missstände – im Sinne der *„Neuen Sozialen Bewegungen"* (vgl. zusammenfassend für Deutschlands Nachkriegszeit Rucht / Roland 2008) – zu beachten sind.

Im Rahmen des deutschen „Mercator Forschungsnetzwerks für Sozialunternehmen | MEFOSE" wird zunächst eine Arbeitsdefinition mit begriffsgeschichtlichen, definitorischen wie typologisierenden Dimensionen entwickelt. Dies geschieht auf Basis einer internationalen Literaturbasis, durch interdisziplinäre Theoriezugänge sowie auf Grundlage einer groben empirischen Vermessung des größeren Feldes von Interaktions- und Organisationssystemen im so genannten „Sozialen Sektor".

Die Arbeitsdefinition muss folgende Kriterien erfüllen:

- *Institutionelle Differenz:* Differenzierung zu bestehenden Organisations-/ Interaktionssystemen im so genannten Sozialsektor;

- *Konzeptionelle Eigenständigkeit:* Differenztheoretische Beschreibungskraft insbesondere im Hinblick auf die Attribute des Unternehmerischen sowie des Sozialen;

- *Dimensionale Tiefen-Differenzierbarkeit:* Definition und Konzeptionalisierung müssen multidimensionalen Merkmalen genügen und über Merkmalsausprägungen das Aufzeigen von Zwischenbereichen bzw. Hybriden erlauben;

- *Multi-Perspektivität durch multi-disziplinäre Zugänge:* betriebswirtschaftliche, politik- und verwaltungswissenschaftliche Analysen und Merkmalsbeschreibungen zu System und Akteuren des Sozialsektors, des Non Government- und des Non Profit-Bereiches.

Einschränkend sei angemerkt, dass diese Definition aufgrund der eingangs geschilderten nationalen Besonderheiten hinsichtlich der konstitutionellen wie kulturellen Gegebenheiten in gewisser Weise als eine deutsche Arbeitsdefinition zu verstehen sein wird.

Im Anschluss an diese Arbeitsdefinition erfolgt ein quantitativ-empirisches Forschungsdesign für die Bereiche „Bildung" und „Migration/Integration" sowie ein (modell-)theoretischer, qualitativ-hermeneutischer Ansatz, um sich den identifizierten Themenstellungen der Sozialunternehmen in der Praxis widmen zu können.

2. Stand der Forschung: Vermessung der weiteren, engeren und komparativen Felder der Sozialunternehmensforschung

2.1 Das weitere Feld: Ausgangsfrage und interdisziplinäre Theorieangebote

Das Forschungsfeld oder das neue Forschungsparadigma der Sozialunternehmen ist in den Kontext verschiedenster Phänomene und deren Theoretisierungsangebote zu setzen. Die Neuheitsvermutung des Phänomens wird in einen (dogmen-) historischen Bezug zu setzen sein.

Ganz allgemein geht es bei dem weiteren Feld der Forschung zu Sozialunternehmen um die Ausgangsfrage,

mit welchen organisatorischen, finanziellen und legitimatorischen Ressourcen können überindividuelle soziale Problembereiche der Gesellschaft (so genannte „public bads") identifiziert, vergemeinschaftet und innovativ gelöst werden und wie können diese Problemlösungen („public goods") mit Blick auf unternehmerische wie gesamtgesellschaftliche Effizienz und Effektivität in eine nachhaltige Governance-Struktur gebracht werden?

In den vergangenen Jahrzehnten sind zu dieser Frage in verschiedensten Wissenschaftsdisziplinen tragfähige Beschreibungsangebote, zur Differenzierung von Gründungen von Organisations- und Interaktionssystemen, von Organisations- und Governance-Formen der Märkte sowie des Staates und deren Möglichkeiten zu scheitern, von „Gesellschaftsverträgen", von Legitimationsressourcen, von (Re-)Finanzierungsinstrumenten bis hin zu Regulierungsanforderungen, veröffentlicht worden.

Weiterhin wurden zahlreiche auch statistische Instrumente für Branchen-
analysen und volkswirtschaftliche Gesamtrechnungen entwickelt. Einen katego-
rial nicht eindeutigen Übersichtskatalog über Theorieangebote soll die folgende
Darstellung leisten:

Tabelle 1:   Theorieangebote (eigene Darstellung)

Theorieangebote zum weiteren Forschungsfeld Sozialunternehmen	
Theorie	**Beispiele für Phänomene und Teildisziplinen**
Betriebswirtschaftslehre	Entrepreneurship-Forschung: Gründung, Wachstum, Sicherung. Funktionsorientierte BWL: z. B. Finanzierung, Organisation, Produktion, Vertrieb, Strategie, Controlling, Personal, M&AA etc. Familienunternehmer-Forschung: Nachfolge, Finanzierung
Volkswirtschaftslehre, insb. Neo-Institutionen-/ Konstitutionen-Ökonomie	Markttheorien, Sozialwirtschaftsanalysen, Volkswirtschaftliche Gesamtrechnung, Industrieökonomik; Public Finance, Public Choice, „Gesellschaftsverträge"
Soziologie	Soziale Ungleichheit, soziale Mobilität, Industrie- und Organisationssoziologie, Protestbewegungen, Strukturationstheorie, Soziale Austauschtheorie, Habitusforschung, Netzwerktheorie
Rechts- bzw. Verwaltungswissenschaften	Gesellschaftsrecht, Steuerrechtliche Effekte, Regulierung, New Public Management, Non-Profit-Organisation, Wohlfahrtsorganisationen
Politikwissenschaften	Legitimität, Governance, Non-Government-Organisation, Neue soziale Bewegungen
Politische Ökonomie	Theorie Öffentlicher Güter, Public-Private-Partnerships und Hybride, Parafiski, Theorie des Staatsversagens, Zivilgesellschaft

Im Abschnitt 2.3, 2.4, 2.5 werden der obigen Ausgangsfrage folgend – nach einer zunächst illustrativen Definitionsübersicht mit einer ersten Perspektivierung
und Dimensionierung von Sozialunternehmen – komparative Analysen zu den
„Neuen Sozialen Bewegungen", den „Non-Government-Organisations" und den
„Non-Profit-Organisations" durchgeführt. Diese stellen somit die „Nachbarfel-
der" des nun folgenden engeren Feldes dar.

2.2 Das engere Feld: Konkrete Definitionsangebote

Die Forschung mit (1) der *institutionellen Perspektive* der Sozialunternehmen (im
Englischen wohl mit *Social Enterprises* bzw. *Social Entrepreneurship* zu fassen)
überlagerte sich von Beginn an stark mit (2) der *akteurszentrierten Perspektive*
auf Sozialunternehmer im Sinne von Gründern bzw. *Intrapreneuren* im Sinne

von Unternehmern in bestehenden Sozialunternehmen und (3) der *marktzentrier-
ten bzw. populationszentrierten Perspektive* auf *Social Business* (nur schwerlich
mit dem deutschen Begriff der Sozialwirtschaft zu übersetzen). In der folgenden Tabelle wird ein Überblick verschiedener Beiträge mit Definitionsangeboten gegeben (vgl. Roder 2010 und zusätzlich Zahra et al. 2009, S.
522) und entsprechend in die drei gezeigten Perspektivierungen einsortiert und
mit im Nachgang auszuarbeitenden Dimensionen bewertet.

Tabelle 2:   Definitionen, Perspektivierungen und Dimensionen von
              Sozialunternehmern bzw. Sozialunternehmen im Überblick
              (eigene Darstellung nach Roder (2010) und Zahra et al. (2009),
              S. 522)

Überblick verschiedener Beiträge mit Definitionsangeboten

Autor (Jahr)	Titel des Beitrages	Definition (Eigene Hervorhebung)	Perspektiven und Dimensionen Merkmale
Achleitner/ Pöllath/ Stahl (2007)	*Finanzierung von Sozialunterneh-mern*	„Ein Social Entrepreneur ist eine Person, die primär ein *soziales Problem* lösen will und sich dazu eines *unternehmerischen Ansatzes* bedient."	→ Akteurs-perspektive *Wertschöpfungs-Dimension:* Lösung eines sozialen Problems
Alvord/ Brown/ Letts (2002)	*Social Entrepreneurship and Social Transformation: An Exploratory Study*	„Social entrepreneurship creates innovative solutions to immediate *social* problems and *mobilizes the ideas, capacities, resources, and social arrangements* required for *sustainable social transformations.*"	→ Institutionelle Perspektive *Mobilisierungs-Dimension:* Externe Ressourcen *Nachhaltigkeits-Dimension:* Soziale Transformation
Austin/ Stevenson/ Wei-Skillern (2006)	*Social and Commercial Entrepreneurship – Same, Different, or Both*	„We define social entrepreneurship as innovative, social value creating activity that can occur *within or across the nonprofit, business, or government sectors.*"	→ Institutionelle Perspektive *Beziehungs-Dimension:* cross-sektorale Aktivität

Überblick verschiedener Beiträge mit Definitionsangeboten

Autor (Jahr)	Titel des Beitrages	Definition (Eigene Hervorhebung)	Perspektiven und Dimensionen Merkmale
Bornstein (2004)	*How to Change the World. Social Entrepreneurs and the Power of New Ideas*	„Social entrepreneurs are people with *new ideas* to address major problems who are relentless in the pursuit of their visions, people who simply will not take "no" for an answer, who will not give up until they have spread their ideas as far as they possibly can."	→ Akteurs-perspektive *Wettbewerbs-Dimension:* Neuigkeit
Boschee/ McClurg (2003)	*Towards a Better Understanding of Social Entrepreneurship – Some Important Distinctions*	„A social entrepreneur is any person, in any sector who uses earned income strategies to pursue a social objective, and a social entrepreneur differs from a traditional entrepreneur in two ways: *earned income strategies* of social entrepreneurs are *tied directly to their mission* and social entrepreneurs are *driven by double bottom line*, not only financial results."	→ Akteurs-perspektive *Wertschöpfungs-Dimension:* Lösung soziales Problem *Finanzierungs-Dimension:* Einnahmen-Sozial-ziel-Link *Ergebnis-Dimension:* Zweifache Ergebnis-referenz.
Brinckerhoff (2000)	*Social Entrepreneurship – The Art of Mission-Based Venture Development*	„Social entrepreneurs have these characteristics: • They are constantly looking for *new ways* to serve their constituencies and to *add value* to existing services. • They are willing to take *reasonable risk* on behalf of the people that their organization serves. • They understand the *difference between needs and wants*. • They understand that all resource allocations are really *stewardship investments*. • They *weigh social and financial return* of each of these investments. • They always keep *mission first*, but know that without money, there is no mission output."	→ Akteurs-perspektive *Wettbewerbs-Dimension:* Neuigkeit und (!) Verbesserung *Ergebnis-Dimension:* Zweifache Ergebnis-referenz *Motiv-Dimension:* Dominierende Mission mit Finanzierungs-bedarf

Überblick verschiedener Beiträge mit Definitionsangeboten

Autor (Jahr)	Titel des Beitrages	Definition (Eigene Hervorhebung)	Perspektiven und Dimensionen Merkmale
Cho (2006)	*Politics, values and social entre-preneur-ship: a critical appraisal*	„(…) social entrepreneurship: a *set of institutional practices* combining the *pursuit of financial objectives* with the *pursuit and promotion of substantive and terminal values*"	→ Institutionelle Perspektive *Motiv-Dimension und Ergebnis-Dimension:* Verbindung
Dees (2001)	*The Meaning of Social Entrepre-neurship*	„Social entrepreneurs play the role of *change agents* in the social sector, by: • Adopting a mission to *create and sustain social value* (not just private value). • Recognizing and relentlessly pursuing *new opportunities* to serve that mission. • Engaging in a process of *continuous innovation, adaptation, and learning*. • Acting boldly *without being limited by resources* currently in hand, and • *Exhibiting heightened accountability* to the constituencies served and for the outcomes created."	→ Akteurs-perspektive *Wertschöpfungs-Dimension:* Soziale Werte *Innovations-Dimension:* Neuig-keit, Lernen
Drayton (2005)	*Social Entrepre-neurs-Creating a Competitive and Entrepreneur-ial Citizen Sector*	„A leading social entrepreneur is defined by: • has a *powerful, new system change idea* • exhibits (goal-setting and problem-solving) *creativity* • *entrepreneurial quality* (someone with a special trait who must absolutely change an important pattern across his whole society) • *ethical fiber*"	→ Akteurs-perspektive *Wettbewerbs-Dimension:* Neue Systemlogik

Überblick verschiedener Beiträge mit Definitionsangeboten

Autor (Jahr)	Titel des Beitrages	Definition (Eigene Hervorhebung)	Perspektiven und Dimensionen Merkmale
Fowler (2000)	*NGDOs as a moment in history: Beyond aid to social Entrepreneurship or civic innovation?*	„Social entrepreneurship is the *creation of viable (socio-)economic structures, relations, institutions, organisations and practices* that yield and sustain social benefits.“	→ Institutionelle Perspektive *Wertschöpfungs-Dimension:* Genese von lebensfähigen sozio-ökonomischen Strukturen, Beziehungen, Institutionen und Praktiken
Fueglistaller/ Müller/ Volery (2004)	*Social Entrepreneurship*	„Social Entrepreneurship ist die Verbindung von unternehmerischem Denken und Handeln mit sozialen Zielen, sei es von professionellen Unternehmen, die ihre soziale Verantwortung wahrnehmen oder von sozialen / kulturellen Unternehmen / Non-Profit-Unternehmen, die durch Entrepreneurship ihre sozialen Ziele besser verwirklichen wollen oder die beide Zieldimensionen gleichberechtigt miteinander verknüpfen möchten.“	→ Institutionelle Perspektive *Ergebnis-Dimension:* Verbindung von zwei Zieldimensionen *Wettbewerbs-Dimension:* Neuigkeit und (!) Verbesserung bestehender Organisationen (Gründer und Intrapreneuren)
Harding (2004)	*Social enterprise: the new economic engine?*	„Entrepreneurs motivated by social objectives to instigate some form of new activity or venture.“	→ Akteursperspektive *Wettbewerbs-Dimension:* Start Up, Neue Marktteilnehmer
Hibbert/ Hogg/ Quinn (2002)	*Consumer response to social entrepreneurship: The case of the Big Issue in Scotland*	„Social entrepreneurship can be loosely defined as the use of entrepreneurial behavior for social ends rather than for profit objectives, or alternatively, that the profits generated are used for the benefit of a specific disadvantaged group.“	→ Institutionelle Perspektive *Motiv-Dimension:* Dominierende Sozialdimension *Finanzierungs-Dimension:* Subventionierung

Überblick verschiedener Beiträge mit Definitionsangeboten

Autor (Jahr)	Titel des Beitrages	Definition (Eigene Hervorhebung)	Perspektiven und Dimensionen Merkmale
Kramer (2005)	*Measuring Innovation: Evaluation in the Field of Social Entrepreneurship*	„The term `Social Entrepreneur´ refers to (…): One who has *created and leads an organization*, whether *for-profit or not*, that is aimed at creating *large scale, lasting, and systemic change* through the introduction of *new ideas, methodologies, and changes in attitude.*"	→ Akteurs-perspektive *Finanzierungs-Dimension:* For Profit oder Non-Profit, *Wettbewerbs-Dimension:* skalierte, systemische Veränderung (neuer Marktteilnehmer) *Innovations-Dimension:* Ideen, Methoden, Verhaltensänderung
Leadbeater (1997)	*The rise of the social entrepreneur*	„Social entrepreneurs will be one of the most important sources of innovation. Social entrepreneurs identify *under-utilised resources* – people, buildings, equipment – and find ways of putting them to use to *satisfy unmet social needs.*"	→ Akteurs-perspektive *Mobilisierungs-Dimension:* unterausgenutzte Ressourcen *Wertschöpfungs-Dimension:* Identifikation von unterausgenutzen Ressourcen.
Light (2005)	*Searching for Social Entrepreneurs: Who They Might Be, Where They Might be Found, What They Do*	„A social entrepreneur is an *individual, group, net-work, organization, or alliance of organizations* that seeks sustainable, *large-scale change* through *pattern-breaking ideas* in what and/or how *governments, nonprofits, and businesses* do to address significant social problems."	→ Populations-Perspektive *Mobilisierungs-Dimension:* groß skalierte Veränderungen *Innovations-Dimension:* Musterbrechung *Wettbewerbs-Dimension:* Bezug auf soziale Probleme Staat, Nonprofit und Wirtschaft

Überblick verschiedener Beiträge mit Definitionsangeboten

Autor (Jahr)	Titel des Beitrages	Definition (Eigene Hervorhebung)	Perspektiven und Dimensionen Merkmale
Mair/ Noboa (2003)	*How Intentions to Create a Social Enterprise get Formed*	„Social Entrepreneurship is the *innovative use of resource combinations* to pursue opportunities aiming at the creation of organizations and / or practices that yield and sustain *social benefits.*"	→ Institutionelle Perspektive *Mobilisierungs-Dimension:* Ressourcen-Rekombination mit sozialen Nutzen (Schumpeter)
Martin/ Osberg (2007)	*Social Entrepreneurship: The Case for Definition*	„We define social entrepreneurship as having the following three components: (1) Identifying a *stable but inherently unjust equilibrium that causes the exclusion, marginalization, or suffering of a segment of humanity* that lacks the financial means or political clout to achieve any transformative benefit on its own. (2) Identifying an opportunity in this unjust equilibrium, developing a social value proposition, and bringing to bear inspiration, creativity, direct action, courage, and fortitude, thereby challenging the state's hegemony; and (3) forging a new, stable equilibrium that releases trapped potential or alleviates the suffering of the targeted group, and through *imitation and the creation of a stable ecosystem* around the new equilibrium ensuring a better future for the targeted group and even society at large."	→ Institutionelle und Populations-Perspektive *Wertschöpfungs-Dimension:* Transformation von stabilen, inhärenten Ungleichgewichten der Gesellschaft durch finanzielle Mittel bzw. politischer Schlagkraft, Identifikation solcher Ungleichgewichte und Entwicklung eines Business Modells *Beziehungs-Dimension:* neues stabilen Ökosystem *Wettbewerbs-Dimension:* Herausforderung der staatlichen Vorherrschaften

Überblick verschiedener Beiträge mit Definitionsangeboten

Autor (Jahr)	Titel des Beitrages	Definition (Eigene Hervorhebung)	Perspektiven und Dimensionen Merkmale
Mort/ Weerawardena/ Carnegie (2003)	*Social Entrepre-neurship- Towards Concep-tualisation*	„Social entrepreneurship is a *multi-dimensional construct* involving the expression of entrepreneurially virtu-ous behaviour to achieve the social mission, a coherent unity of purpose and action in the face of *moral com-plexity*, the *ability to recognize social value-creating opportunities* and key decision-making characteristics of innovativeness, proactiveness and risk-taking."	→ Institutionelle Perspektive *Wertschöpfungs-Dimension:* Iden-tifikation von sozi-alen wertschaffenden Möglichkeiten *Innovations-Dimension:* Neue, proaktive Modelle *Motiv-Dimension:* Moralkomplexität
Nicholls (2006)	*Social Entrepre-neurship: New Models of Sustainable Social Change*	„Social entrepreneurship are innova-tive and effective activities that focus strategically on *resolving social market failures* and creating new opportunities to add social value systematically by using a range of resources and orga-nizational formats to maximize social impact and bring about change."	→ Institutionelle Perspektive *Wettbewerbs-/ Wertschöpfungs-Dimension:* Lösung von Marktversagen.
NYU Stern (2005) (2010)	*What is Social Entrepreneurship at Stern? (Homepage)*	„These *non- profit and for profit ven-tures* pursue the double bottom line of social impact and *financial self-sustainability or profitability.*" „Social entrepreneurship holds the promise of effectively addressing, if not solving, some of society's most in-tractable social problems. Social entre-preneurship is the process of creating value by identifying and resourcefully pursuing opportunities in the pursuit of high social returns.	→ Institutionelle Perspektive *Finanzierungs-Dimension:* Selbstra-gende Finanzierung bzw. Profitabilität *Wertschöpfungs-Dimension:* Adressierung von sozialen Problemen, Identifikation von Möglichkeiten der Sozialrenditen

Überblick verschiedener Beiträge mit Definitionsangeboten

Autor (Jahr)	Titel des Beitrages	Definition (Eigene Hervorhebung)	Perspektiven und Dimensionen Merkmale
Perrini/ Vurro (2006)	*Social entrepreneurship: Innovation and social change across theory and practice*	„Social entrepreneurs are change promoters in society; they pioneer innovation within the social sector through the entrepreneurial quality of a breaking idea, their capacity building aptitude, and their ability to concretely demonstrate the quality of the idea and to measure social impacts. We define social entrepreneurship as a dynamic process created and managed by an individual or team (the innovative social entrepreneur), which strives to exploit social innovation with an entrepreneurial mindset and a strong need for achievement, in order to create new social value in the market and community at large."	→ Akteurs-perspektive *Innnovations-Dimension:* Soziale Innovation für Märkte und die Gemeinschaft *Ergebnis-Dimension:* Messung von Sozialer Wirkung
Robinson (2006)	*Navigating social and institutional barriers to markets*	„I define social entrepreneurship as a process that includes: the *identification of a specific social problem and a specific solution…*to address it; the evaluation of the social impact, the business model and the sustainability of the venture; and the creation of a *social mission-oriented for-profit* or a *business-oriented nonprofit entity* that pursues the double (or triple) bottom line."	→ Institutionelle Perspektive *Wertschöpfungs-Dimension:* Identifikation von sozialen Problemen und Lösungen *Ergebnis-Dimension:* missions-bezogenes For-Profit und wirtschaftliches Non-Profit
Shaw (2004)	*Marketing in the social enterprise context*	„The work of *community, voluntary and public organizations* as well as *private firms* working for social rather than only profit objectives."	→ Populations-Perspektive *Wettbewerbs-Dimension:* Keine Fokussierung auf Unternehmen.

Überblick verschiedener Beiträge mit Definitionsangeboten

Autor (Jahr)	Titel des Beitrages	Definition (Eigene Hervorhebung)	Perspektiven und Dimensionen Merkmale
Thake/ Zadek (1997)	*How to support community based social entrepreneurs.*	„Social entrepreneurs are driven by a *desire for social justice.* They seek a direct link between their actions and an improvement in the quality of life for the people with whom they work and those that they seek to serve. They aim to *produce solutions which are sustainable financially, organization- ally, socially and environmentally.* "	→ Akteurs- perspektive *Motiv-Dimension:* Soziale Gerechtigkeit für Mitarbeiter und Kunden *Nachhaltigkeits- Dimension:* Finanzi- ell, organisatorisch, sozial und umweltbe- zogen.
Thomspon/ Alvy/ Lees (2000)	*Social Entre- preneurship – A New Look at the People and the Potential*	[Social entrepreneurs are people] „who realize where there is an opportunity to satisfy some unmet need that the *state welfare system will not or cannot meet,* and who gather together the necessary resources (generally people, often volunteers, money and premises) and use these to make a difference."	→ Akteurs- perspektive *Wettbewerbs- Dimension:* Kompen- sator für staatliches Wohlfahrtssystem,

Überblick verschiedener Beiträge mit Definitionsangeboten

Autor (Jahr)	Titel des Beitrages	Definition (Eigene Hervorhebung)	Perspektiven und Dimensionen Merkmale
Vasi (2009)	*Toward a socio-logical perspec-tive on social entrepreneurship*	„First, some social entrepreneurship initiatives focus on disseminating a package of innovations needed to solve common problems. […] Second, some forms […] involve building local capacities or work-ing with marginalized populations to identify capacities needed for self-help. […] Third, some social entrepreneurship initiatives focus on mobilising grass-roots groups to form alliances against abusive elites or institutions. [S]ocial entrepreneurship is similar to social movement activism in at least two ways. One similarity is that, because social activism and social entrepreneurship are inherently po-litical phenomena, both charismatic movement leaders and creative social entrepreneurs have to overcome resis-tance to social change by mobilising resources, taking advantage of political opportunities, and engaging in framing processes. Another similarity is that the outcomes of both [..] are complex phenomena that are irreducible to organizational creation and growth."	→ Populations-Perspektive (Vergleich zu Soziale Bewegungen) *Innovations-Dimension:* neue Ge-schäftsmodelle für benachteiligte Ziel-gruppen. *Beziehungs-Dimension:* Kooperations-überlegungen *Mobilisierungs-Dimension:* Ressour-cen, lokale Kapa-zitäten, grassroots groups etc. *Motiv-Dimension:* Elitenwiderstand, Lösungen für unter-privilegierte Personen *Ergebnis-Dimension:* Selbsthilfe
Waddock/ Post (1991)	*Social Entrepre-neurs and Catalytic Change*	„Social entrepreneurs are *private sec-tor citizens* who play critical roles in bringing about *catalytic changes in the public sector* agenda and the *percep-tion* of certain social issues."	→ Akteurs-perspektive *Wettbewerbs-Dimension:* Bürger im Privaten Sektor zum kataly-tischen Wandel im Öffentlichen Sektor

Überblick verschiedener Beiträge mit Definitionsangeboten			
Autor (Jahr)	**Titel des Beitrages**	**Definition** (Eigene Hervorhebung)	**Perspektiven und Dimensionen Merkmale**
Zahra/ Gedajlovic/ Neubaum/ Shulman (2009)	*A Typology of social entrepre-neurs: Motives, search processes and ethical challenges*	„Social Entrepreneurship encompasses the activities and processes undertaken to *discover, define, and exploit op-portunities* in order to enhance social wealth by *creating new ventures or managing existing organizations in an innovative manner.*" „[W]e also identify three types of social entrepreneurs: Social Bricoleur, Social Constructionist, and Social Engineer. *Social Bricoleurs* usually focus on discovering and addressing small-scale local social needs. *Social Constructionists* typically ex-ploit opportunities and market failures by filling gaps to underserved clients in order to introduce reforms and inno-vations to the broader social system. *Social Engineers* recognize systemic problems within existing social struc-tures and address them by introducing revolutionary change.	→ Institutionelle Perspektive *Wettbewerbs-Dimension:* Start Up oder inno-vativeres Manage-ment von bestehen-den Organisationen *Wertschöpfungs-Dimension:* Typolo-gisierung – Identifi-kation („Social Bri-coleurs"), Definition und Entwicklung von sozialen Problemlö-sungen („Social Con-structionist") bzw. radikale Veränderung bei systemischen Struktur-Problemen („Social Engineer")

2.3 Das komparative Feld 1: „Neue Soziale Bewegungen" (NSB)

Im Folgenden wird keine entsprechende Literaturübersicht über Soziale Bewe-gungen gegeben, da dieses Forschungsfeld als vergleichsweise gut erforscht gelten kann und im Lebenszyklus bereits entwickelt ist. Ziel der folgenden Ausführun-gen ist lediglich eine komparative Analyse zu den Sozialunternehmen mit Blick auf die auch dort aufgezeigten Differenzierungen der Dimensionen – ohne eine ausführliche Darstellung leisten zu können. Die folgenden Ausführungen bezie-hen sich auf die Arbeiten Dieter Rucht und Roland Roth (2008, 1994).

Tabelle 3: Definitionen „Soziale Bewegung" (Rucht/Roth 2008, S. 76-77 und Schandl/Schattauer 1996, S. 63)

„Soziale Bewegung ist *kollektiver Akteur,* der in den *Prozess sozialen bzw. politischen Wandels eingreift.* [...] Soziale Bewegung ist ein *mobilisierender* kollektiver Akteur, der mit einer *gewissen Kontinuität* auf der *Grundlage hoher symbolischer Integration* und *geringer Rollenspezifikation* mittels *variabler Organisations- und Aktionsformen* das Ziel verfolgt, grundlegenderen *sozialen Wandel herbeizuführen, zu verhindern oder rückgängig zu machen.*"

„Soziale Bewegungen sind [...] *formierende Verdichtungen gesellschaftlicher Bewegung,* Ausdruck ihrer Entwicklung, aber nicht Ausdruck ihrer allgemeinen Tendenz, sondern spezifischer Momente, die unbefriedigt sind und nach Lösung heischen. Objektive Bedürfnisse werden zu *subjektiven Bedürfnissen,* indem sie sich ihren subjektiven Trägern aufdrängen."

Auf Basis der ersten Definition sollen im Folgenden die Merkmale der Definition im Einzelnen ausgeführt werden und hinsichtlich der populationsorientierten Perspektivierungen in den Dimensionen analog der Sozialunternehmen analysiert werden.

Tabelle 4: Diskussion „Sozialer Bewegungen" (Basis Roth 1996; Ruch/Roth 2008, Schandl/Schattauer 1996)

Merkmale	Erläuterung	Dimension
„Kollektiver Akteur" bzw. „Formierende Verdichtungen"	Bewegungen sind ein, die Individuen einbindender, kollektiver Handlungszusammenhang. Sie sind nicht bloßes „Medium" sozialen Wandels, nicht passiver Ausdruck gesellschaftlicher Wandlungstendenzen, vielmehr Akteur, der aktiv in den Lauf der Dinge eingreift, mit dem Ziel, Einfluss darauf zu bekommen. Der Akteur ist *nicht als eine spezifische Organisationsform* zu charakterisieren. Mit dem Begriff des "Akteurs" soll auch keine Einheitlichkeit unterstellt werden, vielmehr ist in der Regel eine *Vielfalt von Tendenzen, Organisationen und Aktionsanätzen innerhalb der Bewegung* zu erwarten.	→ Populations-Perspektive *Wettbewerbs-Dimension:* keine einheitliche Akteursdefinition *Konstitutionelle Dimension:* temporalisiert
	Die Organisation definiert nicht die Bewegung, sondern die soziale Bewegung ist immer mehr als die Organisation, die sie umfasst.	*Wertschöpfungs-Dimension:* Einfluss auf Politik
	Jede Bewegung innerhalb der neuen sozialen Bewegungen hat ihre eigenen, *temporalisierten Organisationskerne* hervorgebracht, die im Namen der Bewegungen sprechen können bzw. übergreifende Foren darstellen.	

Merkmale	Erläuterung	Dimension
„Weitreichende Ziele" „Subjektivierte Bedürfnisse"	Die Ziele müssen keineswegs „revolutionär" im Sinne eines kompletten Umsturzes des bestehenden Gesellschaftssystems sein. Das Handeln ist aber immer darauf gerichtet, mehr oder minder relevante Strukturen der Gesellschaft zu verändern oder -im Falle von Gegenbewegungen – deren Veränderung zu verhindern. Die im Zentrum der Bewegungen stehenden gesellschaftlichen Entwicklungen sind abhängig von Interpretationen und Ideologien. Das Unfertige, der Suchcharakter ist Kennzeichen der meisten Bewegungen, was eine gewisse Ambivalenz und Dynamik von Zielen mit sich bringt.	*Motiv-Dimension:* Strukturelle Veränderungen erreichen oder Verhinderung von Veränderung Subjektivierung von gesellschaftlich objektivierten Zielen
„Mobilisierung"	Die Machtgrundlage jeder sozialen Bewegung ist prekär, nicht durch Institutionalisierung gesichert. Deshalb wird Mobilisierung von Unterstützung mehr noch als bei anderen Vermittlungsformen zur Existenzbedingung sozialer Bewegung. Die aktive, permanente Suche nach Unterstützung, das „In-Bewegung-Bleiben" ist deshalb ein Merkmal sozialer Bewegung.	*Legitimitäts- und Mobilisierungs-Dimension:* Erfolgreiche Mobilisierung ist Legitimität
„Gewisse Kontinuität"	Ein gewisser Grad an Kontinuität (mehrere Jahre) erscheint sinnvoll, um soziale Bewegungen von „kollektiven Episoden" abgrenzbar zu machen. Reichweite der Ziele korreliert mit Dauerhaftigkeit der Bewegung.	*Nachhaltigkeits-Dimension:* Erfolgt korreliert mit Dauerhaftigkeit
„Hohe symbolische Interaktion"	Die Gruppe, die sich als soziale Bewegung konstituiert, ist durch ein ausgeprägtes *Wir-Gefühl* charakterisiert. Dies Bewusstsein der Zusammengehörigkeit entwickelt sich auf der Grundlage einer Unterscheidung zwischen denen, die "dafür", und denen, die "dagegen" sind.	*Identitäts-Dimension:* Durch Nicht-Institutionalisierung identitätsstiftende Differenzierungen
„Geringe Rollenspezifikation"	Die sozialen Bewegungen als Ganzes weisen nur eine geringe Ausdifferenzierung und Festschreibung von Rollen auf. Ohne oder außerhalb formeller Mitgliedschaft sind vielfältige und wechselnde Partizipationsformen möglich. Dies kann flexibel erscheinen, kann aber zu Hierarchisierungsversuchen und Binnenthematisierungen über die Führungsstrukturen selbst führen. Ohne formelle Mitgliedschaftsregeln wird die Bewegung für sich selbst schwerer beobachtbar. Soziale Bewegungen variieren dabei erheblich in den Dimensionen „inklusiv | exklusiv", „elitär | offen", „formalisiert | informell" bzw. „ideologisch zugespitzt | populistisch".	*Mitgliedschafts-Dimension:* Rollenvielfalt aufgrund informeller und selbst zuschreibbarer Mitgliedschaft

Bei allen Definitions- und Abgrenzungsbemühungen bleibt soziale Bewegung letztlich eine „weiche Untersuchungseinheit" mit fließenden Grenzen sowohl zur Seite der *formalen Organisation* wie zur Seite der *kollektiven Episode.* Entscheidend ist, dass ein über die genannten Phänomene „überschießendes Besonderes" besteht, für das sich der Begriff der modernen sozialen Bewegung durchgesetzt hat. (vgl. ebd. S. 82).

Tabelle 5: Dimensionen-Vergleich „Soziale Bewegungen" und „Sozialunternehmen" (eigene Darstellung)

Dimensionen	Soziale Bewegung	Sozialunternehmen
Emergenz-Dimension	• Z. T. Persönliche Betroffenheit (Bürgerinitiativen) und „bloßer" Protest • „Revolutionäre Ideen",utopistische, nicht zu moderate, d. h. operative Vorschläge → *Betroffenheit, Empathie bzw. Utopie* • „Bewegungsunternehmer" (Ruch/ Roth 2008, S. 25 bzw. della Porta/ Diani 2006, S. 14) → *Stimmungsmobilisierende Bewegung (Kommunikation)*	• Start Ups: Z. T. auch bohème und empathische Gründungsimpulse • Intrapreneure: Keine besondere Betroffenheit dominierend. → *Eher Empathie mit starker Umsetzungsorientierung* → *Lösungsskalierende Unternehmung (Operation)*
Motiv-Dimension	• Kollektive Einflussnahme auf Politik • Veränderung von gesellschaftlichen Strukturen und (!) Verhinderung von gesellschaftlichen Veränderungen → *Positive und negative Koordination kollektiv mobilisierte Einflussnahme*	• Individuelles Handeln für einen Blueprint • Veränderung und Lösung von gesellschaftlichen Problemen → *Nur positive Koordination mit individuell motivierter Lösungserstellung*
Konstitutions- und Wettbewerbs- Dimension	• Keine einheitliche Institutionalisierung • Vielfalt der Verfasstheiten und Akteure innerhalb einer Bewegung • Aktionsbegriff z. T. wichtiger als Organisationsbegriff • Bewegungen häufig im Stimmungs-Wettbewerb zu Gegen-Bewegungen (vice versa) → *Nicht eindeutig lokalisier- und adressierbare Akteurslogik*	• I. d. R. Organisationszusammenhang • Gesellschafts-/Vereinsrechtliche Initiierung • Wettbewerb gegenüber staatlichen Leistungen, anderen sozialen Projekten oder Marktneuschaffung • Senkung von Zugangsschwellen → *Adressierbare Akteurslogik*

Dimensionen	Soziale Bewegung	Sozialunternehmen
Mitglied-schafts-Dimension	• Rollenvielfalt aufgrund informeller und selbstzuschreibbarer Teilnehmer hoch → *„Weiche Mitgliedschaften",* *z. B. Sympathisanten*	• Gründerteam bzw. bestehende Organisationen mit regulärer Mitgliedschaft • Ehrenamt und Multiplikatoren → *Arbeitsvertragliche Organ-/* *Mitgliedschaften und virtuelles* *Freiwilligen-Netzwerk*
Legitimitäts-/Mobilisie-rungs-Dimension	• Selbsterzeugte Legitimation durch Mobilisierung • Leitunterscheidung der Politik „Mehrheit/Minderheit" anwendbar → *Legitimität: Teilnehmer-* *Mobilisierung*	• Start up: Gesellschaftsrechtliche Legitimität, sonst Selbstzuschreibung • Bestehende Organisation: z. T. politischer Wille bzw. teilstaatliche Träger → *Legitimität = Mobilisierung* *Ressourcen Dritter (Reputations-* *signaling)*
Nachhaltig-keits-Dimension	• Bewegungen müssen in Bewegung bleiben, um sich zu stabilisieren. • Nachhaltigkeit für hohe Mobilisierung relevant • Online-Bewegungen haben schnellere Mobilisierungs- und Verfallszeiten → *Erfolge korrelieren mit Dauer-* *haftigkeit* *Schnelles politisches Aufgreifen* *kann Bewegungen beenden*	• Start up: Skalierung für Selbstfinanzierung bzw. Spendenfähigkeit • Intrapreneurs in bestehenden Organisationen brauchen Zeit für Change-Management → *Identifikationserfolge können bei* *Transfer auf staatliches oder* *Wohlfahrtsystem auch nur kurze Zeit* *benötigen.*
Identitäts-Dimension	• Symbolische Interaktionen – Polarisierung durch scharfe Pro- bzw. Contra-Positionen • Gegenbewegungen wichtig auch für Teilnehmergewinnung und Fundraising • Sichtbarkeit der latenten Sympathisanten muss medialisiert werden (Bilder) → *„sense making" statt* *Organisationen* *Oszillierende Latenz und* *Manifestation*	• Organisation hat die soziale Mission und die aktive, gestaltende Mitgliedschaft als Identität • Begeisterung über Story Telling und „Heroisierung" der Gründer bzw. Kunden • Sichtbarkeit für Märkte durch Preise, Förderorganisationen, Beiräte (Start up) → *„sense making" in Organisationen* *Sichtbarkeit für Kunden wichtig.*

Dimensionen	Soziale Bewegung	Sozialunternehmen

Ergebnis-
Dimension
	• Thematisierungsfähigkeit: Agenda-
	  Setting
	• Bewegung in Bewegung zu halten
	• Sympathisanten-Zulauf
	• Politischer Einfluss ohne
	  Bewegungsauflösung
	→ *Mobilisierung und Thematisierung*
	ohne Selbstauflösung
		• Umsetzungsfähigkeit: Problem-
		  lösung
		• Erreichen der sozialen Zielsetzung
		• Auflösung bei Transfer in staatliches
		  oder Wohlfahrtssystem
		→ *Nachhaltiges Geschäftsmodell*
		oder Auflösung bei Übergabe

2.4 Das komparative Feld 2: „Non Government Organisation" (NGO)

„Non Government Organisations" (NGOs) werden häufig dem dritten Sektor, also Stiftungen, Vereinen, Verbänden, Interessensgruppen, Initiativen, sozialen Bewegungen, sozialen Dienstleistern, Wohlfahrtsorganisationen, etc. zugeordnet. Semantische Alternativen dazu sind vielfältig: Pressure Groups, Special Interest Groups, Interessengruppe, private Freiwilligenorganisation, unabhängiger Freiwilligensektor, Zivilgesellschaftsorganisation, Dritter-Sektor-Organisation, Graswurzelorganisation, Aktivistenorganisation, gemeinnützige Einrichtung, professionelle Bürgerorganisation. Nach aktuellem Forschungsstand, der seit den 1980er Jahren als durchaus entwickelt anzusehen ist, gibt es keine einheitliche Ausführung der Charakteristika dieses Organisationstyps (vgl. dazu Frantz/Martens 2008, S. 22).

Die Karriere des Begriffs kann vergleichsweise kausal auf den Artikel 71 der Charta der UNO zurückzuführen sein. Dieser sieht vor, dass der Wirtschafts- und Sozialrat der UNO (ECOSOC) mit NGOs zusammenarbeiten kann:

> „The Economic and Social Council may make suitable arrangements for consultation with non-governmental organizations which are concerned with matters within is competence. Such arrangements may be made with international organizations and, where appropriate, with national organizations after consultations with the Members of the United Nations concerned."

Seit 1996 besteht die Regelung des Verhältnisses zwischen UNO und NGOs durch die UNO Resolution 1996/31 im Format des so genannten „Konsultativstatus" (die zu erfüllenden Kriterien zur Erreichung der drei Konsultativstatus sind zu finden unter: http://www.un.org/documents/ecosoc/res/1996/eres1996-31.htm).

Die Begriffsbestimmung der NGOs ist – wie der Begriff nahe legt – eine über die Negation, also auch funktional, was NGOs nicht sind: „jede *nicht* gewinnorientierte, gewaltfreie, organisierte Gruppe von Menschen, die *keine* Regierungsfunktion anstrebt" (Willets 1996, S. 6) oder „NGOs [sind] *nicht* staatlich, *nicht* gewinnorientiert, *nicht* uninational" (Lador-Lederer 1963, S. 60). NGOs stehen daher im Verdacht, ein so genannter Regenschirm-Begriff zu sein, also durch Undefiniertheit alles unter sich zu vereinen. Die Ungenauigkeit wie auch die Einseitigkeit ist auffällig, „weil sie ausschließlich aus der Perspektive von Regierungen, eben als Nicht-Regierungsorganisation, herrührt" (Rucht 1996, S. 31).

> „Das Hauptproblem einer begrifflichen Umschreibung des NGO-Sektors ist aber gerade seine charakteristische Vielseitigkeit. Unter den NGO-Begriff gefasste Gruppen und Organisationen unterscheiden sich sowohl in ihren Aktivitäten (Größe, Dauer, Reichweite und Art) als auch mit Blick auf ihre Hintergründe (ideologisch, kulturell und in Bezug auf ihren rechtlichen Status)." (Princen/Finger 1994, S. 6, zitiert nach Frantz/Martens 2008, S. 13).

NGOs können allgemein als Begleitbegriff der Globalisierungskritik interpretiert werden, die sich im Wesentlichen auf eine auf Medienpräsenz basierende Einflusslogik auf gesellschaftliches Leben und politische Geschehnisse fokussieren (vgl. ebd, S. 12). Damit sind sie den Sozialen Bewegungen grundsätzlich nahe stehend, werden aber zumeist mit dem Verweis auf eine entsprechende Professionalisierung (z. B. Kampagnenfähigkeit) von diesen abgegrenzt (Gordenker/ Weiss 1998, S. 31, Frantz/Martens 2008, S. 16). Unter Professionalisierung wird zumeist eine ökonomische Kompetenz *(also eine gewisse Marktorientierung)* im Sinne des sozialen Engagements verstanden (ebd. 26). Und NGOs sind im Gegensatz zu Sozialen Bewegungen adressierbar. Ein interessanter Aspekt der institutionellen Evolution: Begann es in den 1960er Jahren („Dekade der NGOs") mit einer Fokus auf internationale Integration sind nun zunehmend auch nationale NGOs dazugekommen.

NGOs gelten als flexibel, schnell und unbürokratisch. Ihnen wird zugesprochen, dass sie in der Lage seien, mit hoher Wirksamkeit spezielle Probleme zu behandeln – im Vergleich zu parteipolitischen Akteuren und Regierungen, die in dem lähmenden Bedingungsgefüge der Parteiprogramme gefangen und dem Prinzip der Allzuständigkeit und dem Gemeinwohl verpflichtet seien (vgl. z. B. Frantz/Martens 2008, S. 17).

Tabelle 6:   Definitionsversuche „Non Government Organisation"
(eigene Darstellung, vgl. aber auch Frantz/Martens 2008)

Dimension	Definitionselemente von NGOs
Emergenz- *Konstitutions-* *Dimension*	NGOs sind in der privaten Sphäre, also z. B. aus zivilgesellschaftlichen Initiativen bzw. sozialen Bewegungen, durch Professionalisierung bzw. stärkere Institutionalisierung entstanden.
Wettbewerbs- *Beziehungs-* *Dimension*	NGOs unterstehen idealtypischer Weise keiner staatlichen Kontrolle und sehen sich entsprechend als finanziell und zielbezogen unabhängig an. Durch spezifische Kooperationsmodelle mit dem Staat findet sich dies nicht immer durchgängig durchgehalten. NGOs erkennen dabei das politische System im Grundsatz an. Sie betreiben nach Selbstauflage keine direkte bzw. unmittelbare Klientelpolitik und sehen dort die Differenz zu Interessenverbänden und Parteien.
Motiv- *Dimension*	Bei NGOs stehen immaterielle Ziele im Vordergrund. NGOs vertreten selbstdefinierte Anliegen des Gemeinwohls und/oder Anliegen von Menschen, Tieren, Pflanzen, etc.
Mobilis- *ierungs-* *Dimension*	NGOs zielen in ihrer Arbeit auf zivilgesellschaftliche Mobilisierung und mediale Wahrnehmung, die sie in die Lage versetzen, auf staatliche Politik Einfluss auszuüben.
Finan- *zierungs-* *Dimension*	Die Finanzierung erfolgt durch Spenden, ehrenamtlichen Einsatz, etc. Eventuelle Gewinne über Spenden oder das Einwerben von Projektmitteln dürfen nicht ausgeschüttet werden.

Wesentliches Unterscheidungsmerkmal zu den Sozialen Bewegungen liegt in den Selbstbeschreibungen der NGOs, ihrer Institutionalisierung wie auch der wissenschaftlichen Debatte über die Professionalisierung. Bis in die 1980er Jahre waren auch die NGOs weitgehend ehrenamtlich geprägt. Als Ausgangspunkt wurden immer wieder schlechte Berufsaussichten für Akademiker aus den Sozial- und Geisteswissenschaften genannt, die häufig im Rahmen von Arbeitsbeschäftigungsmaßnahmen (ABM) auf befristete Stellen in NGOs besetzt wurden.

Tabelle 7: Typologisierung von „Non Government Organisation"
(eigene Darstellung, vgl. aber auch Frantz/Martens 2008)

Typ	Charakteristika
Klassische NGOs	• Entstehungsgeschichte: zivilgesellschaftliche Initiative, keine staatlichen Anreize / Aktivitäten • Finanzierung: Mitgliedsbeiträge und private Spenden, keine öffentlichen Gelder • Institutionalisierung mit Mitgliedschaft: ausschließlich durch Privatpersonen geprägt
QUANGOs (quasi-NGOs)	• Entstehungsgeschichte: hybride Organisationen mit Staaten als Mitglieder • Finanzierung: Staatliche Mittel zur Finanzierung • (idealtypische) Unabhängigkeit der Aktivitäten von staatlicher Intervention → Beispiele: Internationales Komitee des Roten Kreuzes (IKRK), International Union for the Conservation of Nature (IUCN), International Council of Scientific Unions (ICSU).
GONGOs (Government Organised NGOs)	• Entstehungsgeschichte: staatliche Initiative • Finanzierung: Großteil der Finanzierung durch Staat • Unabhängigkeit: Ausführung staatlicher Instruktionen und sind staatlicher Autorität unterstellt → Heute eher in Entwicklungshilfe anzutreffen.
Föderative NGOs (Buttom Up)	• Institutionalisierung: Dachverbände für einzelne nationale Zweige als lockere Koordination unterschiedlicher nationaler Organisationen auf internationaler Ebene • Dezentralisierte Struktur: Entscheidungen bleiben national, Unabhängigkeit ggü. Dachverband • Professionalisierung: Kommunikation/Kooperation durch internationales Sekretariat
Zentralistische NGOs (Top Down)	• Entstehungsgeschichte: 1. eine Person oder eine Gruppe baut transnational auf, 2. eine Organisation baut nationale Mutterorganisation auf repliziert international, 3. Strukturaufbau und Professionalisierung mit der Zeit. • Institutionalisierung: strukturell vereinheitlichende gemeinsame Satzung, enger Verbund der nationalen Sektionen mit transnationaler Körperschaft • Zentrale Struktur: Hierarchische Strukturen mit Weisungsbefugnis und Arbeitsteilung • Professionalisierung: Leistungsfähiges internationales Sekretariat: Mobilisierung, internationale wie nationale Sichtbarkeit, Kampagnenfähigkeit, Kontrollfunktion über Qualitätsstandards. Professionalisierung über Experten. Starke internationale Präsenz, hoher internationaler Mobilisierungsgrad der Mitglieder. → Beispiele: Amnesty International, Human Rights Watch, Greenpeace International

In dieser Zeit der 1990er Jahre stand insbesondere der Erhalt der eigenen Organisation durch den Erwerb von Spendenmitteln im Vordergrund, der die ABM-finanzierten Stellen durch Eigenmittel weiterführen konnte. Es kam zu einer Etablierung der Hauptamtlichkeit mit gleichzeitiger Verdrängung des Ehrenamts (Zimmer/Hallmann/Priller 2003). In dieser Zeit wurden auch die ehrenamtliche Repräsentation bei der UNO in New York und Genf durch hauptamtliches Personal ersetzt. Der NGO-Sektor entwickelte sich zu einem eigenen Berufsmarkt mit spezieller Personalwirtschaft. Aus vielen NGOs sind hochgradig organisierte und hinsichtlich ihrer Arbeitsprozesse unternehmensähnliche Organisationen geworden." (Strachwitz 2000, S. 27).

Tabelle 8: Dimensionen-Vergleich „NGO" und „Sozialunternehmen" (eigene Darstellung)

Dimensionen	NGO	Sozialunternehmen
Emergenz-Dimension	• Vermutlich geringe persönliche Betroffenheit • Politische und Ökonomische Krisensituationen • Professionalisierung der Sozialen Bewegungen → *Aus sozialen Bewegungen*	• Start Ups: Z. T. auch bohème und empathische Gründungsimpulse • Intrapreneure: Keine besondere Betroffenheit dominierend. → *Eher Empathie mit starker Umsetzungsorientierung*
Motiv-Dimension	• Kollektive Einflussnahme auf Politik • Internationale Vernetzung • Solidarität und Hilfsbereitschaft → *Positive und negative Koordination kollektiv mobilisierte Einflussnahme der Politik im globalen Kontext*	• Individuelles Handeln für Blueprint • Veränderung/Lösung sozialer Probleme • Unternehmerische Einflussnahme (keine politische) → *Nur positive Koordination mit individuell motivierter marktlicher Lösungserstellung zumeist im nationalstaatlichen Kontext*
Konstitutions-und Wettbewerbs-Dimension	• Institutionalisierung (föderativ/hierarchisch) • Kampagnenfähigkeit zentral • Hierarchisierung lässt Lokalisierung und Adressierung zu • Kooperation mit dem Staat möglich →*Lokalisier- und adressierbare Akteurslogik mit Kooperationsidee (Einfluss)*	• Organisationszusammenhang • Gesellschafts-/Vereinsrecht • Wettbewerb gegenüber staatlichen Leistungen oder Marktneuschaffung • Senkung von Zugangsschwellen → *Adressierbare Akteurslogik noch ohne primäre Kooperationsidee*

Dimensionen	NGO	Sozialunternehmen
Beziehungs-Dimension	• Starke Vernetzungslogik inner-sektoral/global • Vernetzungslogik cross-sektoral • Starke Medienvernetzung → *Allg. Beziehungsfähigkeit strategisches Ziel auch mit Staat und Wirtschaft*	• Innerhalb der Wertschöpfungskette • Bisher kaum Kooperationen (Politik) • Bisher kaum Internationalisierung → *Kunden-/Lieferanten-Beziehungen im Vordergrund*
Finan-zierungs-Dimension	• Spenden (reine NGOs) • Staatliche Ko-Finanzierung (QUANGO, GONGOS) • Kein Geschäftsmodell der Refinanzierung → *Keine Selbstfinanzierungsfähigkeit*	• Spenden • Geschäftsmodell • I. d. R. keine staatliche Kofinanzie-rung → *Potentielle Selbstfinanzierungs-fähigkeit*
Mitglied-schafts-Dimension	• Professionalisierung führt von Ehrenamt zur • Mitgliedschaftslogik • Professionelle Symbiose mit Ehrenamt → *„Härtere Mitgliedschaften" und virtuelles Freiwilligen-Netzwerk*	• Gründerteam bzw. bestehende Organisationen mit regulärer Mitgliedschaft • Ehrenamt und Multiplikatoren → *Arbeitsvertragliche Organ-/Mitgliedschaften und virtuelles Freiwilligen-Netzwerk*
Legitimitäts-/Mobilis-ierungs-Dimension	• Selbsterzeugte Legitimation durch Mobilisierung und internationale Vernetzung • Leitunterscheidung der Politik „Mehrheit/Minderheit" anwendbar • Politischer Bezug → *Legitimität: Teilnehmer-Mobilisierung und internationale Vernetzung*	• Start ups: Gesellschaftsrechtliche Legitimität, sonst Selbstzuschrei-bung • Bestehende Organisationen: z. T. politischer Wille bzw. teil-staatliche Trägerschaft (selbst aber unpolitisch) → *Legitimität = Mobilisierung Ressourcen Dritter (Reputationssignaling)*
Nachhaltig-keits-Dimension	• Hierarchisierung und Internationali-sierung als Nachhaltigkeits-strategien • cross-sektorale Kooperationslogiken • Kommunikative Reproduktion des Organisationssinns → *Erfolge korrelieren mit Dauerhaftig-keit Schnelles politisches Aufgreifen kann Bewegungen beenden*	• Start Up: Skalierung für Selbstfi-nanzierung bzw. Spendenfähigkeit • Intrapreneurs in bestehenden Organisationen brauchen Zeit für Change-Management → *Identifikationserfolge können bei Transfer auf staatliches oder Wohlfahrtsystem auch nur kurze Zeit benötigen.*

Dimensionen	NGO	Sozialunternehmen
Identitäts-Dimension	• Moderatere Position als soziale Bewegungen zur Kooperations-möglichkeit • Institutionalisierung und Branding • Sichtbarkeit durch politische Bühnen und mediale Kampagnen (Bilder/Presse) → *„sense making" und Vernetzung*	• soziale Mission und Mitgliedschaft • Begeisterung über Story Telling und „Heroisierung" der Gründer bzw. Kunden • Sichtbarkeit für Märkte durch Prei-se, Förderorganisationen, Beiräte (Start up) → *„sense making" in Organisationen Sichtbarkeit für Kunden wichtig.*
Ergebnis-Dimension	• Thematisierungsfähigkeit: Agenda-Setting • Kampagnenfähigkeit für soziale Zwecke • Selbsterhalt aufgrund Fixkosten-deckung | Internationalisierung und Transfers → *Mobilisierung und Thematisierung ohne Selbstauflösung*	• Umsetzungsfähigkeit: Problem-lösung • Produktfähigkeit für soziale Zwecke • Auflösung bei Transfer in staatliches oder Wohlfahrtssystem → *Nachhaltiges Geschäftsmodell oder Auflösung bei Übergabe*

2.5   Das komparative Feld 3: „Non Profit Organisation" (NPO)

Die Weltbank hat bereits in verschiedenen Studien darauf hingewiesen (Welt-bank 2009): Non-Markets sind Wachstumsmärkte, Non Profit-Organisationen sind profitabel.

Vergleicht man die Weltbank-Daten aus dem Jahr 2006, dann wäre der NPO-Sektor der USA, wenn man sich ihn als ein eigenes Land vorstellen würde, grö-ßer als das gesamte Bruttoinlandsprodukt von Australien, und bezogen auf die Lohnzahlungen, würde der US-NPO-Markt die Niederlande als sechzehntgröß-tes Land ablösen.

Das Wachstum der NPOs findet vor allem im Bereich der so genannten „ab-satzfinanzierten NPOs" statt, klassische Mitglieder-NPOs wachsen hingegen kaum (vgl. Maßmann 2003, S. 9).

Tabelle 9: Definitionsversuche „Non Profit Organisation"
(eigene Darstellung, vgl. aber auch Maßmann 2003, S. 10)

Dimension	Definitionselemente von NPOs
Emergenz- und Konstitutions-Dimension	In der Regel staatliche bzw. kirchliche Initiierung über Vereine, Stiftungen, kirchliche Trägerschaft. Die Governance unterscheidet sich in Mitglieder- und Leitungs-Governance und kann im Falle der Selbstkontrolle als besonderes Unterscheidungsmerkmal zu privatwirtschaftlichen Organisationen und Sozialunternehmen angesehen werden. Der Destinär (also Anspruchsberechtigte an NPOs) lässt die Unterscheidung in die NPO-Mitglieder-Organisation (Mitglieder finanzieren und erhalten Leistungen) einerseits und die kommerziellen NPOs (Dritte finanzieren und Dritte erhalten Leistungen) zu – mit Massenspenden-finanzierte NPOs in der Mitte.
Wettbewerbs-Beziehungs-Dimension	NPOs leisten insbesondere im Bereich soziale Dienste und Gesundheit klassische Produktion von Öffentlichen Gütern für den Staat (in den folgenden Bereichen marktbeherrschend: Erholungsheime, Pflegeheime, Altenwohnheime, Jugendheime und Kindertagesstätten). Sie haben damit bestimmte Privilegien, die die Profitabilität sichern und Wettbewerb verhindern können.
Motiv-Dimension	Bei NPOs stehen nur im geringen Umfang karitative Ziel im Vordergrund. Mildtätige, kirchliche oder unmittelbar gemeinnützige Zwecke sind definitorisch für NPOs nicht erforderlich, lediglich die Gewinnausschüttungssperre. Ehrenamtliche empfangen das Produkt ihrer Leistungen bei den Mitgliederorganisationen in der Regel selbst (Club-Güter).
Mobilisierungs-Dimension	Größeneffekte führen zur Zunahme der Eigenfinanzierung durch Leistungsentgelte und Abnahme der Spendeneinnahmen. Neben organischem Wachstum erfolgt auch zunehmend exogenes Wachstum über Zusammenschlüsse und Akquisitionen.
Finanzierungs-Dimension	In Deutschland erfolgt die Finanzierung weitestgehend durch staatliche Subventionen bzw. Leistungsentgelte. Die Finanzierung erfolgt größtenteils durch Absätze und Leistungsentgelte, nicht durch Spenden. Nationalstaatliche Wachstumsimpulse durch steuerliche Privilegienvergabe. Anlagemanagement in Wertpapieren durch Gewinnausschüttungssperre (USA)
Ergebnis-Dimension	Das Ergebnis der NPOs ist nicht vordergründig der Gewinn, aufgrund der „Gewinnausschüttungssperre", aber bei starker Refinanzierung durch Absatzfinanzierung wird der Leistungsvertrieb von zumeist als zu bezeichnenden Clubgütern relevant. Effizienz und Effektivität, Innovation und Qualität sind aufgrund z. T. bestehender Monopolsituationen und fehlender Transparenz nicht möglich.

Trotz aller Problematik der Datenaktualität und -validität im NPO-Sektor zur Illustration der Wachstumsthese nur einige Angaben (vgl. zu den US-Zahlen zusammenfassend Maßmann 2003, S. 12ff.): In Pittsburgh überstieg bereits in den

1980er Jahren das Budget der damals registrierten 1200 NPOs den Etat der Stadt und des umliegenden Counties um mehr als 2 Mrd. Dollar. In San Francisco war der Etat der NPOs doppelt so hoch wie der städtische Haushalt selbst. Die Anzahl der NPOs stieg in den USA von 1946 mit 99 500 in 40 Jahren auf 1,3 Millionen NPOs. Zwischen 1977 und 1994 wuchs der NPO-Markt in den USA zweimal so schnell, wie die übrigen Sektoren. Anzahl der Teil- und Vollzeitbeschäftigung liegt bei 19% der Gesamtbeschäftigung. Anteil des NPO-Sektors am Bruttosozialprodukt der USA stieg von 1960 mit 3,6% auf 7,9% 1993 (gemäß einer seiner engen Definition von Hodkinson und Weitzman). Das Wachstum des NPO-Bereichs sei mit den steuerlich privilegierten „Public Charities" zu erklären (so auch Maßmann 2003, S. 13). Die Einnahmen der amerikanischen NPOs wachsen kräftig mit, durchschnittlich 5,1% pro Jahr. Dabei sind der Großteil der Einnahmen Leistungsentgelte, nach Schätzungen einiger Autoren erfüllen lediglich 10% aller amerikanischen NPOs eine karitative Mission.

Es gibt einen besonderen Skalierungseffekt mit Blick auf die Refinanzierung: Die Bedeutung von Spenden nimmt mit wachsender Größe ab. Große NPOs (mit Aktiva über 10 Millionen Dollar) finanzieren sich zu 72,3% durch den Verkauf von Leistungen (normale Umsatzerlöse) und lediglich zu 10% aus Spenden. In einer Vergleichsuntersuchung der Umsatzrentabilität der karitativen NPOs mit den Fortune 500-Unternehmen: Sie befinden sich mit 8,9 % an achter Stelle aller Branchen und schlagen damit 2/3 (vgl. Maßmann 2003, S. 26ff.).

Für das Jahr 2008 wurde der amerikanische NPO-Sektor mit 5 Prozent am Bruttoinlandsprodukt gemessen, 8 Prozent der Löhne und Gehälter und 10 Prozent der Beschäftigung. Zusätzlich leisten 29 Prozent der Amerikaner ehrenamtliche Tätigkeit durch formale Organisationen. Die NPOs erhielten 260 Mrd. US-Dollar als Spenden (vgl. zu den Daten Wing et al. 2008).

In Deutschland beherrscht den NPO-Sektor die Vereinsform. 250.000 eingetragene Vereine werden in 500 Amtsgerichten dezentral geführt und die Daten aus den Vereinsregistern nicht zusammengetragen, zumal ohnehin keine wesentliche Offenlegungspflicht besteht.

Für den Zeitraum 1997 bis 2005 weist das *Institut der deutschen Wirtschaft* ein Beschäftigungswachstum von 16 Prozent im Dritten Sektor aus, verglichen mit 4 Prozent Gesamtbeschäftigungszuwachs. Demzufolge beschäftigte der Sektor 1997 7,7 Mio. Menschen und im Jahr 2005 bereits fast neun Millionen Erwerbstätige, 23% der Gesamterwerbstätigen. Der Sektor erzielte 11,5 % der gesamten deutschen Wirtschaftsleistung.

Tabelle 10: Typologisierung von „Non Profit Organisationen"
(eigene Darstellung, vgl. Maßmann 2003, S. 45ff.)

Typ	Charakteristika
Mitglieder- NPOs	• *Entstehungsgeschichte:* Aus kollektivem Mitglieder-Interesse. • *Finanzierung,* Kontrolle und Leistungsbezug: vereint in Händen der Mitglieder • *Governance:* Geringe Principal-Agent-Problematik, dadurch große satzungsmäßige Gestaltungsspielräume möglich. • Mitglieder-NPOs sind die NPO-Urform
Kommerzielle, absatzfinanzierte NPOs	• *Entstehungsgeschichte:* staatliche und kirchliche Initiativen. • *Kunden/Destinatäre:* nicht im Mitgliederkreis. • *Finanzierung,* Kontrolle und Leistungsbezug: getrennt. • *Governance:* Erhebliche Principal-Agent-Herausforderung. Kleine sich selbstkontrollierende Leitungsgruppe (Beispiel: Blutspende: Käufer und Spender ohne Kontrollrechte). Kontrollvakuum bei Preissteigerungen und Qualität. • *Finanzierung:* erfolgt durch Dritte primär in Form von Verkaufserlösen. Spenden spielen unbedeutende Rolle
Massenspenden- finanzierte NPOs	• *Entstehungsgeschichte:* Mitglieder-NPOs mit Zusatzerlösen aus Spenden, die dann Hauptquelle wurden • *Kunden/Destinatäre:* nicht im Mitgliederkreis • *Finanzierung, Kontrolle und Leistungsempfang:* analog der kommerziellen NPOs • *Governance:* Erhebliche Principal-Agent-Herausforderung vor allem hinsichtlich der Transparenz und Leistungsqualität • *Kontrolle:* geringste Außenkontrolle (z.B. durch Spender mit niedriger Skandalelastizität der Spenden) und maximal möglicher Selbstkontrolle der Leitungsorgane.

Internationale Vergleiche sind hingegen kaum vorzunehmen. Die Daten des einschlägigen Johns Hopkins Projekts und des Instituts der deutschen Wirtschaft sind nicht direkt vergleichbar, da keine einheitliche Definition des Dritten Sektors vorliegt und das Statistische Bundesamt keine spezifischen Daten zur Verfügung stellt (vgl. zu unterschiedlichen Definitionen Kraus/Stegarescu 2002, S. 5 ff.).

Der bundesdeutsche NPO-Sektor wird mit durchschnittlich 68,2% durch staatliche Leistungen finanziert (USA = 30%, Japan = 38%, UK = 40%, Frankreich = 59%). Der öffentliche Finanzierungsgrad erfolgt im internationalen Vergleich unüblich durch die Gewährung von Leistungsentgelten. Auch in Deutschland weisen NPOs mit steigender Skalierung einen überdurchschnittlichen Teil der Eigenfinanzierung durch Leistungsentgelte auf.

Tabelle 11: Dimensionen-Vergleich „NPO" und „Sozialunternehmen"
(eigene Darstellung)

Dimensionen	NPO	Sozialunternehmen (Start Ups)
Emergenz-Dimension	• Staatliche bzw. kirchliche Initiierung über Vereine, Stiftungen, kirchliche Trägerschaften • Keine Betroffenheit und politische Motivation • „Charity"-Motivation → *Nicht unternehmerische Initiierung mit wirtschaftlicher entstehender Eigenlogik über Refinanzierung hinaus*	• Start Ups: Z. T. auch bohème und empathische Gründungsimpulse • Intrapreneure: Keine besondere Betroffenheit dominierend. → *Eher Empathie mit starker Umsetzungsorientierung und Refinanzierungsidee*
Konstitutions- und Wettbewerbs-Dimension	• Institutionalisierung: Vereine, Wohlfahrtsverbände (Freie Wohlfahrtsverbände), Stiftungen bzw. gemeinnützige GmbHs. • Absatzfinanzierung der NPOs mit erheblicher Wettbewerbswirkung und Marktdominierung (Analyse durch Monopolkommission) • Spendenkampagnenfähigkeit. → *Lokalisier- und adressierbare Akteurslogik mit Wettbewerbseinfluss*	• Organisationszusammenhang • Gesellschafts-/Vereinsrecht • Wettbewerb gegenüber staatlichen Leistungen oder Marktneuschaffung • Senkung von Zugangsschwellen → *Adressierbare Akteurslogik z. T. mit Wettbewerbsbenachteiligung*
Governance-Dimension	• Vorherrschende NPO-Typen weisen Governance-Schwächen auf: • Selbstkontrolle der Urform: nur noch untergeordnete Rolle → *Governance-Problematik u. a. durch Trennung von Leistungsbeziehern und -finanzierern*	• Governance über klassische gesellschaftsrechtliche Organe • Social Impact-Messung stärker in Diskussion für Sozial-Venture-Fonds → *Keine Besonderheiten gegenüber klassischen Unternehmen mit Fremdfinanzierung.*
Motiv-Dimension	• Produktion Öffentlicher Güter und Clubgüter • Selbsterhalt und Wachstum • Keine politische Agenda • Soziale Mission schwächer akzentuiert → *Positive Koordination für staatlich motivierte marktliche Lösungserstellung unter Annahme der Privilegiensicherung*	• Individuelles Handeln für Blueprint • Veränderung/Lösung sozialer Probleme • Unternehmerische Einflussnahme (keine politische) → *Nur positive Koordination mit individuell motivierter marktlichen Lösungserstellung zumeist im nationalstaatlichen Kontext*

Dimensionen	NPO	Sozialunternehmen (Start Ups)
Beziehungs- Dimension	• Geringe Vernetzungslogik außerhalb der Refinanzierungs-Akteure • Gute Politik- und Verwaltungs-Vernetzung • Kaum Vernetzungslogik cross-sektoral • Sehr geringe Medienvernetzung • Keine Internationalisierung → *Geringe Beziehungsfähigkeit durch privilegierte Wettbewerbsposition*	• Innerhalb der Wertschöpfungskette • Ggf. zu Refinanzierern • Schlechte Politik- und Verwaltungs-Vernetzung • Bisher kaum Internationalisierung → *Kunden-/Lieferanten-Beziehungen im Vordergrund*
Finanzierungs- Dimension	• Staatliche Förderung – über Leistungsentgelte • Spenden (nur bei Massenspenden-NPOs) • Geschäftsmodell der Refinanzierung → *Staatlich gesicherte Selbstfinanzierungsfähigkeit*	• I. d. R. keine staatliche Kofinanzierung • Geschäftsmodell • Spenden → *Potentielle Selbstfinanzierungsfähigkeit*
Mitglied-schafts-Dimension	• Professionalisierung • Geringere Nutzung des Ehrenamts → *Arbeitsvertragliche Organ-/ Mitgliedschaft*	• Gründerteam mit regulärer Mitgliedschaft • Ehrenamt und Multiplikatoren → *Arbeitsvertragliche Organ-/ Mitglied-schaften und virtuelles Freiwilligen-Netzwerk*
Legitimitäts-/ Mobilis-ierungs-Dimension	• Politischer Wille, Trägerschaften • Image-Problem aufgrund der fehlenden Thematisierung der Legitimität (kein Reputationssignaling) • Keine Mobilisierungsidee (meritorische Güter) → *Träger-Legitimität mit Image-Problem*	• Gesellschaftsrechtliche Legitimität, sonst Selbstzuschreibung • Bestehende Organisationen: z. T. politischer Wille bzw. teilstaatliche Trägerschaft (selbst aber unpolitisch) → *Legitimität = Mobilisierung Ressourcen Dritter (Reputationssignaling)*
Nachhaltig-keits-Dimension	• Operative Reproduktion und internes wie externes Wachstum (Zukäufe) „Too big to fail" • Kapazitäten ziehen neue Aufgabenerledigungen an • „Diseconomies of Scale": Bürokratisierung und Qualitätsprobleme → *Eigenfinanzierungsanteil steigt mit Größe Wachstumsprobleme*	• Start Up: Skalierung für Selbstfinanzierung bzw. Spendenfähigkeit • Risiko: Wettbewerbssituation mit bestehenden NPOs und politische Entwertungen des Geschäftsmodells → *Identifikationserfolge von neuen Geschäftsmodelle auch bei NPO-Übernahme*

Dimensionen	NPO	Sozialunternehmen (Start Ups)
Identitäts-Dimension	• Soziale Mission Mitgliedschaft • Idealismus bei Arbeitnehmern • Keine PR-Arbeit und „Story Telling" • Keine Markenbildung • Kein starker Vertrieb durch Meritorik • Gewinnausschüttungssperre bei gleichzeitiger Gewinnerzielungsabsicht: Zielambivalenz → *„sense making" noch unterentwickelt*	• Soziale Mission und Mitgliedschaft • Begeisterung über Story Telling und „Heroisierung" der Gründer bzw. Kunden • Sichtbarkeit für Märkte durch Preise, Förderorganisationen, Beiräte (Start up) → *„sense making" in Organisationen Sichtbarkeit für Kunden wichtig.*
Ergebnis-Dimension	• Gewinnausschüttungssperre mit Gewinnerzielungsabsicht (Kostensenkungsabsicht) • Selbsterhalt aufgrund Fixkostendeckung • (Soziale) Grundversorgung (staatlicher Auftrag) • Keine Social Impact-Messungen → *Ergebnis-Ambivalenz*	• Umsetzungsfähigkeit: Problemlösung • Produktfähigkeit für soziale Zwecke • Auflösung bei Transfer in staatliches oder • Wohlfahrtssystem • Social Impact-Messung stärker → *Nachhaltiges Geschäftsmodell oder Auflösung bei Übergabe*

So ist die Freie Wohlfahrtspflege in Deutschland dem amerikanischen NPO-Sektor vergleichbar. Dies sind vor allem die folgenden sechs: Arbeiterwohlfahrt (AWO), Deutsche Caritas Verband (DC), Diakonisches Werk (DW), Deutscher Paritätischer Wohlfahrtsverband (PDW), Deutsches Rotes Kreuz (DRK) und Zentralstelle der Juden (ZWSt).

Nach Berechnungen von Anheier (1999) hat sich die Beschäftigung in NPOs von 1960 bis 1990 mehr als verdreifacht (der größte deutsche Arbeitgeber: die Caritas mit 482.000 Mitarbeitern; vgl. Kowalski 2006, S. 147), während die Beschäftigung im For Profit-Sektor im selben Zeitraum nahezu konstant blieb (-1 %) und der staatliche Sektor seine Beschäftigung mehr als verdoppelte.

Die Frage der eingangs gezeigten Wachstumsentwicklung – mit Ausnahme der Mitglieder NPOs – zeigt sich nun klarer: Während die Massenspendenorganisationen die geringste Außenkontrolle mit maximal möglicher Selbstkontrolle verbinden, ist bei den absatzfinanzierten, kommerziellen NPOs die Selbstkontrolle, gepaart mit der Finanzierung durch Dritte und der Leistungserstellung für Dritte in einer lukrativen Anreizsituation (vgl. Maßmann 2003, S. 55).

3. Zwischenfazit: Vergleichende Diskussion der Dimensionen für Sozialunternehmen

Tabelle 12: Sozialunternehmen und die Definition der Dimensionen

1. Die Emergenz-Dimension der Sozialunternehmen

Sozialunternehmen sind hinsichtlich ihrer Emergenz in Gründungsorganisationen (*entre*preneurship) bzw. in der Neuausrichtung bestehender Sozialorganisationen wie z.B. NPOs *(intrapreneurship)* zu unterscheiden.

Gründungsorganisationen entstehen – im Vergleich zu vielfach staatlich initiierten und finanzierten NPOs – vornehmlich aus drei Gründen (1) der Empathie, (2) der Selbst-Betroffenheit oder (3) des „bohemen" Lebensgefühls in einer bestimmten Biographiephase (postgraduierte Mittzwanziger bis Mittdreißiger). Es steht zu vermuten, dass die Emergenz von Sozialunternehmen ähnlich der Emergenz von NSBs einer politischen bzw. ökonomischen (Sinn-)Krise der (nationalen) Gesellschaft folgt (beobachtetes „Staats- bzw. Marktversagen").

2. Die Konstitutions-Dimension der Sozialunternehmen

Sozialunternehmen weisen – analog zu den NPOs – einen hohen Institutionalisierungsgrad auf, der sich nach gewissen Vorstadien durchgängig *gesellschafts- bzw. vereinsrechtlich konstituiert*. Sie weisen damit – im Gegensatz zu NSB und NGOs – eine *eineindeutig adressierbare Akteurslogik* auf.

3. Die Motiv-Dimension der Sozialunternehmen

Sozialunternehmen haben – im Vergleich zu NPOs – eine stärkere *individualistische Motivstruktur* für die Entwicklung von innovativen Blueprints zur Lösung – wie auch immer definierter – sozialer Probleme. Im Gegensatz zu NGOs und NSB sind die *Motive der Einflussnahme konkreter* (weniger utopistisch) und *operativer* (weniger kommunikativ, i.S. der politischen bzw. massenmedialen Kommunikation).

Dabei weisen Sozialunternehmen im Vergleich zu NGOs und NSB ausschließlich Merkmale „positiver Koordination" (konstruktive Versuche, eine als richtig angesehene Veränderung zu erreichen) auf, während auf der Seite der NGOs und NSB auch „negative Koordination" („destruktive" Versuche, also Versuche, eine sich abzeichnende Veränderung zu verhindern) als Motiv erkennbar wird.

4. Die Wettbewerbs-Dimension der Sozialunternehmen

Sozialunternehmen bewegen sich entweder im Wettbewerb zu bisherig staatlichen oder staatsnahen Leistungen (z. B. NPOs) – also *horizontaler Wettbewerb* – oder sind analog zu klassischen Unternehmer für eine Marktneuschaffung verantwortlich – *unternehmerische Wettbewerbsinitiierung*. Im Gegensatz zu NPOs bestehen für Sozialunternehmen i. d. R. *keine staatlichen Privilegien*, die wettbewerbliche Vormachtstellungen sichern. In einigen Fällen kann sogar die *Senkung von Markteintrittsbarrieren* mit der Sozialunternehmensgründung verbunden sein, also auch die Infragestellung von faktischen Monopolstellungen.

Im Vergleich dazu ist die Wettbewerbsdimension bei Sozialunternehmen operativ, d. h. in *produkt- bzw. dienstleistungsorientierten Märkten* zu suchen, während die relevanten Wettbewerbs-Märkte bei NGOs und NSB die der Mitgliedschaften und (gesellschaftlichen) Stimmungen sind.

5. Die Beziehungs-Dimension der Sozialunternehmen

Sozialunternehmen weisen Beziehungsfähigkeiten vorrangig in der Wertschöpfungskette zu Kunden, Lieferanten und Refinanzierern auf (*starke vertikale Beziehungsfähigkeit*). Im Vergleich zu den etablierten NPOs kann hier von virtualisierten Wertschöpfungsnetzwerken ausgegangen werden (bei gleichzeitig *geringer horizontaler Beziehungsfähigkeit* unter Wettbewerbern). Im Vergleich zu den NGOs und abgeschwächt zu NSB kann eine geringere cross-sektorale und internationale Beziehungsfähigkeit zu Politik, Verwaltung und Medien konstatiert werden (geringere *laterale und internationale Beziehungsfähigkeit*).

6. Die Governance-Dimension der Sozialunternehmen

Sozialunternehmen weisen i. d. R. Governance-Strukturen der klassischen gesellschaftsrechtlichen Organstellungen auf. Die Intensität der Wahrnehmung variiert über die Form der Refinanzierung der Sozialunternehmen, so dass sie im Vergleich zu den dominierenden absatzfinanzierten NPOs und den sich professionalisierenden auf Massen-Spendenfinanzierung aufbauenden und sich institutionalisierten NGOs als stärker angenommen werden kann.

7. Die Mitgliedschafts-Dimension der Sozialunternehmen

Bei Gründungsorganisationen gibt es einen Gründer bzw. ein Gründerteam – im Vergleich zu NSB mit regulärer Mitgliedschaft über i. d. R. arbeitsvertragliche Regelungen. Das Ehrenamt ist in Führungsstrukturen noch unüblicher als in den sich professionalisierenden NSB bzw. NGOs – wenngleich in den Gründungszeiten gewisse Gehaltsverzichte analog klassischer Unternehmer (allerdings ohne die Aussicht auf einen kompensierenden *pay off* beim Verkauf) durchaus denkbar sind.

Virtuelle Freiwilligennetzwerke zur Skalierung der Produktion und des Vertriebs von Leistungen sind bei Sozialunternehmen im Vergleich zu NPOs durchaus häufiger anzutreffen.

8. Die Mobilisierungs-Dimension der Sozialunternehmen

Sozialunternehmen setzen im Vergleich zu NPOs *stärker auf Ressourcen-Mobilisierung* Dritter (insbesondere Produktion und Vertrieb) und im Vergleich zu NGOs *weniger auf Mitglieder- und Spender-Mobilisierung*.

9. Die Legitimitäts-Dimension der Sozialunternehmen

Sozialunternehmen weisen – wie auch reguläre Unternehmer – *formal-rationale* eine gesellschafts- bzw. vereinsrechtliche Legitimität auf, eine *charismatische Legitimität* mit Bezug auf die Gründer oder im Hinblick auf die angebotenen Lösungen eine *moralische Legitimität* mit Bezug auf die zugrunde liegenden „sozialen Probleme". Letztere basieren letztlich auf Selbstzuschreibung bzw. -konstruktion. NPOs und Social Intrapreneurs legitimieren sich im Vergleich vorrangig durch den politischen Willen bzw. die teilstaatliche Trägerschaft, während NGOs und NSB die Mobilisierung von Mitgliedschaften, (internationale) Partnerschaften und Medialisierungen als Legitimationsressource heranziehen.

Sozialunternehmen nutzen diese Form der medialisierten Legitimierung auch durch gesonderte prestigeträchtige Ausschreibungen und Wettbewerbe (z. B. durch Regierungen, reputative Dienstleister oder durch die Fördererorganisationen wie Ashoka, Schwab etc.) sowie mittels weiterer Formen des Reputations-Signallings wie Beiräte oder eigene politische Beratertätigkeiten und Konferenzteilnahmen.

10. Die Identitäts-Dimension der Sozialunternehmen

Die Identität des Sozialunternehmenskonstruiert sich *inhaltlich* durch die hervorgehobene „*Soziale Mission*" („sense making") und *formal* über die organisationale *Mitgliedschaft*. Für einen Teil der Gründungsorganisationen, die in ihrer Selbstbeschreibung den expliziten Bezug auf „*Sozialunternehmen*" suchen, kann eine Identitätskonstruktion über „*Story Telling*" und „*Heroisierung*" der Gründer bzw. „Kunden" angenommen werden – ähnlich bestimmter Familienunternehmen. Dabei ist die Identität auch für die Markt-Sichtbarkeit und Kundengewinnung relevant.

Absatzfinanzierte NPOs betreiben im Vergleich ein *institutionelles „Branding*", setzen nahezu keine PR-Arbeit oder „Story Telling" ein. Identitäten von NSB bzw. NGOs kondensieren hingegen häufig an den Gründungsutopien bzw. -themen. Für ihre Mitglieder- und Spenderakquise ist die Kampagnenfähigkeit sowie die beobachtbare und teilnehmende Unterstützung (z. B. Protest) als *symbolische Interaktionen* wichtiges identitätsbildendes und -stabilisierendes Element.

11. Die Nachhaltigkeits-Dimension der Sozialunternehmen

Sozialunternehmen haben – verglichen mit normalen Unternehmern und NPOs – im Grundsatz *kein Selbsterhaltungsinteresse*, wenn das zugrunde liegende „soziale Problem" gelöst ist bzw. die Aufgabenerledigung in andere – marktliche, staatliche oder teilstaatliche – Strukturen effizienter überführt wurde. Aufgrund der z. T. privilegierten Wettbewerbssituation anderer Marktteilnehmer (NPOs) kann es zu politisch gewollten Entwertungen des Geschäftsmodells kommen.

Sollte ein Selbsterhaltungsinteresse aufgrund des weiterhin bestehenden Problems vorliegen, entscheidet die Selbstfinanzierung bzw. Spendenfähigkeit über die Nachhaltigkeit. Bei NPOs lässt sich das *Skalierungsinteresse* mit einer steigenden Eigenfinanzierung belegen, allerdings auch vielfach durch physische Integration (z. B. durch Zukäufe) mit einhergehenden „*diseconomies of scale*". Bei NGOs oder NSB zeigt sich mitunter der *Temporalisierungsansatz* sehr deutlich, so dass die Nachhaltigkeit insbesondere für die Spendenakquisefähigkeit relevant ist.

12. Die Finanzierungs-Dimension der Sozialunternehmen

Sozialunternehmen weisen unterschiedliche Finanzierungsformen auf, die auch mit der Rechtsform variieren. I. d. R. erhalten sie im Vergleich zimper (oder den QANGOs bzw. GONGOs) keine (leistungsgeldbasierte) staatliche Kofinanzierung, sondern basieren ihre Refinanzierung auf ein operatives Geschäftsmodell – ggf. kombiniert mit Spenden (wenngleich unterscheidbar zu den auf Massenspenden angewiesenen NGOs, NSB oder den entsprechenden NPOs).

Analog zu kommerziellen Start Ups etabliert sich ein Gedanke der *pre seed-, seed-, venture capital- bzw. later stage-Finanzierung* (z. B. über sog. Social Venture Fonds).

13. Die Ergebnis-Dimension der Sozialunternehmen

Für Sozialunternehmen sind die Ergebnisse vorrangig die Lösung von als solchen wahrgenommenen sozialen Problemen – und damit zunächst abstrakter als zumeist bei NPOs mit einer staatlich determinierten Grundversorgungslogik. Dabei steht im Gegensatz zu den NGOs und NSB vor allem die skalierbare Lösungsorientierung und nicht die Themenorientierung und -besetzung und nachfolgend Kampagnenfähigkeit im Fokus. Die Gewinnerzielungsabsicht ist für Sozialunternehmen kein hinreichendes Kriterium und variiert auch mit der gesellschaftsrechtlichen Form – wenngleich NPOs mit ihrer sie auszeichnenden „Gewinnausschüttungssperre" bei gleichzeitiger Gewinnerzielungsabsicht (bei absatzfinanzierten NPOs) eine gewisse Ziel- bzw. Ergebnisambivalenz aufweisen.

Bei der Ergebnismessung (z. B. *social impact*) und der Transparenz (Reporting, Evaluation) kann eine höhere Anforderung an Sozialunternehmen angenommen werden.

4. Das „Webdiagramm der Ideal-Typologisierung sozialer Organisations- und Interaktionssysteme"

Abbildung 1: Das Webdiagramm der differenztheoretischen Ideal-
Typologisierung der Sozialunternehmen, NPOs, NGOs
(eigene Darstellung)

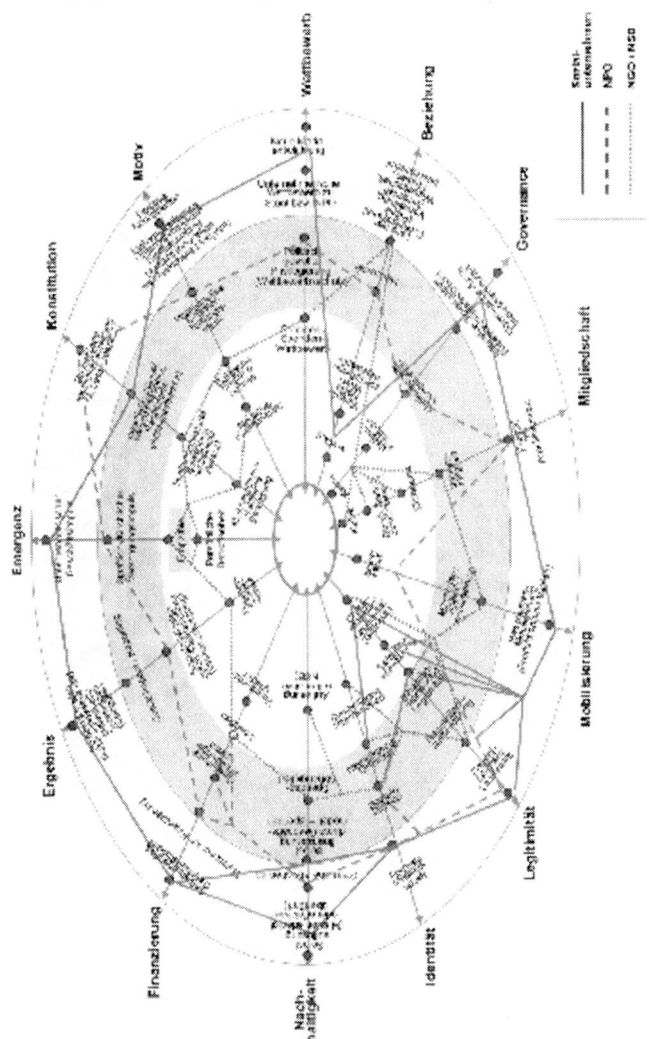

5. Differenztheoretische Arbeitsdefinition – Chancen und Grenzen

5.1 Analyse der Begriffe „Sozial", „Unternehmer" und „soziale Innovation"

Mit Blick auf die analysierten Dimensionen von Sozialunternehmen sind nun die
wesentlichen Grundlagen einer kürzeren Arbeitsdefinition gegeben, die nicht in
der gezeigten Länge alle Differenzierungen explizit ausführen muss, sondern auf
diese sensibilisiert mit Merkmalsausprägungen definitorisch präzisiert.

Dennoch bleiben in der semantischen Analyse die vordergründigen Begriffe
noch vergleichsweise unterdefiniert: (1) das Soziale, (2) das Unternehmerische und
– mit Blick auf den behaupteten Neuigkeitscharakter auch – (3) das Innovative.

5.1.1 Ad (1): Das „Soziale" des Sozialen Unternehmertums

Die Schwierigkeit des Begriffes des Sozialen ist seine Vermassung. Die Unschärfe dieser als Referenzierung verwendeten Begriffs für die Sozialunternehmen ist
die wesentliche semantische Achillesferse.

Das Wort „sozial" leitet sich aus dem Lateinischen *socius* ab, also gemeinsam, verbunden, verbündet. Damit soll eine wechselseitige Beziehung bzw. Bezo-
genheit als Grundbedingtheit des Zusammenlebens (vorrangig unter Menschen)
beschrieben. Die Sozial- oder Gesellschaftswissenschaften oder auch insbesondere die Soziologie haben sich dieser wissenschaftlichen Analyse des so ver-
standenen Sozialen verschrieben. Damit sind Staaten, Märkte oder auch Unternehmen per se soziale Phänomene. Die profilierten wie „Sozialstaat", „soziale
Marktwirtschaft" und eben auch „Sozialunternehmen" bekommen damit eine
eher pleonastische Qualität.

Das Soziale wird daher in den genannten Beispielen offenbar als Referenzierung für *Probleme* innerhalb der Beziehung einzelner in der Gesellschaft, z. B. in
der Ungleichheit der Behandlung bzw. der Chancen verstanden.

- Ein *Sozialstaat* wäre dann sozial, wenn er durch sein Gewaltmonopol mit
  Reallokationen und Transferzahlungen im Sinne der Gleichheit korrigiert,
  also wenn „*public bads"* durch „*public goods"* kompensiert werden.

- Eine *Marktwirtschaft* wäre dann sozial, wenn sie durch politische wie unternehmerische Interventionen weitere Reallokationen im Sinne der *Internalisierung
  der negativen externen Effekte* erreicht, die mit dem marktwirtschaftlichen
  Handeln einhergehen.

- Ein *Sozialunternehmen* wäre dann sozial, wenn es sich als Unternehmensziel
  der Identifikation, Produktion und dem Vertrieb von Leistungen verschreibt,
  die für die Aufhebung der Ungleichheit und der Steigerung der Fürsorge sowie

der sozialen Mobilität wirken sollen, und dessen Gründung sich auf Staats-
bzw. Marktversagen beziehen kann, aber nicht muss, und dessen (steuerliche)
Gemeinnützigkeit bzw. fehlende Gewinnerzielungsabsicht vermutet werden
kann, aber nicht zwingend ist.

Davon abgegrenzt ist die Idee der „Corporate Social Responsibility" bzw. der
„Corporate Citizenship", die eine Spielart der Idee der Internationalisierung nega-
tiver externer Effekte ist bzw. eine anders gelagerte, kompensatorische Produktion von positiven externen Effekte für die Allgemeinheit. Hier kann es in der Un-
ternehmensstrategie sein, als Nebenziel bzw. als Bedingung des Wirtschaftens
soziale Aspekte der Allgemeinheit zu berücksichtigen.

Zusammenfassend muss festgehalten werden, dass der Charakter des Sozialen keine wirklich inhärente Qualität aufweist, sondern sich selbst im Bezug zur
Gesellschaft interpretativ bzw. attributiv verhält. Anders: Der Sozialunternehmer
definiert das „Soziale Problem", das er lösen will, selbst, und plausibilisiert es dann
im Nachgang gegenüber der Gesellschaft respektive den „Kunden". Genau das ist
das unternehmerische Moment für die Erfindung und Bereitstellung einer Lösung
(eines Angebotes), für die das Problem noch gar nicht definiert war (die Nachfrage).

5.1.2 Ad (2): Das „Unternehmerische" des Sozialen Unternehmertums

Der Unternehmer ist eine besondere und beflügelnde Figur der Geschichte der
Nationalökonomie selbst. Schumpeter oder – etwas anders gelagert – Sombart sehen in ihm letztlich den Joker der Innovation, die im neo-klassischen Markttheo-
rie-Kontext definitorisch ausgeschlossen ist.

Wenn in einer Betriebswirtschaftslehre, die mit Gutenberg das „psychophy-
sische Subjekt" eingeklammert hat, auf den Unternehmer referiert wird, dann insbesondere mit dem hochpersonalisierten und anti-rationalistischen Verweis auf
die Mischung von eigenwilliger Mentalität und nicht-imitierbarer Kompetenz.
Die Schumpetersche Beschreibungsfigur der „schöpferischen Zerstörung" zeigt
die Dualität, der Genese von Antworten (Produkte, Prozesse) durch Infragestel-
lungen (bisheriger Ressourcen-Kombinationen, Produkte, Prozesse) und der Dualität von Verantwortungs- und Risikobereitschaft.

Ein Unternehmer hat damit idealtypisch die folgenden verhaltensbezogene
Qualitäten (Jansen 2009, S. 33): Er ist Regelbrecher, d. h. Kausalitätsunterbrecher,
Hierarchieflüchtling, Lückenfinder von Produkten und ihrer Nachfrage, Grenz-
gänger zwischen Wissen und Nicht-Wissen, er scheitert in der Regel, bevor er irgendwann erfolgreich ist, er macht Unwahrscheinliches wahrscheinlich und ist
kultureller, kommunikativer und politischer Übersetzer zwischen Technologie,
Talenten und Finanzen.

Das *Unternehmerische* am Sozialunternehmer ist neben der verhaltensbezo-
genen Rollen-Analogie die vorrangig operativ-produktive Rekombinationen von
Ressourcen – statt Kommunikation wie bei NGOs und NSB oder (teil-)staatlicher
Aufgabenerfüllung (NPOs) – für Lösungen der identifizierten sozialen Probleme.
Wenngleich mit dem Unternehmer verkürzt immer der Gesellschafter und Gründer adressiert ist, gilt dies auch für Nachfolger bzw. bei Sozialunternehmen auch
für *Intrapreneure*, also angestellte Unternehmer im Unternehmen (z. B. NPO).

5.1.3 Ad (3): Das „sozial Innovative" des Sozialen Unternehmertums

Innovationen sind lange vor allem als technologische und materielle Innovationen verstanden worden, auch wenn Schumpeter bereits früh auf Prozessinnovationen abstellte (vgl. z. B. 2005). Die Auseinandersetzung mit „sozialen Innovationen" setzt erst Mitte der 1990er Jahre ein (vgl. hier beginnend mit Zapf 1994,
aber auch Gillwald 2004, Aderhold/John 2005).

„Soziale Innovationen sind neue Wege, Ziele zu erreichen, insbesondere neue
Organisationsformen, neue Regulierungen, neue Lebensstile, die die Richtung des
sozialen Wandels verändern, Probleme besser lösen als frühere Praktiken, und die
deshalb wert sind, nachgeahmt und institutionalisiert zu werden." (Zapf 1994: 33)

Tabelle 13: Soziale Innovationen (Zapf 1994, S. 30-33)

Typen von sozialer Innovation	Beispiele
Organisationsveränderungen im Unternehmen	Neue Lohnformen, neue Beteiligungsformen, neue Ausbildungsformen
Neue Dienstleistungen	Planung, Design, Ausbildung, Therapie, Organisation, Prüfung, Beratung
Sozialtechnologien	Kombination Ausrüstung und Dienstleistung zur Lösung sozialer Probleme
Selbsterzeugte soziale Erfindungen	Beteiligung der Betroffenen bei Innovationsvorhaben
Politische Innovationen	Große Anstrengungen (große Reformen) außerhalb der Routine, die nachhaltige gesellschaftliche Auswirkungen haben
Neue Muster der Bedürfnisbefriedigung	Signifikant neue Verteilung des Anteils von Marktgütern, marktmäßigen Dienstleistungen und Eigenproduktion, z. B. Fernseher in jedem Haushalt, Privatauto
Neue Lebensstile	Lebensstile sind die Art und Weise, wie Personen die Ausgabe ihrer Ressourcen (ihre Konsum-, Zeit-, Aktivitätsbudgets) so organisieren, so dass gleichzeitig ihre Bedürfnisse befriedigt und ihre Werte und Statusansprüche ausgedrückt werden.

Wesentliche Merkmale sozialer Innovationen sind nach Gillwald „ihre Andersartigkeit gegenüber vorherigen Praktiken (Kriterium „relativer Neuartigkeit"), ihre Verbreitung und Stabilisierung, die auch Nachbesserungen und Anpassungen im Umfeld mit einschließen, damit auch ihre Dauerhaftigkeit jenseits vorübergehender Modeerscheinungen und infolge dessen und vor allem ihre gesellschaftlichen Auswirkungen, verbunden mit einem Einfluss auf die weitere Richtung der gesellschaftlichen Entwicklung" (2004, S. 40).

Entscheidend bei den Sozialunternehmen könnte die Analyse der Rolle im Innovationsprozess der Gesellschaft selbst sein. Es spricht eine Menge dafür, dass sie vor allem Inventeure sind, die Probleme, also staatliche bzw. marktliche Versorgungslücken zu identifizieren und Testlösungen und Testmärkte zu generieren, die tatsächliche Marktfähigkeit und Marktbefähigung der Lösungen selbst, also die Innovation, kann ggf. auch vom Staat, von NPOs oder kommerziellen Anbietern geleistet werden.

5.2 Arbeitsdefinition zur Diskussion

Sozialunternehmen sind (1) Gründungsorganisationen (social *entre*preneurship) bzw. (2) Neuausrichtungen bestehender Sozialorganisationen (social *intra*preneurship), die einen (3) *hohen Institutionalisierungsgrad* mit (4) vorzugsweise *gesellschafts- bzw. vereinsrechtlicher Konstitution* und (5) den damit verbundenen *formalen Governance-Strukturen* aufweisen, und mit (6) *individualistischer Motivstruktur* für die (7) *unternehmerische Entwicklung* von (8) *innovativen, skalierbaren Blueprints* zur (9) *Linderung und Lösung* von – durch die Sozialunternehmern als solche definierten – *sozialen Problemen* beitragen.

Sozialunternehmen setzen dabei auf (10) *(medial vermittelte) Selbstlegitimierung* und (11) *Mobilisierung Ressourcen* Dritter rundbewegen sich entweder (12) im *Wettbewerb zu bisherig staatlichen oder staatsnahen Leistungen* oder sind (13) analog zu klassischen Unternehmer für eine *Marktneuschaffung* verantwortlich.

Sozialunternehmen haben (14) im Grundsatz *kein Selbsterhaltungsinteresse*, wenn das zugrunde liegende „soziale Problem" gelöst ist bzw. die Identifikation von sozialen Problembereichen und deren Lösungsüberlegungen in der Aufgabenerledigung in andere – marktliche, staatliche oder teilstaatliche – Strukturen effizienter überführt wurde. Sollte dies nicht möglich sein, weisen Sozialunternehmen (15) ein ggf. *durch Spenden ergänztes marktliches Geschäftsmodell zur Selbstfinanzierung* auf.

5.3 Verprobung der Arbeitsdefinition

Gemessen an den im Abschnitt 1.2 genannten vier Kriterien kann die obige Dimensionsanalyse und die Arbeitsdefinition zunächst einmal verprobt werden:

- *Institutionelle Differenz:* Die Differenzierung zu bestehenden Organisations-/
  Interaktionssystemen im so genannten Sozialsektor konnte ausreichend
  geleistet werden.

- *Konzeptionelle Eigenständigkeit:* Eine differenztheoretische Beschreibungskraft insbesondere im Hinblick auf das Attribut des Unternehmerischen kann
  angenommen werden. Für das Attribut des Sozialen bleiben die fehlenden
  Inhärenz und damit die Problematik der Unschärfe aufgrund der Selbstzuschreibung mit der erforderlichen Selbstlegitimierung.

- *Dimensionale Tiefen-Differenzierbarkeit:* Die Definition und Konzeptionalisierung genügt multidimensionalen Merkmalen und der Merkmalsausprägungen, die auch in der empirische Analyse wertvolle Unterscheidungen
  erlauben sollten sowie Zwischenbereiche bzw. Hybride herausarbeiten lässt.

- *Multi-Perspektivität durch multi-disziplinäre Zugänge:* Die Dimensio-
  nen-Analyse wie auch die Arbeitsdefinition nimmt Bezüge auf betriebswirtschaftliche, politik- und verwaltungswissenschaftliche Analysen und
  Merkmalsbeschreibungen zu Systemen und Akteuren des Sozialsektors, des
  Non-Government- and Non-Profit-Bereiches.

Literaturverzeichnis

Achleitner, A.-K. / Pöllath, R. & Stahl, E. (Hrsg.) (2007): Finanzierung von Sozialunternehmern, Kon-
zepte zur finanziellen Unterstützung von Social Entrepreneurs, Schäffer-Poeschel, Stuttgart.
Aderhold, J. / John, R. (2005): Innovation – Sozialwissenschaftliche Perspektiven, Konstanz.
Alvord, S. H. / Brown, L. D. & Letts, C. (2002): Social Entrepreneurship and Social Transforma-
tion: An Exploratory Study, Journal of Applied Behavioral Science, 40. Jg., Nr. 3, S. 260-282.
Austin, J. E. / Stevenson, H. & Wei-Skillern, J. (2006): Social and Commercial Entrepreneurship:
Same, Different, or Both, Entrepreneurship Theory & Practice, 30. Jg., Nr. 1, S. 1-22.
Barendsen, L. & Gardner, H. (2004): Is the Social Entrepreneur a New Type of Leader?, Leader to
Leader, 34. Jg., Nr. Fall, S. 43-50.
Bornstein, D. (2004): How to Change the World, Social Entrepreneurs and the Power of New Ideas,
Oxford University Press, New York.
Boschee, J. & McClurg, J. (2003): Toward a Better Understanding of Social Entrepreneurship: Some
Important Distinctions, social enterprise alliance. Download unter: http://www.se-alliance.
org/better_understanding.pdf.
Braun-Thürmann, H. (2005): Innovation, Bielefeld.
Brinckerhoff, P. C. (2000): Social Entrepreneurship – The Art of Mission-Based Venture Develop-
ment, John Wiley & Sons, Inc., New York.

Buchanan, J.M. / Musgrave, R.A. (2001): Public Finance and Public Choice – Two Contrasting Visions of the State. Cambridge, London.

Caloia, A. (2003): The social entrepreneur, Bilbao, Spain.

Cho, A. H. (2006): Politics, Values and Social Entrepreneurship: A Critical Appraisal. In: Mair, J. / Robinson, J. & Hockerts, K. (Hrsg.): Social Entrepreneurship, New York.

Dees, G. J. (2001): The Meaning of „Social Entrepreneurship", The Fuqua School of Business. Download unter: http://www.fuqua.duke.edu/centers/case/documents/dees_sedef.pdf.

della Porta, D. / Diani, M. (2006): Social Movements. An Introduction, Malden, Oxford, Victoria.

Drayton, B. (2005): Social Entrepreneurs: Creating a Competitive and Entrepreneurial Citizen Sector, changemakers. Download unter: www.changemakers.net/library/readings/drayton.cfm.

Fowler, A. (2000): NGDOs as a moment in history: beyond aid to social entrepreneurship or civic innovation, Third World Quarterly, 21. Jg., Nr. 4, S. 637-654.

Fueglistaller, U. / Müller, C. & Volery, T. (2004): Social Entrepreneuship. In: Fueglistaller, U. / Müller, C. & Volery, T. (Hrsg.): Entrepreneuship, Gabler, Wiesbaden.

Gillwald, Katrin (2004): Konzepte sozialer Innovation, Diskussionspapier am Wissenschaftszentrum Berlin, Nr. 519, Querschnittsgruppe "Arbeit & Ökologie".

Harding, R. (2004): Social enterprise: the new economic engine? Business and Strategy Review, 15, 4, S. 3943.

Hibbert, S. A. / Hogg, G. & Quinn, T. (2002): Consumer response to social entrepreneurship: The case of the Big Issue in Scotland, International Journal of Nonprofit & Voluntary Sector Marketing, 7. Jg., Nr. 3, S. 14.

Jansen, Stephan A. / Oldenburg, Felix (2010): Unternehmertum statt Ehrenamt, in: Brand eins, 07/2010, S. 46-47.

Jansen, Stephan A. (2010): Management der Moralisierung, in: Brand eins, 02/2010, S. 132-133.

Jansen, Stephan A. (2009): Die Bildung des Unternehmerischen, in: Stiftung Familienunternehmen (2009): Tags des deutschen Familienunternehmens – Dokumentation www.familienunternehmen. de/media/public/pdf/veranstaltungen/stiftertag/2009/stiftertag_2009_nachschrift.pdf, S. 32-35.

Kesselring, A. / Leitner, M. (2008): Soziale Innovation in Unternehmen, Studie erstellt im Auftrag der Unruhe Privatstiftung, Wien.

Kieser, A. (1996): Moden und Mythen des Organisierens, in: Die Betriebswirtschaft, 56. 1, S. 21-39.

Kramer, M. (2005): Measuring Innovation: Evaluation in the Field of Social Entrepreneurship, Skoll Foundation / Foundation Strategy Group. Download unter: http://www.skollfoundation.org/ media/skoll_docs/Measuring%20Innovation%20(Skoll%20and%20FSG%20Report).pdf.

Leadbeater, C. (1997): The Rise of the Social Entrepreneur, London.

Lester M. S. / Anheier, H. K. (1997) (Hrsg.): Defining the Nonprofit Sector: A Cross-National Analysis, Manchester.

Light, P. (2008): The search for social entrepreneurship, Washington

Light, P. (2006): Reshaping social entrepreneurship, in: Stanford Social Innovation Review, Fall 2006, S. 47-51.

Mair, J. & Noboa, E. (2003): Social Entrepreneurship: How Intentions to Create a Social Enterprise get Formed. Download unter: http://papers.ssrn.com/sol3/papers.cfm?abstract_id=875589.

Martin, R. L. & Osberg, S. (2007): Social Entrepreneurship: The Case for Definition, Stanford Social Innovation Review, Nr. Spring 2007, S. 27-39.

Mort, G. S. / Weerawardena, J. & Carnegie, K. (2003): Social entrepreneurship: Towards conceptualisation, International Journal of Nonprofit & Voluntary Sector Marketing, 8. Jg., Nr. 1, S. 76 – 88.

Nicholls, A. (2010): The Legitimacy of Social Entrepreneurship: Reflexive Isomorphism in a Pre-Paradigmatic Field, in: Entrepreneurship, July 2010, S. 611-633.

Nicholls, A. (Hrsg.) (2006): Social Entrepreneurship, New Models of Sustainable Social Change, Oxford University Press, Oxford, New York.

NYU Stern (2005) http://w4.stern.nyu.edu/berkley/social.cfm?doc_id=1868.

Perrini, F. & Vurro, C. (2006): Social Entrepreneurship: Innovation and Social Change Across the Theory and Practice. In: Mair, J. / Robinson, J. & Hockerts, K. (Hrsg.): Social Entrepreneurship, New York.

Perrini, F. (Hrsg.): (2006). The new social entrepreneurship: What awaits social entrepreneurship ventures? Cheltenham, U.K.

Prabhu, G. N. (1999): Social entrepreneurial leadership, Career Development International, 4. Jg., Nr. 3, S. 140-145.

Robinson, J. (2006): Navigating Social and Institutional Barriers to Markets: How Social Entrepreneurs Identify and Evaluate Opportunities. In: Mair, J. / Robinson, J. & Hockerts, K. (Hrsg.): Social Entrepreneurship, Palgrave, London.

Roder, B. (in Druck): Reporting im Social Entrepreneurship.

Rucht, D.; Roth, R. (2008) (Hrsg.): Die sozialen Bewegungen in Deutschland seit 1945. Ein Handbuch, Frankfurt am Main.

Shaw, E. (2004): Marketing in the social enterprise context: is it entrepreneurial? Qualitative Marketing Research, 7, 3, S. 194 – 205.

Santos, F. (2009): A Positive Theory of Social Entrepreneurship, New York. http://www.insead.edu/facultyresearch/centres/social_entrepreneurship/research_resources/documents/2009-23.pdf.

Schandl, F. / Schattauer, G. (1996): Die Grünen in Österreich. Entwicklung und Konsolidierung einer politischen Kraft, Wien.

Schumpeter, J. A. (2005): Kapitalismus, Sozialismus und Demokratie, Stuttgart.

Short, J. / Moss, T. / Lumpkin, G. (2009): Research in social entrepreneurship: Past contributions and future opportunities, in: Strategic Entrepreneurship Journal, 3, S. 161-194.

Stehr, N. (2007): Die Moralisierung der Märkte. Eine Gesellschaftstheorie. Frankfurt am Main.

Thake, S. / Zadek, S. (1997): Practical people, noble causes. How to support community based social entrepreneurs. New Economic Foundation.

Thomspon, J. / Alvy, G. & Lees, A. (2000): Social entrepreneurship – a new look at the people and the potential, Management Decision, 38. Jg., Nr. 5/6, S. 328-338.

Vasi, I. B.(2009): New heroes, old theories? Toward a sociological perspective on social entrepreneurship, in: Ziegler, Rafael (Hrsg.): An Introduction to Social Entrepreneurship – Voices, Preconditions, Contexts, Celtenham, UK, S. 155-173.

Waddock, S. A. & Post, J. E. (1991): Social Entrepreneurs and Catalytic Change, Public Administration Review, 51. Jg., Nr. 5, S. 393-401.

Weltbank (2009): http://siteresources.worldbank.org/datastatistics/Resources/GDP.pdf [Stand: 01.08.2010].

Wing, K. T. / Pollak, T. H. / Blackwood, A. / Lampkin, L. M. (2008): The Nonprofit Almanac 2008, Washington, DC.

Zahra, S. A. / Gedajlovic, E. / Neubaum, D. O. & Shulman, J. M. (2009): A typology of social entrepreneurs: Motives, search processes and ethical challenges, Journal of Business Venturing, 24. Jg., Nr. 5, S. 519-532.

Zapf, W. (1994): Modernisierung, Wohlfahrtsentwicklung und Transformation. Wissenschaftszentrum Berlin für Sozialforschung WZB, Berlin.

Zimmer, A./Priller, E./Hallmann, Th. (2003): Zur Entwicklung des Non Profit Sektors und zu den Auswirkungen auf das Personalmanagement seiner Organisation, in: Personalmanagement als Gestaltungsaufgabe im Nonprofit und Public Management, in Eckardstein von, D./Ridder, H.-G. (Hrsg.), München/Mering 2003, S. 33-52.

Skalierung von sozialer Wirksamkeit
Thesen, Tests und Trends zur Organisation und Innovation von Sozialunternehmen und deren Wirksamkeitsskalierung[1]

Stephan A. Jansen

1. Ausgangssituation: Herausforderung der Breite an der Spitze

Sozialunternehmen haben in der Akademia wie auch in den Medien eine wachsende Aufmerksamkeit erfahren. Zeigte die Forschung klassischer Non-Profit-Organisationen spätestens in den 1990er Jahren gewisse Ermüdungserscheinungen, kann zeitgleich zu dieser Ermüdung das erweckte Interesse der Forschung an dem seit über 40 Jahre aus der Praxis so bezeichneten Phänomen der Sozialunternehmen beobachtet werden. Dieses frische Erkenntnisinteresse scheint aber nun in den 2010er Jahren selbst wieder mit gewissen Stagnationserscheinungen einherzugehen. So ist eine wissenschaftliche Selbstvergewisserung um immer die gleichen – eben wissenschaftlichen – Problembereiche eingetreten: Definitionen und Konzepte von Sozialunternehmertum (vgl. stellvertretend für unzählige Herausgeberbände und Management-Artikel Volkmann/Oliver/Ernst 2012). Es bleiben letztlich konzeptionelle, zumeist disziplinär bzw. sektoral enggeführte Beiträge, deren empirische Basierung für Theoriebildung allenfalls mit Fallstudiendarstellungen zu realisieren war (vgl. ebenfalls für viele Ziegler 2009).

In den deutschen Medien haben genau diese – ebenfalls immer gleichen Fälle – für durchaus wachsendes Interesse gesorgt (Pennekamp 2012). Friedensnobel-

1   Der Dank für die wichtige Unterstützung im Rahmen der Koordinationsfunktion der Zeppelin Universität und dieser Forschungsarbeiten gilt insbesondere dem Team des „Civil Society Centers | CiSoC" und des Lehrstuhls für Strategische Organisation & Finanzierung | SOFI, das ich leiten darf. Hier besonders zu nennen: Rieke Schües, Dr. Saskia Richter sowie den studentischen Mitarbeitern Michaela Böhme, Kai Dieter und Tim Weiss. Weiterhin wäre die Auswertung für die Zeppelin Universität ohne die beiden Doktoranden Linn Rampl und Marc Linzmajer vom Nachbarlehrstuhl für Marketing nicht so reibungslos möglich gewesen. Dem Südkonsortium aus dem CSI Heidelberg sowie der TU München sei herzlich gedankt. Für dieses Kapitel war der Austausch mit dem Team von Kollegin Ann-Kristin Achleitner, Judith Mayer und ganz besonders mit Dr. Wolfgang Spieß-Knafl zentral für die Freude an den Ergebnissen und deren Interpretationen. Letzterem danke ich zudem für eine kritische Durchsicht.

preise an Banker, Sozialunternehmer in Sozialstaats- und Finanzmarktkrisen sind Geschichten wert gewesen, wie die beginnende Dekonstruktion der Protagonisten. Nun stellt sich bei dem Wachstum des Interesses der Wissenschaft und der Medien der letzten Jahre die naheliegende Frage, ob die Sozialunternehmen selbst ein Interesse am Wachstum ihrer Organisation oder Idee haben bzw. – legitimitätsbegründet – haben müssten. Diese Frage nach dem Wachstum wird insbesondere dann relevant, wenn Sozialunternehmen für sich beanspruchen wollen, öffentliche Güter zur Linderung sozialer Probleme bereitzustellen, die Staat, Markt oder andere zivilgesellschaftliche Akteure nicht bereitstellen. Wenn Wilhelm von Humboldt ein Jahr nach seinem Ausscheiden aus der Verbeamtung 1792 über seine „Ideen zu einem Versuch, die *Grenzen der Wirksamkeit* des Staats zu bestimmen" (vgl. von Humboldt 1982), schreibt, dann wird es für andere gesellschaftlichen – oder präziser: sektoralen – Akteure ebenfalls relevant, zu beschreiben, wo die Skalierung und Grenzen der Wirksamkeit liegen – so auch die vermeintlich neue Akteursgruppe der Sozialunternehmen.

Bei allem dem wachsenden Interesse blieb genau dieses zentrale Thema zumindest in Länder mit entwickelten Sozial*staats*strukturen jedoch lange Zeit unterbelichtet (vgl. für die wenigen Auseinandersetzungen Bloom / Chatterji 2009 und Heinecke / Mayer 2012, 191ff.): das Wachstum der Sozialunternehmen. Und Wachstum wäre hier behelfsweise zunächst präziser zu differenzieren als Innovations- und Organisationswachstum, deren Verbreitung die Wirksamkeit erhöht. Also einerseits die Penetration der „Forschung und Entwicklung von sozialen Inventionen" und andererseits die durch jedwede organische, kooperative, akquisitorische Form der organisationalen Skalierung zu verstehen – mit immer dem gleichen Ziel: die Wirksamkeitsverbreitung für die Zielgruppen von Spitzenideen.

2. Begriffe, Sample und Subsamples.

Dieses Kapitel dient der Definition von wesentlichen Begriffs- und Konzeptkonstrukten sowie der Vorstellung des eigenen Samples, auf dessen Basis die Analyse erfolgte.

2.1 Definitionsangebot von „Sozialen Innovationen"

Es war der US-Soziologe William F. Ogburn, der sich die Zeit zwischen der raschen technologischen Entwicklungen und den nachlaufenden Anpassungen von sozialen, d. h. wirtschaftlichen, politisch-regulatorischen und kulturellen Praxen als Problem angesehen hat und dies als „*cultural lag*" bezeichnet (Ogburn 1937).

Diese Anpassungen können institutionelle, interaktionistische oder instrumentelle Innovationen sein wie z. B. neue Berufsbilder, Dienstleistungen, Regulierungen, Partizipationsarenen oder Austauschmodi. Ogburn sprach hier noch unscharf von der Notwendigkeit des „Sozialingenieurs".

Die Forschung zu Sozialen Innovation ist vielfältig und vieldeutig (die folgenden Ausführungen aus Jansen 2012a): In Deutschland 1989 mit Wolfgang Zapf eingeführt blieb sie, wie auch jüngste Veröffentlichungen von Jürgen Howaldt und Kollegen belegen, unpräzis. Von der Nachhaltigkeitsforschung, der Arbeitsorganisations- und Managementtheorie, der Sozialen Ökonomie und Zivilgesellschaftsforschung über die Forschung zu regionalen und lokalen Entwicklungsprozessen, den NGOs, Protestbewegungen, der Bürgergesellschaft bis hin zu der Kreativitäts- und Dienstleistungsforschung sind viele Strömungen erkennbar; alles nur kein *mainstream*.

Ogburn startete damals mit 50 Beispielen Sozialer Innovation. Viele Beispiele folgten: Geld wie Leasing, Universitäten wie Duale Hochschulen, Autovermietungen wie Mitfahrzentralen für Omnibusse, politische Regulierungen wie ihre gesellschaftliche Re-Regulierung, (Sozial-)Versicherungen und deren Absicherungen, Währungsunionen und deren Auflösungen, Umweltbewegungen und Lobbygruppen dagegen, Gruppentherapien und *Social Media* sind Beispiele, die zumindest stofflich den Unterschied zu technologischen Innovationen zeigen. Sie funktionieren nur im und für das Kollektiv.

Soziale Innovationen können als resonante, kommunikativ- und operativ-infektiöse Ideen für einen gesellschaftlichen Wandel verstanden werden, die aufgrund von technologischen, ökologischen, politischen und Veränderungen der Gesellschaft – z. B. durch erlebbare Krisen – als nachlaufende Lösungen bzw. Anpassungen der bisherigen sozialer und kultureller Praxen wirken. Nachhaltige gesellschaftliche Änderungen erfolgen durch die Entwicklung neuer Formen der Interaktion, der Institutionalisierung und der Instrumente. Soziale Innovationen basieren dabei besonders auf den Prinzipien der Inklusion, der Hybridisierung und der Systemisierung:

1. *Logik der Inklusion:* Soziologen sprechen in modernen Gesellschaften von dem Primat der „funktionalen Ausdifferenzierung" (vgl. Luhmann 1984) – ohne Spitze, aber vielen Randgruppen. Dies erklärt den dringlichen Bedarf: Inklusion. Akteursbezogene Inklusionsstrategien machen Soziale Innovationen durch neue Arenen der Interaktionen wahrscheinlicher – zwischen Bürger und Start, Migranten und Einheimischen, Unternehmen und Mitarbeitern, Behinderten und Nicht-Behinderten, Hauptschülern und Studierende, Senioren und Kleinkinder, Eliten und anderen Randgruppen. Inklusion – bei Nutzung der

Unterschiedlichkeit – scheint wie eine unheimliche Geheimwaffe zu wirken. Beispiele: *Social Media, Open Innovation*, integrierte und intergenerative Betreuungskonzepte, Neo-Korporatismus, *Open Government*, Bürgerhaushalt.

2. *Logik der Hybridisierung:* Organisationen und Sektoren brauchen zur Reproduktion ihre Grenzen zur Umwelt. Die Abgegrenztheit zwischen Staat, Markt, Familie und Zivilgesellschaft kommt nun selbst an ihre Grenzen: es geht nun um kluge, d. h. wiederum abgegrenzte Hybridisierungen – einerseits durch neue transsektorale Institutionen andererseits durch soziale Problemlösungen für wirtschaftlichen Wertschöpfungsketten, was es seit jeher gab und mit managementphilosophischer Manier nun „shared value" heißen soll (Porter/Cramer 2011). Lösung sozialer Probleme zur Eröffnung neuer wirtschaftlicher Märkte ist die Antwort auf unterkomplexe „Corporate Social Responsibility" wäre diese Lesart. Nike kümmert sich um Gender-Forschung in muslimischen Ländern, wohl auch um irgendwann *Women Sportswear* zu verkaufen, kleinste Sozialunternehmen und größte Multis sorgen für Bildungs- und Finanzkonzepte zum Vertrieb von komplexen Bewässerungs- und Energiesystemtechnik in Äthiopien, Indien oder Pakistan. Das Hybrid durch Kooperationen zwischen Unverwandten: *Public Private Partnerships*, Wohlfahrtsverbände mit Sozialunternehmen und Konzernen, Stiftungen mit ehrenamtlichen Senioren, Parteien mit NGOs, Universitäten mit Entwicklungshilfeorganisationen und vieles mehr.

3. *Logik der Systemisierung:* Innovationen finden an oder auf der Grenze statt – so das Mantra der Innovationsforschung. Danach wären Wettbewerbe nicht mehr durch Technologie- oder Dienstleistungsinnovation allein zu klären, sondern in dem Management zu komplexen integrativen Systemen von Technologie-, Dienstleistungs- und Sozialinnovationen. Intermodale Verkehrssysteme, dezentrale Energiesysteme mit intelligenten Netzen, multi-infrastrukturelle Stadtentwicklung, vor- und mitsorgenden Gesundheitssysteme durch Sozialität statt bloßer Medizin.

Soziale Innovationen entstehen – wie andere Innovationen auch – erst dann, wenn eine Idee einen eigenen „gesellschaftlichen Markt", d. h. Käufer, Anwender oder Gesetze und Regulierungen, gefunden haben – und damit Nachahmer. Die schöpferische Änderung sozialer und kultureller Praxen kann im Schumpeterschen Sinne „zerstörend" wirken – aber auch alternativ oder ergänzend. Wesentlich ist lediglich das Kriterium der angenommenen Neuheit der Gesellschaft, nicht der normativen, d. h. positiven oder negativen Bewertung. Diese erfolgt beobachterabhängig im Nachgang.

2.2 Definitionsangebot von „Sozialunternehmen"

Das Südkonsortium des Mercator Forschungsverbundes hat einen ersten Definitionsvorschlag entwickelt (vgl. Jansen et al. 2010):
Sozialunternehmen sind (1) Gründungsorganisationen (social *entrepreneurship*) bzw. (2) Neuausrichtungen bestehender Sozialorganisationen (social *intrapreneurship*), die (3) einen hohen Institutionalisierungsgrad mit (4) vorzugsweise gesellschafts- und vereinsrechtlicher Konstitution und (5) den damit verbundenen formalen Governance-Strukturen aufweisen. Sie setzen dabei (6) auf die unternehmerische Entwicklung von (7) skalierbaren innovativen Blueprints, imitierenden Gründungen bzw. Neuausrichtungen bestehender Organisationen zur (8) Linderung und Lösung sozialer Probleme.

Sozialunternehmen setzen dabei auf: (9) vermittelte und auf Gesellschaft referierende Selbstlegitimierung und (10) die nicht ausschließlich der marktlichen Austauschlogik folgenden Mobilisierung wertschöpfungs- bzw. organisationsbezogener Ressourcen Dritter und bewegen sich (11) entweder im Wettbewerb zu staatlichen bzw. staatsnahen Leistungserbringern wie auch der organisierten Zivilgesellschaft oder sind (12) analog zu klassischen Unternehmern für eine Marktneuschaffung verantwortlich.

Sozialunternehmer weisen (13) kein Selbsterhaltungsinteresse auf, wenn das zugrunde liegende „soziale Problem" gelöst ist bzw. die Identifikation von sozialen Problembereichen und deren Lösungsüberlegungen in der Aufgabenerledigung in andere – marktliche, staatliche oder teilstaatliche – Strukturen effizienter überführt wurde. Sozialunternehmen weisen (14) zu dem marktlich ausgerichteten Geschäftsmodell zur Selbstfinanzierung ggf. nachhaltige Hybrid-Finanzierungen auf.

Diese Definition ist grundsätzlich breit diskutierbar, weil sie einer differenztheoretischen Perspektivierung zugrunde liegt, und daher eine vergleichsweise eng diskriminierende Zuschneidung des Feldes zur Konsequenz hat – auch für die empirische Analyse und die Genese des Sample.

2.3 Formen der Skalierung

Skalierung ist ein Begriff, der sich aus den klassischen (betriebs-)wirtschaftlichen Konzepte der „*Economies of Scale*" und „*Economies of Scope*" ableiten könnte, die vor allem die Wirtschaftlichkeitsvorteile in Verbindung mit Stückzahl einerseits und Produktvielfalt andererseits herausstellen wollen (Jansen 2008, S. 135f.). Bezogen auf die Sozialunternehmen hat Fowler 2000 drei Typen der Skalierung angeboten: „*integrated*" (ökonomische Aktivität produziert selbst sozialen *Outcome*), „*re-interpreted*" (traditionelles NPO transformiert sich in Ertragsstrukturen) und „*complementary*" (Quer-Subventionierungen) (vgl. dazu Huybrechts/ Nichols 2012, S. 36). Neben weiteren aber in der Regel noch immer kosten- bzw. einnahmenbasierten Erweiterungen der Skalierungsideen (z. B. *Economies of Networks*, nach dem der Wert eines Elementes durch die vernetzungsfähige Vielzahl von Elementen steigt) bleiben aber die Skalierungsoptionen für Sozialunternehmen noch unterbestimmt.

Als erster Diskussionsvorschlag in einem Workshop in Friedrichshafen am 29. Juni 2012 an der Zeppelin Universität entstand folgende Differenzierung von Ideen-, Kooperations- und Organisationsskalierungstypen – mit jeweils internen bzw. externen Skalierungs-Ressourcen:

Abbildung 1: Skalierungsoptionen für Sozialunternehmen (eigene Darstellung)

		Skalierungs-Ziel			
Skalierungs-Ressource		**Eco. of Scale Kosten** Gleiche Zielgruppe	**Eco. of Scope Produkt** Gleiche Zielgruppe	**Eco. of Scope Kunde** neue Zielgruppe	**Ressourcen-Zugang/ -Potentialisierung**	**Marktdurch-Dringung** (Legitimität)
	Extern	Anorganischer/ Virtueller Kostensenker — Fusionen, Käufe	Anorganischer Produkt-differenzierer — Erweiterung Produkt-Angebot für gleiche Zielgruppe durch Konvergenz beider Angebote	Anorganischer Kunden-differenzierer — Erweiterung der Zielgruppen mit Produktspektrum	Anorganischer/ Virtueller Ressourcen-erweiterer/ -potentialisierer — Verbesserung Zugang und Mobilisierung Angebotsfähigkeit bei staatlichen Vergaben	Anorganischer/ Virtueller Markt-durchdringer — Regionale/Virtuelle Flächendeckung (Öffentliches Gut Nicht-Exklusivität)
	Intern	Organischer Kostensenker — Organisches Wachstum (Marktanteil)	Organischer Produkt-differenzierer — Erweiterung Produkt-Angebot für gleiche Zielgruppe	Organischer Kunden-Entwickler — Produkt-Entwicklung für neue Zielgruppe	Organischer Ressourcen-erweiterer/ -potentialisierer — Verbesserung Zugang und Angebotsfähigkeit bei staatlichen Vergaben	Anorganischer/ Virtueller Markt-durchdringer — Regionale Volldeckung (Öffentliches Gut)

Aus der Differenzierung wird einerseits deutlich, dass es vergleichbare Kostensenkungs- und Produktdifferenzierungsstrategien gibt. Gerade die in der klassischen Betriebswirtschaft unterberücksichtigten Produktdifferenzierungsstrategien sind bei der bereits erfolgreichen Adressierung von ansonsten schwer adressierbaren Zielgruppen interessant. Andersherum ist es gut, das eigene Produkt – im Sinne einer Kernkompetenz – durch Versionierung anderen Kundengruppen zur Verfügung zu stellen. Zur Verdeutlichung: Wenn beispielsweise Obdachlose mit einer Dienstleistung wie der Tafel adressierbar sind, dann wird über diesen Zugang auch eine Erweiterung des Leistungsspektrums über die Nahrungsversorgung hinaus denkbar z. B. im Bereich der Arbeitsmarktreintegration oder Qualifizierung (*Economies of Scope* – Produkt). Wenn hingegen das Kompetenzprofil z. B. das qualifizierende Coaching zwischen benachteiligten und privilegierten Bildungsschichten ist und dies bisher wie im Falle des *Social Franchise „Rock Your Life"* von Hauptschülern durch Studierenden erfolgt, dann ließen sich beide Zielgruppen auf andere Bildungsstufen bzw. soziale Gruppen ausdehnen.

Die zwei weiteren Skalierungstypen sind durch einerseits die *Ressourcen-Mobilisierung* und andererseits durch die *Marktdurchdringung* beschrieben. Während erstere die besondere Qualität von Sozialunternehmen in der Mobilisierung Ressourcen Dritter meint, spielt die Marktdurchdringung auf die Anforderung der Legitimität bei (quasi-)öffentlichen Gütern an, so dass eine fehlende Skalierung legitimitätsbezogen problematisierbare Diskriminierung z. B. im Kontext der räumlichen Marktdurchdringung bedeuten würde.

2.4 Sample-Beschreibung

Das gemeinsame Sample des Südkonsortiums ist ausführlich im Kapitel 1 in diesem Band beschrieben worden. Für die hier interessierende Perspektivierung der 244 analysierten Sozialunternehmen und 27 zusätzlich interviewten Sozialunternehmen mit Blick auf die Skalierung von Wirksamkeit sind hier nochmals die

Abbildung 2:   Subsample Südkonsortium (Fehlende Prozente = „keine Angaben")

Subsample 1: Typ			
Entrepreneur:	N = 161 (65,9%)	Intrapreneur:	N = 83 (34,1%)
Subsample 2: Person			
Gründer:	N = 142 (62,8%)	Geschäftsführer:	N = 84 (27,2%)
Subsample 3a: Finanzierung			
Öff. Finanz. [>0%]	N = 139 (67,8%)	Nicht-Öff. Finanz. [=0%]:	N = 66 (32,2%)
Subsample 3b: Finanzierung			
Öff. Finanz. [≥ 50%]:	N = 92 (44,9%)	Wenig öff. Finanz. [< 50%]:	N = 113 (55,1%)
Subsample 3c: Finanzierung			
Spenden [> 0%]:	N = 133 (64,9%)	Spenden [=0%]:	N = 72 (35,1%)
Subsample 3d: Finanzierung			
Spenden [≥ 50%]:	N = 33 (16,1%)	Spenden [< 50%]:	N = 172 (83,9%)
Subsample 4: Alter			
„Jung" [> 2002]:	N = 117 (51,7%)	„Alt" [≤ 2002]:	N = 125 (48,3%)

vier Subsamples von Interesse, die komparative Analysen möglich machen: Typ des Unternehmertums (*Entrepreneur* im Sinne eines selbständigen Gründers vs. *Intrapreneur* als eine Ausgründung aus Wohlfahrtsunternehmen), Person des Befragten (Gründer bzw. Geschäftsführer), Finanzierung und Alter.

3. Thesen und Tests

3.1 Ausgangssituation der Skalierung: Größe deutscher Sozialunternehmen

Wie der Abb. 3 zu entnehmen ist, beträgt der Anteil von Unternehmen mit weniger als 100.000 Euro Einnahmen (Umsätze, Spenden etc.) im Sample fast 40%. Insgesamt liegen fast 70% liegen unter einer Million Euro Umsatz. Betrachtet man die Subsamples, so lässt sich eine klare Größenabhängigkeit vom Alter aber auch von der Refinanzierungsquelle erkennen: Grosse Sozialunternehmen sind signifikant älter und beziehen ihre Einnahmen häufiger aus staatlichen Leistungsentgelten – was beides in einer Zeitpunktbetrachtung nicht überraschend ist.

Abbildung 3: Subsample Südkonsortium (Fehlende Prozente = „keine Angaben")

Einnahmen ('000€)	Anteil am Sample	Kumuliert
<50	28,37%	28,37%
50-100	9,13%	37,50%
100-250	12,02%	49,52%
250-500	10,10%	59,62%
500-1.000	9,62%	69,23%
1.000-5.000	23,08%	92,31%
>5.000	7,69%	100,00%
Total	100,00%	

Sample 1: Intra- und Entrepreneurship
Entrepreneure einnahmeschwächer

Sample 3a: Öffentliche Finanzierung
Nicht-Öffentliche einnahmeschwächer

Sample 3c: Spenden
Spendenfinanzierte über 50% unter 50T€

Sample 4: Alter
Junge hochsignifikant kleiner:
30% über 250 T€ (Alte: 70%)

Eine weitere Größenbestimmung kann über die Anzahl der festen, freien und ehrenamtlichen Mitarbeiter vorgenommen werden. Hier zeigt sich insbesondere aufgrund der starken Streuung anhand des Medians, dass die Sozialunternehmen insgesamt – umsatzbezogen evident – hinsichtlich der Mitarbeiterzahl vergleichsweise klein sind. Auch hier zeigt sich eine Verzerrung durch die Größe:

so sind die ohnehin mitarbeiterbezogen großen Sozialunternehmen mit signifikant mehr öffentlichen Leistungsentgelten und weniger Spenden zu beobachten.

Abbildung 4: Größe der Sozialunternehmen – Referenzwert: Mitarbeiterzahl

	Feste Mitarbeiter - Vollzeit -	Feste Mitarbeiter - Teilzeit -	Freie Mitarbeiter	Ehren- amtliche	Zahl Stunden
Gültige N	224	198	196	210	199
Mittelwert	86,27	40,07	10,53	42,34	7,82
Median	8,5	4	3	7,5	5
Standard- abweichung	470	278	27	152	9,5
Minimum	0	0	0	0	0
Maximum	6043	3801	200	1400	60

Sample 1: Intra-/Entrepreneurship
Entrepreneurs signifikant kleiner:
Median 4 zu 20

Sample 3a: Öffentliche Finanzierung
Nicht-Öffentliche signifikant kleiner:
Median 2 zu 18.

Sample 3c: Spenden
Hochsignifikanter „Size Bias" durch Nicht-Spenden: Median 35 zu 4

Sample 4: Alter
Junge hochsignifikant kleiner:
Median 2 zu 20,5

3.2 Skalierung und Einnahmenquelle von Sozialunternehmen

Die Einnahmequellen wurden in dieser Analyse tiefendifferenziert nach Herkunft aus staatlichen Leistungsentgelten, Umsätzen mit der Zielgruppe, Spenden, Stiftungs- und Sponsoringerträge sowie Mitgliedsbeiträgen bei Vereinen.

In der folgenden Matrix sind die Einnahmearten wiederum auf die größendifferenzierten Einnahmenhöhen gelegt. Unmittelbar erkennbar ist dabei, dass die großen Sozialunternehmen auf staatliche Leistungsentgelte setzen bzw. die Vergabe erhalten, während die kleinen noch eine starke Abhängig von nicht geschäftsmodellbezogene Einnahmen haben.

Anhand dieser Datenlage wird eine Typologie von drei Sozialunternehmer-Typen denkbar:

1. Die Groß-Organisationen, die sich durch staatliche Leistungsentgelte refinanzieren („*state entrepreneurs*").

2. Die KMUs (Klein- und Mittelgroßen Unternehmen), die sich durch die Kunden- bzw. Anspruchsgruppe über Marktangebote refinanzieren („*market entrepreneurs*").

3. Die Kleinstunternehmen, die sich durch Spenden, Sponsoring etc. refinanzieren („*non entrepreneurs*").

Abbildung 5: Einnahmenherkunft nach Größenklassen der Einnahmen

Einnahmen ('000€)	Leistungs-entgelte	Zielgruppe	Zuschüsse	Spenden	Stiftungs-beiträge	Sponsoring	Mitglieds-beiträge	Andere
<50	9,0%	14,3%	6,8%	20,9%	8,1%	14,3%	13,1%	13,6%
50-100	5,3%	29,9%	30,0%	5,3%	14,1%	3,8%	3,8%	7,8%
100-250	15,3%	24,0%	15,2%	11,7%	12,8%	11,3%	2,4%	7,2%
250-500	25,8%	21,2%	19,5%	10,9%	4,1%	6,2%	0,6%	11,5%
500-1.000	18,9%	30,8%	27,5%	6,4%	5,1%	2,8%	2,7%	6,1%
1.000-5.000	33,1%	20,8%	16,2%	2,0%	4,2%	5,7%	0,3%	17,7%
>5.000	50,2%	18,4%	6,7%	3,7%	0,7%	0,1%	3,3%	17,1%
Total	20,8%	21,0%	15,4%	10,3%	7,1%	8,0%	5,0%	12,6%

3.3 Typologie der Marktangebote: Innovation oder Imitation

Durch die Eigenangabe bezüglich des eigenen Marktangebotes im Verhältnis zum Wettbewerb konnte die in der folgenden Tabellierung gezeigte Klassifikation von „ergänzenden Angeboten", „Wettbewerbsangeboten" und „Marktneuerfinder" beobachtet werden. Es zeigt sich, dass die breit vertretende These der Sozialunternehmer als Forschungs- und Entwicklungsabteilung der Gesellschaft nur bedingt unterstützt wird: nur knapp ein Drittel schafft ein neues Marktangebot. Bei den durch hauptsächlich durch staatliche Leistungsentgelte refinanzierten Unternehmen zeigt sich eine schwächere Innovationsleistung als bei denen, die mit ein Geschäftsmodell durch die Zielgruppe selbst refinanziert werden. Schärfer formuliert sind staatliche Leistungsentgeltrefinanzier vor allem Imitateure und nur bedingt Innovateure. Damit lässt sich aus den Daten zeigen, dass die Skalierer vor allem Imitierer Innovationen anderer sind und die Innovateure selbst eher kleinere und junge Organisationen sind. Dies erlaubt sowohl Rückschlüsse wie Rückfragen auf die staatliche Auftragsvergabepraxis.

Abbildung 6: Typologie der Sozialunternehmen nach Marktangeboten
(Eigeneinschätzung der Befragten)

Typologie der Marktangebote (Eigenangabe der Befragten)		
Ergänzende Angebote	78	30,7%
Wettbewerb	97	38,2%
Marktneuheit	79	31,1%

3.4 Ideen-Skalierung: Marktwirkungen der sozialunternehmerischen Angebote

Befragt nach der Wirksamkeit des eignen Angebotes auf die Märkte zeigte sich,
dass zumindest in knapp einem Drittel der Fälle nach Selbstaussage eine Imitation
durch Dritte erfolgt ist und damit auch eine Angebotsskalierung erfolgte. Einem
Viertel hingegen ist die Entstehung eines neuen Marktes gelungen. Interessanterweise konnten hier keine Wirksamkeitsunterschiede zwischen Sozialunternehmern und den Intrapreneuren der Wohlfahrtsunternehmen festgestellt werden.

Abbildung 7: Ideenskalierung durch Innovation oder Imitation
(Eigeneinschätzung der Befragten)

Wirksamkeit des Angebotes auf Märkte (Eigenangabe der Befragten - Mehrfachangaben möglich)		
Keine Auswirkung	11	2,6%
Entstehung eines neuen Marktes	102	25,2%
Kommunikation über Angebot	155	37,3%
Übernahme durch Andere	127	30,5%

3.5 Einschätzung der Skalierungsmöglichkeiten durch Imitation Dritter

Die befragten Sozialunternehmen wurden um eine Einschätzung der Transfer-
möglichkeit ihres Marktangebotes gebeten – im Hinblick auf eine sektorale Skalierungsoption durch staatliche bzw. privatwirtschaftliche Akteure oder solche
aus dem Dritten Sektor. Das Ergebnis zeigt sowohl Staats- als auch Marktskep-
sis, so dass ein Imitation für eine Skalierung im eigenen Dritten Sektor als er-
folgsversprechend angesehen werden. Der Markt hat die stärkste Transferhoff-
nung und der Staat mit dem Markt die höchste Transferskepsis.

Abbildung 8: Sektorale Transfereinschätzung zur Skalierung
(Eigeneinschätzung der Befragten)

Akteure für Skalierung des Angebotes	Ja (Möglich nach Ansicht der Befragten)	Nein (Nicht möglich nach Ansicht der Befragten)
Staat	64,4%	35,6%
Wohlfahrt	81,0%	19,0%
Non Profits	94,8%	5,2%
For Profits	58,0%	42,0%
Sonstige	78,2%%	21,8%

3.6 Gründe gegen eine Angebotsübernahme durch Dritte

Wenn man dem Sozialunternehmen unterstellt, dass es sich um die Linderung bzw. Lösung sozialer Probleme bemüht sein müsste, dann wird die Erkenntnis von Interesse, warum die Sozialunternehmen ihr Angebot nicht durch andere oder nur so begrenzt vornimmt. Bei der folgenden Übersicht zeigt sich deutlich, dass die Hauptgründe in dem identitätsstiftenden Sozialen Engagement, der Wertvorstellungen der Schutzüberlegung des eigenen Klientels bzw. in der Gewinnerzielung des übernehmenden Akteurs liegen. Hier hält eine Haltung so stark, dass die als inhärent angesehene Skalierungslogik bei knapp der Hälfte der Befragten als nicht maßgeblich eingeschätzt wurde.

Abbildung 9: Gründe gegen Übernahme durch Dritte

Gründe *gegen* eine Angebotsübernahme (Angabe beziehen sich auf Übernehmer – n = 117, d.h. 48%)	Anzahl (Mehrfachnennungen möglich)	Prozent (Relative Angabe aller Nennungen)
Gefährdung soz. Engagement	57	48,7%
Andere Wertvorstellungen	57	48,7%
Schutz Klientel (Akzeptanz)	51	43,6%
Gewinnerzielung	51	43,6%
Kompetenzmangel	38	32,5%
Intransparenz / Vertrauen	34	29,1%
Unabhängigkeit	33	28,2%
Bürokratisierung	30	25,6%
Reduktion	17	14,5%
Übernahme zu kompliziert	13	11,1%
Subventionslogik des Übernehmers	6	5,1%

3.7 Aktuelle Wachstumsoptionen und zukünftige Wachstumsplanung

Bei der Abfrage der aktuellen Planungsniveaus der Wachstumsziele und -maß-
nahmen wurde („Economies of Scope" bezogen auf Kunden), 2. Unternehmens-
übernahmen und Fusionen werden gleich auf sehr niedrigem Niveau eingeschätzt.
Wobei hier anzumerken ist, dass die Intrapreneure von den Wohlfahrtsunternehmen deutlich aktiver in diesem Feld sind. 3. Social Franchise und weitere Standorte sind leicht in der Priorität gestiegen. Diese waren aber bislang auch sehr
niedrigem Niveau.

Abbildung 10: Skalierungsoptionen von Sozialunternehmen – Vergangenheit
und Zukunft

Skalierungsoptionen Vergangenheit	Nutzung (Nennungen)	Keine Nutzung (Nennungen)	Skalierungsoption Zukunft	Nutzung (Nennungen)	Keine Nutzung (Nennungen)
Zielgruppe erweitern	181	10		168	12
Standorte	89	86		104	58
Verbesserung	184	7		190	1
Social Franchise	28	136		51	108
Anreize zur Nachahmung	83	36,1		92	66
Übernahmen	17	140		21	133
Kooperationen	152	34		163	15
Neue Produkte	147	31		151	18

3.8 Ressourcen-Anforderung hinsichtlich der Wirksamkeit

Die Sozialunternehmen leben das „Paradox der Ressourcen": Wenn es einerseits der Zugang zu Ressourcen und Kapazitäten ist, der den Wunsch nach Skalierung so erklärbar macht – und sich in der Abfrage aus der nächsten Abbildung unzweifelhaft erschließt – so sind es andererseits die Ressourcen und Kapazitäten, die diese Prüfung einer Skalierung gerade verhindern. Der Fokus liegt nahezu solitär auf Finanzen und Personal.

Abbildung 11: Pro und Contra der Wirksamkeitsskalierung und deren Begründung

Skalierung der Wirksamkeit Pro	Nennungen	Prozent
Bedarf	99	41,3%
Erfolg	74	30,8%
Organisationale Stabilität	28	11,7%
Qualitätsverbesserung	19	7,9%
Ressourcen-Zugang	83	36,1%
Sonstiges	147	31,0%

Skalierung der Wirksamkeit Contra	Nennungen	Prozent
Finanzielle Ressourcen	69	27,0%
Personelle Ressourcen	45	17,6%
Fachkräfte / Qualifikation	9	3,5%
Organisationsfolgen	18	7,0%
Mitarbeiterwiderstände	6	2,3%
Qualitätsverlust	11	4,3%
Wirtschaftliche Risiko	5	2,0%
Pol. Rahmenbedingungen	12	4,7%
Öffentliche Förderung	5	2,0%
Konkurrenz	6	2,3%
Nachfrage	5	2,0%
Zulieferer/Kooperationen	2	0,8%
Replizierbarkeit	9	3,5%
Keine Gründe dagegen	47	18,4%

Andere Einschätzungen belegen die nur geringen Nachteile von Skalierungsstrategien im Vergleich zu den Vorteilen auf Basis von Analysen der Schwab Foundation (vgl. aktuell Müller 2012, S. 124).

An den Bildungshintergründen der Gründer bzw. Geschäftsführer kann es indes nicht liegen. Diese belegen das Elitephänomen der Gründungen sehr nachdrücklich: So sind 91,3 % der Geschäftsführer mindestens mit Abitur, über 70 % haben studiert. Bei den Gründern sind 91,2 % Abiturienten mit einem Studierendenanteil von knapp zwei Dritteln:

Abbildung 12: Bildungsabschlüsse von Geschäftsführern und Gründern von Sozialunternehmen

Bildungsabschluss Geschäftsführer			
Bildungsabschluss	Häufigkeit	Prozent	Kumuliert
Studium Universität	96	41,7	41,7
Studium Fachhochschule	70	30,4	72,1
Promotion	27	11,7	83,9
Abitur	17	7,4	91,3
Betriebliche Ausbildung	7	3,0	94,3
Mittlerer Schulabschluss	7	3,0	97,4
Hauptschulabschluss	3	0,9	98,7
Sonstiges	2	1,3	100,0
Nicht bekannt	1	0,4	

GF: 91,3% Abitur bis Promotion, 72,1% Studium.

Bildungsabschluss Gründer			
Bildungsabschluss	Häufigkeit	Prozent	Kumuliert
Studium Universität	85	39,4	39,4
Studium Fachhochschule	54	25,0	64,4
Promotion	34	15,7	80,1
Abitur	12	5,6	85,6
Betriebliche Ausbildung	12	5,6	91,2
Mittlerer Schulabschluss	5	2,3	96,8
Hauptschulabschluss	2	0,9	99,1
Nicht bekannt	12	5,6	100,0

Gründer: 91,2% Abitur bis Promotion, 64,4% Studium.

4. Zusammenfassung der Ergebnisse

(1) „Matthäus-Prinzip des Wachstums" protegiert Wohlfahrtsunternehmen

Bei Unternehmen im Dritten Sektor liegt offenkundig ein „Size Bias" vor, also eine Verzerrung der Wachstumsentwicklung nach bestehender Größe. Große Akteure werden wegen ihrer Größe größer: „Wer hat, dem wird gegeben." Bei quasi-öffentlichen Gütern bzw. bei Gütern, bei denen eine Verbreitung aus Legitimitätsgründen von auch politischer Bedeutung ist, wird sich dieses Prinzip weiter durchsetzen. Dies würde eine inhärente Wachstumsentwicklung der Sozialunternehmen im Sinne einer Wettbewerbsfähigkeit im derzeitigen deutschen institutionellen Design nahelegen, da bislang die Organisation der Wohlfahrtspflege hier deutlich stärkere Wachstumsentwicklungen aufzuweisen scheinen.

(2) Kein harter Beleg für Innovations-Hypothese der Entrepreneure

Eine eingespielte Rollen- bzw. Funktionsbeschreibung, nach der „Sozialunternehmen als F&E-Abteilung der Gesellschaft" agieren würden, scheint sich nicht durchgängig zu belegen. Nur ein Drittel der befragten Unternehmen können diese These durch ihre Arbeit – nach Eigenaussage – unterstützen. Damit wird es in Zukunft interessant weiter zu beobachten, wie sich die neue Arbeitsteilung im „Gesellschaftsspiel des Guten" konkretisiert (vgl. Jansen 2012b). Das geringe Wachstum der Sozialunternehmen wäre ggf. durch die funktionale Spezialisierung in der Wertschöpfung zu begründen gewesen, wenn diese aber nicht vorliegt, dann ergeben sich daraus tatsächlich Fragen bezüglich der Innovationsskalierung oder der Imitationsanregung – ungeachtet des eigenen Wachstums.

(3) Refinanzierungsquellen strukturieren Markt – „state bias"

Die staatlichen Leistungsentgelte strukturieren signifikant die Größe der Markt-Teilnehmer. Damit ist ein ordnungspolitischer Sachverhalt vor allem der vergaberechtlichen, aber auch steuerrechtlichen und gemeinnützigkeitsrechtlichen Dimension adressiert. Weiterhin lässt sich aus den Daten die Vermutung ableiten, dass Spenden und reine Förderungen durch Stiftungsgelder „Verliererwährung" sein könnten. Nachhaltigkeit basiert zumindest für einen Großteil auf einer für den Spendenmarkt konjunkturunabhängigen Geschäftsmodell-Logik durch Leistungsentgelte staatlicher oder kundenseitiger Art.

(4) Planbare schwache Wachstumsdynamik durch fehlende Planung

Auffällig ist die fehlende Systematisierung der Wachstumsplanung – sowohl historisch wie aktuell. Durch die fehlende Planung des Wachstums ist das verhältnismäßig kleine Wachstum planbar geworden – auch für mögliche Auftraggeber. Zudem stellt sich auch hier nochmals die Frage nach der Legitimitäts-Erfordernis. Wenn ein Geschäftsmodell-Innovation oder eine Soziale Innovation in einer Region oder in einer Zielgruppe gut funktioniert, könnte – anders als dies selbst entscheiden könnenden Privatunternehmen mit Privaten Gütern – von eine inhärenten Verpflichtung der Skalierung dieses guten Gutes ausgegangen werden, um nicht Privilegierungen z. B. von Metropolen zu begünstigen.

(5) Geringe Beziehungsfähigkeit für Organisations- bzw. Ideen-Wachstum

Aus der Erhebung wurde deutlich, dass eine im Vergleich zu den Intrapreneuren der Wohlfahrtsunternehmen deutlich niedrigere Beziehungsfähigkeit vorzuliegen scheint, was Kooperationen, Fusionen bzw. Übernahmen oder Franchising anbelangt. All dies sind externe Skalierungsstrategien, die – wie bei Familienunternehmen auch – geringer wahrgenommen werden weisen auf zwei mögliche Problembereiche hin: organische Selbstüberlastung und Nachfolgeprobleme.

(6) Stagnationsparadox: Gründe für und gegen Skalierung sind Ressourcen

Zunächst muten die Rückmeldungen der Sozialunternehmen nachvollziehbar an: Skalierung ist schwierig, wenn einem die Ressourcen fehlen – vor allem die Finanzierung. Allerdings zeigt sich, dass genau der Ressourcen-Zugang Motiv für

Skalierung wären. Dies sieht wie ein klassisches Henne-Ei-Problem aus, ist aber mit einem Wachstumsfinanzier auflösbar – nur dafür bräuchte es einen Wachstumsplan.

(7) Hybridisierung: Verantwortung für Innovationswachstum

Es könnte so einfach sein: Die Herausforderung der Wohlfahrtsorganisationen und deren Intrapreneure scheint das Innovationssystem. Die Herausforderung der Sozialunternehmen hingegen das Skalisierungssystem. Diese Gegenüberstellung ist in vielen Branchen wie der Informations- oder Biotechnologie in den 1990er Jahren auch so vorliegend gewesen, aber sie wurde beziehungsreicher gelöst. So entstanden Corporate Venture Capital Fonds bzw. Abteilung für die Übernahme von solchen Gründerunternehmen, die im Jahr eine dreistellige Anzahl von Akquisitionen durchführen. Während die Wohlfahrtsorganisationen sich über Social-Finance-Ansätze z. B. im Zuge einer Beteiligungsgesellschaft an aussichtsreichen Start Ups beteiligen könnte, wäre es aus Sicht vieler Sozialunternehmen vielleicht sogar eine soziale Verantwortung, die eigenen guten Ansätze wirksamer zu verbreiten. Und ein wenig Hoffnung gibt es auf beiden Seiten: Die Wohlfahrtsorganisationen beginnen ihre Innovationssysteme – auch auf Verbandsseite – zu analysieren und die Sozialunternehmen können sich zumindest innerhalb des Dritten Sektors Übernahmen der eigenen Idee durch Dritte vorstellen.

5. Skalierungsbedingte Handlungsempfehlungen

Die am Ende des Buches ausführlich beschriebenen Handlungsempfehlungen weisen in einigen Punkten unmittelbar Skalierungsaspekte auf.

Während die Politik sich um die regulatorischen, finanziellen und politikfeldbezogenen Aspekte der Wachstums- und Wettbewerbsentwicklung bemühen sollte, ist es bei den Kapitalgebern vor allem die Lebenszyklusbetrachtung des Sozialunternehmens, die von Beginn der Förderung bis zum Ende gedacht werden sollte. Dabei wäre beispielsweise eine Transfer-Agentur zwischen den Förder- und Beteiligungsgesellschaften denkbar, deren Aufgabe es ist, das Sozialunternehmen auf die nächste Wachstumsstufe zu bringen. Die Sozialunternehmen hingen haben vor allem die Systematisierung von Wachstumsplänen sowie die Erhöhung der Ressourcen-Mobilisierung sowie der Kooperationsfähigkeit transsektoraler Art, innerhalb des Dritten Sektors sowie auch verbandsseitig zwischen den Sozialunternehmen selbst. Den Wohlfahrtsorganisationen wird ebenfalls eine Erhöhung der Kooperations- und Akquisitionsfähigkeit empfohlen, um das eigene Innovationssystem intelligent weiter zu entwickeln.

Literaturverzeichnis

Achleitner, A.-K. / Pöllath, R. & Stahl, E. (Hrsg.) (2007): Finanzierung von Sozialunternehmern, Konzepte zur finanziellen Unterstützung von Social Entrepreneurs, Schäffer-Poeschel, Stuttgart.

Aderhold, J. / John, R. (2005): Innovation – Sozialwissenschaftliche Perspektiven, Konstanz.

Alvord, S. H. / Brown, L. D. & Letts, C. (2002): Social Entrepreneurship and Social Transformation: An Exploratory Study, Journal of Applied Behavioral Science, 40. Jg., Nr. 3, S. 260-282.

Austin, J. E. / Stevenson, H. & Wei-Skillern, J. (2006): Social and Commercial Entrepreneurship: Same, Different, or Both, Entrepreneurship Theory & Practice, 30. Jg., Nr. 1, S. 1-22.

Barendsen, L. & Gardner, H. (2004): Is the Social Entrepreneur a New Type of Leader?, Leader to Leader, 34. Jg., Nr. Fall, S. 43-50.

Bloom, P. N. / Chatterji, A. K. (2009): Scaling social entrepreneurial impact. In: California Management Review Vol. 51 / 3, p. 114-133.

Bornstein, D. (2004): How to Change the World, Social Entrepreneurs and the Power of New Ideas, Oxford University Press, New York.

Boschee, J. & McClurg, J. (2003): Toward a Better Understanding of Social Entrepreneurship: Some Important Distinctions, social enterprise alliance. Download unter: http://www.se-alliance. org/better_understanding.pdf. [Stand: 15.07.2012]

Bradach, Jeffrey (2003): Going to Scale – The Challenge of Replicating Social Programs, in: Stanford Social Innovation Review, Spring 2003.

Brinckerhoff, P. C. (2000): Social Entrepreneurship – The Art of Mission-Based Venture Development, John Wiley & Sons, Inc., New York.

Cohen, Ronald (2011): Harnessing social entrepreneurship and investment to bridge the social divide, EU conference on the social economy, 18. November 2011.

Desai, Meghnad (2003): Public Goods, in: Kaul, I. / Conceicao, P. / le Goulven, K. / Mendoza, R.U. (Hrsg.): Providing Global Public Goods – Managing Globalization, Oxford: Oxford University Press, S. 63-77.

Drayton, B. (2005): Social Entrepreneurs: Creating a Competitive and Entrepreneurial Citizen Sector, changemakers. www.changemakers.net/library/readings/drayton.cfm [Stand: 30.07.12].

Foster, William / Fine, Gail (2007): How Nonprofits Get Really Big, in: Stanford Social Innovation Review, Spring 2007.

Fueglistaller, U. / Müller, C. & Volery, T. (2004): Social Entrepreneuship. In: Fueglistaller, U. / Müller, C. & Volery, T. (Hrsg.): Entrepreneuship, Gabler, Wiesbaden.

Harding, R. (2004): Social enterprise: the new economic engine? Business and Strategy Review, 15, 4, S. 39-43.

Hibbert, S. A. / Hogg, G. & Quinn, T. (2002): Consumer response to social entrepreneurship: The case of the Big Issue in Scotland, International Journal of Nonprofit & Voluntary Sector Marketing, 7. Jg., Nr. 3, S. 14.

Humboldt, Wilhelm von (1982 [1792]): Ideen zu einem Versuch, die Grenzen der Wirksamkeit des Staats zu bestimmen. Stuttgart: Reclam.

Jansen, Stephan A. / Richter, Saskia / Hahnke, Elisabeth / Achleitner, Ann-Kristin / Spiess-Knafl, Wolfgang / Volk, Sarah / Then, Volker / Mildenberger, Georg / Scheuerle, Thomas / Schmitz, Björn (2010): Defining Social Entrepreneurship, in: Social Science Research Network, November 22, 2010.[URL: http://papers.ssrn.com/sol3/papers.cfm? abstract_id=1713358, Stand: 15.05.2012].

Jansen, Stephan A. / Priddat, Birger P. (2007): Theorie der Öffentlichen Güter – Politik- und wirt-schaftswissenschaftliche Korrekturvorschläge, in: Jansen, Stephan A. / Priddat, Birger P. / Stehr, Nico (Hrsg.) (2007): Zukunft des Öffentlichen, Multidisziplinäre Perspektiven, Wies-baden: VS-Verlag, S. 11-48

Jansen, Stephan A. (2012a): Postasoziales Management, in: Brand eins, April 2012, S. 34-35.

Jansen, Stephan A. (2012b): Wer macht was? Gesellschaftsspiele des Guten –Vermessungsversuche der Spiele und Spieler einer Zivilgesellschaft des 21. Jahrhunderts, in: ders. / Schröter, Eck-hard / Stehr, Nico (Hrsg.) (2007): Bürger.Macht.Staat?, Multidisziplinäre Perspektiven, Wies-baden: VS-Verlag, S. 13-33.

Jansen, Stephan A. / Oldenburg, Felix (2010): Unternehmertum statt Ehrenamt, in: Brand eins, 07/2010, S. 46-47.

Jansen, Stephan A. (2010): Management der Moralisierung, in: Brand eins, 02/2010, S. 132-133.

Jansen, Stephan A. (2008): Mergers & Acquisitions, 5. überarbeite Auflage, Wiesbaden: Gabler.

Katz, Robert / Trelstad, Brian (2011): Mission, Margin, Mandate: The Many Paths To Scale Among Impact Investees, in: innovations, Special Edition for SOCAP11, S: 69-83.

Kieser, A. (1996): Moden und Mythen des Organisierens, in: Die Betriebswirtschaft, 56. 1, S. 21-39.

Kramer, M. (2005): Measuring Innovation: Evaluation in the Field of Social Entrepreneurship, Skoll Foundation / Foundation Strategy Group. http://www.skollfoundation.org/media/ skoll_docs/ Measuring%20Innovation%20(Skoll%20and%20FSG%20Report).pdf.

Leadbeater, C. (1997): The Rise of the Social Entrepreneur, London.

Light, P. (2006): Reshaping social entrepreneurship, in: Stanford Social Innovation Review, Fall 2006, S. 47-51.

Mair, J. & Noboa, E. (2003): Social Entrepreneurship: How Intentions to Create a Social Enterprise get Formed. http://papers.ssrn.com/sol3/papers.cfm?abstract_id=875589 [Stand: 15.07.2012]

Malkin, Jesse / Wildavsky, Aaron (1991): Why the Traditional Distinction Between Public and Pri-vate Goods Should be Abandoned, in: Journal of Theoretical Politics, 3, 4, S. 355-378.

Martin, R. L. & Osberg, S. (2007): Social Entrepreneurship: The Case for Definition, Stanford So-cial Innovation Review, Nr. Spring 2007, S. 27-39.

Mort, G. S. / Weerawardena, J. & Carnegie, K. (2003): Social entrepreneurship: Towards conceptuali-sation, International Journal of Nonprofit & Voluntary Sector Marketing, 8. Jg., Nr. 1, S. 76-88.

Müller, Susan (2012): Business Models in Social Entrepreneurships, in: Volkmann, Christine K. / Tokarski, Kim Oliver / Ernst, Kati (Hrsg.): Social Entrepreneurship and Social Business – An Introduction and Discussion with Case Studies, Wiesbaden: SpingerGabler, S. 105-131.

Nicholls, A. (Hrsg.) (2006): Social Entrepreneurship, New Models of Sustainable Social Change, Oxford University Press, Oxford, New York.

Ogburn, William F. (1937): Foreword, in: Subcommittee on Technology to the National Resources Committee (Hrsg.): Technological Trends and National Policy, Including the Social Implica-tions of New Inventions, Washington D.C.: US Government Print Office.

Ostrom, Eleonore (2006): Governing the Commons, Cambridge: Cambridge University Press.

Pennekamp, (2012): Nur noch kurz die Welt retten. Sozialunternehmer wollen die Welt verbessern. in: Frankfurter Allgemeine Sonntagszeit, 24.06.2012, S. 43.

Perrini, F. (Hrsg.): (2006). The new social entrepreneurship: What awaits social entrepreneurship ventures? Cheltenham, U.K.

Porter, Michael E. / Kramer, Mark (2011): Creating Shared Value. Harvard Business Review, Jan-uary 2011, S. 2-17.

Robinson, J. (2006): Navigating Social and Institutional Barriers to Markets: How Social Entrepreneurs Identify and Evaluate Opportunities. In: Mair, J. / Robinson, J. & Hockerts, K. (Hrsg.): Social Entrepreneurship, Palgrave, London. Samuelson, Paul A. (1954): The Pure Theory of Public Expenditure, in: The Review of Economics and Statistics, 36, S. 387-389

Stehr, N. (2007), Die Moralisierung der Märkte. Eine Gesellschaftstheorie. Frankfurt am Main.

Tracey, Paul / Jarvis, Owen (2007): Toward a Theory of Social Venture Franchising, in: ENTREPRENEURSHIP THEORY and PRACTICE September, 2007, 667-685.

Vasi, I. B.(2009): New heroes, old theories? Toward a sociological perspective on social entrepreneurship, in: Ziegler, Rafael (Hrsg.): An Introduction to Social Entrepreneurship – Voices, Preconditions, Contexts, Celtenham, UK, S. 155-173.

Volkmann, Christine K. / Tokarski, Kim Oliver / Ernst, Kati (2012) (Hrsg.): Social Entrepreneurship and Social Business – An Introduction and Discussion with Case Studies, Wiesbaden: SpingerGabler.

Waddock, S. A. & Post, J. E. (1991): Social Entrepreneurs and Catalytic Change, Public Administration Review, 51. Jg., Nr. 5, S. 393-401.

Zahra, S. A. / Gedajlovic, E. / Neubaum, D. O. & Shulman, J. M. (2009): A typology of social entrepreneurs: Motives, search processes and ethical challenges, Journal of Business Venturing, 24. Jg., Nr. 5, S. 519-532.

Ziegler, Rafael (2009) (Hrsg.): An Introduction to Social Entrepreneurship – Voices, Preconditions, Contexts. Glos: Edward Elgar.

Zimmer, A./Priller, E./Hallmann, Th. (2003): Zur Entwicklung des Non Profit Sektors und zu den Auswirkungen auf das Personalmanagement seiner Organisation, in: Personalmanagement als Gestaltungsaufgabe im Nonprofit und Public Management, in Eckardstein von, D./Ridder, H.-G. (Hrsg.), München/Mering 2003, S. 33-52.

Hemmnisse der Wirkungsskalierung von Sozialunternehmen in Deutschland

Björn Schmitz / Thomas Scheuerle

1. Wirkungsskalierung als zentrales Thema der Social Entrepreneurship-Debatte

Die Ausweitung und Verbreitung erfolgreicher Ansätze ist ein zentrales Thema in der Debatte um Sozialunternehmertum. Häufig wird diese sogenannte *Wirkungsskalierung* oder kurz *Skalierung* als normativer Anspruch von außen an Sozialunternehmen herangetragen. Aber natürlich gibt es viele konkrete Beispiele, in denen Sozialunternehmer durch eine möglichst weite Verbreitung ihrer Ansätze den entstehenden sozialen oder ökologischen Nutzen so vielen Menschen als möglich zugute kommen zu lassen. Auch aus gesellschaftlicher Sicht erscheint es grundsätzlich einleuchtend, bereits erfolgreich erprobe Ansätze weiter zu verbreiten, anstelle immer wieder neue Ideen zu fördern (Bradach 2003).

Die Wirkungsskalierung sozialunternehmerischer Modelle ist allerdings – anders als bei der Skalierung von Geschäftsmodellen der meisten profitorientierten Organisationen – nicht notwendigerweise mit eigenem Wachstum verbunden. Sie kann auch eher indirekt im Sinne eines ‚scaling of ideas' stattfinden. Das erhöht sowohl die Optionen als auch die Komplexität des Skalierungsprozesses. Verschiedene Modelle der Wirkungsskalierung und ihrer Treiber und Hindernisse zu kennen ist daher nicht nur für die Sozialunternehmen selbst relevant, sondern auch für Förderer, die zur Verbreitung erfolgreicher Konzepte beitragen wollen.

Der folgende, deskriptive Beitrag beschäftigt sich insbesondere mit den Hindernissen, denen sich Sozialunternehmen in Deutschland gegenüber sehen, wenn sie ihren Ansatz skalieren möchten. Ein grundlegendes Verstehen dieser Problematiken ist einerseits Voraussetzung für die Weiterentwicklung von angemessenen Skalierungsstrategien – sowohl aus Perspektive der Sozialunternehmen als auch gesamtgesellschaftlich – und einer entsprechenden Förderlandschaft. Andererseits ist es Grundlage für eine theoretische Vertiefung und Anbindung beispielsweise an etablierte neoinstitutionalistische Ansätze oder Sozialkapitaltheorien, die im vorliegenden Beitrag allerdings nicht im Vordergrund steht.

Dementsprechend skizziert der Beitrag zunächst kurz den aktuellen Forschungsstand zur Skalierung von Sozialunternehmertum und gibt einen knappen Überblick über relevante Strategien und Hürden der Wirkungsskalierung, wobei letztere vor allem aus der US-amerikanischen Debatte stammen. Im empirischen Teil werden auf Basis qualitativer Interviews die wichtigsten Skalierungshürden von Sozialunternehmen in Deutschland dargestellt und abschließend gegenüber den bereits benannten Skalierungshürden vergleichend diskutiert. Der Beitrag schließt mit einigen praktischen Implikationen und weiteren Forschungsperspektiven.

2. Wirkungsskalierung von Sozialunternehmen – Möglichkeiten und Hindernisse

Das Konzept der Skalierung oder ,going to scale' stammt aus der klassischen Betriebswirtschaftslehre und wurde von dort in den Kontext von Non-Profit-Organisationen und Entwicklungsprojekten übertragen (vgl. Gillespie 2004; Uvin/Miller 1996). In der Sozialunternehmerdebatte nimmt das Skalierungsthema heute insbesondere in der Praxis eine zentrale Rolle ein, während sowohl die theoretische als auch empirische wissenschaftliche Aufarbeitung noch wenig ausgearbeitet ist (vgl. Bloom/Smith 2010). Viele Arbeiten, insbesondere in der angelsächsischen Debatte, haben dementsprechend eher den Charakter von „Practicioner Guides", wie beispielsweise das SCALERS Modell von Bloom und Chatterji (2009; siehe auch Bloom/Smith 2010), die ,Six Steps to Successfully Scale Impact in the Nonprofit Sector' von Harris (2010) oder die ,Five Rs on Scaling Social Entrepreneurial Impact' von Dees et al. (2004). In der Regel basieren diese Beiträge auf einzelnen Fallbeispielen, auf deren Basis Generalisierungen vorgenommen werden. Entsprechend ihrer Ausrichtung sind die Beiträge zudem kaum an etablierte theoretische Modelle und Konzepte, beispielsweise aus Betriebswirtschaftslehre oder Soziologie, rückgekoppelt. Im europäischen Diskurs, der sich lange getrennt vom US-amerikanischen entwickelt hat (vgl. Defourney/Nyssens 2010), finden sich bisher nur wenige Arbeiten zu Themen wie Skalierung oder Social Franchise (vgl. Lyon/Hernandez 2012; Hackl 2011; Tracey/Jarvis 2007) In Deutschland hat außerdem der Bundesverband Deutscher Stiftungen eine detaillierte Publikation zur Skalierungsstrategie des Social Franchising vorgelegt (Bundesverband Deutscher Stiftungen 2008).

Trotz verschiedener Vorschläge (u. a. Creech 2008, Dees 2008) hat sich dabei noch keine einheitliche Definition zur Wirkungsskalierung von Sozialunternehmen herausgebildet. Exemplarisch sei hier eine Definition für ,scaling social impact' genannt, die an dem von Gregory Dees geleiteten Centre for Advancement of Social Entrepreneurship der amerikanischen Duke University entwickelt wurde:

> „the process of closing the gap between the real and ideal conditions as pertains to particular social needs or problems. Scaling social impact can occur by increasing the positive social impact created, decreasing the negative social impact of others, or decreasing the social need or demand"[1].

Diese Definition umfasst verschiedene Wirkungslogiken und -tiefen und bietet so Anschlussfähigkeit für verschiedene Skalierungsstrategien. „Increasing the positive social impact" kann beispielsweise die verstärkte Bildung von Sozialkapital durch Ausbau der eigenen Integrationsangebote bedeuten, während „decreasing negative social impact" eher eine Meinungskampagne zur Verhaltensbeeinflussung der Zielgruppe hinsichtlich Umweltverschmutzung umfassen würde. Zudem berücksichtigt die Definition in der Formulierung „decreasing the social need or demand" den transformatorischen Aspekt von Social Entrepreneurship durch die Bearbeitung der Problemursache, der von verschiedenen Autoren betont wird (vgl. Alvord et al. 2004; Martin/Osberg 2007). Sehr unspezifisch bleiben dagegen Begriffe wie „ideal" oder auch „social needs or problems". Was ideale Bedingungen bzw. ein soziales Bedürfnis oder Problem sind, ist von subjektiven Einschätzungen abhängig und kann unseres Erachtens nur über einen sozialen Diskurs ausgehandelt werden.

In der englischsprachigen Literatur werden zudem häufig unterschiedliche Terminologien mit unterschiedliche Akzentuierungen verwendet (z. B. *scaling social impact* (vgl. Dees 2008) oder *scaling up* (vgl. Gillespie 2004; Uvin et al. 2000) als Oberbegriffe für alle Skalierungsprozesse und *scaling wide* (vgl. Bloom/Chatterji 2009), *scaling out* oder *replication* (vgl. Dees/Anderson 2003; Creech 2008) als Bezeichnungen für die Nachahmung eines Ansatzes an einem anderen geographischen Standort angewandt). Im vorliegenden Beitrag verwenden wir den Terminus „Wirkungsskalierung" als Oberbegriff für alle Skalierungsmechanismen.

Für diese Skalierungsmechanismen wurden verschiedene Taxonomien entwickelt. Dees et al. (2004) unterscheiden die Skalierungsstrategien *branching, affiliation* und *dissemination. Branching* beschreibt dabei die Eröffnung neuer Standorte im Sinne von Filiallösung durch die Organisation selbst, während *affiliation* die Umsetzung durch Partnerorganisationen bezeichnet, die allerdings unter formalen Vereinbarungen stattfindet und beispielsweise einem gemeinsamen kommunikativen Auftritt, standardisierten Programminhalten und Fundraising sowie Reporting-Verpflichtungen umfasst. Diese Strategie beinhaltet im wesent-

---

1   Siehe http://www.caseatduke.org/knowledge/scalingsocialimpact/

lichen Social Franchising, das sich durch die beschriebenen Kriterien auszeichnet (vgl. Tracey/Jarvis 2007; Bundesverband Deutscher Stiftungen 2008). Unter *dissemination* ist dagegen eher ein Open-Source-Ansatz zu verstehen, bei dem aktiv Informationen und in gewissem Umfang technische Hilfe und Beratungsleistungen zur Verfügung gestellt werden, ohne allzu große Kontrollmechanismen auszuüben. Zudem stufen die Autoren noch die Skalierungsgegenstände ab und unterscheiden zwischen *organizational model* (inklusive Personal und Finanzierungsstruktur), *program* (abgestimmte Handlungsanleitungen zur Erreichung eines sozialen Ziels) und *principles* (eher allgemeine Prinzipien und Werte im Umgang mit einem spezifischen sozialen Problem). Eine weitere Differenzierung nehmen Dees und Anderson (2003) zwischen *scaling out* und *scaling deep* vor. Während *scaling out* die oben beschriebenen Strategien meint, bezieht sich *scaling deep* auf die qualitative Verbesserung und Erweiterung des eigentlichen Wirkungsmodells.

Coffman (2009) beginnt ihre Strukturierung vom Skalierungsgegenstand her und benennt dann verschiedene Strategien zu ihrer Verbreitung. Die Skalierung eines *program* erfolgt demnach durch *replication* und *adaptation*, womit die Übertragung und bei Bedarf flexible Anpassung eines Programms an einen neuen Standort gemeint ist. Die Skalierung einer *idea or innovation* wird demgegenüber eher indirekt durch *communication-* oder *marketing*-Maßnahmen geleistet, die eine Idee in anderen geographischen oder professionellen Kontexten verbreiten und dort zur eigenständigen Nachahmung motivieren soll. Die Anwendung vorteilhafter *technologies* oder *skills* durch andere Akteure wird durch *distribution, training* oder *granting* verbreitet, also durch die konkrete Schulung bzw. Vermarktung und möglicherweise Finanzierungsunterstützung. Zudem nimmt Coffman konkrete *policies* als Skalierungsgegenstand auf, die durch Verankerung in der Gesetzgebung in unterschiedlichen Regionen und auf unterschiedlichen föderalen Ebenen skaliert werden sollen *(implementation)*.

Beide Strukturierungsvorschläge sind schlüssig, bleiben aber auf einer relativ allgemeinen Ebene und vernachlässigen teilweise die Innenperspektive der Organisationsentwicklung, die für den Skalierungsprozess ebenfalls eine wichtige Rolle spielt.

Uvin et al. (2000; vgl. auch Uvin/Miller 1996) nehmen diese Perspektive in ihren Strukturierungsvorschlag von Skalierungsstrategien auf. Dieser bisher wohl elaborierteste Vorschlag bezieht sich zwar eher auf NGOs im Entwicklungskontext, wird aber im Sozialunternehmerkontext ebenfalls verwendet (Lyon/Fernandenz 2012; Creech 2008; Alvord et al. 2004). Die Autoren unterscheiden vier Kategorien von ‚scaling up': *Expanding coverage and size* als erste quantitative

Skalierungskategorie umfasst dabei die nahe liegendste Skalierungsvariante in Form von Maßnahmen zur Verbreitung des eigenen Angebotes und zum *direkten* Erreichen einer größeren Zielgruppe. Hierfür werden fünf *paths* unterschieden (Uvin/Miller 1996):

- *spread* meint die Vergrößerung der erreichten Zielgruppe durch die bestehende Organisation;

- *replication* bezeichnet die Kopie eines Programms an einem neuen Standort;

- *nurture* steht für die Mobilisierung größeren Zielgruppen zur eigeninitiativen Umsetzung mit Hilfe (finanzieller) Anreizsystem in Kooperation mit einem größeren Förderpartner, insbesondere bei Selbsthilfeansätzen;

- *aggregation* bezeichnet gemeinsame koordinierte Aktivitäten verschiedener gleichwertiger Organisationen (Sozialunternehmen) und

- *integration* steht für die Übergabe eines Projekts in etablierte, beispielsweise öffentliche Strukturen.

Die zweite Skalierungskategorie *increasing activities* bezieht sich auf die qualitative Dimension bzw. auf die Verbesserung und Vertiefung der Wirkung (vgl. *scaling deep*). Die konkreten Strategien *Diversification or horizontal integration* meinen dabei einerseits eine Erweiterung des Programmangebotes, während *vertical integration* die Eingliederung weiterer Schritte innerhalb einer Wertschöpfungskette bezeichnet, um die Nachhaltigkeit eines Angebotes sicherzustellen.

Die dritte Skalierungskategorie *broadening indirect impact* beinhaltet Maßnahmen zur Beeinflussung von anderen Akteuren wie Sozialorganisationen oder politischen Institutionen, die mit der Zielgruppe interagieren. Dies kann beispielsweise durch Trainings- und Beratungsleistungen, aber auch durch Themenanwaltschaft und Wissensgenerierung geschehen.

Als vierte Kategorie wird schließlich *enhancing organizational sustainability* eingeführt. Sie ist die Grundlage einer erfolgreichen und dauerhaften Wirkungsskalierung und beinhaltet die Entwicklung eines soliden Finanzierungskonzeptes beispielsweise durch eine Diversifikation der Einkommensquellen, durch Vermarktung von Beratungsleistungen oder durch kostenpflichtige Angebote. Sie umfasst aber auch Themen wie Wissensmanagement, Organisationsführung und Accountability (Uvin/Miller 1996). Eine empirische Überprüfung der vollständigen Anwendbarkeit dieser Taxonomie für den Sozialunternehmer-Kontext steht noch aus, zudem ist mit Social Franchise auch eine häufig diskutierte Skalierungsoption nicht explizit enthalten, ließe sich aber den zugrunde liegenden Kriterien nach in die Kategorie *broadening indirect impact* einordnen.

In der bisherigen Literatur zu Skalierung wurden auch bereits verschiedene *Hindernisse* von Skalierungsprozessen insbesondere für den amerikanischen Raum aufgearbeitet. Bradach (2003) betont die Schwierigkeiten, an neuen Standorten passendes Führungspersonal sowie Finanzierung für die Skalierungsphase zu finden. Zudem beschreibt er eine mögliche abschreckende Wirkung und geringere Glaubwürdigkeit bei Zielgruppe, Freiwilligen oder Spendern aufgrund steigender Organisationsgröße und dem damit verbundenen Eindruck von Bürokratie, Zentralisierung und „Massenproduktion". Auch Kramer (2005) betont eine gewisse „Spendermüdigkeit", die vor größeren Investitionen in Skalierungsprozesse zurückschrecken. Dees und Anderson (2003) skizzieren einen möglichen Trade off zwischen quantitativer Verbreitung der Wirkung (*scaling out*) und der Verbesserung der Wirkungsqualität (*scaling deep*). In diesem Zusammenhang stellen Austin et al. (2006) die Schwierigkeit heraus, dass sich der Gründer innerhalb der Wirkungsskalierung zu sehr auf die Organisationsentwicklung konzentriert und dadurch die eigentliche Mission leidet. Zudem erschwerten mögliche Eigeninteressen der jeweiligen Partner Kooperationen im Zuge der Skalierung. LaFrance et al. (2006) betonen unter anderem die schwierige Balance zwischen zentraler Kontrolle und Flexibilität bei mehreren Standorten, und Carlson (2008) stellt insbesondere Probleme des Wettbewerbs mit anderen Sozialorganisationen dar. Wertet man diese unterschiedlichen Beiträge in der herangezogenen Literatur aus, ergibt sich einer Übersicht der Hindernisse, wie sie in Tabelle 1 dargestellt sind.

Tabelle 1: Bekannte Hürden der Wirkungsskalierung von Sozialunternehmen

Problematik	Autoren
Finanzierung ist für neue Ideen einfacher zu finden als für Wirkungsskalierung	Bradach 2003, Kramer 2005, Carlson 2008, Roob/Bradach 2009
Personal und Führungspersönlichkeiten an einem neuen Standort können schwierig zu finden sein	Bradach 2003, Campbell et al. 2008, Carlson 2008
Der Anschein von Bürokratie und zentralisierte Kontrolle in größeren Organisationen kann sowohl freiwillige als auch Spender abschrecken	Bradach 2003
Wirkungsnachweise erhöhen Akzeptanz an neuen Standorten, sind aber schwierig zu realisieren	Harris 2010, Bradach 2003; Campbell et al. 2008, Creech 2008, Dees/Anderson 2003, Roob/Bradach 2009
Eine fehlende Verbindung zu lokalen peer groups vermindert Glaubwürdigkeit und Legitimation	Carlson 2008, Dees et al. 2004, Austin et al. 2006

Problematik	Autoren
Konkurrenz zu lokalen Angeboten für eine bestimmtes Problem wird von der Zielgruppe und etablierten Organisationen skeptisch gesehen	Harris 2010, Bloom/Chatterji 2009, Dees/Anderson 2003, Carlson 2008
Trade Offs zwischen Qualität und Quantität können insbesondere innerhalb dezentralisierter Strukturen entstehen	Bradach 2003, Campbell et al. 2008, Carlson 2008, LaFrance et al 2006, Hackl 2011
Spezialisierung der Arbeitsprozesse und weniger Verbindung zum Output können das Arbeitsklima beeinträchtigen	Hamm 2002
Zusätzlicher Verwaltungsaufwand, Bürokratie und Infrastrukturbetreuung können die organisationale Kreativität reduzieren	Jones 2010
In einer Social Franchise-Logik der Wirkungsskalierung liegen die Herausforderungen in der Balance zwischen lokaler Autonomie und zentraler Kontrolle, im Wissensmanagement sowie in der Nutzung von *economies of scale*	Bradach 2003, Campbell et al. 2008, Carlson 2008, Harris 2010, LaFrance et al. 2006, Jones 2010, Hackl 2011
Fokus der Führungskräfte auf Organisationsentwicklung kann die Mission der Organisation beeinträchtigen	Austin et al. 2006
Führungskräfte konzentrieren sich bei der Wirkungsskalierung zu stark auf Organisationswachstum und verschwenden dadurch wertvolle Ressourcen	Harris 2010, Kramer 2005
Führungskräfte fehlen die Management-Kompetenzen zur Steuerung einer größeren Organisation	Hamm 2002

Im folgenden empirischen Kapitel wird untersucht, inwiefern deutsche Sozialunternehmen ähnliche Erfahrungen bezüglich der Hindernisse einer Wirkungsskalierung gemacht haben. Dabei kann von unterschiedlichen Ausgangsvoraussetzungen für deutsche Sozialunternehmen ausgegangen werden (vgl. Defourney/ Nyssens 2010). Durch die Einbettung in einen ausgebauten Wohlfahrtsstaat spielen beispielsweise öffentliche Mittel in Form von quasi-marktlichen Leistungsentgelten und Fördergeldern in der Finanzierung für deutsche Sozialunternehmen eine wichtige Rolle (siehe Kapitel 1.4).

3. Kurzbeschreibung der Methode

Die Auswertung basiert auf 27 Interviews mit Gründern und/oder Geschäftsführern von sozialunternehmerischen Organisationen, die zwischen November 2010 und Juni 2011 in ganz Deutschland im Rahmen des Mercator Forschungsverbundes „Innovatives Soziales Handeln – Social Entrepreneurship" von den Mitgliedern des Südkonsortium – Zeppelin Universität Friedrichshafen, TU München und CSI Heidelberg – geführt wurden. Der Leitfaden der teilstandardisierten Interviews wurde auf Basis zentraler Hypothesen der Arbeitsdefinition (Jansen et al. 2010) sowie in Auseinandersetzung mit der einschlägigen Literatur entwickelt und enthielt Fragen zu Mission und Gründungsumständen der befragten Organisationen, zu Konkurrenzverständnis und sozialer Einbettung sowie zu Organisationsentwicklungs-, Skalierungs- und Finanzierungsthemen. Zusätzlich wurde im Rahmen der ca. 90minütigen Interviews den Befragten ausreichend Raum für die Vorstellung ihrer eigenen Themen und Einstellungen zur Forschungsfrage gegeben, um dem explorativen Charakter der Forschungsprojektes gerecht zu werden.

Die interviewten Organisationen wurden durch das aus der Grounded Theory bekannte *theoretical sampling* ausgewählt. Die Zusammenstellung und Auswahl der Organisationen begleitete den Forschungsprozess, wobei in der ersten Phase insbesondere die Strategie der minimalen Kontrastierung gewählt wurde. Aus diesem Grund enthält das Sample vier Fellows von Ashoka sowie einen Fellow der Schwab Stiftung for Social Entrepreneurship. Im weiteren Verlauf der Fallauswahl wurden Sampling Strategie auf die maximale Kontrastierung verändert, um die Grenzen des Phänomens zu erfassen und die Reichweite des organisationalen Feldes abzudecken. Die Kontrastierungskriterien waren insbesondere

- die Größe der Organisation
- das Alter der Organisation
- das Aufgabenfeld der Organisation
- der juristische Organisationstypus

Somit decken die Organisationen verschiedene Themen- und Aktivitätsfelder ab. Dazu zählten der Gesundheitssektor, soziale Dienste und Integration/Inklusion, Bildung und Arbeitsmarktintegration, aber auch Umweltschutz und Umweltbildung, politische Transparenz, wirtschaftliche Regionalentwicklung sowie nachhaltige Konsumgüterangebote und Finanzdienstleistungen. Auch bezüglich des rechtlichen Status enthielt das Sample eine Vielzahl an Organisationstypen, die von Vereinen und Stiftungen über Kooperativen und gemeinnützigen GmbHs bis hin zu regulären GmbHs reichten. Häufig traten diese Rechtsformen auch innerhalb einer Organisation kombiniert auf.

Alle Interviews wurden digital aufgezeichnet und transkribiert. Anschließend wurden sie mit Hilfe des Auswertungsprogramms Atlas.ti analysiert und kodiert. Diese Software für qualitative Datenanalyse bezieht ihren Wert insbesondere aus der Kombination von Elementen der Grounded Theory Methodology sowie der Hermeneutik der Wissenssoziologie. Methodisch basiert die Auswertung auf einem NCT Process (*noticing – collecting – thinking*) nach Friese (Friese 2011). In einem oszillierenden Prozess fallen beim Lesen der Transkripte (wiederkehrende) Textstellen auf (*noticing*), aus denen Codes entwickelt und angepasst werden (*collecting*). Diese werden dann in einer späteren Phase (*thinking*) systematisiert und ermöglichen so wissenschaftliche Schlussfolgerungen.

4. Hindernisse der Wirkungsskalierung deutscher Sozialunternehmen

Auch deutsche Sozialunternehmen wenden unterschiedliche Skalierungsstrategien an und sehen sich verschiedenen Schwierigkeiten ausgesetzt. Die von den untersuchten Organisationen geschilderten Skalierungsproblematiken werden im Folgenden übersichtsartig dargestellt. Selbstverständlich treffen angesichts der Heterogenität des Feldes nicht alle Problematiken auf alle Sozialunternehmen gleichermaßen zu, dennoch sind hier insbesondere solche Probleme geschildert, die wiederholt von den interviewten Organisationen genannt wurden.

4.1 Starke und komplexe lokale Verwurzelung

Sozialunternehmen entwickeln ihre Ansätze oft sehr stark aus einem lokalen Kontext bzw. einer lokalen Problemstellung heraus und sind dort tief verwurzelt (vgl. Dees 2001). Neben der eigentlichen Kerntätigkeit bauen sie komplexe Stakeholderbeziehungen auf, die die spezifischen Interessen von Zielgruppe, öffentlichen und privaten Fördern oder lokaler Verwaltung und Politik austarieren und nicht selten auf Sondervereinbarungen beruhen.

An einem neuen Standort müssen demnach zunächst die lokalen Besonderheiten stärker als bei einem rein marktbasierten, kommerziellen Unternehmen verstanden und dann ein solches Multi-Stakeholdergeflecht – zumindest in Teilen – neu aufgebaut werden. Insbesondere eine Skalierung durch Organisationswachstum wird dadurch deutlich erschwert:

> „Aber schon Heidelberg ist oft so schwierig und die Partikularinteressen so vielfältig, dass ich manchmal sage: Hier ist eigentlich auch für mich jetzt ok."

Zudem muss der eigene Wirkungsansatz auf die Passung zur Zielgruppe vor Ort getestet und möglicherweise angepasst werden. Bestimmte Voraussetzungen sind möglicherweise nicht vorhanden, so dass eine alternative Lösung gefunden oder der Skalierungsplan entsprechend angepasst werden muss, wie die folgenden Zitate verdeutlichen.

„Ich denke dass diese Gemeinde, dieses kleine Dorf, ist glaube ich eine der großen Stärken. 2000 Einwohner, sehr überschaubar, ich glaube das ist auch die Stärke, da ist ein Zusammenhalt da. Ich könnte mir vorstellen, in einer größeren Stadt ist so etwas nicht zu reproduzieren."

„Das Problem dabei ist, wenn einer zentralistisch tätig ist so wie ich es jetzt bin, ist er a) bemüht, dass es überall gleich laufen muss, kommt vielleicht auch vom Berufsbild oder von der beruflichen Entwicklung, man lernt irgendwie was in Administration und lernt schlaue Konzepte anzuwenden und versucht die dann auch, weil sie so schlau sind, von Marktheidenfeld bei Würzburg über Rehau kurz vor Thüringen nach Garmisch überall gleich umzusetzen, dummerweise ist aber die Situation nur zu 90 % identisch, d. h. ich muss manchmal für mein eigenes Hirn Abweichungen zulassen."

4.2 Fehlendes Angebot qualifizierter Talente

Eine weitere zentrale Ressource sozialunternehmerischer Organisationen sind qualifizierte Mitarbeiter und – im Falle indirekter Skalierungsstrategie per Open-Source- oder Franchiselogik – unternehmerische Persönlichkeiten, die den Aufbau eines neuen Standorts bewältigen können.

Bei Sozialunternehmen können dabei durchaus Anforderungsprofile für die Mitarbeiter entstehen, die sie mit ihrem Wissen aus anderen Organisationen oder klassischen Ausbildungswegen nur bedingt bedienen können. Die entsprechenden Kompetenzen werden häufig erst in der Organisation aufgebaut. Dieser Prozess ist zeitintensiv und kann ebenfalls ein hemmender Faktor im Laufe einer Wirkungsskalierung sein. Stellenweise kommt hier noch erschwerend hinzu, dass die tendenziell etwas geringeren Einkommen eine Personalfluktuation mit sich bringen:

„Ich investiere in die Exzellenzausbildung, und die, ich hab schon drei Leute aus dem Nichts von Praktikanten aufgebaut bis zu Exzellenzleuten. Vier, fünf Jahre hat das gedauert, waren Praktikanten, hab die Diplomarbeit quasi betreut, dann wurden sie hier Top-Manager hier bei mir, gleich von Anfang an, und dann hab ich sogar noch Englischkurse da unten organisiert, dass die sogar international irgendwie mithalten konnten. Ich hab Englischkurse gegeben, jede Woche gab's die um 18 Uhr, jeden Mittwoch, den Managerenglischkurs. Und dann waren sie so Top, dann sollten sie sich genau bezahlt machen, und dann haben sie sich beworben. Ich hab's nie verstanden warum manche das tun, weil ich finde, wir haben hier viel geilere Jobs gehabt, aber ein junger Mann, den ich so richtig flott aufgebaut habe, der ist dann 30 geworden, und der fand's dann toll bei den Johannitern Bezirksleiter zu werden, meine Güte, ne, und jetzt ist er totunglücklich, weil er ist nicht mehr mit mir in Paris, er ist nicht mehr mit mir in Madrid, nicht mehr mit mir in München, und sag ich, schreib Du doch mal diesen Artikel, kommt nicht mehr in irgendwelchen Büchern in Artikeln vor, und jetzt merkt der ist ja auch irgendwie Mist und will sich hier wieder einmischen, da sag ich nee, jetzt nicht mehr."

Noch zentraler sind die personellen Ressourcen bei einer indirekten Wirkungsskalierung per Open Source- oder Franchiselogik. Für die erfolgreiche Umsetzung von Projekten ist in der Regel eine charismatische Persönlichkeit wichtig (siehe Abschnitt 4.1), die die vielfältigen und komplexen Aufgaben und Hindernisse, die auch hier teilweise beschrieben sind, bewältigen kann:

> „Die Open Source Verbreitung würde der nächste Schritt sein. Wozu wir nicht in der Lage sind ist ein Social Franchise Modell, weil wir eben sehen, dass es sehr hohe Anfangsinvestitionen und viel Zeitaufwand bedeutet, aber ganz besonders wichtig ist, überhaupt das Talent zu finden, also die Persönlichkeit, die das umsetzt."

4.3 Fehlende und unpassende Finanzierungsangebote

Sozialunternehmen in Deutschland finanzieren sich aus einem Mix aus öffentlichen und privaten Mitteln. Trotz des potentiellen Zugangs zu öffentlichen Fördermitteln zählt das Finden einer passenden und nachhaltigen Finanzierung zu den wesentlichen Hindernissen für Skalierungsprozesse jedweder Art. Häufig bestehen *strukturelle Anschlussschwierigkeiten an öffentliche Förderstrukturen und Sozialversicherungssysteme*, da Sozialunternehmer über Sektorgrenzen hinweg agieren oder Präventivansätze verfolgen, die sich nur schwer mit der vorherrschenden kostenbasierten öffentlichen Leistungserstattung vereinbaren lassen. Folgende Zitate verdeutlichen dies:

> „Hier ist keine städtische Mark oder kein Euro drin bis heute, ich bin nicht Teil eines städtischen Programms, da haben wir jetzt den ersten Antrag gestellt, weil die Anfragen von überall so riesig werden aus dem Stadtgefüge, dass ich gesagt habe: Ich kann es nicht mehr abbilden mit meinen Mitarbeitern, ich habe das Sozialraumkonzept quasi mitentwickelt oder mitentwickeln wollen, aber das wird nicht durch die Vergütungshintergründe der sozialen Arbeit abgedeckt."

> „Aber es ist eben etwas, was sich jetzt nicht beliebig multiplizieren lässt, und was bei der gegenwärtigen sozusagen Finanzierungsstruktur der sozialen Landschaft einen so neuen Aspekt beleuchtet, dass der durch die herkömmlichen Finanzierungsideen einfach nicht berücksichtigt wird."

Leere öffentliche Kassen gerade auf kommunaler Ebene – relevant beispielsweise in der Jugendhilfe – verschärfen das Problem. Selbst wenn mit viel Überzeugungsarbeit lokal individuelle Finanzierungsvereinbarungen getroffen werden können, repliziert sich dieses strukturelle Problem aufgrund der kommunalen Selbstverwaltung an jedem neuen Standort, so dass dort aufwändig neu verhandelt werden muss. Diese Hürde besteht unabhängig davon, ob der neue Standort selbst oder durch einen Franchisenehmer betrieben wird.

Zudem wurden *bürokratische Hürden* bei der Antragsstellung, Berichterstattung und fehlende Infrastrukturförderung kritisiert:

„ [...] wo wir uns dann auch oft nach dem Pareto-Prinzip die Frage stellen, wie viel Aufwand stecken wir eigentlich für was rein. Und sobald wir das Gefühl haben, dass es keinen Sinn macht für ein Jahr eine kleine Förderung zu bekommen, werden wir einfach woanders hingehen, wo wir für den gleichen Aufwand das Zehnfache bekommen können [...]"

Auch wurde häufig die *fehlende politische Kontinuität* als Unwägbarkeit benannt, die eine nachhaltige Finanzplanung mithilfe öffentlicher Zuschüsse erschwert:

„Lässt du dich zu sehr auf den Staat ein, verlierst du irgendwann dein Innovationstempo und du kriegst echte Schwierigkeiten. Nach einem Politwechsel, so wie jetzt in NRW, sagen sie wir stoppen jetzt erstmal. Weil natürlich klar ist, es ist das erfolgreichste Gesundheitsprogramm der Vorgängerregierung und kein einziges erfolgreiches Programm wird weitergeführt."

Widmet man sich den Finanzierungsmöglichkeiten jenseits staatlicher Strukturen, so gibt es von auch von privater Finanzierungsseite – abgesehen von der sich erst langsam entwickelnden Mission- oder Impact Investing Szene in Deutschland – derzeit nur begrenzte Angebote für nicht rein kommerziell orientierte Unternehmungen.

„Das ist eine Erfolgsgeschichte, aber ich krieg noch nicht mal für ein 20.000 € Darlehensgesuch eine positive Antwort von einer Bank [...] das Investitionsziel hat den Banker nicht interessiert, ich bin wahnsinnig geworden: Sagen sie, ich mache es 20 Jahre, sie sehen was wir aufgebaut haben, gibt es nicht ein bisschen? Es tut mir leid. Gut, nicht unser Thema."

Fördermittel von Stiftungen oder Sponsorengelder, die im Moment noch die deutlich häufigere gewählte Alternative privater Finanzierung sind, weisen die bekannten Problem hinsichtlich der Nachhaltigkeit der Finanzierung auf und eignen sich dementsprechend nur bedingt als Kapital für einen Wachstums- oder Skalierungsprozess. Insgesamt ist das Einwerben neuer Finanzmittel mit hohem Aufwand verbunden, was sich durchaus auch auf die Wahl der Skalierungsstrategie auswirken kann, wie das folgende Zitat zeigt:

„Insofern haben wir daraus auch gelernt, dass wir nicht operativ selber tätig werden wollen. Sozusagen kein klassischer Filialbetrieb, dafür stimmt das Einkommens- und Geschäftsmodell nicht, dass dies so einfach skalierbar ist. Weil jedes weitere Land ist für uns ein weiteres Engagement und kostet weiter Geld, dafür müssen Gelder eingeworben werden. Es ist nicht so, dass man einen neuen Markt aufrollt und dann in sehr absehbarer Zeit auch wieder mehr Einnahmen reinkommen."

Angesichts dieser Schwierigkeiten der Finanzierung haben aus Sicht von Sozialunternehmen Franchise-Modelle und die kostenpflichtige Qualifizierung Dritter den Vorteil, eine weitere Einkommensquelle zu erschließen. Das Einwerben der nötigen Mittel für die Infrastruktur etc. an einem neuen Standort erfolgt dann dezentral und lokal durch den Franchisenehmer bzw. den Qualifizierten.

4.4 Status Quo Präferenz, Konkurrenzdenken und Legitimität

Ein wesentlicher Themenkomplex bezüglich der Hindernisse einer Wirkungsskalierung umfasst Fragen von Legitimation, Konkurrenz und Aversionen gegen
Veränderungen, sowohl nach außen als auch nach innen. In direkten wie indirekten Skalierungsprozessen, gerade auch bei der (politischen) Einflussnahme auf
die Rahmenbedingungen in ihrem Themenfeld treffen Sozialunternehmen häufig auf Widerstände unterschiedlicher Anspruchsgruppen, die auf unterschiedliche und sich teilweise gegenseitig überlagernde Motive zurückzuführen sind.

Zunächst kann sicherlich von Aversionen und auch Ängsten gegen Veränderungen (oder umgekehrt eine *Präferenz für den Status Quo*) ausgegangen werden.
Diese entstehen, wenn etablierte Akteure wie beispielsweise lokale Verwaltun-
gen unter Druck gesetzt werden ihre Förderpraktiken oder sonstigen Verhaltensweisen zu verändern. So ermutigen Sozialunternehmen beispielsweise benachtei-
ligte Zielgruppen zur Inanspruchnahme von Leistungen des Gesundheitssystems
oder der Jugendhilfe und erhöhen so die Nachfrage. Die befragten Organisationen, die solche Ansätze verfolgen, berichten regelmäßig von einer ablehnenden
Haltung gegenüber ihren Vorstößen:

> „Denn wir haben auf der anderen Seite Leute sitzen, die total hysterisch sind, die Angst ha-
> ben, dass [die Zielgruppe; geändert durch Autoren] zu viel verlangen könnten, dass sie zu-
> viel Mühe machen könnten, die das als Alibi, die sich viele Alibis ausdenken um ihre Pflich-
> ten nicht zu erfüllen, wir können nicht dagegen ankämpfen, politisch, was wir machen ist,
> Lösungen anbieten."

Weitere Widerstände sind deutlich von *Konkurrenzdenken,* insbesondere im Sozialsektor, geprägt. So berichteten verschiedene befragten Sozialunternehmen,
durch die günstigere Erbringung von Sozialleistungen größere und etablierte Sozialorganisationen in Zugzwang gegenüber den Kostenträgern gebracht zu haben
und dafür stellenweise massiv angegangen worden zu sein:

> „[...] der Wohlfahrtsverbände, die selber keine Gesundheitsdienstleistung oder Information
> anboten, die aber natürlich gleich versuchten uns zu vereinnahmen, weil die natürlich eher so
> gepolt waren, dass natürlich neben ihnen möglichst nichts entstehen sollte."

> „Und dann natürlich der Wettbewerb mit anderen Sozialorganisationen, der ist natürlich gran-
> dios. Der ist groß. [...]... seit einigen Jahren durch die Ausschreibungsmodalitäten, es wird ja
> nichts mehr so vergeben, sondern es wird ja alles ganz normal über das REZ, das regionale
> Einkaufszentrum der Bundesanstalt. [...]

> Das ist natürlich vorgeschoben worden, dass man natürlich sagt: Die lassen die arbeiten, die
> beuten die aus und sonst was. Die sagen nicht: Wir wollen weiter bequem in unserem Bett lie-
> gen. Sondern die schieben dann natürlich solche Gründe vor. Das ist klar."

Solche Konkurrenz macht insbesondere kleineren Anbietern zu schaffen, gerade wenn entsprechende Aufträge über Ausschreibungen vergeben werden. Umgekehrt haben jedoch Organisationen, die eine kritische Größe erreicht haben, in diesem Prozess gewisse Vorteile:

> „Da hilft es wenn man eine gewisse Größe hat, das muss man deutlich sagen. Kleine Träger werden da sehr schnell ausgebremst. wir sind ja im Rheinland groß genug, um unseren Kostenträgern zu politischem Erfolg zu verhelfen, das tun wir auch. Dann wird manches möglich und es ist wirklich auch die Chance ein bisschen an der Gesellschaft zu verändern[...]"

Eng verbunden mit Konkurrenzdenken ist der Wunsch nach *lokaler Autonomie*, die wiederum eng mit Machtfragen zusammenhängt. Ortsfremde oder auch nicht sektortypische Organisationen werden häufig mit Argwohn betrachtet. Ihnen wird nicht zugetraut die lokalen Besonderheiten zu verstehen. Man sieht sich als Spezialfall und hätte gerne eine „eigene" Lösung, die nicht zuletzt auch eigene Profilierungschancen beinhaltet:

> „Man sagt man will so genannte eigene Programme machen. Wir haben zum Beispiel erlebt, dass Dinge die wir zivilgesellschaftlich, sozialunternehmerisch machen können und dann günstig dann für die Gesellschaft sind und innovativ, plötzlich von staatlichen Organisationen kopiert wird, mit fünffachem Finanzaufwand gemacht wird, weil man das entdeckt hat als ein Modell der Selbstprofilierung. [...] So und jetzt will natürlich jeder Ausländerbeauftragte, vor seinem Chef möglichst das selber vor Ort haben und sagt na ich hab ja auch einen Ali hier, der könnte das ja, dann haben wir unseren eigenen Ali, [Name des Gründers] ist schon zu stark, den kannste nicht mehr lenken, und in einem föderalen Land ist es so: Wir haben eine ganz besondere Situation hier an unserem Ort, quatsch. Das sagt München, das sagt Hamburg, jedes Kaff sagt, wir haben eine besondere Situation vor Ort, bei uns ticken die Uhren anders."

Solche Skepsis wird teilweise verstärkt durch *Neid* oder auch durch *politische Begehrlichkeiten*. Der Einfluss erfolgreicher und schnell wachsender Organisationen wird eher kritisch bewertet:

> „Es ist immer erst wirklich viel Aufklärungsarbeit und man muss auch gegen den lokalen Neid ein wenig ankämpfen, ist halt wirklich so."

> „[...] dass durch dieses schnelle Wachstum von 7 auf 23 Gemeinden so viel Politgeschmack da rein kam mit so vielen politischen Interessen und von oben wieder dieser Druck."

Des Weiteren rückt die Frage nach der *nachweislichen Wirkung* bei den öffentlichen und privaten Anspruchsgruppen vor Ort (Zielgruppe, Förderer, Kostenträger etc.) noch stärker in den Mittelpunkt, weil die skalierende Organisation dort oft nicht über das persönliche, gewachsenen Beziehungsnetzwerk wie am ursprünglichen Standort verfügt, das dann als Vertrauenskapital fungiert (vgl. oben). Dieser Wirkungsnachweis kann auch essentiell sein beim Versuch, auf rechtliche und politische Rahmenbedingungen Einfluss zu nehmen, da er Entscheidungsträgern in Politik und Verwaltung ermöglicht, ihre eigenen Entscheidungen zu legitimieren (vgl. Mildenberger et al. 2012). Wissenschaftlich fundierte Wirkungsnachweise beispielsweise im Sinne eines SROI-Ansatzes (vgl. REDF 2001; Kehl et al. 2012) sind aber im Moment noch komplex und für viele Sozialunternehmen aus dem regulären Budget kaum zu bestreiten. Organisationen im Sample stellten teilweise Überlegungen an, solche Wirkungsnachweise mithilfe von Förderpartnern zu finanzieren.

Gerade bei kontroversen und konfrontativen Ansätzen und bei der Bearbeitung nicht offensichtlicher Probleme kann es darüber hinaus notwendig sein, dass zunächst das bearbeitete Problem legitimiert werden muss, da bisher nur ein geringes Bewusstsein darüber besteht und es von manchen Stellen völlig negiert wird (vgl. Schmitz/Then 2011). Während in vielen Themenfeldern und für viele Problematiken die Nachfrage sehr hoch ist, muss sie hier dementsprechend erst noch stimuliert werden:

> „Ich hatte vor einiger Zeit Importeure in Deutschland angeschrieben und habe die informiert über den Verein [Name der Organisation] und über die Möglichkeit einer Zertifizierung von Importen und da hat sich dann auch einer gemeldet hier telefonisch, der gesagt hat, also er ist fest davon überzeugt, dass hier eine falsche Realität aufgebaut wird und der Öffentlichkeit vermittelt wird und findet es fast kriminelle Machenschaft. [...]
>
> [...] das wird sicherlich nochmal im nächsten Jahr auch verstärkt angeschaut werden, also weitere Möglichkeiten sind zu gucken, wer sind noch Abnehmer weitere darüber hinaus oder wer spielt noch eine Rolle."

Legitimationsfragen können aber gerade bei organisationalem Wachstum auch am ursprünglichen Standort relevant sein. So kann das Verhältnis einer wachsenden Organisation zu Zielgruppe und Leistungsempfängern zum Beispiel beeinträchtigt werden, wenn Werte wie Individualität, Transparenz und persönliche Nähe im Vordergrund stehen:

> „Ja, es ist natürlich, jetzt gibt es ja 90.000 Kunden und da können sie natürlich keinen Dialog mehr führen."

Noch stärker nach innen gerichtet ist die Legitimation einer Wirkungsskalierung gegenüber den eigenen Mitarbeitern. Die Vorstellungen, in welche Schwerpunkte eine Organisation ihre Ressourcen stecken sollte, können dabei durchaus abweichen, so dass solche Entscheidungen auch nach innen moderiert werden müssen:

> „Wenn jetzt jemand in einem Verein in Deutschland arbeitet, dann ist der daran interessiert, dass möglichst viel Geld für den Verein rein kommt, dass wir uns auf Deutschland konzentrieren, dass wir uns nicht ablenken lassen, dass wir eben uns nicht international aufstellen,

[...]. Wenn jemand wie wir die Vision verfolgen, dass auch international Anfragen bedient werden müssen, dann bin ich da eher der Gegenpol, der sagt, nein wir bearbeiten die Anfrage aus den USA. Dann hilft es uns aber auch zu begründen warum internationale Zusammenarbeit sogar mehr Ressourcen in das Projekt bringt, als umgekehrt."

4.5 Organisationsentwicklung und Qualitätssicherung

Sowohl direkte Prozesse der Wirkungsskalierung über Organisationswachstum als auch einige indirekte Skalierungsprozesse wie Social Franchise erfordern den Auf- und Ausbau entsprechender Kapazitäten und Infrastruktur, der mit unterschiedlichen Herausforderungen der Organisationsentwicklung einhergeht. Mit der Vergrößerung einer Organisation ändert sich – wie in der Organisationstheorie vielfach beschreiben (vgl. Greiner 1998; Pümpin/Prange 1991; Malek/Ibach 2004) – in der Regel der strukturelle Aufbau hin zu Spezialisierung und damit zu veränderten Aufgaben und Arbeitsweisen der einzelnen Mitarbeiter. Von solchen Erfahrungen, die einen hohen *Steuerungsaufwand* erfordern, berichteten auch verschiedene der befragten Organisationen. Zudem entstehen vermehrt Overhead-Kosten jenseits der Personalkosten für die eigentliche Kernleistung, die bedient werden müssen und damit auch ein Stück weit *den finanziellen Druck* erhöhen:

„[...] so irgendwann wird diese Innovation angenommen und man entwickelt eine Organisation, die sich nach und nach ausbaut und dann eine gewisse Größenordnung erreicht. Ich würde mal sagen 3 Mitarbeiter, 5 Mitarbeiter, 10, 20, das sind die Rhythmen, nicht, 50, ja 200. So. Und zwischen diesen Sprüngen, ob du dich genauso transformieren kannst, wie die Organisation sich jetzt transformiert, das ist da wo sich die Spreu vom Weizen trennt, also für mich war das herrlich mit 3 Mitarbeitern zu arbeiten. Ich hatte einen Effekt, den manche Organisationen mit 20 nicht hatten, und wenn wir jetzt plötzlich in die Größenordnung gehen von 10, da fing es schon an schwierig zu werden, weil du viel struktureller, also du kannst nicht nur noch an deine Innovation denken, sondern musst an die Organisationsentwicklung denken, bei 10 Mitarbeitern brauchst du eine funktionierende Sekretärin, eine funktionierende Zentrale, einen Telefondienst, du brauchst eine funktionierende Buchhaltung, [...]"

„Sie müssen ja immer sehen, dass sie ja immer verschiedene Planungen machen, die müssen ja synchronisiert werden, d. h. also der ganze Fixkostenblock, der muss immer, der wird immer mehr steigen und wenn sie mal einen Rückgang haben, kann das sehr schnell sein, dass dann die Fixkosten ganz schön auf die Füße fallen, da sehe ich eine Gefahr."

Als zentrales Problem dieses strukturellen Ausbaus wurde der in der Organisationstheorie ebenfalls beschrieben Verlust von Flexibilität und Innovationskraft genannt (vgl. Greiner 1998; Pümpin/Prange 1991), die für viele Sozialunternehmen als Abgrenzungsmerkmal gegenüber etablierten Organisation im Sozialsektor identitätsstiftend sind.

„Also Flexibilität verlieren heißt ja, ich verliere Zeit um Entwicklungen vorzunehmen, um zu entwickeln, Sozialtechnologien zu entwickeln, wenn aber so wächst und ich sie, mich so entwickeln kann, dass ich und meine andere Entwickler die Haupt-Köpfe des Ganzen, die die sozialen Innovationen überhaupt erst möglich machen, wenn die plötzlich nur noch unterwegs sind um die Infrastruktur zu finanzieren, um nur noch die Verwaltung zu entwickeln, also den Overhead zu sichern, was sind wir dann anderes als ein Wohlfahrtsverband, oder eine staatliche Einrichtung."

Vor allem bei indirekter Skalierung spielt zudem das *Vertrauensverhältnis und die Qualitätssicherung* bei den nachahmenden Akteuren eine wichtige Rolle. Hier besteht häufig ein Zwiespalt, da Nachahmung einerseits in der Regel von den sozialen Unternehmen erwünscht ist, andererseits aber ein unkontrolliertes Kopieren ohne Qualitätskontrollen negativ auf das eigentliche Konzept zurückfallen kann:

„Es ist nur für unser Projekt ein Problem. Wenn jemand, ohne mit uns zu kooperieren, unter dem Titel [Name der Organisation] sozusagen was anbietet, haben wir die Qualitätssicherung nicht in der Hand. Wenn jemand in Kooperation mit uns das macht, muss er entsprechende Verträge unterzeichnen. Also das heißt, wir haben keine Lust, dass jemand [Name der Organisation] macht und sich stark auf uns bezieht und wir haben gar keinen Kontrollmechanismus. Infolgedessen ist es schon so, dass wir im Internet, wenn wir das sehen, das Leute dann, also es ist so weit gegangen das einfach irgendwelche Anbieter das Logo der [Name der Dachorganisation] verwendet haben. Ich meine, das geht natürlich dann nicht mehr. Das ist in hohem Maße sogar, wir sind dem nicht strafrechtlich nachgegangen, aber das kostet richtig was. Also wir sind, wir haben denen nur über unsere Rechtsabteilung mitteilen lassen, das sie entweder mit uns kooperieren oder zumindest diese Bezüge zu uns weg, daraus weg sollen. Aber ansonsten ist es gewünscht."

Allerdings stellt sich hier wiederum häufig das Problem der knappen Ressourcen und einer häufig vorhandenen *Überlastung* der Führungskräfte, das eine angemessene Begleitung wie beispielsweise in Form einer Social-Franchise-Lösung schwierig macht:

„[…] soweit sind wir noch nicht, dass wir die Stärke und die Kompetenz haben zu zertifizieren und dieses Franchise zu machen, und das ist passiert, weil ich natürlich, durch das enorme Wachstum das wir hatten, die politische Arbeit und die wissenschaftliche Arbeit unverhältnismäßig gesteigert habe, und jetzt fehlt mir und meiner Organisation die Ressource dadurch, weil wir da zu viel abfließen lassen, die Ressource, um die Geschäftsentwicklung weiter voran zu bringen, […]"

4.6 Fehlende Kompetenzen der Wirkungsskalierung

In einem ausgebauten Wohlfahrtsstaat wie Deutschland entstehen Sozialunternehmen häufig aus dem beruflichen Kontext im Sozialsektor heraus (vgl. Kapitel 1.1). Dementsprechend liegen die Kompetenzen im Schwerpunkt meist auf der sozialen Seite, gerade bei jungen Gründungsorganisationen fehlen aber häufig die notwendigen betriebswirtschaftlichen Kenntnisse, um einen Skalierungsprozess zu begleiten:

> „[...] ob man da gut stehen kann, ohne auch unternehmerisches Know-how und ich glaube das ist für viele Social Entrepreneure das Hauptproblem, also Sozialunternehmertum heißt ja nicht, nur sozial sein, sondern das ist auch ein Unternehmen. Also mein Betreuungsverein hat fast 2 Millionen Umsatz, da kannst du nicht sozial labern, sondern du musst irgendwie auch Ahnung davon haben, wie man mit Geld umgeht."

Durch Unterstützerorganisationen wird häufig versucht, diese Lücke mithilfe externer Experten zu schließen. Dabei zeigt sich allerdings häufig, dass klassische betriebswirtschaftliche Konzepte aufgrund des hybriden Charakters aus Sozialem und Ökonomischem nicht immer greifen und dass sehr spezifische Kompetenzen notwendig sind:

> „ [...] und dann sagen wir mal, haben wir dann eben Hilfe von McKinsey oder Boston Consulting und so weiter, aber du brauchst ja Zeit um die auch auf dich einzustimmen, weil die ticken doch ganz anders, die ticken doch so, schieb das mal da, mach da mal einen Strich, mach da mal einen neuen Bauklotz drauf, dann klappt das schon, aber so funktioniert ja nicht Social Business. Ist ja ganz anders."

4.7 Kein Interesse an Wirkungsskalierung

Neben den verschiedenen Problematiken im Zusammenhang mit Ressourcen, Einbettung und Organisationsentwicklung besteht abschließend auch die sehr grundsätzliche Frage, inwiefern und in welchem Umfang Sozialunternehmen überhaupt skalieren wollen.

Zu den Gegenargumenten zählt zunächst ein möglicher *Autonomieverlust,* der mit Partnerschaften oder Beteiligungen einhergehen könnte:

> „[...] das ist überall so, wenn der Kleinunternehmer zum Mittelständler wird, wird es schon schwierig und der ist aber nur Mittelständler geworden weil er eine ausgeprägte Persönlichkeitsstruktur hat und in dem Moment zuzulassen, dass jetzt irgendwie plötzlich ein größere Konzern einsteigt, wo ich auch Aufgaben abgeben muss, dann habe ich halt leider ein Rechnungswesen und was weiß ich, das ist hundsschwierig,"

Darüber hinaus sehen sich gerade besonders erfolgreiche Sozialunternehmen einer starken normativen Anspruchshaltung gegenüber. Für die weitreichende Wirkungsskalierung einer Organisation sind also sowohl die Bereitschaft zu einem *finanziellen Risiko* als auch die Annahme einer in gewisser Weise *normativ überfrachteten Rolle* als sozialer Problemlöser notwendig. Wie folgendes Zitat zeigt, gehört dazu scheinbar eine andere Art des Mutes als Zivilcourage und bürgerschaftliches Engagement:

> „ […] ich muss auch den Mut haben, nicht nur bei dem finanziellen Wachstum, dass man auch Kapital aufnimmt, da gibts ja Leute, die bieten dir das an, sondern auch an dem Punkt, Exzellenzzentrum zu sein, also wirklich richtig Entwicklungsführerschaft, die vor meinen Füßen liegt, den Mut zu haben sie zu nehmen, und zu sagen, es stimmt was Dir zugeschrieben wird, wir sind die Entwicklungsführer, wir sind die führenden Entwickler, wir sind die Avantgarde, die Speerspitze des ganzen […] in dem Moment wo du es sagst, kommt wieder Investment. Ich hab das bedingt diesen Mut, ich glaube das ist meine Schwäche. Ich habe unheimlich Mut in die Politik zu gehen und ich setz mich auch gegenüber der Kanzlerin, […] ich habe großen Mut, mit großen Persönlichkeiten der Welt zusammenzuarbeiten, ich hab keine Angst, mich zu messen auf der persönlichen Ebene. Aber ich muss mehr Mut entwickeln, das was ich entwickelt habe, das wofür ich stehe, auch mutiger weiterzugehen, die Konsequenz ist, muss dann sein, ich muss dann auch neu investieren, zum Beispiel eine Entwicklungsabteilung aufbauen, die nur noch entwickelt. […] ich habe bis jetzt so eine Art Kompromissmodell gefunden, was nicht schlecht ist, aber wo ich den Aufwand unterschätzt habe, ich dachte ich könnte Aufwand damit sparen, aber ich spare keinen Aufwand."

Zudem stehen Wachstum und Verbreitung – zumindest ab einer gewissen Größenordnung – möglicherweise der im sozialen Sektor vorherrschenden Philosophie und ihren Werten entgegen. In diesem Zusammenhang lässt sich auch die Angst vor einem Mission Drift einsortieren, der stellenweise mit dem Umgang mit größeren Summen innerhalb der Organisation verbunden wird:

> „Also grad dieses Gastrokonzept da könnte man wahrscheinlich sofort drei Millionen reinstecken und dann kann man das voll umsetzen. Aber das ist a) nicht drin und b) natürlich auch nicht die Philosophie."

> „Geld macht blind. Sobald man mit Geld wedelt, fängt man an, ganz schnell seine Mission zu verlieren."

Einige der befragten Organisationen begrenzen gerade vor diesem Hintergrund ihre Wirkungsskalierung oder verzichten ganz darauf. Sie sehen einen *Zielkonflikt zwischen der Qualität ihrer sozialen oder ökologischen Leistungen und der Quantität der erreichten Zielgruppe* und bewerten dann die Qualität höher. Die folgenden Zitate zeigen allerdings auch, dass zwischen beiden Dimensionen ein gewisser Zusammenhang besteht:

> „ […] also wir haben auch konkrete Angebote weitere [Name der Organisation] zu gründen. Im Moment ist unser Standpunkt, dass wir sagen: bei einer 100-Kinder-Einrichtung ist erst einmal Schluss. Und zwar weil mit 100 Kindern und ihren Familien können wir beide wirklich sicherstellen, dass sie mit einer höchst möglichen pädagogischen Qualität betreut werden."

> „Aber sie kommen dann in die Gefahr hinein, sie können ja immer wieder sagen, wir wollen ja das quantitative Wachstum eigentlich nicht, das quantitative Wachstum tritt nur dadurch ein,

dass wir bestimmte Qualitäten haben, also wir wollen qualitativ wachsen und durch das qualitative Wachsen, da ist die Folge des qualitativen Wachsens ist das quantitative Wachstum."

5. Diskussion und Ausblick

Deutsche Sozialunternehmen sehen sich im Prozess der Wirkungsskalierung einer Vielfalt an Hindernissen ausgesetzt. Diese Hindernisse oder hemmende Faktoren lassen sich in einer groben Einteilung auf drei verschiedenen Ebenen ansiedeln: Das *Ökosystem* von Sozialunternehmen betreffen Fragen der Einbettung und des Austauschs mit lokalen Gemeinschaften und den dortigen Anspruchsgruppen. Dazu zählt auch das Thema Konkurrenz zu bereits etablierten Sozialorganisationen. Zudem sind hier Ressourcenfragen zu Finanzierung und Personal anzusiedeln, die in Wechselwirkung mit der Qualität der Einbettung stehen dürften (vgl. Mair/Martí 2006). Auf der Ebene der *organisationalen Kapazitäten* finden sich im Wesentlichen Fragen der Organisationsentwicklung und des Managements im Zuge der Wirkungsskalierung. Die Bewahrung von Flexibilität, Kontrolle und Innovationskraft angesichts von Spezialisierungsprozessen sowie die Qualitätssicherung bei eher indirekten Skalierungsstrategien stehen hier im Mittelpunkt. Auf der *Leadership-Ebene* stellen sich schließlich Fragen der Kompetenzen, der Arbeitsbelastung und schlussendlich auch der Motivation der Gründerpersönlichkeiten und Führungskräfte, überhaupt eine Wirkungsskalierung anzustreben. Die vorliegenden Daten zeigen deutlich, dass der Wunsch nach quantitativer Wirkungsskalierung nicht für alle Sozialunternehmen in Deutschland angenommen werden kann.

In den bisherigen empirischen Arbeiten zu Hindernissen der Wirkungsskalierung (vgl. Bradach 2003; Austin et al. 2006; Carlson 2008), die sich im Wesentlichen auf den amerikanischen Raum bezogen, wurde dieser letzte Aspekt der mangelnden Motivation zur quantitativen Wirkungsskalierung bisher kaum beleuchtet. Ob daraus bereits ein Spezifikum deutscher Sozialunternehmer abgeleitet werden kann, ist allerdings fraglich, da die genannten Beiträge eine Wirkungsskalierung bereits als normative Ausgangsvoraussetzung annehmen und nicht so sehr auf den Grad der Motivation zu einer Skalierung eingehen. Darüber hinaus überschneiden sich die Hindernisse der Wirkungsskalierung deutscher Sozialunternehmen in großen Teilen mit bereits benannten Problematiken in Nordamerika, so beispielsweise in den veränderte Anforderungen an die Organisationsführung, die auch bereits in organisationstheoretischen Lebenszyklusmodellen benannt worden sind (vgl. Greiner 1998; Pümpin/Prange 1991). Auch

die Reaktionen von lokalen Gemeinschaften und bereits etablierten Sozialorganisationen auf neue Angebote und Wachstum bei Sozialunternehmen scheinen
sich auf den ersten Blick zu ähneln, ebenso der Mangel an passenden Talenten.
Auf Finanzierungsseite bringt die stärker hybride Finanzierungslogik in Deutschland, die stärker auf öffentliche Mittel und Quasi-Märkte setzt, andere Schwierigkeiten mit sich. So entsteht beispielsweise ein hoher Aufwand aufgrund der
kommunalen Selbstverwaltung in bestimmten Themenfeldern, die immer wieder
neue Verhandlungen der Finanzierungsmodelle erfordert. Finanzierungsmöglichkeiten der Wirkungsskalierung scheinen in jedem Fall auf beiden Seiten des At-
lantiks trotz der unterschiedlichen Ausgangsvoraussetzungen noch ausbaufähig.

Aus den Befunden lassen sich hierfür einige praktische Implikationen ableiten, die teilweise auch von den befragten Sozialunternehmen selbst benannt wurden (für Handlungsempfehlungen vgl. auch Mercator Forschungsverbund 2012).
In Deutschland mit seiner ausgebauten Sozialstaatlichkeit ergeben sich durch ein
konstruktives Zusammenspiel der vorhandenen Kompetenzen und Ressourcen
unterschiedlicher Akteure gute Perspektiven für eine erfolgreiche Wirkungsskalierung sozialunternehmerischer Ansätze. So können größere und etablierte Träger der Wohlfahrtspflege oder auch privatwirtschaftliche Unternehmen mit ihrer
Managementkompetenz, Ressourcenausstattung oder auch bereits vorhandenen
lokalen Netzwerke den Skalierungsprozess unterstützen. Viele Träger zeigen ja
selbst eine starke Innovationsorientierung (siehe dazu auch den Beitrag der Autoren zu Social Intrapreneurship in diesem Band). Sie können beispielsweise bei
der Organisationsteuerung unterstützen oder sich als sozialer Investor bzw. zumindest als Bürge an der Finanzierung beteiligen. Zudem können größere Organisationen ihre bereits bestehenden Strukturen zur Verbreitung sozialunternehmerischer Konzepte zur Verfügung stellen. Das könnte auf Wohlfahrtsseite über
die Schulung der eigenen Mitarbeiter in erfolgreichen Ansätzen, beispielsweise
im Rahmen von Social Franchise-Modellen, oder durch die Einbindung der Konzepte in der Personalführung bei Unternehmen geleistet werden. Entsprechende
Beispiele sind bereits realisiert, für einen weiteren Ausbau solcher Kooperationen müssen entsprechende Schnittstellen und Zuständigkeiten auf Seiten der relevanten Akteure geschaffen und auch das Wissen um die verschiedenen Möglichkeiten der Wirkungsskalierung verbreitet werden.

Aus wissenschaftlicher Sicht gilt es insbesondere die empirische Befundlage
zu Motiven, Schwierigkeiten und Treibern der Wirkungsskalierung noch zu ver-
breitern und die Ergebnisse an bestehende theoretische Modelle anzuschließen,
sowohl hinsichtlich gesellschaftlicher Entwicklungsprozesse als auch bezüglich
vorliegender Managementkonzepten. Dabei könnte zum Beispiel noch stärker dif-

ferenziert werden, welche Skalierungsproblematiken im Zusammenhang mit welchen Skalierungsstrategien auftreten. Neben den Themen Ressourcen und Organisationsentwicklung scheinen angesichts der normativen Aufladung des Themas Social Entrepreneurship vor allem auch Legitimationsfragen sowohl des Phänomens Social Entrepreneurship innerhalb der (Zivil)gesellschaft an sich als auch der einzelnen Organisationen bei der konkreten Umsetzung vor Ort wichtig zu sein (vgl. Dart 2004; Nicholls 2010).

Literaturverzeichnis

Alvord, S. H./ Brown, L. D./ Letts, C. W. (2004). Social Entrepreneurship and Societal Transformation: An Exploratory Study. *Journal of Applied Behavioral Science* 40 (3): 260-282.

Austin, J./ Stevenson, H./ Wei-Skillern, J. (2006). Social and commercial entrepreneurship: same, different, or both? *Entrepreneurship Theory and Practice* 30 (1): 1-22.

Bloom, P. N./ Chatterji, A. K. (2009). Scaling Social Entrepreneurial Impact. *California Management Review* 51 (3): 114-133.

Bloom, P./ Smith, B. (2010). Identifying the Drivers of Social Entrepreneurial Impact: Theoretical Development and an Exploratory Empirical Test of SCALERS. *Journal of Social Entrepreneurship* 1 (1): 126-145.

Bradach, J.L. (2003). Going to Scale: the challenge of replicating social programs. *Stanford Social Innovation Review*, Spring: 19-25.

Bundesverband Deutscher Stiftungen (Hrsg.) (2008). *Social Franchising. Eine Methode zur systematischen Vervielfältigung gemeinnütziger Projekte.* Berlin.

Campbell, K./ Taft-Pearman, M./ Lee, M. (2008). *Getting Replication Right: The Decisions That Matter Most for Nonprofit Organizations Looking to Expand.* Boston [u.a.]: The Bridgespan Group.

Carlson, N.F. (2008). *Replicating Success: A Funder's Perspective on the "Why" and "How" of Supporting the Local Office of an Expanding Organization.* New York: Blue Ridge Foundation.

Coffman, J. (2009). Broadening the Perspective on Scale. *The Evaluation Exchange*, 15(1), 2–3.

Creech, H. (2008). *Report for SEED Initiative Research Program: Scale up and Replication for social and environmental enterprises.* Winnipeg [u.a.]: International Institute for Sustainable Development.

Dart, R. (2004). The Legitimacy of Social Enterprise. *Nonprofit Management & Leadership*, 14(4), 411–424.

Dees, G./ Anderson B. B./ Wei-Skillern, J. (2004). Scaling Social Impact: Strategies for spreading social innovations. *Stanford Social Innovation Review* Spring: 23-32.

Dees, J. G./ Anderson, B.B. (2003). *Scaling for Social Impact: Exploring Strategies for Spreading Social Innovations.* Presentation at N.C. Center for Nonprofits. Duke University: The Fuqua School of Business, Download unter http://www.caseatduke.org/knowledge/scalingsocialimpact/articlespapers.html

Dees, J.G., (2008). *Developing the field of social entrepreneurship. A report from the Center for the Advancement of Social Entrepreneurship (CASE).* Duke University: The Fuqua School of Business, Download unter http://www.caseatduke.org/documents/CASE_Field-Building_Report_June08.pdf

Defourny, J./ Nyssens, M. (2010). Conceptions of Social Enterprise and Social Entrepreneurship in Europe and the United States: Convergences and Divergences. *Journal of Social Entrepreneurship,* 1(1), 32-53.

Friese, S. (2011). *Using ATLAS.ti for analyzing the Financial Crisis Data.* Forum Qualitative Sozialforschung / Forum Qualitative Social Research 12 (1), 39.

Gillespie, S. (2004). *Scaling up community-driven development: A Synthesis of experience. Food Consumption and Nutrition Division.* Discussion Paper No. 181, Washington: International Policy Research Institute.

Grant, H.M./ Crutchfield, L. R. (2007). Creating High-Impact Nonprofits. *Stanford Social Innovation Review,* Fall: 31-41.

Greiner, L.E. (1998). Evolution and Revolution as Organizations Grow. In: *Harvard Business Review,* 76(3): 55-67.

Hackl, V. (2011). Social Entrepreneurship multiplizieren und skalieren – Wege und Beispiele von Social Franchising, in: Hackenberg, H./ Empter, S. (Hrsg.): *Social Entrepreneurship – Social Business: Für die Gesellschaft unternehmen.* Wiesbaden: VS Verlag für Sozialwissenschaften.

Hamm, J. (2002). Why Entrepreneurs Don't Scale. *Harvard Business Review* 80 (12): 110-115.

Harris, E. (2010). Six Steps to Successfully Scale Impact in the Nonprofit Sector. *The Evaluation Exchange* 15: 4-6.

Jansen, S.A./ Richter, S./Hahnke, E./Achleitner, A.K./ Spiess-Knafl, W./Volk, S./Then, V./ Mildenberger, G./ Scheuerle, T./ Schmitz, B. (2010). *Eine Definition von Social Entrepreneurship.* Working Paper Zeppelin Universität Friedrichshafen, CSI Universität Heidelberg, TU München.

Jones, J. (2010). Perils and Possibilities Of Scaling Nonprofits. *The Non-Profit Times,* June.

Kehl, K./ Then, V./ Münscher, R. (2012). Social Return on Investment: Auf dem Weg zu einem integrativen Ansatz der Wirkungsforschung, in: Anheier, H.K./ Schröer, A./ Then, V. (Hrsg.): *Soziale Investitionen - Interdisziplinäre Perspektiven.* Wiesbaden: VS Verlag für Sozialwissenschaften.

Kramer. M. (2005). One Business Maxim to Avoid: Going to Scale. *Chronicle of Philanthropy,* February.

LaFrance, S./ Lee, M./ Green, R./ Kaveternik, J./ Robinson, A./ Alarcon, I. (2006). *Scaling capacities: Supports for Growing Impact.* Working Paper, San Francisco: LaFrance Associates, LLC.

Lyon, F./ Fernandez, H. (2012). Strategies for scaling up social enterprise: lessons from early years providers. *Social Enterprise Journal,* 8 (1), 63-77.

Mair, J./ Marti, I. (2006). Social entrepreneurship research: A source of explanation, prediction, and delight. *Journal of World Business.* 41: 36-44.

Malek, M./ Ibach, P.K. (2004). *Entrepreneurship – Prinzipien, Ideen und Geschäftsmodell zur Unternehmensgründung im Informationszeitalter.* Heidelberg: dpunkt Verlag.

Mercator Forscherverbund (2012). *Innovatives Soziales Handeln – Social Entrepreneurship: Handlungsempfehlungen für Politik, Wissenschaft, Wirtschaft und Sozialunternehmer.* Essen: Stiftung Mercator.

Martin, R./ Osberg, S. (2007). Social entrepreneurship: The case for definition. *Stanford Social Innovation Review,* Spring: 28-39.

Mildenberger, G./ Münscher, R./ Schmitz, B. (2012). Dimensionen der Bewertung gemeinnütziger Organisationen und Aktivitäten, in: Anheier, H.K./ Schröer, A./ Then, V. (Hrsg.): *Soziale Investitionen - Interdisziplinäre Perspektiven.* Wiesbaden: VS Verlag für Sozialwissenschaften.

Nicholls, A. (2010). The Legitimacy of Social Entrepreneurship: Reflexive Isomorphism in a Pre-Paradigmatic Field. *Entrepreneurship Theory and Practice*, 34(4), 611-633.

Pümpin, C./ Prange, J. (1991). *Management der Unternehmensentwicklung. Phasengerechte Führung und der Umgang mit Krisen.* Frankfurt a.M./New York: Campus Verlag.

REDF (2001). *SROI Methodology Paper, Chapter 2: REDF's SROI Approach.* San Francisco: The Roberts Enterprise Development Fund.

Roob, N./ Bradach, J.L. (2009). *Scaling What Works: Implications for Philanthropists, Policymakers, and Nonprofit Leaders.* Boston [u.a.]: The Bridgespan Group.

Schmitz, B./ Then, V. (2011). Legitimation durch Narration – Bindungskräfte durch das Erzählen von Geschichten, in: Hackenberg, H./ Empter, S. (Hrsg.): *Social Entrepreneurship – Social Business: Für die Gesellschaft unternehmen.* Wiesbaden: VS Verlag für Sozialwissenschaften.

Tracey, P./ Jarvis, O. (2007). Toward a Theory of Social Venture Franchising. *Entrepreneurship Theory and Practice*, 31 (5): 667-685.

Uvin, P./ Jain, P. S./ Brown, L.D. (2000). Think Large and Act Small: Toward a New Paradigm for NGO Scaling Up. *World Development*, 28 (8): 1409-1419.

Uvin, P./ Miller (1996). Paths to Scaling up. Alternative Strategies for Local Nongovernmental Organizations. *Human Organizations*, 55 (3): 344-354.

Governancestrukturen bei Sozialunternehmen in Deutschland in verschiedenen Stadien der Organisationsentwicklung

Thomas Scheuerle / Björn Schmitz / Martin Hölz

1. Einleitung – Die Steuerung von Sozialunternehmen als hybriden Organisationen

Sozialunternehmen werden häufig als stark hybride Organisationen wahrgenommen, die verschiedene Sektorlogiken miteinander kombinieren (Mair/Martí 2006; Glänzel/Schmitz 2012). So verweist schon die Bezeichnung „Sozialunternehmen" auf einen einerseits sozialen – teilweise auch im Zusammenhang mit ökologischen Belangen – und einen ökonomischen Bezug. Die verschiedenen Definitionsangebote kreisen denn auch immer um eben diese beiden Grundbezüge. So weist etwa die Definition von Sozialunternehmen des EMES Netzwerks neun Bestandteile auf, von denen drei explizit ökonomische und drei explizit soziale Dimensionen sind. So sind Sozialunternehmen ideal-typisch dadurch charakterisiert, dass sie (1) eine kontinuierliche Aktivität in Bezug auf die Produktion und/oder den Vertrieb eines Gutes oder einer Dienstleistung aufweisen, (2) einen hohen Grad an Autonomie besitzen, (3) hohe ökonomische Risiken tragen, (4) ein Mindestmaß an Beschäftigen bezahlen, (5) mit ihrer Arbeit explizit eine Gemeinschaft adressieren, (6) die Initiative von einer Gruppe von Bürgern ins Leben gerufen wurde, (7) die Entscheidungsmacht nicht bei Kapitalgebern liegt, (8) eine partizipatorische Struktur aufweisen, die durch die Organisationsaktivität betroffene Personen einbezieht und (9) Profite nur eingeschränkt ausschüttet (Defourny 2004: 16-18). Eine andere, noch etwas allgemeinere Zusammenfassung von Definitionskriterien von Edwards (2008) stellt vier Grunddimensionen heraus:

- Die Verwendung von innovativen Methoden um soziale und ökologische Ziele zu erreichen und Ressourcen aus verschiedenen Sektoren, Organisationen und Disziplinen anzuziehen.

- Die Generierung von Einkommen über Umsatzmodelle, Nutzerbeiträge, Dienstleistungsverträge oder Anlagevermögen und weniger über Stiftungszuwendungen, Mitgliedsbeiträge oder individuelle Spenden; allerdings ohne Profit für bestimmte Personen oder Personengruppen zu generieren.

- Ein direktes Engagement in der Produktion oder dem Verkauf von Gütern oder Dienstleistungen, insbesondere in den Bereichen Gesundheit, Bildung, Soziale Dienste, ökologische Nachhaltigkeit, Organisationsentwicklung und Mitarbeitertraining.

- Eine eigenständige Steuerung und Formierung durch eine stärkere inklusive und demokratische Praxis als in herkömmlichen Unternehmen, sowie Möglichkeiten zu Partizipation von Nutzern und anderen Stakeholdern und einen hohen Grad an organisationaler Autonomie.

Interessant ist bei beiden Definitionen, dass neben ökonomischen und sozialen Kriterien insbesondere demokratische und partzipatorische Strukturen bei Sozialunternehmen betont werden. Das ist nicht unbedingt die Regel. Vielmehr steht in vielen unterschiedlichen Definitionsangeboten zu Sozialunternehmertum eher das Innovationspotential im Vordergrund (Schmitz/Scheuerle 2012). Schwierig ist dabei allerdings beide Definitionsdebatten klar voneinander zu trennen, weshalb wir für unsere Zwecke den Begriff Sozialunternehmen als eine Art Überbegriff verwenden, der Organisationen im sozialen Bereich bezeichnet, die mit innovativen Lösungen soziale Probleme angehen und dabei je spezifische Steuerungsmechanismen herausbilden müssen. Dies schließt etablierte Organisationen, die infolge von staatlichen Budgetrestriktionen, Reformmaßnahmen oder strategischen Überlegungen ihre Strukturen und Funktionsweisen angepasst haben (häufig als Social Intrapreneurship bezeichnet), ebenso mit ein wie auch Neugründungen von Organisationen, die sich von vornherein in einem volatilen und komplexen Umfeld zurechtfinden müssen. Interessant in der Debatte um Sozialunternehmen und Sozialunternehmertum ist dabei, dass bislang nur wenig Forschung hinsichtlich der Steuerung von solch hybriden Organisationen betrieben worden ist, wobei offensichtlich ist, dass die Steuerung solcher Organisationen besondere Herausforderungen mit sich bringt und in diesem Bereich gar ein hohes Maß an Prozessinnovationen zu vermuten ist. Es existieren nur einige wenige theoretische Ansätze, die mehr konzeptionellen und hypothetischen Charakter haben, oder aber Untersuchungen, die sich spezifisch auf bestimmte Tätigkeitsfelder von Sozialunternehmen fokussieren, wie etwa fairen Handel (Huybrechts 2010).

Unser Anliegen ist daher die Governancestrukturen in deutschen Sozialunternehmen so nachzuzeichnen, dass neue Erkenntnisse gewonnen werden, die zu einer fundierten theoretischen und konzeptionellen Weiterentwicklung beitragen und zudem praxisrelevante Vorschläge hervorgebracht werden. Wir wählten daher für unser Vorgehen nicht einen spezifischen theoretischen Ausgangspunkt, sondern gehen explorativ vor, indem wir die Erkenntnisse aus 29 leitfadengestützten Interviews verwenden, die die spezifischen Governancestrukturen, die Motive für ihre Implementierung sowie die Herausforderungen, welche diese Strukturen mit sich bringen, zu erhellen. Anhand dieser Ergebnisse werden dann verschiedene theoretische Goverancemodelle reflektiert. Dabei orientierten wir uns insbesondere auch an Organisationsentwicklungsmodellen, die über verschiedene organisationale Phasen hinweg bestimmte Governancestrukturen und -veränderungen annehmen (Greiner 1972, Wood 1992). Wir berühren zudem auch die Frage, inwiefern das hybride Arrangement von Sozialunternehmen die Governancestrukturen zu beeinflussen vermag. Abschließend diskutieren wir die Ergebnisse systematisch und geben einige Anleitungen für weiterführende Forschungen.

2. Governance Strukturen – Demokratisch oder Hierarchisch?

Ebenso wie beim Begriff Sozialunternehmen gibt es eine breite Palette an Definitionsangeboten zum Begriff Governance. Eine einfache und kurze Definition des Corporate Governance-Begriffs liefert Cadbury (1992: 15): „[T]he system by which companies are directed and controlled."Letztlich kreisen alle Verständnisse von Governance darum, in welcher Weise kollektive Entscheidungen gesteuert und beeinflusst werden (so etwa Benz et al. 2007). Parkinson (2003) unterscheidet drei verschiedene Gruppen von Governancetheorien, die einen spezifischen Blick auf die Organisation einnehmen. Die Organisation wird dabei entweder als Besitz (Prinzipal-Agent Problem), als Nexus von Verträgen (Akzeptanz spezifischer Bedingungen hinsichtlich des Austausches von Inputs und Outputs) oder aber als soziale Institution betrachtet (Mason et al. 2007: 287). Letztere Perspektive fokussiert auf Stakeholder anstatt bloß die Shareholder, also die „Besitzer" der Organisation zu betrachten, und ist mehr mit einem demokratischen Gover-

Tabelle 1:   Governance Perspektiven

Governance Perspektiven	Funktionen der Steuerung
Agency theory – a compliance model	Kontrolle
Stewardship theory – a partnership model	Erhöhung der organisationalen Leistungsfähigkeit
Resource dependency theory – a co-optation model	Reduktion von Unsicherheit
Democratic perspective	Repräsentation
Stakeholder perspective	Antworten auf breitere soziale Interessen
Managerial hegemony theory – a „rubber stamp" model	Sicherstellen von Legitimität

nanceverständnis verknüpft. Eine andere Unterscheidung von verschiedenen Perspektiven wird von Cornforth vorgeschlagen (Cornforth 2003; Cornforth 2004, Huybrechts 2010). Hierbei werden jeweils mit den Governanceperspektiven verschiedene Funktionen der Steuerung unterschieden, wie die Tabelle 1 auf der vorherigen Seite zeigt.

Das Kernproblem, das von der Prinzipal-Agency Theorie aufgeworfen wird, ist die Beziehung zwischen internen Prozessen und von außen auf die Organisation einwirkenden Anforderungen. In demokratischen, stakeholder-orientierten Ansätzen gehen diese Anforderungen über die Suche nach den ökonomischen Governancestrukturen hinaus (Williamson 1979: 234). Legitimität ist daher die Hauptressource von Organisationen. Kurz: Das demokratische Governancemodell legt die Einbindung von Stakeholdern in Entscheidungsprozesse von Organisationen nahe. Mächtige und besonders relevante Stakeholdergruppen dienen dabei als Prüfinstanz für organisationale Prozesse (Abzug/Galaskiewicz 2001, Low 2006). Entsprechend dieses Ansatzes definieren Monks und Minow (1995:1) Governance als „the relationship among various participants in determining the direction and performance of corporations". Auch wenn der Stakeholder-Ansatz als ein vielversprechender Ausgangspunkt für die Analyse der Steuerung von Organisationen angesehen werden kann, gibt es starke Kritik an diesem Konzept. Vor allem die Identifikation und Strukturierung der verschiedenen Stakeholder wird als schwer oder gar unmöglich befunden (Mason et al. 2007).

Vor diesem Hintergrund legen wir für unsere Untersuchung einen weiten Governancebegriff zugrunde, der sich über die formalisierte Einrichtung von Aufsichts- oder Beiratsgremien und deren Zusammenspiel mit Geschäftsführungen und Gesellschaftern bzw. Vereinsmitgliedern hinausgeht. Untersuchungsgegenstand ist vielmehr die formelle und informelle, grundsätzliche Entscheidungsfindung innerhalb der Organisation unter Einbindung verschiedener Stakeholdergruppen. Im Folgenden werden wir dafür aus Gründen der Einfachheit diese verschiedenen Governanceansätze auf zwei grundlegende Ansätze reduzieren. Zum einen gehen wir von einem hierarchischen, manager-fokussierten Modell aus, das sich stark auf Führungspersönlichkeiten, entweder Manager oder Gründer, ausgerichtet, welche die Geschicke der Organisation in relativer Autonomie in ihren Händen haben, und die im Sinne der Besitzer der Organisation agieren. Dieser Ansatz umfasst daher vor allem die Prinzipal-Agent Theorie, den Stewardship-Ansatz oder die Managerial Hegemony Theorie. Während Prinzipal-Agent Theorie und Managerial Hegemony Theorie um die Kontrolle von persönlichen Interessen kreisen, drückt das Stewardship-Modell einen optimistischeren Blick auf Manager aus und glaubt an das Verpflichtungsgefühl und an das Interesse des Managers die Organisation zum Besten zu führen. Insbesondere stehen bei diesen Ansätzen die Performanz der Organisation und die Maximierung der Zielwerte im Vordergrund. Entscheidungen werden top-down getroffen und die Einstellung von Führungskräften geschieht vornehmlich aufgrund von betriebswirtschaftlicher Expertise.

Die zweite Kategorie von Governancestrukturen subsummieren wir unter der Bezeichnung partizipative, stakeholder-fokussierte Ansätze der Entscheidungsfindung. Die hierunter gefassten Modelle variieren dabei hinsichtlich des Grades und der Gründe für die Einbindung von verschiedenen Stakeholdergruppen. In demokratischen Modellen werden Entscheidungen vornehmlich von den Organisationsmitgliedern getroffen. In Stakeholder-Modellen berücksichtigt die Organisation die Interessen und Belange von betroffenen Stakeholdergruppen (Freeman 1984; Donaldson/Preston 1995). Im Ressourcen-Dependenz-Ansatz (Pfeffer/Salancik 1978) ist die Einbindung mehr funktionalen Gründen geschuldet, da die Stakeholdergruppen zentrale Ressourcen besitzen. Vor allem geht es in diesen Ansätzen darum Zielsetzungen von Gruppen bestmöglich zu erfüllen und eine enge Abstimmung der Bedürfnisse der Benefiziare mit den Unternehmenszielen und -prozessen zu gewährleisten (Mason et al. 2007). Deshalb werden die Führungsgremien mit Personen mit verschiedenen institutionellen Hintergründen durchmischt.

Idealtypisch wird angenommen, dass partizipative, stakeholder-orientierte Governancestrukturen insbesondere von Non-Profit-Organisationen implementiert werden, wohingegen hierarchische, manager-fokussierte Modelle eher bei For-Profit-Organisationen aufzufinden sind, da erstere extrinsische und intrinsische Motivationen auszugleichen haben und verstärkt auf Reputation, wie auch auf Vertrauensgenese angewiesen sind (Enjolras 2009, Low 2006). Letztere jedoch nehmen auch zusehends ihr Umfeld in den Blick und setzen verstärkt auf partizipative, stakeholder-orientierte Strukturen (Freeman 1984; Ulrich/Krieg 1974). Viele Autoren gehen davon aus, dass ebenso wie für Non-Profit-Organisationen für Sozialunternehmen im generellen partizipative, stakeholder-orientierte Ansätze vorherrschen (Defourny/Nyssens 2011; Schmitz/Glänzel 2011; Mason et al. 2007; Low 2006).

Die zu beobachtende Zunahme an Komplexität in Organisationen generell macht aber diese ideal-typische Zuordnung schwierig. Wir beobachten vielmehr, dass sich die Sektorengrenzen aufzulösen beginnen (etwa Weisbrod 1998; Anheier/Then 2004; Billis 2010) und Organisationen zusehends komplex werden, in dem Sinne, dass sie einem Mix von sozialen, ökologischen und ökonomischen Elementen kombinieren müssen in Hinblick auf ihre Ziele und Mittelverwendung (Glänzel/Schmitz 2012). Dies bedeutet etwa, dass For-Profit Organisationen nicht mehr umhin können die gesteigerten Konsumenteninteressen in Hinblick auf soziale und ökologische Belange einzubeziehen (Stehr 2007), andererseits Non-Profit-Organisationen zusehends unter einen Ökonomisierungs- und Rationalisierungsdruck geraten, da sozialstaatliche Budgets in den letzten beiden Jahrzehnten erheblichen Kürzungen unterworfen wurden (Weisbrod 1998; Salamon 2001; Priller/Zimmer 2003; Salomon et al. 2010).

Die Steuerung solcher komplexeren Organisationen wird dabei umso schwieriger, da unterschiedliche Interessen und Anforderungen zu berücksichtigen und auszugleichen sind. Vor allem ist dies dann der Fall, wenn unterschiedliche Handlungslogiken Spannungen innerhalb der Organisation auslösen (Tracey et al. 2011, Pache/Santos 2010, Battilana/Dorado 2010). Es stellt sich daher die Frage, wie Organisationen effizient und effektiv zu steuern sind, wenn sie verschiedene Sektorenlogiken zu berücksichtigen haben. Für Sozialunternehmen gilt dies in besonderem Maße, da sie sich von ihrer Grundanlage her in einem besonderen Spannungsverhältnis zwischen ökonomischen Anforderungen und den sozialen Zielen, abgeleitet aus einer sozialen Mission, befinden. Häufig wird angenommen, dass partizipative, stakeholder-orientierte Ansätze gerade deshalb vorherrschend in Sozialunternehmen seien, da eine ihrer wesentlichen Herausforderungen gerade in der Vermittlung solcher unterschiedlicher Handlungslogiken läge (Dees 2001; Dacin et al. 2011; Battilana/Dorado 2010; Pache/Santos 2010). Daher weisen sie neben der Einbindung unterschiedlicher Interessen und Ansprüche auch ein hohes Maß an Flexibilität und Transparenz auf (Schmitz/Glänzel 2010; Glänzel/Schmitz 2012).

Es gibt allerdings auch andere Positionen. Fowler (2000: 645) meint dazu: „[Social Entrepreneurship] calls for a specific type of capability to manage a non-profit-for-profit organization ‚under one roof‘." Demnach treten also hierarchische, managerfokussierte Governancestrukturen – oder zumindest Elemente daraus – mit partizipativen, stakeholder-orientierten Governancestrukturen in Kombination auf. Die Hybridität der Organisationen müsse sich also auch in der Governance der Organisationen widerspiegeln (Dart 2004; Low 2006). Offen bleiben aber die genaue Art von Kombination, sowie die Entstehung, die Gründe und die Motive für die entsprechenden Governancestrukturen. Hybrechts (2010) etwa identifiziert häufig strategische Gründe für die Einbindung von Stakeholdern in die Führungsgremien von Sozialunternehmen. Es wird also zu zeigen sein, welche Governancestrukturen in deutschen Sozialunternehmen vorzufinden sind, und welche Beweggründe und Motive hinter dieser Wahl stecken.

3. Entwicklungsstufen und ihr Einfluss auf Governancestrukturen

Betrachtet man die bekannten Organisationsentwicklungsmodelle, so finden sich einige Gemeinsamkeiten. Viele Modelle gehen weitestgehend von einem evolutionären Verlauf mit inhärentem Wachstumsprozess aus und verweisen auf wiederkehrende Veränderungen der Grundbedingungen, die den Verlauf beeinflussen. Analytisch jedoch differieren die Modelle hinsichtlich dreier Schwerpunkte in der Fragestellung: Erstens betonen sie entweder interne oder externe Faktoren, beispielsweise ob die Organisation eher aktiv von Managern oder Führungspersönlichkeiten entwickelt wird oder ob externe Faktoren das Organisationsprofil formen. Zweitens weichen die einzelnen Modelle hinsichtlich der Annahme voneinander ab, ob es sie eine voluntaristische, respektive agency-basierte oder eine deterministische Perspektive betonen. In voluntaristischen Modellen wird die Formbarkeit durch Organisationsakteure betont, wohingegen deterministische Modelle eine eher zwangsläufige Beeinflussung durch Außenfaktoren ins Zentrum rücken. Drittens unterscheiden sich die Modelle hinsichtlich der Frage, inwiefern Wandel stattfindet bzw. stattfinden kann. Dabei können vier unterschiedliche Muster in den Organisationsentwicklungsmodellen unterschieden werden (Marek 2010: 40ff.):

1. Modelle, die das Oszillieren von Organisationen um ein statisches Gleichgewicht annehmen,

2. Modelle, die Wandel episodisch beschreiben,

3. Modelle, die annehmen, dass Organisationen verschiedene Lebenszyklus- und Entwicklungsstadien durchlaufen,

4. Modelle, die einen offenen Entwicklungsprozess mit diskontinuierlichen Zyklen annehmen.

Interessant für unsere Analyse von Governancestrukturen in Organisationen hybriden Charakters sind im Folgenden vor allem die beiden Entwicklungsstufenmodelle von Greiner (1998, 1972) sowie Pümpin und Prange (1991). Während Greiner vornehmlich innere Faktoren organisationaler Entwicklung betrachtet, betonen Pümpin und Prange den Einfluss von äußeren Faktoren (Marek 2010: 40ff.). Wir stellen diese beiden Modelle ins Zentrum, da sie einerseits helfen einige gemeinsame Annahmen zu Governance entlang verschiedener Entwicklungsstufen darzustellen, andererseits aber auch Differenzen zwischen verschiedenen Annahmen zu verdeutlichen.

Larry Greiner war mit seinem Artikel in der Harvard Business Review 1972 einer der ersten, der klar über verschiedene Stufen organisationaler Entwicklung und deren logischer Aufeinanderfolge nachdachte. In seinem Modell (Greiner

1972) analysiert er fünf aufeinanderfolgende Stufen organisationalen Wachstums, die evolutionär von jeder Organisation durchlaufen werden. Jeder Stufenübergang ist durch eine Krise gekennzeichnet, die den Auftakt zur nächsten Stufe darstellt. Fünf zusätzliche Kerndimensionen sind essentiell für das Modell von Greiner: Das Alter und die Größe der Organisation, die Stufen von Revolution und Evolution, sowie die Wachstumsrate des betreffenden Industriezweigs.

Creativity ist die erste Phase in Greiners Modell. Hier liegt der Schwerpunkt auf der Gestaltung einer neuen Situation durch einen unternehmerischen Geist. Entscheidungen werden sehr stark von Rückmeldungen des Marktes abhängig gemacht und die Kommunikationsstrukturen sind informell. Die erste Krise kommt auf, wenn ein stärkeres Unternehmensmanagement eingeklagt wird, und leitet über zur zweiten Stufe, die *Direction* genannt wird. Charakteristisch ist hier ein funktionaler Organisationsaufbau, einhergehend mit einer mehr formalisierten Kommunikation und der Implementierung verschiedener Standards. Eine Krise zum Ende dieser Stufe entsteht durch die Forderungen der Mitarbeiter nach umfassenderer Autonomie. Die dritte Stufe ist daher die *Delegation*. Eine dezentralisierte Organisationsstruktur ist hierfür typisch, Managern auf unteren Hierarchieebenen werden mehr Entscheidungsspielräume gewährt. Dies wiederum führt zu einer Kontrollkrise, die überleitet zur vierten Stufe, der *Coordination*. Dezentrale Einheiten oder formale Planungsstrukturen werden implementiert um die Organisation auf Kurs zu halten und ihre Steuerung zu gewährleisten. Verantwortlichkeiten werden wieder zurück an das Top-Management gegeben. Um die fünfte Stufe in der Entwicklung zu erreichen muss die Organisation die so genannte „red-tape crisis" durchlaufen. Diese ist gekennzeichnet durch ein extrem niedriges Innovationspotential. Die Wertschätzung der Einhaltung von Prozessen ist nun höher ist als die Lösung von Problemen. Die bürokratische, komplexe Struktur mit Überformalisierung und rigiden Systemen muss innerorganisational durch Mechanismen sozialer Kontrolle und Selbstdisziplin kompensiert werden. Daher heißt die fünfte Stufe *Collaboration*. Hierin werden Problemlösungen im Team angegangen und bestimmte Manager überwachen diesen Prozess in Bezug auf das zu lösende Problem.

Im Gegensatz dazu unterscheiden Pümpin und Prange (1991) zwischen vier verschiedenen Phasen des Organisationslebenszyklus und benennen Governancestrukturen, die charakteristisch für jede dieser Stufen sind. Ebenso wie Greiner nehmen sie Krisenmomente an den Übergängen zur nächsten Phase an, die die aktuell implementierten Strukturen unpassend werden lassen. In der *Pionierphase* ist die Organisation auf den Gründer bzw. die Führungspersönlichkeit fokussiert und zeigt nur geringe hierarchische Strukturierung auf. Die Organisationsstrukturen sind simpel, die Organisation wiederum zeigt sich innovativ, pragmatisch und gleichwohl enthusiastisch, wenngleich der oder die Gründer häufig die Organisation in autoritärer Manier führen. In der darauffolgenden *Wachstumsphase* professionalisiert sich die Organisation, Governance- und Managementstrukturen werden formaler und indirekter, da sich die Organisation in funktionale und spezialisierte Einheiten zergliedert. Dies erlaubt Spezialisierungen innerhalb der Organisationen, die Flexibilität bleibt allerdings noch erhalten und der Erfahrungsaustausch wird erhöht. Zudem ist der Wachstumsprozess oftmals charakterisiert durch das Erreichen oder das Überschreiten der Management- und Finanzkapazitäten. In der *Reifephase* ist die Organisation multidimensional gewachsen und verschiedene Einheiten werden von Experten geleitet, die partizipative Governancestrukturen ermöglichen. Die Organisation ist normalerweise in einer komfortablen Ressourcensituation, jedoch dies auf Kosten einer schwindenden Flexibilität. Für Innovationen entwickeln sich hohe Barrieren aufgrund von Bürokratie und Machtkämpfen. Dies wiederum führt zu einer Zunahme von defensiven Führungsstilen, die sich in der *Wendepunktphase* auf den Erhalt des Status Quo fokussieren. Innovativität oder die Motivation der Mitarbeiter verringern sich merklich und die organisationale Performanz ist unzureichend. Gute Mitarbeiter verlassen die Organisation und der Niedergang der gesamten Organisation ist häufig die Folge. Dennoch nehmen Pumpin und Prange an, dass gute Managementfähigkeiten die Organisation in einen neuen Lebenszyklus überführen können.

Im Vergleich beider Modelle zeigen sich deutliche Überlappungen und Hauptmuster kristallisieren sich heraus. In der Gründungsphase ist der Unternehmergeist ein starkes Moment in den Modellen, die Unternehmenssteuerung ist auf die Gründungspersonen oder Gründungsgruppen fokussiert, wobei letztere meist demokratisch aufgebaut sind. Im weiteren Zeitverlauf und mit wachsender Komplexität und Formalisierung wird angenommen, dass sich der Governancemodus stärker formalisiert und sich mehrere hierarchische Ebenen entwickeln. Partizipative Entscheidungsstrukturen werden nur innerhalb der jeweiligen Einheiten erwartet. Beide Modelle sind hochgradig deterministisch und erlauben keine radikalen Wendungen durch die Führungsebene. Greiner zeigt deutlich, dass im Durchgang durch die Entwicklungsstufen die Governancestrukturen klaren Wandlungen unterworfen sind. In der Praxis – also in der Einzelfallanalyse – bleibt es jedoch schwierig verschiedene Phasen klar voneinander zu unterscheiden und die aktuelle Phase der Organisation zu bestimmen. Dennoch sind sie eine fruchtbare Hilfe für die Analyse und ergänzen deutlich die Annahmen von Governancemustern, die für verschiedene Organisationstypen angenommen werden (Enjolras 2009, Low 2006; Defourny/Nyssens 2011; Schmitz/Glänzel 2011; Mason et al.2007).

Zusammenfassend liegen uns nun Annahmen vor, die mit unterschiedlichen Ausprägungen der Hybridität und organisationalen Entwicklungsphasen ein Analyseraster für Organisationen darstellen. Generelle Arbeiten über Governance in Hybridorganisationen erwarten entweder einen mehr partizipativen, stakeholderorientierten Governanceansatz (Defourny/Nyssens 2011; Schmitz/Glänzel 2011) oder aber einen eher hierarchischen, management-fokussierten Ansatz (Low 2006). Stellenweise wird auch eine innovative, hybride Vermengung von beiden Ansätzen in den Blick genommen (Dart 2004; Schmitz 2012). Dynamische Organisationsmodelle betonen dagegen die Entwicklung von demokratischen hin zu mehr hierarchischen Strukturen über den Organisationslebenszyklus.

Für unsere Analyse der Governancestrukturen in Sozialunternehmen in Deutschland haben wir uns aufgrund dieser unterschiedlichen Annahmen für ein exploratives Forschungsdesign entschieden, das auf Hypothesen verzichtet. Unser Anliegen ist zu weiteren Anhaltspunkten zu gelangen, die eine Erklärung verschiedener implementierter Governancemuster erlauben.

4. Methodische Bemerkungen

Unsere Ergebnisse entstammen einer der größten Erhebungen quantitativen sowie qualitativen Designs über Sozialunternehmertum in Deutschland. Der Erhebungszeitraum erstreckte sich insgesamt von November 2010 bis Juni 2011. Die Erhebung umfasst 244 ausgefüllte Online-Fragebögen, sowie 29 leitfadengestützte Interviews mit Gründern und Geschäftsführern junger sowie etablierter deutscher Sozialunternehmen. Unser Begriff von Sozialunternehmen ist dabei explizit weit gefasst und beschränkt sich nicht auf Gründungsorganisationen, wie dies häufig in empirischen Untersuchungen implizit unterstellt wird. Dadurch werden auch die Auswertungen über einen längeren Organisationslebenszyklus durchführbar.

Die Auswahl der Interviewpartner und der jeweiligen Organisationen wurden durch die Kombination verschiedener Methoden zielgerichteten Samplings erarbeitet (Patton 2002: 230ff.). Es wurden zunächst intensive Organisationsrecherchen bezüglich Alter, Rechtsform und Entwicklungsphase der Organisation vorgenommen. Ziel war es ein möglichst heterogenes Sample zu erhalten um mögliche Demarkationslinien verschiedener Typen von Sozialunternehmen erschließen zu können, da wir annehmen, dass sich schwerlich alle Organisationen, die unter dem Label Sozialunternehmen firmieren, in einen Analyse- und Interpretationszusammenhang stellen lassen. Wir tragen daher der deutlichen Heterogenität des Feldes insgesamt Rechnung und möchten dabei helfen, die Strukturierung des Feldes voranzutreiben.

Die Dauer der Interviews betrug in der Regel ca. 90 Minuten, in einzelnen Fällen jedoch auch zwischen einer und zweieinhalb Stunden. Die Interviews deckten neben Fragen zu Governance auch solche zu Gründungsumständen, Wachstum und Finanzierung ab. Aus diesen Fragen ließen sich wiederum Rückschlüsse auf die Governance der Organisation bilden. Die Themenbereiche des Interviews ließen sich also nicht trennscharf voneinander unterscheiden, sondern zeigten große Überlappungen auf. Zudem erlaubte der Fragebogen eine Offenheit hinsichtlich der historischen Entwicklung der Organisation und ihrer jeweiligen Spezifika. Diese Breite an uns interessierenden Informationen ist auch der Grund dafür, warum wir uns bei der Wahl der Interviewpartner auf Gründer und Manager fokussiert haben, da nur diese imstande waren alle Frage zu beantworten. Nichtsdestotrotz sind wir uns bewusst, dass eine Befragung von Mitarbeitern oder anderen Stakeholdern ebenfalls weitere hilfreiche Aufschlüsse über die Governance der Organisation ergeben hätte. Sicherlich wäre es fruchtbar in einem weiteren Forschungsvorhaben beide Personengruppen zu befragen (Mole 2003; Cornforth 2003).

Nach der Transkription der Interviews wurden diese mit der Software Atlas.ti kodiert um eine Textanalyse vornehmen zu können. Der vorliegende Beitrag wiederum beschränkt die Gesamtheit der Interviews auf 18 Organisationen. Dieses Subsample enthält verschiedene Organisationstypen in unterschiedlichen Hinsichten, so wie Alter, Rechtsform und Einkommensstrategie. Wir haben sowohl neu gegründete Organisationen, als auch Organisationen mit über 100jähriger Geschichte in unserem Sample. Die älteste Organisation des Samples wurde in der zweiten Hälfte des 19ten Jahrhunderts gegründet und hat die verschiedenen wohlfahrtsstaatlichen Wandlungen durchlaufen. Wir sehen diese Organisationen ebenfalls als Sozialunternehmen an, da sie einerseits in ihrer Gründungsphase mit heute gegründeten Sozialunternehmen vergleichbar sind und andererseits einen hohen Grad an innovativer Erneuerung aufweisen. Möglicherweise gehen die in den letzten 10 bis 20 Jahre gegründeten Organisationen einen ähnlichen Pfad wie die heute noch existierenden Organisationen, die auf über 50 Jahre Entwicklung zurückblicken können. Die Rechtsform der Organisationen variieren außerdem und umfassen Vereine, gGmbHs, Stiftungen, Genossenschaften und weitere Rechtsformen für profitorientierte Organisationen. Fünf Organisationen zeigen keinen marktbasierten Einkommensstrom, und drei der Interviewpartner wurden als ASHOKA Fellows ausgezeichnet.

Im Folgenden werden wir die Organisationen sowie auch die Interviewpartner nicht explizit nennen, da wir Anonymität garantiert haben. Bei den Zitationen wurden, wenn nötig, die Organisationsnamen entnommen.

5. Governancestrukturen bei deutschen Sozialunternehmen – empirische Befunde

Um die Governancemuster von Sozialunternehmen zu untersuchen, analysieren wir nicht alleinig die Zusammensetzung von Führungs- oder Aufsichtsgremien, sondern zudem die Stakeholdereinbindung auch in die informellen Entscheidungsprozesse der Organisation. Diese Untersuchung ist an den vier typischen Organisationsentwicklungsstufen von Pümpin und Prange (1991) orientiert. Sicherlich sind diese Phasen stereotypisch und auch Übergangsstadien sind schwer abzugrenzen. Dennoch nehmen wir zentrale Ereignisse in der organisationalen Entwicklung an, die mit den einzelnen Phasen einhergehen, und wir betrachten diese Ereignisse als Ausgangspunkte für unsere Analyse. Entlang der vier Phasen sind dies:

- *Pionierphase*: Wahl der Rechtsform, der erste größere Kredit und die Einstellung erster professioneller Mitarbeiter, etc.

- *Wachstumsphase*: Strategische Entscheidungen über Wachstum oder Revision bzw. Verbesserung des eigenen Ansatzes, Einstellungen weiterer Teammitglieder, Standardisierung von Arbeitsteilungsprozessen, Implementierung von Monitoring-Prozessen, etc.

- *Reifephase*: Sicherstellen der Positionierung und Robustheit der Organisation, Diversifizierung der Einkommensquellen, Qualitätsmanagement, Formalisierung der Organisationsstrukturen, etc.

- *Wandelphase*: Gründe für und Reaktionen auf Krisenmomente, wie etwa Schließung von Marktsegmenten oder interne Strukturierungsprobleme. Diese Phase kann zu einer Auflösung der gesamten Organisation führen, jedoch wird dies häufig durch einen fundamentalen Umstrukturierungsprozess und innovative neue Ansätze abgewendet.

5.1 Hybridität und Governancemodelle

In unserem Sample waren hierarchische, manager-fokussierte Governancestrukturen dominant. Diese fanden wir in 14 von 18 Organisationen vor. Acht dieser Organisationen zeigten ein Stewardship-Modell mit eingestellten Führungskräften. Sechs waren klar von den Gründern dominiert, die als Spitze der Organisation fungierten, je nach Rechtsform in anderer Funktion. Dies spiegelt den starken unternehmerischen Fokus unseres Samples wider. Zudem waren in zwei stewardship-basierten Organisationen Geschäftsführer in einer frühen Phase engagiert worden, die seitdem stark die Organisation dominieren und denen große Gestaltungsspielräume eingeräumt wurden. Diese Fälle wurden als manager-dominierte Organisationen klassifiziert.

Nur vier Organisationen zeigten einen partizipativen, stakeholder-fokussierten Governanceansatz, der mehr oder weniger auf demokratischen Entscheidungsprozessen beruht, oder aber auf argumentativen Austausch der relevanten Stakeholdergruppen im Führungsgremium. Zwei der Organisationen bauen größtenteils auf das Engagement von Freiwilligen, zwei dagegen überhaupt nicht. In den meisten Organisationen konnte zudem eine zentrale Person identifiziert werden, jedoch wurde diese Rolle eher als impulsgebende oder repräsentierende ausgefüllt, und die zentrale Person band sich selbst in die demokratischen Entscheidungsprozesse mit ein.

Eine gleichberechtigte Kombination beider Governanceansätze, beispielsweise verteilt auf unterschiedliche Themengebiete, fanden wir in keinem der Fälle vor. Es gab immer einen Ansatz, der eine dominante Rolle einnahm. Allerdings fanden wir einige interessante Fälle vor, bei denen sich die Hybridität im strukturellen Aufbau einer Organisation und damit letztlich auch in ihrer Governance widerspiegelte. Das erste derartige Anzeichen für Hybridität ist die Rechtsform. Alleinstehende, steuervergünstigte gemeinnützige Rechtsformen wurden nur in drei Fällen gewählt bzw. gewährt, davon zweimal innerhalb einer Holdingstruktur. Außerdem gab es nur eine Genossenschaft in unserem Sample. Häufiger fanden wir vielmehr Kombinationen unterschiedlicher Rechtsformen, die sich aus einer eher dem kommerziellen Sektor zugeordneten Rechtsform (GmbHs etc.) sowie einer eher dem zivilgesellschaftlichen Sektor (e.V., Stiftung etc.) zugeordneten Rechtsform anderseits zusammensetzten. Dies geschah vor allem aus der Motivation heraus Flexibilität für die Organisation zu erlangen. Eine Kombination von Rechtsformen scheint passend für die Erfordernisse, die das heterogene Umfeld stellt, in dem die Organisationen agieren. In anderen Worten, sie dient den Erfordernissen von institutionellen Logiken, ökonomisch und sozial, welche durch die Stakeholdergruppen an die Organisation herangetragen werden. Man könnte umgekehrt ebenso argumentieren, dass eine alleinstehende Rechtsform wie etwa eine gGmbH, die den Erfordernissen von zwei institutionellen Logiken gerecht zu werden versucht, häufig als unangemessen wegen der Einschränkungen bezüglich einer Logik betrachtet wird. Deshalb ist eine Kombination von Rechtsformen, die in unterschiedlichen Sphären verwurzelt sind, attraktiver, da sie besser rechtlichen und legitimatorischen Erfordernissen Genüge trägt. Jedoch zeigt unser Sample, dass die Koexistenz von Rechtsformen nicht von Überlegungen verschiedener Governancephilosophien getrieben ist, sondern mehr den geschilderten sowie technischen Erwägungen folgt. In allen Fällen, in denen wir

Kombinationen von Rechtsformen vorfanden, waren hierarchische, manager-fokussierte Governancestrukturen etabliert, in denen Gründer oder Manager klar die Entscheidungsgeschicke für beide Organisationen in ihren Händen hielten. Ein anderer Indikator für die Hybridität in Sozialunternehmen kann in der Zusammensetzung des Vorstandes und der Aufsichtsgremien gesehen werden. Dieser Befund ist offensichtlicher in stakeholder-getriebenen Organisationen, in denen in den Führungsgremien, Kuratorien oder Beratungsgremien nicht bloß Stakeholder oder Experten im Kontext der sozialen Mission vertreten waren, sondern ebenso Personen mit betriebswirtschaftlicher Expertise. Interessanter aus einer Hybriditätsperspektive waren die Governancestrukturen in drei christlich geprägten Sozialunternehmen, die vor allem in den Themenfeldern Pflege und Arbeitsintegration tätig sind. Diese zeigten klare Stewardship-Modelle, wenngleich beide Organisationen einen dualen Vorstand mit je einem Kaufmann und einem Geistlichen an der Spitze installiert hatten. Dies bedeutet offenbar einerseits, dass die Organisation auch hinsichtlich sozialer Belange nach einem Stewardship-Modell geleitet wird; es gibt also ein dominantes Governancemodell und keine hybride Verbindung von Modellen. Die Hybridität an sich wird dennoch durch dieser duale Vorstandsstruktur reflektiert und dürfte auch pragmatischen Erwägungen geschuldet sein, da es eine enge, dialogfördernde Koordination der verschiedenen Logiken erlaubt.

Bislang waren die Hinweise auf Hybridität mehr technischer Natur und daher sichtbar in den formalen Organisationstrukturen. Allerdings zeigen sich auch Hybriditätsaspekte in den weniger formalen Prozessen der Organisationen. Wir fanden generell einen direkten oder indirekten Einbezug in unterschiedlichen Graden von Stakeholderinteressen in den meisten Organisationen, die eben nicht beispielsweise in der Zusammensetzung des Führungsgremiums aufzuspüren waren, sondern eher in informellen Entscheidungsprozessen. Dies zeigte sich nicht alleinig in demokratischen, stakeholder-fokussierten Organisationen, sondern insbesondere auch bei hierarchischen, manager-fokussierten Organisationen. Bei einem Fall geschah die Stakeholdereinbindung klar aufgrund von Ressourcenabhängigkeiten gegenüber einem Financier, in anderen Fällen wiederum wurden Mitarbeiter in Entscheidungsprozesse eingebunden. Letzteres geschieht vor allem um die Verbundenheit der Mitarbeiter sicherzustellen und diese zu motivieren. Zudem soll das innovative Potential der Mitarbeiter genutzt und ausgeschöpft werden. Es kann jedoch nicht behauptet werden, dass diese Formen der Einbindung nur aus strategischen Erwägungen heraus praktiziert werden. Vielmehr erscheint dies vernünftig aus Wertegesichtspunkten heraus. Interessant ist, dass in Fällen, in denen der Stakeholderdialog mit den Mitarbeitern stattfindet, sich dieser hauptsächlich um Aspekte der sozialen Mission der Organisation dreht. Im Gegensatz dazu werden finanzielle Entscheidungen in den hierarchischen, manager-fokussierten Organisationen fast ausschließlich von Gründern und oberen Führungskräften getroffen. Dies wird damit begründet, dass diese auch die Verantwortung für Fehlentscheidungen zu übernehmen haben und diese den Gesamtüberblick über die Organisation innehaben, wie die folgenden Zitate illustrieren:

> […] es ist nicht so, dass alle Mitarbeiter das gleiche Stimmrecht bei abschließenden wichtigen Entscheidungen haben. Wir versuchen sie alle einzubinden, versuchen es transparent zu machen, es auch zu begründen und lassen uns mit Sicherheit auch leiten von Einwänden. Versuchen das auch immer zusammen zu bringen. Viele Entscheidungen werden dadurch auch verbessert. Aber in letzter Instanz ich ja die Verantwortung habe und ich das entscheiden muss.

> Aber diese unterschiedlichen Organisationslogiken gibt es schon und ich würde auch nicht sagen, dass wir hier ein Konsensprinzip haben, das ist auch nicht demokratisch, in dem Sinne, das alle nur abstimmen und dann wird das so gemacht, sondern im Endeffekt sind die beiden Vorstandsmitglieder und Geschäftsführer der GmbH in Personalunion [Name des Kollegen] und ich für diesen Laden verantwortlich. Insofern sind wir keine demokratische Organisation, also im Binnenverhältnis.

5.2 Governancestrukturen entlang der organisationalen Entwicklungsphasen

Die meisten Organisationen in unserem Sample entwickelten sich wie in den Entwicklungsmodellen beschrieben. Dementsprechend befanden sich die beiden Organisationen mit einem demokratischen Governanceansatz noch in der Pionier- oder frühen Wachstumsphase, während alle acht Organisationen mit einem klaren Stewardship-Ansatz entweder in der Reifephase oder in Deutschland in der Wachstumsphase (während sich die Mutterorganisation im Ausland bereits in der Reifephase befand). Governancestrukturen, die die zentrale Stellung eines Managers oder Gründers aufwiesen, befanden sich in der Wachstums- oder Reifephase. Von den Organisationen mit Stewardship-Ansatz hatten zwei bereits eine Krisenphase durchgestanden.

Drei Organisationen wiederum wichen aus unserer Perspektive von den Vorhersagen der Organisationsentwicklungsmodelle ab; der Kernpunkt dabei war, dass diese Organisationen sich dem Wachstum der Organisation verweigerten. Dies geschah aus Gründen der Flexibilitäts-, Innovativitäts- und Agilitätswahrung, die diese Organisationen als wichtiger und bedeutend in Hinblick auf ihre soziale Mission empfanden. Wachstum wurde hier als eine Quelle von Bürokratie und Trägheit betrachtet, da die Strukturen und die Mitarbeiter zu betreuen sind, sobald sie einmal aufgebaut sind. Eine Organisation erwog gar zu schrumpfen um den Innovationsgrad zu erhöhen. Speziell die spezifische Möglichkeit für Sozialuternehmen ihre Idee auf indirektem Wege wachsen zu lassen (Kramer 2005; Schmitz/Scheuerle 2011) befähigt diese Wirkung zu erzielen ohne direkt organisational wachsen zu müssen. Interessant ist, dass diese Perspektive sich nicht an einem bestimmten Governancemodell festmachte, sondern über alle Governancestrukturen streute.

Im Folgenden werden wir nun die einzelnen Phasen durchgehen und die Governancestrukturen anhand von Zitaten aus den Interviews illustrieren. Dabei werden wir insbesondere die Gründe für die Wahl der jeweiligen Governancestrukturen darstellen, insbesondere auch die Tendenz hin zu einem hierarchischen, manager-fokussierten Ansatz bei gleichzeitigem Vorhandensein hybrider Elemente, wie wir sie oben dargestellt haben.

Pionierphase. In der Pionierphase erwarten die Organisationsentwicklungsmodelle entweder eine individuelle oder eine kollektive (Stakeholder)-Initiative, die die Organisation ins Leben ruft (unternehmerischer Geist). Insbesondere bei kollektiver Gründung ist es nachvollziehbar, dass zu Beginn der Organisation Governancestrukturen nach demokratischen Prinzipien gewählt werden. Dennoch fanden wir Hinweise darauf, dass ein demokratischer Ansatz konträr zum unternehmerischen Geist der Anfangsphase steht, da letzterer mehr die höhere Geschwindigkeit und Freiheit für kreative und tiefgreifende Aktivitäten betont. Dies scheint auch deshalb von hoher Relevanz zu sein, da in der Anfangsphase die personellen Ressourcen, insbesondere Zeitressourcen, häufig sehr knapp sind, auch weil in der Pionierphase häufig noch kein oder aber nur geringes Einkommen für die Organisation erzielt wird. Gründer sind häufig gezwungen, entweder weiterhin in ihrem regulären Beruf zu arbeiten, was nötige Zeitressourcen frisst, oder aber sie finden eine Möglichkeit sich anders zu finanzieren. Interessanterweise basieren beide Organisationen in unserem Sample, die ein demokratisches Modell aufweisen, auf studentischen Freiwilligen. In den meisten anderen Fällen war der Drift hin zu einem managerbasierten Ansatz notwendig um den Erhalt und die Operationsfähigkeit der Organisation zu sichern. Die folgenden Zitate zeigen dies:

> Das waren schon zwischen 30 und 50 Leute. [...] Ja, das waren wirklich Journalisten, [...] Sozialarbeiter [...] Sozialwissenschaftler [...] und es waren eben schon so fünf, sechs oder zehn relativ aktive Betroffene dabei, die mitgequatscht haben und auch gute Ideen hatten und auch eine ganze Reihe von Sachen, also wie Mitbestimmung im Vorstand dann auch eingebracht haben. Auch da hat sich dann aber schon herausgestellt, dass im Grunde genommen dazu auch bestimmte persönliche Ressourcen notwendig sind, wenn man das auf längere Frist machen will. Das heißt nicht, dass sie es nicht könnten, aber es ist, wenn dann eben im Überlebenskampf beschäftigt ist, hat man wenig Zeit und Kraft, um Strukturen, die ein Unternehmen braucht zu bedienen.

Ich habe ja, wie gesagt, schon zu Hause in allen möglichen Rollen von Vereinsvorsitzendem über Gemeinderat usw. angeschürt und war dann in vielen Alpenvereinen [...] und all diese Erfahrungen zusammen, ich verkürze jetzt sehr stark, haben mir klar gemacht, dass man nur mit dem Ansatz der unternehmerische Mensch wirklich etwas weiterbringen kann. Irgendwelche Gesprächsrunden, wo man diskutiert was schön wäre, da vergeht viel Zeit und es kommt nix raus.

Zusätzlich zu dem angenommenen (sozial)unternehmerischen Wunsch nach Flexibilität und Aktionsfreiheit zeigen diese Zitate, dass die Interviewpartner hierarchische Strukturen als effizienter erachteten, speziell wenn es darum geht soziale Wirkung und sozialen Wandel zu erzielen. Dies ist ein Argument, welches wohlbekannt ist aus der Bürgerrechtsbewegung, wo ebenfalls aus unterschiedlichen Gründen hierarchische Strukturen als effektiver betrachtet wurden als Netzwerkstrukturen (Morris 1984; Gladwell 2010). Wichtig ist hierbei zu betonen, dass Governancestrukturen, die auf der Leitung einer Gruppe aufbauen, keine inadäquate Option für Organisationen sind, um ein Sozialunternehmen von der Pionier- in die Wachstumsphase zu überführen. Zwei Organisationen zeigten vielmehr soziokratische Entscheidungsprozesse, etwa institutionalisiert durch das Sammeln von Argumenten und Aspekten bezüglich einer Entscheidung an einem Tag um dann nach einer Nacht des „Darüberschlafens" erst die Entscheidung zu treffen.

Wachstumsphase. Unsere Daten zeigen einige Implikationen der Wachstumsphase auf die Governancestrukturen. Es zeigt sich zwar, dass Wachstum und Größe als ein Zeichen von organisationalem Erfolg gewertet werden, dennoch gehen mit dem Wachstum von Organisationen unterschiedliche Problematiken einher. So werden etwa häufiger Tradeoffs zwischen finanziellen und sozialen Zielen oder auch zwischen unterschiedlichen sozialen Zielen angeführt, die während des Wachstums in hybriden Organisationen stärker zum Vorschein treten.

Wenn jetzt jemand in einem Verein in Deutschland arbeitet, dann ist der daran interessiert, dass möglichst viel Geld für den Verein rein kommt, dass wir uns auf Deutschland konzentrieren, [...]. Wenn jemand wie wir die Vision verfolgen, dass auch international Anfragen bedient werden müssen, dann bin ich da eher der Gegenpol, der sagt, nein wir bearbeiten die Anfrage aus den USA. Dann hilft es uns aber auch zu begründen warum internationale Zusammenarbeit sogar mehr Ressourcen in das Projekt bringt, als umgekehrt. Wenn wir beispielsweise in den USA das Projekt aufsetzten oder in Irland, dann bedeutet das eben auch, dass wir das nur machen, wenn der technische Teil finanziert ist, von dem dann auch die deutsche Organisation wieder profitiert.

Hier wird Wachstum und Ausweitung damit gerechtfertigt, dass zusätzliche Ressourcen – eine ökonomische Perspektive – auch die Basis dafür sind, die sozialen Ziele nachhaltig zu erreichen, obwohl sie vermeintlich eine Abweichung von der

Kernmission darstellen. Dies dürfte ein wesentlicher Grund sein, dass Vorsitzende oder Manager in hierarchischen, manager-fokussierten Governancemodellen die Oberhand über letztgültige Entscheidungen insbesondere dann für sich reklamierten, wenn diese finanzielle Belange betrafen. Dennoch weisen unsere Daten auch darauf hin, dass dieser Zusammenhang überreizt werden kann. Das folgende Zitat wiederum zeigt, dass dies von der Qualifikation des Managers abhängt und dass eine zu starke management-getriebene Dominanz der Organisation mit einer starken Fokussierung auf das Ökonomische sich verselbstständigen kann:

> Und dann kam ein neuer Direktor, der mit viel Fachlichkeit und viel Zugang zum Ökonomischen und der vorher doch mehr einen privaten, sozialen Dienstleister, dem [Name der vorangegangenen Organisation] zugange gewesen war und hat gesagt: Wir müssen jetzt hier Strukturreformen machen. Das Ziel war dann mehr Eigenständigkeit in die einzelnen Felder, also lasst uns eine gGmbH Jugendhilfe, Behindertenhilfe usw. machen und wir nehmen alles, sagen wir mal, Service, da machen wir jetzt eine GmbH draus und die soll dann auch am freien Markt Geld verdienen, [...] aber in der Praxis hat es ganz anders funktioniert, weil dieser Direktor nach wie vor gesagt hat: So wird es gemacht. [...]. Also, und man hat sich sehr gefallen im Unternehmertum.

Aus einer Außenperspektive ergibt sich zudem, dass in den meisten Fällen von Wachstum die Anzahl der Stakeholder zunimmt, die Interessen gegenüber der Organisation anmelden, wie etwa Benefiziare oder Kunden. Darüber hinaus wird die Relevanz der Organisation für bestimmte Stakeholder im Zuge des Wachstums stark zunehmen, wie etwa für Politiker. Dies verändert die Struktur des Stakeholderdialogs. Eine Zunahme der Stakeholder bedeutet letztlich auch eine Pluralisierung von Meinungen und Ansprüchen gegenüber der Organisation. Wachstum kann daher zu dem Punkt führen, dass die Kapazitäten der Organisation nicht ausreichend dafür sind, alle Stakeholderinteressen so individuell und umfassend einzubeziehen, wie dies als ursprüngliche Absicht in der sozialen Mission der Organisation verankert gewesen sein mag.

> Ja, es ist natürlich, jetzt gibt es ja [xx].000 Kunden und da können sie natürlich keinen Dialog mehr führen [...] das ist jetzt im Gegensatz zu dem wie wir es früher gemacht haben, muss die Bank so auftreten: Ihr müsst das Geld uns im Vertrauen geben, wir machen damit gute Sachen. So, ich sage es simpel, früher haben wir gesagt: Wir sind eine Bank, die ebenso ist, dass sie den Menschen einen Freiraum geben will, so dass die Menschen Umgangsformen mit dem Geld selbst üben, ist ja eine Übungssache.

Diese Auswirkungen von Wachstum können wiederum die *Transparenz* der Organisation beeinflussen. Generell fanden wir ein besonders hohes Maß an Transparenz in den Organisationen vor, insbesondere im Hinblick auf Finanzen. Motive hierfür waren etwa der Aufbau von Verbundenheit und Motivation der Mitarbeiter aus der internen Perspektive, sowie der Ausweis von Integrität und Korrektheit in der Außendarstellung, etwa im Kontext der bereits erwähnten dualen Rechtsformwahl. Der hohe Grad an Transparenz kann allgemeiner auch als eine Form von guter Praxis von Sozialunternehmen verstanden werden, der im hohen Maße mit den Werten der Organisation übereinstimmt (vgl. auch Glänzel/ Schmitz 2012). Dennoch gab es eine kritische Aussage gegenüber einem zu hohen Maß an Transparenz:

> Man muss sagen die meisten unserer Gesellschaften sind große Kapitalgesellschaften, die veröffentlichen sowohl Jahresbericht wie Jahresabschlüsse, die können sie im Internet nachlesen. Wir haben mitgedacht vor zehn Jahren und uns in Sozialunternehmen aufgespalten, um Intransparenz zu schaffen für die Kostenträger, das ist ganz klares Ziel.

Wiederum muss eingeräumt werden, dass dies kein repräsentativer Fall ist; dennoch zeigt es, dass organisationales Wachstum neue Herausforderungen und Umstände in Hinblick auf Governance mit sich bringt.

Reifephase: In der Reifephase sagt die Organisationstheorie einen hohen Formalisierungsgrad der Organisationsstrukturen voraus, der sich in Delegation, Spezialisierung und Zusammenarbeit von verschiedenen Einheiten zeigt, die von Experten ihres Feldes geleitet werden (Greiner 1972). Wir fanden klare Hinweise für diese Annahme in den meisten untersuchten Organisationen, die diese Phase erreicht hatten, sowohl in Stewardship- als auch in gründergeführten Organisationen.

Interessant im Kontext formalisierter Strukturen ist die Frage nach Vertrauen und Kontrolle der Mitarbeiter. Wie Mason et al. (2007) betonen, basieren Organisationen mit einem sozialen Auftrag in besonderem Maße auf Vertrauen, da die Mitarbeiter vermeintlich stärker regelkonform agieren aufgrund ihres Verpflichtungsgefühls gegenüber der sozialen Mission. Unsere Daten jedoch können diese Annahme nicht gänzlich bestätigen. Die formalisierten Kontrollsysteme können allerdings zum Beispiel im Rahmen von Arbeitsintegrationsmaßnahmen auch Erfolgsmonitoringinstrumente oder Unterstützungsmechanismen sein, so dass sie auch als Element der sozialen Mission interpretiert werden können, wie das folgende Zitat verdeutlicht:

> So haben wir ungefähr unsere zwischen 70 und 100 Verkäufer im Monat ganz gut im Blick. Das ist kein großes Problem, sondern man muss sich dann eine Liste angucken und muss mal auf die Straße gehen und gucken, wo steht er eigentlich. Also, das ist so der zweite Punkte, dass wir regelmäßig auf die Plätze gehen und gucken, ist er da, wie schaut es aus, hat er Probleme, kann man ihm was helfen, gibt es mit der Umgebung vielleicht Dinge, die man regeln muss und so.

Eng im Zusammenhang mit der Frage nach der Mitarbeiterführung steht die Frage nach Kriterien für die Einstellung neuen Personals. Während einige Organisationen mehr einer ökonomischen Logik folgten und nach Expertise Einstellungen vornahmen, bewerteten andere wiederum das Vorhandensein des sozialen Impetus stärker; dies mit dem Argument, dass sich die fachliche Expertise nachqualifizieren lasse.

> Wir konnten uns damals noch leisten, dass wir auch mal Leute eingestellt haben und gesagt haben: Bei uns kommt es jetzt wirklich auf die Gesinnung, auf den Impetus an und das Fachliche, das können die noch lernen, haben wir die noch auf Kurse geschickt usw. und haben, das Bankmäßige haben sie dann noch gelernt und das waren oft dann auch Menschen, auf die man bauen konnte und jetzt ist das andersrum.

Wandlungsphase: Betrachtet man die Rolle der Governancestrukturen in der Wandlungsphase, zeigt sich oft eine starke Formalisierung mit komplizierten und nicht funktionalen Strukturen, die zum Grund für die Wandlung werden können, beispielsweise durch zu starke Stakeholdereinbindung in die Entscheidungsprozesse. Ein weiteres Anzeichen für inadäquate Governancestrukturen ist, dass die Außenperspektive völlig abhanden gekommen ist und die Organisation ausschließlich um sich selbst kreist. Beide Organisationen im Sample, die bereits eine schwere Krise durchstanden haben, berichteten von solchen Ereignissen.

> Diese sieben Anstaltsleiter waren Bestandteil eines ansonsten ehrenamtlichen 13-köpfigen Vorstandes und der wurde kontrolliert von einem 43-köpfigen Verwaltungsrat, das musste schief gehen. [...] [W]enn sie die Steuerung, Verantwortung dermaßen breit und verwickelt anlegen, dann können sie auch nix nach vorne entwickeln, dann fahren sie einfach laut diskutierend aufs Riff. [...] Es gab nicht einen Anlass, ein Ereignis, das zur Krise geführt hat. Es ist wirklich ein Prozess gewesen, der dann so ans Ende geführt hat.

> Es war wirklich so, dass man überhaupt nicht mehr reflektiert hat, kritisch reflektiert hat mit anderen, was man tat und, ob das, was man tut noch gesellschaftlich gewollt ist und ob es noch Kunden gibt, die unsere Angebote nachfragen wollen. Man hat auf öffentliche Förderung verzichtet, um Bauvorhaben nicht abstimmen zu müssen, man hat sich fachlich nicht mit anderen ausgetauscht, wir waren wirklich in einer geschlossenen Anstalt für sich.

Beide Organisationen durchliefen tiefe Strukturreformen und besitzen heute einen dualen Vorstandsvorsitz mit je einem geistlichen und einem kaufmännischen Vorstandsvorsitzenden. In einer Organisation war zudem eine klare Praxis von Innovationsmanagement installiert, das Ideen von Mitarbeitern sammelt, Impulse und Erfahrungen von Geschäftsführern und Experten in den unterschiedlichen Tätigkeitsfeldern mit aufnimmt und diese in Innovationsentscheidungen einbezieht, wie dies in vielen jüngeren Organisationen unseres Samples der Fall war.

Dies bedeutet zwar nicht, dass auch alle Akteure in die letztgültigen Entscheidungen einbezogen werden, aber es stellt sicher, dass Erfahrungen und Expertise der eigenen Mitarbeiter als wertvolle organisationale Ressource wertschätzt werden.

> Was wir heute haben an dieser Ecke ist, dass die Geschäftsführer dieser Sparten, Tochtergesellschaften Gedanken haben, die hatten sie aber schon immer, die wurden etwas nieder gehalten, möglicherweise, die haben sie 5 Mal vorgebracht, hat sich aber keiner drum gekümmert in der Zentrale, die aber die Entscheidungskompetenz und das Geld hatte. […], aber die großen Dinge blieben immer unbeantwortet und das greifen wir jetzt auf.

6. Fazit

Basierend auf insgesamt 29 leitfadengestützten Interviews wurden für die Auswertung 18 Interviews in die vorangegangen Darstellung einbezogen um die Governancestrukturen in deutschen Sozialunternehmen nachzuzeichnen. Die Eingrenzung der Auswahl ist getroffen worden, da die restlichen Interviews kaum Aussagen zur Struktur der Governance in den Organisationen zuließen. Insgesamt ergab sich dennoch ein sehr heterogenes Sample aus Organisationen, die in unterschiedlichen Bereichen tätig waren und unterschiedlichen Entwicklungsphasen zuzuordnen sind.

Die Ergebnisse zeigen, dass die Organisationen größtenteils hierarchische, manager-fokussierte Elemente der Governance aufweisen, die idealtypisch eher der ökonomischen Sphäre zugerechnet werden. Strikt auf Partizipation und Demokratie gerichtete Ansätze, die hauptsächlich in der sozialen Sphäre verortet werden, wurden weniger häufig vorgefunden, wie etwa mitgliederbasierte demokratische Modelle oder leitende Multi-Stakeholder Komitees. Wir interpretieren das als Hinweis auf einen unternehmerischen Geist in vielen Organisationen unseres Samples, da hierarchische Entscheidungsprozesse als schneller, agiler und flexibler gelten (Cornforth 2004), sowie als weitaus effektiver hinsichtlich der Erreichung sozialen Wandels (Morris 1984; Gladwell 2010). Weiter werden sie als entscheidend für das Bestehen von Organisationen in stark kompetitiven Umfeldern betrachtet, wie etwa dem wachsenden Sozialunternehmenssektor (Mason et al. 2007). Allerdings ist dieser Befund etwas zu relativieren, da wir ebenso klare Hinweise auf eine Spiegelung der Hybridität in den Governancestrukturen aufspüren konnten.

Wenngleich nicht beide „Governance-Philosophien" gleichberechtigt nebeneinander koexistieren, sind doch häufig interne Stakeholder in Entscheidungsprozesse eingebunden, insbesondere dann, wenn diese die soziale Zielsetzung und

Mission der Organisation betreffen. Dies liegt offenbar darin begründet, dass die Einbindung relevanter Stakeholdergruppen in derartige Entscheidungskontexte eine bestmögliche soziale Wirkung verspricht. Betrachtet man zudem, dass viele Mitarbeiter eine starke idealistische Motivation aufweisen (e.g. Mason et al. 2007), dann ist deren Einbindung in Entscheidungskontexte ein entscheidendes Moment um Verbundenheit, Verpflichtungsgefühl und Motivation auch weiterhin sicherzustellen. Andererseits kontrastiert dies zu Entscheidungen hinsichtlich ökonomischer Belange, für die sich vornehmlich die Führungspersönlichkeiten zuständig erklärten. Dies wurde damit begründet, dass diese auch die Verantwortungslast – häufig auch in Form persönlicher Risiken – zu tragen haben, oder da sie den besten Überblick über die Entscheidungsimplikationen auch im Hinblick auf die soziale Mission besitzen.

Betrachtet man nun die Governance über verschiede Organisationsphasen hinweg, so zeigt sich, dass die gängigen Organisationsentwicklungsmodelle gute Voraussagen auch für Sozialunternehmen zu leisten vermögen. Drei Organisationen erklärten allerdings explizit nicht weiter wachsen zu wollen, wenngleich indirektes Wachstum etwa über Replikationen durch andere Organisationen nicht unterbunden wurde. In den anderen Fällen war auffallend, dass es einige kollektive Initiativen in der *Pionierphase* gab, jedoch nur zwei von ihnen eine mitgliederbasierte, demokratische Governancestruktur beibehielten. Beide Organisationen waren vornehmlich auf studentische Freiwillige aufgebaut. Alle anderen führten rasch Stewardship-Modelle ein, oder das Management konzentrierte sich auf die dominante Gründerpersönlichkeit. Begründet wurde dies damit, dass gemeinschaftliche Entscheidungsstrukturen die Leistungsfähigkeit in Hinblick auf den Unternehmenszweck einschränkten. In der *Wachstumsphase* fanden wir eine Zunahme hinsichtlich der Forderungen und auch Umsetzung von Stakeholderdialogen und organisationaler Transparenz – wobei letztere generell recht hoch ausgeprägt war über alle Organisationen hinweg. In der *Reifephase* fanden wir die Einstellungspraktiken der Organisationen bemerkenswert. Einige Organisationen gaben an, dass ihr Haupteinstellungskriterium die Motivation und der Impetus des Kandidaten wäre, wohingegen bei anderen sich dies in Richtung Knowhow und Expertise gewandelt habe, da dies das reifere Organisationsstadium mit zumeist professionalisierten und spezialisierten Strukturen erfordere. Bei Organisationen der *Krisen- und Erneuerungsphase* fanden wir Probleme durch eine große Anzahl von Vorstands- oder Aufsichtsratsmitgliedern sowie eine selbstreferenzielle Sicht von Organisationen, die eine Außenperspektive vermissen ließ. Dies kann als ein Zeichen für einen eingeschränkten Korridor der Stakeholdereinbindung gedeutet werden, der aufzeigt, dass sowohl zu geringe als auch zu hohe Partizipation Problematiken aufwirft. Interessant ist in diesem Kontext die Frage danach, inwiefern stark hybride Organisationen innovative Governance-strukturen entwickeln, die auch als Blaupause für weniger hybride Organisationen dienen mögen. Bei der Untersuchung etwa von sozialen Innovationen sollte dabei auch die Entwicklung von neuen Governanceinstrumenten miteinbezogen werden, und nicht alleinig der Augenmerk auf Produkte und Dienstleistungen als soziale Innovationen gerichtet werden.

Auch wenn der deduktiv-nomologische Ansatz am besten für die Testung einer Theorie geeignet scheint, nähern wir uns hier der Thematik von Governance-strukturen in Sozialunternehmen in Form von explorativer qualitativer Forschung. Dies liegt darin begründet, dass wir auf dem Terrain von Governance in Sozialunternehmen noch Neuland betreten. Unser Anliegen war es vor allem entscheidende Variablen ausfindig zu machen, die uns aufzeigen, in welcher Weise wir Indikatoren für entweder manager-fokussiert, hierarchische Governancemodelle oder partizipative, stakeholder-fokussierte Modelle ausarbeiten können. Hierfür schien uns ein exploratives Vorgehen geeigneter. Vor allem die Bedeutung von Fallstudien hat in den letzten Jahren für diese Form empirischen Arbeitens zugenommen (Glaser/Strauss 1967; Eisenhardt 1988; Flyvbjerg 2011). Ein weiterer Grund für diese Herangehensweise liegt in der geringen Reife des Forschungsfeldes Sozialunternehmertum und Hybridorganisationen, welches bislang eine allgemein akzeptierte Definition oder gar Theorie vermissen lässt (Dacin et al. 2011). Mit dem vorliegenden Beitrag versuchen wir hierzu einen Beitrag zu leisten. Vor allem was Kriterien für innovative und unerwartete Governancemodelle angeht, konnten wir weiter zu testende Befunde beitragen, die für eine weiterführende Theoriebildung von Relevanz sind, dies in Bezug auf organisationale Operationen, wie auch hinsichtlich des Spektrums sozialer Innovationen.

Dennoch gibt es einige Einschränkungen in der Aussagekraft der gemachten Beobachtungen. Erstens liegen uns keinerlei Langzeitdaten vor jenseits der Aussagen in den Interviews vor, die eine empirische Begleitung über den Organisationslebenszyklus und die Entwicklung von Governancestrukturen erlauben. Zudem war das Sample selbst sehr heterogen und unausgewogen. Hier mögen unterschiedliche Cluster in dem breiten Feld von Sozialunternehmen zu bilden sein, die bessere Erklärungen und Vorhersagen hinsichtlich der gewählten Governance-strukturen liefern, wie etwa das spezifische Tätigkeitsfeld, und damit oft einhergehend die Finanzierungsstruktur oder die Rechtsform. Des Weiteren sprachen wir vornehmlich mit Führungskräften, die wiederum einen spezifischen Blick auf die Governance von Organisationen haben. Hier wäre es wünschenswert auch mit Mitarbeitern auf unteren Ebenen, sowie Benefiziaren und anderen Stakeholdern über Fragen der Governance zu sprechen um ein ganzheitlicheres Bild einzuholen (siehe etwa Mole 2003). Dennoch leiten sich trotz dieser Limitationen einige interessante Erkenntnisse sowie wichtige Impulse für die weitere Forschung ab. Zunächst sollten erstens die Gründe und Motive für die basalen Governancestrukturen aufgeklärt werden, also zum Beispiel inwiefern die Einbindung von verschiedenen Stakeholdern auch die institutionellen Logiken, denen sich Sozialunternehmen als hybride Organisationen ausgesetzt sehen, berücksichtigen und repräsentieren. Es ist daher zu fragen, welche konkreten Stakeholdergruppen hauptsächlich und zu welchem Grad eingebunden werden. In diesem Zusammenhang sollte zudem zu klären versucht werden, ob die Einbindung strategischen oder mehr pragmatischen Erwägungen, beispielsweise bezüglich Ressourcenabhängigkeit oder Netzwerkfunktionen folgt und zu welchem Grad ein partizipativ-demokratisches Modell von einem entsprechenden Wertesetting geleitet ist. Zu vermuten ist, dass Kriterien ökonomischer Effizienz und Kompetenz gleichermaßen die Governancestrukturen hybrider Organisationen beeinflussen wie strategische Fragen hinsichtlich der sozialen Belange und daher in Ausgleich miteinander zu bringen sind.

Im Anschluss daran ergibt sich zweitens die Frage danach, inwiefern es den spezifischen Governancestrukturen gelingt, die unterschiedlichen Sektorlogiken tatsächlich in Ausgleich miteinander zu bringen bzw. welche Spannungen gerade dadurch entstehen und möglicherweise unauflösbar bleiben. Es ist anzunehmen, dass sich häufig Trade-Offs ergeben, die eine Bevorzugung eines Entscheidungsmodells bei bestimmten Entscheidungskontexten wahrscheinlicher machen (etwa manager-fokussiertes, hierarchisches Modell bei ökonomischen Entscheidungen). In anderen Kontexten mag dann das jeweils kontrastierende Modell den Vorzug erhalten, um zu einer Balance in der Entscheidungsfindung beizutragen (Glänzel/Schmitz 2012).

Drittens ergibt sich die schon aufgeworfene Frage danach, inwiefern Strukturvariablen wie das thematische Feld, die Rechtsform oder die Finanzierungsstrukturen Einfluss auf die gewählten und gelebten Governancemechanismen haben, um zu einem besseren Erklärungs- und Prognosemodell zu gelangen. Bei möglichen Zusammenhängen wäre zudem die Kausalitätsfrage zu klären. Sind die Strukturvariablen leitend für die Wahl des Governancemodells und -stils oder hat das jeweilige Governancemodell möglicherweise Auswirkungen auf die genannten Strukturvariablen? In der Diskussion über Rechtsformen etwa stellt sich die Frage, warum profitorientierte und gemeinnützige Rechtsformen häufig in Kombination miteinander auftreten.

Betrachtet letztlich viertens die Vorstands- und Aufsichtsratstruktur, so ist auch hier interessant, inwiefern sich die Zuständigkeiten auf verschiedene Personen aus verschiedenen Kontexten, möglicherweise mit einem Anschluss an bestimmte institutionelle Felder, verteilt sind. Dabei kann etwa der Bildungs- und Karrierehintergrund der Person erfragt werden. Wertvoll wäre hier eine Typologie, die zu unterscheiden hilft, ob die Wahl unterschiedlicher „Stewards" für verschiedene Aufgaben ihren Ausgangspunkt in divergenten institutionellen Sphären hat oder in denen nur ein „Steward" etwa für alles in Personalunion zuständig ist.

Nimmt man fünftens eine dynamische Perspektive ein, so rücken die Gründe für Veränderungen in der Governancestruktur in den Blick. Welche Bedingungen befeuern, dass eine kollektive, partizipativ ausgerichtete Initiative in eine stark hybride Organisation mit eher hierarchischem Führungsansatz überwechselt? Auch der Umgang mit Trade-Off-Entscheidungssituationen und Gründe für „missiondrifts" könnten so erhellt werden. Zudem ist interessant, ob hybride Governancestrukturen mehr oder weniger anfällig für Krisensituationen sind, und welchen Einfluss die Organisationsgröße auf die Stakeholderverbindungen ausübt, die möglicherweise entscheidend sind für den Legitimitäts-, Authentizitäts- und Identitätserhalt der Organisation? Eng damit verbunden sind Transparenzmaßnahmen und Anstrengungen zur Generierung von Vertrauen unter Mitarbeitern, was eine besondere Vorgehensweise vonnöten macht bei Organisationen, welche in hohem Maße unterschiedliche institutionelle Logiken zu kombinieren suchen. Und letztlich ist danach zu fragen, ob stark hybride Organisationen in gesteigertem Maße von einer starken Führungspersönlichkeit abhängen als weniger hybride Organisationen und was das Ausscheiden dieser Person aus der Organisation bedeutet.

Da diesen Fragestellungen hauptsächlich eine interne Perspektive auf die Organisation zugrunde liegt, kann zudem schließlich sechstens gefragt werden, welche Einflüsse solche möglicherweise innovativen und hybriden Strukturen auf andere Organisationen ausüben. Vor allem in der ökonomischen Sphäre könnten hier Adaptionen stattfinden, die entwickelten Modelle also als Blaupausen genutzt werden und letztlich als Operationslizenzen für Organisationen überhaupt gerieren (Schmitz 2012).

Methodisch könnte sich für die weitere Untersuchung von spezifischen Governancestrukturen und den relevanten Kontextfaktoren eine detailliert ausgearbeitete, quantitative Forschungsstrategie als hilfreich erweisen. Diese könnte Daten liefern zu typischen Umständen für die konkrete Einbeziehung von Stakeholdern, zu den dahinter stehenden Motiven sowie für die Entwicklungspfade von Governancestrukturen. Eine Kernaufgabe besteht dabei in der Operationalisierung der vorangestellten Fragen und der Ausarbeitung geeigneter Indikatoren, die eine Differenz verschiedener Grade der Modellimplementierung auszuweisen vermögen.

Literaturverzeichnis

Abzug, R./ Galaskiewicz, J. (2001). Nonprofit boards: crucibles of expertise or symbols of local identities? *Nonprofit and Voluntary Sector Quarterly*, 30(1): 51-73.

Anheier, H.K./ Then, V. (2004). *Zwischen Eigennutz und Gemeinwohl. Neue Formen und Wege der Gemeinnützigkeit*. Gütersloh: Verlag Bertelsmann Stiftung.

Battilana, J./ Dorado, S. (2010). Building Sustainable Hybrid Organizations – The case of commercial microfinance organizations. *Academy of Management Journal*, 53(6): 1419-1440.

Benz, A./ Lütz, S./ Schimanck, U./ Simonis, G. (2007). Einleitung, in: ibid.: *Governance Handbuch – Theoretische Grundlagen und empirische Anwendungsfelder*. Wiesbaden: VS Verlag für Sozialwissenschaften.

Billis, D. (2010). *Hybrid Organizations and the Third Sector – Challenges for Practice, Theory and Policy*. New York: Palgrave Macmillan.

Cadbury, A. (1992). *Report of the Committee on the Financial Aspects of Corporate Governance*. London: Gee & Co.

Cornforth, C. (2003). Introduction: the changing context of governance – emerging issues and paradoxes, in: Cornforth C. (Hrsg.): *The Governance of Public and Non-profit Organisations. What do Boards Do?* New York: Routledge.

Cornforth, C. (2004). The Governance of cooperatives and mutual associations: a paradox perspective. *Annals of Public and Cooperative Economics*, 75(1): 11-32.

Dacin, T.M./ Dacin, P.A./ Tracey, P. (2011). Social Entrepreneurship: A Critique and Future Directions. *Organization Science*, 22(5): 1203-1213.

Dart, R. (2004). The Legitimacy of Social Enterprise. *Nonprofit Management & Leadership*, 14(4), 411–424.

Dees, G.J. (2001). *The Meaning of Social Entrepreneurship*. Duke University: The Fuqua School of Business, Download unter http://www.fuqua.duke.edu/centers/case/documents/dees_sedef.pdf.

Defourny, J. (2004). Introduction – from third sector to social enterprise, in: Borzaga, C./ Defourny, J. (Hrsg.): *The Emergence of Social Enterprise*. London und New York: Routledge.

Defourny, J./ Nyssens, M. (2011). Approches européenes et américaines de l'entreprise social: une perspective comparative. *Revue des Etudes Cooperatives, Mutualistes et Associatives*, 319: 18-35.

Donaldson, T./ Preston, L.E. (1995). The Stakeholder Theory of the Corporation: Concepts, Evidence, and Implications. *The Academy of Management Review*, 20(1): 65-91.

Edwards, M. (2008). *Just another Emperor? – The Myth and Realities of Philanthrocapitalism*. New York: Demos.

Eisenhardt, K.M. (1989). Building Theories from Case Study research. *Academy of Management Review*, 14 (4): 532-550.

Enjolras, B. (2009). A Governance-Structure Approach to Voluntary Organizations, EMES Working Paper 09/01, Download unter: http://www.emes.net/fileadmin/emes/PDF_files/Working_Papers/WP_09-01_Enjolras_WEB.pdf.

Flyvbjerg, B. (2011). Case Study., in: Denzin, N.K./ Lincoln, Y.S. (Hrsg.): *The Sage Handbook of Qualitative Research*. 4th Edition. Thousand Oaks: Sage

Fowler, A. (2000). NGDOs as a moment in history: beyond aid to social entrepreneurship or civic innovation? *Third World Quarterly*, 21(4): 637-654.

Freeman, R.E. (1984). *Strategic Management: A Stakeholder Approach*. Boston: Pitman.

Gladwell, M. (2010). Small Change – Why the revolution will not be tweeted. *The New Yorker*, October

Glänzel, G./ Schmitz, B. (2012). Hybride Organisationen – Spezial- oder Regelfall? in: Anheier, Helmut K./ Schröer, Andreas/ Then, Volker (Hrsg.): *Soziale Investitionen – Interdisziplinäre Perspektiven*. Wiesbaden: VS Verlag für Sozialwissenschaften.

Glaser, B./ Strauss, A. (1967). *The Discovery of Grounded Theory: Strategies of Qualitative Research*. Chicago [u.a.]: Aldine de Gruyter.

Greiner, L.E. (1972). Evolution and Revolution as Organizations Grow. *Harvard Business Review*, July-August: 37-46.

Huybrechts, B. (2010). The governance of fair trade social enterprises in Belgium. *Social Enterprise Journal*, 6(2): 110-124.

Kramer. M. (2005). One Business Maxim to Avoid: Going to Scale. *Chronicle of Philanthropy*, February.

Low, C. (2006). A framework for the governance of social enterprise. *International Journal of Social Economies*, 33(5/6): 376-385.

Mair, J./ Martí, I. (2006). Social entrepreneurship research: A source of explanation, prediction, and delight. *Journal of World Business*, 41: 36-44.

Marek, D. (2010). *Unternehmensentwicklung verstehen und gestalten – Eine Einführung*. Wiesbaden: Gabler Verlag.

Mason, C./ Kirkbride, J./ Bryde, D. (2007). From Stakeholders to institutions – The changing face of social enterprise theory. *Management Decision*, 15(2): 284-301.

Mason, C. (2009). Governance and SEs, in: Doherty, B./ Foster, G./ Mason, C./ Meehan, J./ Meehan, K./ Rotheroe, N./ Royce, M. (Hrsg.): *Management for Social Enterprises*. London: Sage.

Mole, V. (2003). What are the chief executives' expectations and experiences of their board? in: Cornforth, Chris (Hrsg.): *The Governance of Public and Non-profit Organisations. What do boards do?* London: Routledge.

Monks, R.A.G./ Minow, N. (1995). *Corporate Governance*. Oxford: Blackwell.

Morris, A.D. (1984). The *Origins of the Civil Rights Movement: Black Communities Organizing for Change*. New York: Free Press.

Pache, A-C./ Santos, F.M. (2010). When Worlds Collide – The internal dynamics of organizational responses to conflicting institutional demands. *Academy of Management Review*, 35(3): 455-476.

Parkinson, J. (2003). Models of the company and the employment relationship. *British Journal of Industrial Relations*, 41: 481-509.

Patton, M.Q. (2002). *Qualitative Research & Evaluation Methods*. 3rd Edition. Thousand Oaks [u.a.]: Sage.

Pfeffer, J./ Salancik, G. (1978). *The External Control of Organizations: A Resource Dependence Perspective*. New York: Harper & Row.

Priller, E./ Zimmer, A. (2003). Dritte-Sektor-Organisationen zwischen Markt und Mission, in: Gosewinkel, D./ Kocka, J./ Rucht, D. (Hrsg): *Zivilgesellschaft: Bedingungen, Pfade, Abwege* (WZB-Jahrbuch). Berlin: edition sigma.

Pümpin, C./ Prange, J. (1991). *Management der Unternehmensentwicklung. Phasengerechte Führung und der Umgang mit Krisen.* Frankfurt a.m./New York: Campus Verlag.

Salamon, L.M. (2001). Der Dritte Sektor im internationalen Vergleich – Zusammenfassende Ergebnisse des Johns Hopkins Comparative Nonprofit Sector Project, in: Priller, E./ Zimmer, A. (Hrsg.): *Der Dritte Sektor international. Mehr Markt – weniger Staat?* Berlin: edition sigma.

Salamon, L.M./ Geller, S.L./ Mengel, K.L. (2010). *Nonprofits, Innovation, and Performance Measurement: Separating Fact from Fiction.* Communiqué No. 17 Johns Hopkins University. Download unter http://ccss.jhu.edu/wp-content/uploads/downloads/2011/09/LP_Communique17_2010.pdf.

Schmitz, B./ Scheuerle, T. (2011). *Challenges in Scaling Social Enterprises*, Working Paper vorgestellt auf der EMES Konferenz, Roskilde 2011.

Schmitz, B./ Scheuerle, T. (2012). Founding or Transforming? Social Intrapreneurship in three German Christian-based NPOs. *Journal of Social Entrepreneurship Perspectives*, 1(1): 13-36.

Schmitz, B. (2012). *Colonization of the Markets – How Social Enterprises Democratize the Business World*, Working Paper vorgestellt auf der ISTR-Konferenz, Siena 2012.

Stehr, N. (2007). *Die Moralisierung der Märkte – Eine Gesellschaftstheorie.* Frankfurt: Suhrkamp.

Tracey, P./ Phillips, N./ Jarvis, O. (2011): Bridging institutional entrepreneurship and the creation of new organizational forms. *Organization Science*, 22(1): 60-80.

Ulrich, H. / Krieg, W. (1972/1974). *St.Galler Management-Modell.* Bern: Paul Haupt.

Weisbrod, B.A. (Hrsg.) (1998). *To Profit or Not to Profit – The Commercial Transformation of the Nonprofit Sector.* Cambridge: Cambridge University Press.

Williamson, O.E. (1979). Transaction-cost economics: the governance of contractual relations. *Journal of Law and Economics*, 22: 233-261.

Wood, M.M. (1992). Is governing board behavior cyclical? *Nonprofit Management and Leadership*, 3(2): 139-163.

Sozialunternehmen und ihre Kapitalgeber

Ann-Kristin Achleitner[1] / Judith Mayer[1] / Wolfgang Spiess-Knafl[2]

1. Einleitung

Sozialunternehmen werden in der wissenschaftlichen Debatte unterschiedliche Rollen zugeschrieben. Während die „Social Innovation School" den Fokus auf die Innovationskraft eines Sozialunternehmens legt, spielt bei der „Social Enterprise School" der Grad der Einkommensgenerierung eine wesentliche Rolle (Dees & Anderson, 2006). Es scheint eine Übereinstimmung dahingehend zu geben, dass Sozialunternehmen die Bereitstellung öffentlicher Güter bzw. die Erzielung eines gesellschaftlichen Mehrwertes als Unternehmenszweck verfolgen (vgl. (Johanna Mair & Marti, 2006; Sommerrock, 2010). Für die Erreichung dieses Ziels sind Sozialunternehmen auf finanzielle Mittel angewiesen (Ann-Kristin Achleitner, Spiess-Knafl, & Volk, 2011).

Die strukturellen Merkmale von Sozialunternehmen, die in den anderen Beiträgen des vorliegenden Bandes ausführlich beleuchtet werden, lassen erahnen, dass die klassischen Formen der Unternehmensfinanzierung wie Bankkredite oder Unternehmensanleihen in diesem Segment nur begrenzt zur Anwendung kommen. Ebenso wie bei klassischen Unternehmen zeigt sich auch bei der Finanzierung von Sozialunternehmen, dass die Finanzindustrie in der Regel keinen Selbstzweck befolgt, sondern eine unterstützende Rolle bei einer konkreten Zielsetzung einnimmt (vgl. (Shiller, 2012). Sozialunternehmen steht mittlerweile ein differenzierter, noch im Wachstum befindlicher sozialer Kapitalmarkt zur Verfügung (Ann-Kristin Achleitner, Heinecke, Noble, Schöning, & Spiess-Knafl, 2011).

Weit fortgeschritten ist hierbei die Entwicklung von sog. Venture-Philanthropy-Fonds. Mitte der 1990-er Jahre haben Unternehmer und Fonds-Manager aus dem Venture-Capital- und Private-Equity-Bereich begonnen, bewährte Finanzie-

---

1 Technische Universität München, Lehrstuhl für Entrepreneurial Finance / Center for Entrepreneurial and Financial Studies (CEFS).
2 Zeppelin Universität, Lehrstuhl für Strategische Organisation und Finanzierung (SOFi) / Center for Civil Society (CiSoC).

rungsansätze in den Sozialsektor zu übertragen (Letts, Ryan, & Grossman, 1997). Bestandteil dieser Strategie war die Aufgabe der Förderung nach dem Gießkannenprinzip und folglich die Konzentration auf einige wenige Portfolio-Unternehmen mit gleichzeitiger Unterstützung der Organisationsentwicklung (Ann-Kristin Achleitner, 2007). Insbesondere Sozialunternehmen waren aufgrund der unternehmerischen Herangehensweise und der vielfältigen Strukturierungsmöglichkeiten, die auch Eigenkapitalfinanzierungen ermöglicht, ein attraktives Ziel solcher Investitionen.

Das Volumen, das europäische Venture-Philanthropy-Fonds bislang investiert haben, beträgt über eine Milliarde Euro (Hehenberger, 2012). Auch wenn es keine belastbaren Zahlen zum Erfolg der Venture-Philanthropy-Fonds gibt, hat deren Arbeit dazu beigetragen, dass neue Finanzierungsmechanismen für Sozialunternehmen entwickelt werden. In Großbritannien hat die Gründung einer sozialen Investmentbank mit einer Kapitalisierung von 600 Millionen Pfund für Aufsehen gesorgt (Cohen, 2011). Ein Mechanismus zur wirkungsbasierten Finanzierung von sozialen Projekten in der Form sog. „Social Impact Bonds" wird in mehreren Ländern umgesetzt.

2. Finanzierungsstruktur

Die Breite der Finanzierungsmöglichkeiten, die Sozialunternehmen zur Verfügung stehen, findet man in dieser Form weder für Non-Profit-Organisationen noch für For-Profit-Unternehmen. Die Finanzierung von Sozialunternehmen kann dabei in zwei Bereiche unterteilt werden: (1) Innenfinanzierung und (2) Außenfinanzierung, wie in Abbildung 1 dargestellt.

Die Innenfinanzierung umfasst die Einkommensströme, die Sozialunternehmen zur Verfügung stehen. Diese beinhalten Leistungsentgelte und Zuschüsse von der öffentlichen Hand, Umsätze, Sponsoringbeiträge, Mitgliedsbeiträge und andere Einkommensquellen von der Zielgruppe oder Begünstigten (für einen Überblick über die gesamte Verteilung vgl. Scheuerle et al. im vorliegenden Sammelband).

Die Außenfinanzierung umfasst die Finanzierungsinstrumente, welche dem Unternehmen langfristig von externen Kapitalgebern zur Verfügung gestellt werden und beispielsweise zur Finanzierung von Gebäuden oder zur Deckung von Anlaufkosten genutzt werden. Zu den Finanzierunginstrumenten zählen sowohl die klassischen Instrumente Eigen-, Fremd- und Mezzaninkapital aus dem For-Profit-Bereich als auch Spenden, welche dem Non-Profit-Sektor zugeordnet werden.[3] Da-

---

3 Non-Profit-Organisationen setzen vielfach auch auf Fremdfinanzierungen in ihrer Kapitalstruktur; vgl. (Fedele & Miniaci, 2010; Yetman, 2007)

rüber hinaus haben Sozialunternehmen Zugriff auf Hybridkapital, das Elemente von Fremd- oder Eigenkapital mit Spenden verbindet. Darunter fallen beispielsweise Wandeldarlehen, rückzahlbare Spenden oder Umsatzbeteiligungsmodelle.[4]

Abbildung 1: Finanzierungsstruktur von Sozialunternehmen
                (Ann-Kristin Achleitner, Spiess-Knafl, et al., 2011)

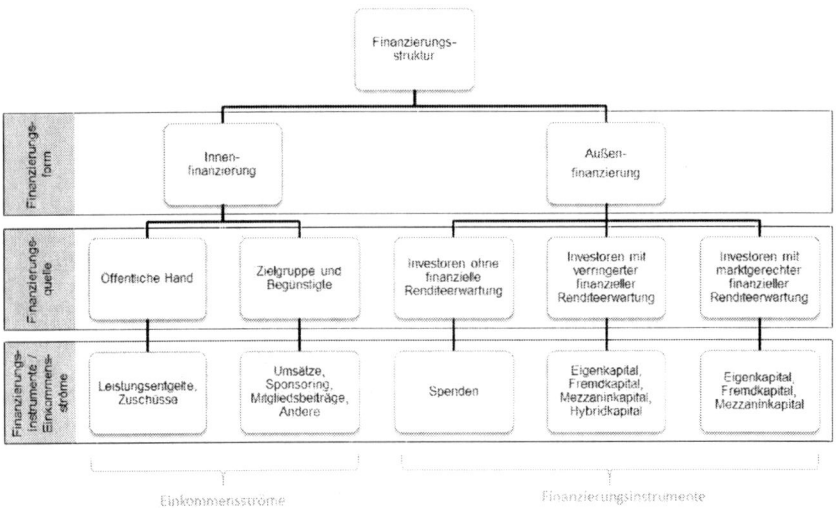

Es hat sich ein sozialer Kapitalmarkt entwickelt, welcher die aufgeführten Finanzierungsinstrumente an die Bedürfnisse von Sozialunternehmen anpasst. Die Akteure dieses Kapitalmarkts können anhand ihrer Renditeerwartung klassifiziert werden: (1) Investoren ohne finanzielle Renditeerwartung, (2) Investoren mit verringerter finanzieller Renditeerwartung und (3) Investoren mit marktgerechter finanzieller Renditeerwartung.

Die finanzielle Rendite ist aus dem For-Profit-Sektor bekannt und bezeichnet das unmittelbare finanzielle Ergebnis, welches aus der Geschäftstätigkeit für das Unternehmen und in weiterer Folge für die Gesellschafter und das Management resultiert. Wenn der Kapitalgeber eine Verringerung seiner finanziellen Rendite

---

4   Für einen Überblick zu den Finanzierungsformen von Sozialunternehmen vgl.(Ann-Kristin Achleitner, Spiess-Knafl, et al., 2011).; für einen Überblick zu den Implikationen der Innenfinanzierung vgl. (Ann-Kristin Achleitner, Spiess-Knafl, & Volk, in Druck)

in Kauf nimmt, erwartet er im Gegenzug eine höhere soziale Rendite. Die soziale Rendite umfasst den gesellschaftlichen Nutzen, der durch die Tätigkeit eines
Sozialunternehmens entsteht und mit geeigneten quantitativen Messmethoden
erfasst werden kann (Heister, 2010). Es gibt eine Vielzahl an Messmethoden. An
dieser Stelle soll nur auf die Social-Return-on-Investment-Methode verwiesen
werden. Im Rahmen dieses Verfahrens wird dem erwarteten sozialen Nutzen ein
monetärer Wert zugeschrieben und mit den Kosten für die Leistungserbringung
verglichen (Clark, Rosenzweig, Long, & Olsen, 2004).

Investoren ohne finanzielle Renditeerwartung verzichten zugunsten der
sozialen Rendite auf einen Rückfluss der eingesetzten Mittel. Hierzu zählen
Spender oder Stifter. In Deutschland belaufen sich die privaten Geldspenden an
gemeinnützige Organisationen auf mehrere Milliarden Euro. Die Summen variieren dabei je nach Erhebungsmethode und Erhebungszeitraum zwischen €2,1
und €4,6 Milliarden Euro (Sommerfeld, 2009). Auch Sozialunternehmen nutzen
Spenden für die Finanzierung ihrer Tätigkeiten und für zehn Prozent der untersuchten Sozialunternehmen stellt die Spende die primäre Einkommensquelle dar
(vgl. (Spiess-Knafl, 2012); auch Beitrag von Spies-Kanfl et al.). Außerdem stellen Stiftungsbeiträge für Sozialunternehmen eine relevante Finanzierungsoption
dar. Es gibt in Deutschland 18.946 Stiftungen des bürgerlichen Rechts (Bundesverband Deutscher Stiftungen, 2012). Acht Prozent der untersuchten Sozialunternehmen gaben an, dass Stiftungsbeiträge ihre primäre Einkommensquelle darstellen (Spiess-Knafl, 2012).

Investoren mit verringerter finanzieller Renditeerwartung verzichten zugunsten der sozialen Rendite auf eine risikogerechte Verzinsung. Diese Investoren erwarten eine leicht positive finanzielle Rendite. Die eingesetzten Finanzierungsinstrumente erfordern aufgrund der mit ihnen einhergehenden Verpflichtungen eine
nachhaltige Ausrichtung der Sozialunternehmen. So kann bei einem Darlehen die
Notwendigkeit regelmäßiger Zinszahlungen bedingen, dass das Geschäftsmodell
auf eine nachhaltige Basis gestellt wird. Die gleichzeitige Verfolgung einer sozialen und einer finanziellen Rendite wird auch „Blended Value Proposition" genannt (Emerson, 2003).

Investoren mit marktgerechter finanzieller Renditeerwartung beziehen soziale
und ökologische Kriterien in ihre Investitionsentscheidungen mit ein, verzichten
aber nicht auf ihre finanzielle Rendite. Im Bereich der Aktienselektion ist dieses
Verfahren gebräuchlich. Alleine in Europa wird das Volumen dieser Investitionen auf 1,2 Billionen Euro geschätzt (Eurosif, 2010). Dazu zählen insbesondere
Investitionen in sog. Bottom-of-the-Pyramid-Ansätze oder Community-Develop-
ment-Programme. Diese Ansätze bieten Spielraum für höhere Renditeerwartun-

gen (für einen Überblick vgl. (O'Donohue, Leijonhufvud, Saltuk, Bugg-Levine, & Brandenburg, 2010; Saltuk, Bouri, & Leung, 2011). Investoren aus dieser Kategorie beteiligen sich nur selten an der Finanzierung von Sozialunternehmen

3. Ausrichtung von Sozialunternehmen

Eine wesentliche Frage bei der Analyse von Sozialunternehmen ist deren Einordnung auf einer Kurve zwischen maximaler finanzieller und maximaler sozialer Rendite. (Heister, 2010) hat gezeigt, dass Sozialunternehmen sich auf einer Kurve mit unterschiedlichen Ausprägungen sozialer und finanzieller Rendite bewegen. Man kann davon ausgehen, dass Sozialunternehmen Spielraum bei der Anpassung ihrer Ausrichtung haben. Ein Sozialunternehmen im Bildungsbereich ist z. B. in der Lage, durch geographische Entscheidungen die eigene Zielgruppe selektieren. Ein Sozialunternehmen, das sich auf den Drogenentzug für Obdachlose spezialisiert hat, kann die Erfahrung beispielsweise in der Drogentherapie für vermögende Einkommensschichten nutzen.[5] Im Bereich der Mikrofinanzierungsinstitute wurde die Ausrichtung in den letzten Jahren oft diskutiert (Carrick-Cagna & Santos, 2009; Lewis, 2008).

Die soziale Rendite und die finanzielle Rendite stehen dabei in einem Trade-Off-Verhältnis. Es ist folglich möglich, die eine Renditedimension auf Kosten der anderen Dimension zu steigern.[6] Diese Kurve, die in Abbildung 2 als Renditekurve zu sehen ist, kann je nach Themenfeld unterschiedlich aussehen.

Die anfangs beschriebenen Investoren weisen unterschiedliche Renditeerwartungen und Trade-Off-Präferenzen auf. So hat jeder Kapitalgeber unterschiedliche Präferenzen, wenn es um den Zuwachs der sozialen Rendite zulasten der finanziellen Rendite geht. Diese Präferenzen sind als Präferenzkurven in Abbildung 2 dargestellt.

---

5   In dem Fall könnte man auch dahingehend argumentieren, dass das Sozialunternehmen mit der neuen Zielgruppe die Versorgung der Obdachlosen subventioniert. Es illustriert jedoch die Tatsache, dass man bewusst Einfluss auf die Ausrichtung eines Sozialunternehmens nehmen kann.

6   Es ist möglich, durch neue Technologien oder Marktentwicklungen die gesamte Kurve zu verschieben. Die Trade-Off-Problematik wird aber auch in diesen Fällen bestehen bleiben.

Abbildung 2: Präferenzen der Kapitalgeber
(Ann-Kristin Achleitner & Spiess-Knafl, 2012)

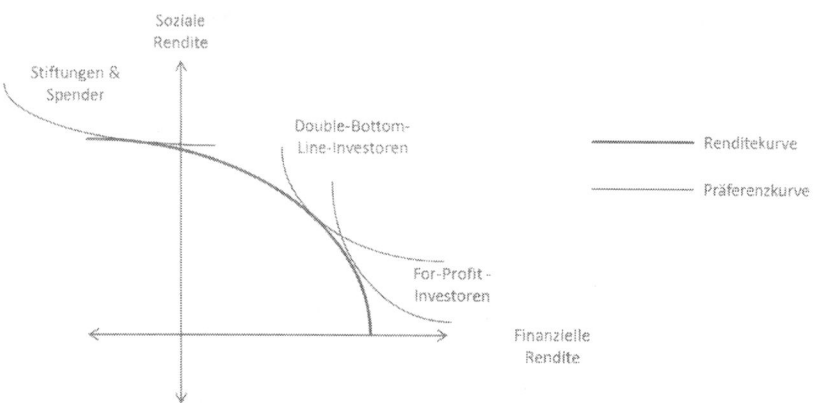

Sowohl das Sozialunternehmen als auch die Kapitalgeber weisen eine Präferenz bezüglich der Kombination aus sozialer und finanzieller Rendite auf. Hierbei können sich die Interessen der Kapitalgeber hinsichtlich der Verfolgung der sozialen und finanziellen Rendite von der Ausrichtung des Sozialunternehmens unterscheiden. Vor diesem Hintergrund gibt es mehrere mögliche Konfliktpotentiale in der Beziehung zwischen Kapitalgeber und Sozialunternehmen.

4. Beziehung zwischen Kapitalgeber und Sozialunternehmen

Zur Beschreibung der Beziehung zwischen Investoren und klassischen Unternehmern, die die Basis der Governance-Strukturen bildet, wird meist die Prinzipal-Agent-Theorie herangezogen. Es wird hierbei davon ausgegangen, dass Zielkonflikte zwischen Investor und Unternehmer bestehen (Wenger & Terberger, 1988). In letzter Zeit wird verstärkt auf die Stewardship-Theorie zurückgegriffen, welche aufgrund von Zielkongruenz von einer partnerschaftlichen Beziehung zwischen Investor und Unternehmer ausgeht (Arthurs & Busenitz, 2003; Davis, Schoorman, & Donaldson, 1997).[7] Wie im vorigen Kapitel gezeigt wurde, existiert aufgrund der „double-bottom-line" von finanzieller und sozialer Rendite Konflikt-

---

7 Es ist die Auffassung der Autoren, dass sich die Prinzipal-Agent- und die Stewardship-Theorie nicht gegenseitig ausschließen. Beide können zu unterschiedlichen Zeitpunkten in unterschiedlicher Ausprägung zutreffen; vgl. auch (Arthurs & Busenitz, 2003; Caers et al., 2006).

potential. Die weiteren Annahmen der Prinzipal-Agent-Theorie treffen ebenfalls auf die untersuchte Beziehung zu.

Es besteht eine *Informationsasymmetrie* zwischen Kapitalgeber und Sozialunternehmer, da der Sozialunternehmer über mehr Informationen bezüglich seines Unternehmens und seiner Fähigkeiten verfügt als der Kapitalgeber. Die Problematik asymmetrischer Informationsverteilung wird durch die Intransparenz des Erfolges von Sozialunternehmen verstärkt (Austin, Stevenson, & Wei-Skillern, 2006; Zahra, Gedajlovic, Neubaum, & Shulman, 2009). Es existiert allerdings auch eine Informationsasymmetrie zu Gunsten des Kapitalgebers. In Bezug auf die Investitionsstrukturierung verfügt der Kapitalgeber meist über ein besseres Verständnis als der Sozialunternehmer. Dies gilt zum Beispiel in Bezug auf das Rendite-Risiko-Profil verschiedener Finanzierungsformen.[8] Der Sozialunternehmer muss dem Kapitalgeber vertrauen, dass er ihm ein passendes Finanzierungsangebot macht.

Des Weiteren verfügt der Sozialunternehmer bei der Unternehmensführung über einen *Handlungsspielraum*. Es ist weder möglich noch im Interesse des Kapitalgebers, diesen Freiraum komplett einzuschränken.

Interessenskonflikte zwischen Sozialunternehmer und Kapitalgeber sind ebenfalls möglich und können in mehreren Dimensionen auftreten. Abweichende Zielsetzungen liegen vor, falls der Sozialunternehmer und der Kapitalgeber unterschiedliche Vorstellungen hinsichtlich der sozialen und finanziellen Rendite verfolgen. Wenn sich die Zielsetzung eines Sozialunternehmens über die Zeit verschiebt, spricht man von einem „Mission Drift".

Bei gleicher Zielsetzung kann der Sozialunternehmer sich entgegen der Interessen des Kapitalgebers verhalten, falls er sein Handeln der Maxime „der Zweck heiligt die Mittel" unterstellt und hierüber unethisches Verhalten zu rechtfertigen versucht (Zahra et al., 2009).[9]

Das Konfliktpotential wird verschärft, da oft eine Vielzahl an Interessengruppen versucht, Einfluss auf das Handeln von Sozialunternehmen zu nehmen (Anheier, 2005; Gibelman & Gelman, 2001). Hinzu kommt der Umstand, dass es teils innerhalb einzelner Gruppen unterschiedliche Interessenslagen gibt. Ein

---

8   Ein Kapitalgeber kann z. B. bei Mezzaninkapital durch sog. „Equity-Kicker" für sich attraktive Konditionen gestalten.

9   Es stellt sich die Frage, ob dieses Verhalten zu einer geringen Kooperationsfähigkeit zwischen Sozialunternehmen beiträgt. Die Sanktionsmöglichkeiten für dieses Verhalten sind bei Kooperationspartnern aufgrund fehlender vertraglicher Grundlagen gering. Kooperationen in sanktionsfreien Märkten setzen in der Regel hohe Signalisierungskosten voraus, vgl. (Gambetta, 2009).

Beispiel hierfür wären Kapitalgeber mit unterschiedlichen Renditeerwartungen (Ann-Kristin Achleitner et al., in Druck).

Abbildung 3: Beziehung zwischen Kapitalgeber und Sozialunternehmen
(eigene Darstellung)

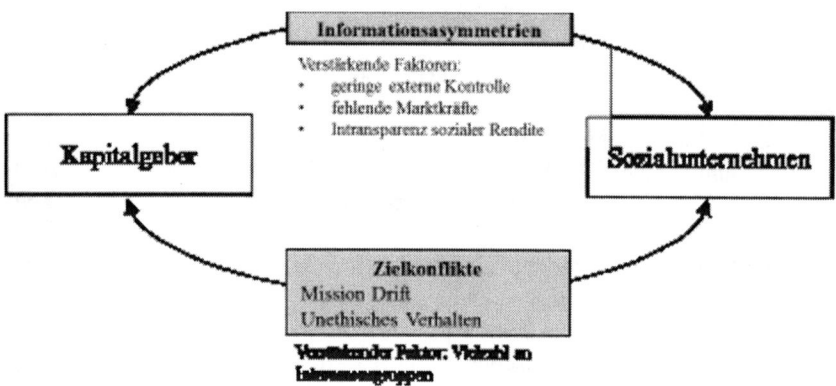

4.1 Problemfelder und Lösungsansätze

Aus dem skizzierten Rahmenbedingungen resultieren die folgenden Probleme: (1) *adverse selection*, (2) *moral hazard* und (3) *hold up*.[10] *Adverse selection* entspricht der „Fehlauswahl des Vertragspartners" (Schreyögg, 2003) durch den Kapitalgeber, welcher das Potential eines Sozialunternehmens im Auswahlprozess aufgrund asymmetrischer Informationsverteilung nicht vollständig bewerten kann. Als *moral hazard* wird opportunistisches Verhalten beschrieben (Oehler & Unser, 2002), bspw. Nicht-Einhaltung von Absprachen oder unethisches Verhalten. Eine *hold-up*-Problematik kommt zum Tragen, wenn der Sozialunternehmer seinen Kapitalgeber gezielt täuscht, um später seine Abhängigkeit auszunutzen (Duffner, 2003).

Traditionelle Lösungsansätze, welche von der Prinzipal-Agent-Theorie vorgeschlagen werden, greifen für Sozialunternehmen oftmals nicht. Aufgrund der Intransparenz sozialer Rendite ist es schwer, ein Sozialunternehmen in einem

---

10   Auf eine Übersetzung der Begriffe wird verzichtet.

intensiven *Auswahlprozess* umfassend zu bewerten. Ein langer Auswahlprozess kann außerdem abschreckend auf Sozialunternehmen wirken. Zudem ist persönlicher Fit von entscheidender Bedeutung (A.-K. Achleitner, Lutz, Mayer, & Spiess-Knafl, 2012). Es ist schwer, diese Komponente in einem formalisierten Auswahlprozess zu bewerten.

Vertragliche Regelungen sollen Anreize für Sozialunternehmen schaffen, sich im Interesse des Kapitalgebers zu verhalten (Kaplan & Strömberg, 2001). Vertragliche Instrumente, welche von sozialen Kapitalgebern genutzt werden, sind z. B. Meilensteinvereinbarungen, Sonderkündigungsrechte und Berichtspflichten. Anreize über eine erfolgsabhängige Vergütung zu setzen, ist bei Sozialunternehmen problematisch. Zum einen kann die soziale Rendite nur schwer gemessen werden und zum anderen läuft man bei der Festsetzung von Kennzahlen Gefahr, falsche Anreize zu setzen. Dies ist darauf zurück zu führen, dass die Erfolgsmessung bisher meist lediglich das unmittelbare Ergebnis bzw. den Output (z. B. Anzahl der Teilnehmer an einer Bildungsinitiative) erfasst, selten jedoch das langfristige Ergebnis bzw. den Impact (z. B. Steigerung des Bildungsniveaus in der Gesellschaft).[11] Insgesamt machen Kapitalgeber von Sozialunternehmen von vertraglichen Vereinbarungen in geringerem Maße Gebrauch als traditionelle Investoren (Alemany & Scarlata, 2010).

Eine *Überwachung* des Sozialunternehmens nach dem Vertragsschluss ist aufgrund von intransparenten Märkten und Herausforderungen bei der Erfolgsmessung schwierig. Zudem ist externe Kontrolle bei Sozialunternehmen oft gering und Marktkräfte greifen nicht (Glaeser & Shleifer, 2001; Zahra et al., 2009). Ein vielversprechender Kontrollmechanismus ist die Teilhabe an Aufsichtsgremien. Aufsichtsgremien bieten einen dynamischen Governance-Mechanismus im Vergleich zu statischen Ansätzen wie Berichtspflichten oder Verhaltensrichtlinien.

Eine Gegenmaßnahme, die der Sozialunternehmer ergreifen kann, ist *Signalling*. Vor Vertragsschluss signalisiert er Kapitalgebern hierbei, dass er sich integer verhält, sich an zukünftige Absprachen halten wird und es sich bei seinem Unternehmen um eine lohnenswerte Investition handelt. Nach Vertragsschluss kann ein Sozialunternehmen seinen Handlungsspielraum einschränken, z. B. durch Verhaltensrichtlinien oder offene Evaluation seiner Performance.

---

11   Siehe (Clark et al., 2004; J. Mair & Sharma, 2012) für die Erklärung der Begriffe und die Impact Value Chain.

Tabelle 1:   Lösungsansätzen für Prinzipal-Agent Konflikte; eigene Darstellung

	Pre-Investment	Post-Investment
Kapitalgeber	Auswahlprozess Vertragliche Regelungen • Einschränkung des Handlungsspielraum • Monetäre Anreize	Überwachung • Teilhabe an Aufsichtsgremien • Informationspflichten
Kapitalnehmer	Signalling • Zertifizierung • Öffentliche Berichterstattung	Signalling • Verhaltensrichtlinien • Berichterstattung • Selbstevaluation

4.2 Governance über Aufsichtsgremien als Lösungsansatz

In den vorherigen Kapiteln wurde auf die Schwierigkeiten, die insbesondere durch die mehrdimensionalen Renditeerwartungen der Kapitalgeber und der Sozialunternehmen entstehen, eingegangen. Durch passende Governance-Strukturen kann diesen Schwierigkeiten begegnet werden.

Aufsichtsgremien bieten ein Instrument, um Interessen verschiedener Gruppen abzustimmen und diese an der Unternehmensführung zu beteiligen. Die Ausrichtung eines Sozialunternehmens auf der Renditekurve von finanzieller und sozialer Rendite spiegelt sich idealerweise in der Zusammensetzung von Aufsichtsgremien wieder. Aufsichtsgremien haben nicht nur eine Kontrollfunktion sondern auch eine unterstützende Funktion. Mitglieder aus Aufsichtsgremien bieten Sozialunternehmen beispielsweise Zugang zu ihren Netzwerken oder Expertise zu spezifischen Fragestellungen.

Governance-Strukturen von Sozialunternehmen sind oft komplexer als von klassischen Unternehmen. Ein Grund hierfür ist, dass Sozialunternehmen sich oftmals stark an lokale Gegebenheiten anpassen müssen und hierzu lokale Aufsichtsgremien gründen. Dazu kommt, dass Sozialunternehmen vor allem in der Startphase von informellen Netzwerken abhängig sind und die unternehmensinternen Prozesse noch nicht geregelt sind. Governance-Prozesse helfen, die Strukturen und Prozesse zu standardisieren und zu verbessern.

Zudem weisen Sozialunternehmen oft eine komplexe Organisationsstruktur auf, welche aus mehreren Rechtsformen besteht. Manche Sozialunternehmen nutzen auch die Möglichkeit, ein rein beratendes Gremium zusätzlich zu einem rechtlich bindenden Gremium zu etablieren, um die Interessen diverser Gruppen zu berücksichtigen.

4.3 Hybride Strukturen als Lösungsansatz und Besonderheiten in Bezug auf Governance

Ein Ansatz, um Konflikte zwischen unterschiedlichen Interessensgruppen zu umgehen, sind hybride Organisationsstrukturen. Hybride Organisationsstrukturen entstehen, wenn ein Sozialunternehmen sich in einen For-Profit und einen Non-Profit Unternehmensteil aufspaltet (Battilana, Lee, Walker, & Dorsey, 2012), indem es mehrere Rechtsformen miteinander kombiniert (z. B. GmbH und e.V.). Hybride Strukturen spiegeln hier oftmals die Ressourcenbasis (Jansen et al., 2010). Sie werden teilweise auf Wunsch von Kapitalgebern geschaffen, falls diese z. B. nur in For-Profit-Unternehmen investieren. Einige Länder haben für solche Fälle eigene Rechtsformen geschaffen: Community Interest Companies in Großbritannien, Low-Profit Limited Liability Companies und Benefit Corporations in den USA.[12] Hier sind bereits „Schutzmechanismen" eingebaut, um die soziale Mission zu wahren (z. B. ein Limit für die Gewinnausschüttung).

Falls es keine gesonderte Rechtsform gibt, müssen Mechanismen zum Schutz der Mission geschaffen werden. Dies kann z. B. durch ein gemeinsames Aufsichtsgremium, welches die Aktivitäten der beiden Einheiten koordiniert, erreicht werden. Alternativ kann die Non-Profit-Einheit Eigentümer der For-Profit-Einheit sein. Gewinne werden in diesem Fall genutzt, um die Aktivitäten der Non-Profit Gesellschaft zu finanzieren.

Literaturverzeichnis

Achleitner, A.-K. (2007). Social Entrepreneurship und Venture Philanthropy – Erste Ansätze in Deutschland. In I. Hausladen (Ed.), *Management am Puls der Zeit. Festschrift für Univ. Prof. Dr. Dr. h.c. mult. Horst Wildemann, Band 1: Unternehmensführung* (pp. 57-70). München.

Achleitner, A.-K., Heinecke, A., Noble, A., Schöning, M., & Spiess-Knafl, W. (2011). Unlocking the Mystery: An Introduction to Social Investment. *Innovations, 6*(3), 145-154.

Achleitner, A.-K., Lutz, E., Mayer, J., & Spiess-Knafl, W. (2012). Disentangling gut feeling: Assessing the integrity of social entrepreneurs. *Voluntas: International Journal of Voluntary and Nonprofit Organizations*, 1-32 (forthcoming).

---

12   Siehe: Community Interest Companies: http://www.bis.gov.uk/cicregulator/; Low-Profit Limited Liability Companies: http://www.intersector13c.com/13c_resources.html; Benefit Corporations: http://www.bcorporation.net/.

Achleitner, A.-K., & Spiess-Knafl, W. (2012). Financing of Social Entrepreneurship. In C. Volkmann, K. Tokarski & K. Ernst (Eds.), *Social Entrepreneurship & Social Business* (pp. 157-173). Wiesbaden: Gabler Verlag.

Achleitner, A.-K., Spiess-Knafl, W., & Volk, S. (2011). Finanzierung von Social Enterprises – Neue Herausforderungen für die Finanzmärkte. In H. Hackenberg & S. Empter (Eds.), *Social Entrepreneurship – Social Business: Für die Gesellschaft unternehmen* (pp. 269-286). Wiesbaden: VS Verlag.

Achleitner, A.-K., Spiess-Knafl, W., & Volk, S. (in Druck). The financing structure of social enterprises: conflicts and implications. *International Journal of Entrepreneurial Venturing.*

Alemany, L., & Scarlata, M. (2010). Deal Structuring in Philanthropic Venture Capital Investments: ESADE Business School, Working Paper Series.

Anheier, H. K. (2005). *Nonprofit Organizations, Theory, management, policy.* Abingdon: Routledge.

Arthurs, J. D., & Busenitz, L. W. (2003). The Boundaries and Limitations of Agency Theory and Stewardship Theory in the Venture Capitalist/Entrepreneur Relationship. *Entrepreneurship: Theory & Practice, 28*(2), 145-162.

Austin, J. E., Stevenson, H., & Wei-Skillern, J. (2006). Social and commercial entrepreneurship: Same, different, or both. *Entrepreneurship Theory and Practice, 30*(1), 1-22.

Battilana, J., Lee, M., Walker, J., & Dorsey, C. (2012). In Search of the Hybrid Ideal. *Stanford Social Innovation Review, 10*(3).

Bundesverband Deutscher Stiftungen. (2012). Jahrespressekonferenz des Bundesverbandes Deutscher Stiftungen.

Caers, R., Bois, C. D., Jegers, M., Gieter, S. D., Schepers, C., & Pepermans, R. (2006). Principal-agent relationships on the stewardship-agency axis. *Nonprofit Management and Leadership, 17*(1), 25-47. doi: 10.1002/nml.129

Carrick-Cagna, A.-M., & Santos, F. (2009). Social vs. Commercial Enterprise: The Compartamos Debate and the Battle for the Soul of Microfinance: INSEAD.

Clark, C., Rosenzweig, W., Long, D., & Olsen, S. (2004). Double Bottom Line Project Report: Assessing Social Impact in Double Line Ventures, Methods Catalog: Columbia Business School, Rise-Project.

Cohen, R. (2011). Harnessing social entrepreneurship and investment to bridge the social divide.

Davis, J. H., Schoorman, F. D., & Donaldson, L. (1997). Toward a Stewardship Theory of Management. *Academy of Management Review, 22*(1), 20-47.

Dees, G. J., & Anderson, B. B. (2006). Framing a Theory of Social Entrepreneurship: Building on Two Schools of Practice and Thought. *Research on Social Enterpreneurship ARNOVA Occasional Paper Series, 1*(3), 39-66.

Duffner, S. (2003). *Principal-Agent Problems in Venture Capital Finance.* Working Paper No. 11/03. Working Paper No. 11/03. WWZ/ Department of Finance. Basel.

Emerson, J. (2003). The Blended Value Proposition: Integrating Social and Financial Returns. *California Management Review, 45*(4), 35-51.

Eurosif. (2010). European SRI Study 2010: Eurosif.

Fedele, A., & Miniaci, R. (2010). Do Social Enterprises Finance Their Investment Differently from For-profit Firms? The Case of Social Residential Services in Italy. *Journal of Social Entrepreneurship, 1*(2), 174-189.

Gambetta, D. (2009). *Code of the Underworld: How Criminals Communicate.* Princeton: Princeton University Press.

Gibelman, M., & Gelman, S. (2001). Very public scandals: Nongovernmental organizations in trouble. *Voluntas: International Journal of Voluntary and Nonprofit Organizations, 12*(1), 49-66.

Glaeser, E. L., & Shleifer, A. (2001). Not-for-profit entrepreneurs. *Journal of Public Economics, 81*(1), 99-115.

Hehenberger, L. (2012). The European Venture Philanthropy Industry 2010/2011: European Venture Philanthropy Association.

Heister, P. (2010). *Finanzierung von Social Entrepreneurship durch Venture Philanthropy und Social Venture Capital*. Wiesbaden: Gabler.

Jansen, S., Richter, S., Hahnke, E., Achleitner, A., Spiess-Knafl, W., Volk, S., . . . Schmitz, B. (2010). *Defining Social Entrepreneurship (Eine Definition von Social Entrepreneurship)*. Working Paper. Zeppeling Universität. Friedrichshafen, Heidelberg, München.

Kaplan, S., & Strömberg, P. (2001). Venture capitalists as principals: contracting, screening, and monitoring. *The American Economic Review, 91*(2), 426-430.

Letts, C., Ryan, W., & Grossman, A. (1997). Virtuous Capital: What Foundations Can Learn from Venture Capitalists. *Harvard Business Review, 75*(2), 36-44.

Lewis, J. C. (2008). Microloan Sharks. *Stanford Social Innovation Review, Summer 2008*, 54-59.

Mair, J., & Marti, I. (2006). Social entrepreneurship research: A source of explanation, prediction, and delight. *Journal of World Business, 41*(1), 36-44.

Mair, J., & Sharma, S. (2012). Performance Measurement and Social Venture in Social Entrepreneurship. In C. Volkmann, K. Tokarski & K. Ernst (Eds.), *Social Entrepreneurship and Social Business*. Wiesbaden: Gabler Verlag.

O'Donohue, N., Leijonhufvud, C., Saltuk, Y., Bugg-Levine, A., & Brandenburg, M. (2010). Impact Investments: An emerging asset class: J.P.Morgan.

Oehler, A., & Unser, M. (2002). *Finanzwirtschaftliches Risikomanagement*. Berlin: Springer.

Saltuk, Y., Bouri, A., & Leung, G. (2011). Insight into the Impact Investment Market – An in-depth analysis of investor perspectives and over 2,200 transactions: J.P.Morgan.

Schreyögg, G. (2003). *Organisation – Grundlagen moderner Organisationsgestaltung* (Vol. 4). Wiesbaden: Gabler/GWV Fachverlage GmbH.

Shiller, R. (2012). *Finance and the good society*. Princeton: Princeton University Press.

Sommerfeld, J. (2009). Die Spendenstatistik als Teil eines "Informationssystems Zivilgesellschaft": Erfahrungen, Konzeption und Umsetzung. In H. K. Anheier & N. Spengler (Eds.), *Auf dem Weg zu einem Informationssystem Zivilgesellschaft* (pp. 41-51).

Sommerrock, K. (2010). *Social entrepreneurship business models: incentive strategies to catalyze public goods provision*. New York: Palgrave Macmillan.

Spiess-Knafl, W. (2012). Finanzierung von Sozialunternehmen – Eine empirische und theoretische Analyse.

Wenger, E., & Terberger, E. (1988). Die Beziehung zwischen Agent und Prinzipal als Baustein einer ökonomischen Theorie der Organisation. *Wirtschaftswissenschaftliches Studium, 17*(10), 506-514.

Yetman, R. J. (2007). Borrowing and Debt. In D. R. Young (Ed.), *Financing nonprofits: putting theory into practice* (pp. 243-268). Lanham: AltaMira Press.

Zahra, S. A., Gedajlovic, E., Neubaum, D. O., & Shulman, J. M. (2009). A typology of social entrepreneurs: Motives, search processes and ethical challenges. *Journal of Business Venturing, 24*(5), 519-532.

Zivilgesellschaft und Sozialunternehmen.
abgeordnetenwatch.de als Motor für politische Partizipation jenseits von Parteien?

Saskia Richter

1. Einleitung

Politische Partizipation kann ein thematisches Feld sein, das Sozialunternehmer bearbeiten. Nach dem Verständnis der Organisation *Ashoka* sind Social Entrepreneurs außerordentliche Gründer und „changemaker", die innovative unternehmerische Lösungen für drängende soziale Probleme schaffen und Organisationen, bestehende oder neue Märkte und systemische Mechanismen zur Überwindung gesellschaftlicher Probleme finden.[1] Die Herstellung von Transparenz in Demokratien, die Förderung von Informationsflüssen, sowie die Gestaltung von innovativen Teilhabeprozessen ist spätestens seit den Finanzmarkt- und Wirtschaftskrisen 2007 ff wieder Thema der Zivilgesellschaft, die in Westeuropa zuletzt in den 1970er Jahren, in Osteuropa zuletzt mit den Wendejahren 1989/90 starke Partizipations- und Organisationsschübe aufzuweisen hatte.[2] Weltweit formierte sich 2011 die Occupy-Bewegung, die eine Zähmung globaler Wirtschaftsprozesse forderte,[3] lokal entstehen nicht nur in Deutschland Proteste gegen den Bau von infrastrukturellen Großbauprojekten wie dem Stuttgarter Hauptbahnhof oder den Start- und Landebahnen der internationalen Flughäfen in Frankfurt/Main und

---

1   Vgl. Homepage Ashoka Deutschland, Häufig gestellte Fragen zu Ashoka http://germany.ashoka.
     org/h%C3%A4ufig-gestellte-fragen-zu-ashoka [abgerufen am 06.07.2012] und Ann-Kristin
     Achleitner, Peter Heister, Erwin Stahl: Social Entrepreneurship – Ein Überblick, in: Ann-
     Kristin Achleitner, Reinhard Pöllath, Erwin Stahl (Hg.): Finanzierung von Sozialunternehmern.
     Konzepte zur finanziellen Unterstützung von Social Entrepreneurs, Stuttgart 2007, S. 1-25,
     hier S. 5 ff.
2   Vgl. Anselm Doering-Manteuffel, Lutz Raphael: Nach dem Boom. Perspektiven auf die Zeit-
     geschichte seit 1970, Göttingen 2008, S. 71 f.
3   Vgl. Kurt Andersen: The Protester. Person of the year 2011, Time, 14.12.2011 und Lessig,
     Lawrence: Leidenschaft. Tea Party, Occupy Wall Street und der Antrieb politischer Bewe-
     gungen, in: Bieber, Christoph; Leggewie, Claus (Hg.): Unter Piraten. Erkundungen in einer
     neuen politischen Arena, Bielefeld 2012, S. 67-80, hier S. 71.

München immer öfter auch mit Unterstützung des Internets.[4] Die Medienwissenschaftlerin Caja Thimm geht dabei sogar so weit, dass sie den Begriff des Digitalen Citoyens prägt und damit eine digitale Bürgerschaft meint, die sich über Sprach- und Ländergrenzen hinweg dispers und heterogen zusammensetzt.[5] Sie verbinde die Forderung nach einem Recht auf Öffentlichkeit.

Mit diesen Protesten schwingt in Deutschland stets der Vorwurf an Regierungen und Parteien mit, Volksvertreter haben sich von ihrer Basis entfernt. Politikverdrossen seien diese unzufriedenen Demokraten, die resignieren und sich vor dem Wahlakt zurück ziehen,[6] Wut- und Mutbürger organisieren sich in Bürgerinitiativen, um ihre Interessen jenseits der konventionellen parteipolitischen Wege durchzusetzen. Volksabstimmungen, Bürgerhaushalte und andere Mittel direkter Demokratie sowie der politische Diskurs, sogenannte deliberative Elemente, werden zum Allheilmittel erkoren.[7] Diese Elemente sind in der Zivilgesellschaft zu verorten, die nach Jürgen Habermas als Sphäre in der diffusen und schwankenden Öffentlichkeit versucht, Resonanzen für gesellschaftliche Problemlagen und Thematisierungen zu erzeugen.[8] Die Spielregeln seien liberal: Die Versammlungsfreiheit, das Vereinsrecht, die Freiheit zur Meinungsäußerung etc. Vor diesem Hintergrund und im Zuge des Drucks, den der zwischenzeitige Erfolg der Piratenpartei auf die etablierte Politik ausübte,[9] überlegen Parteien angestrengt, wie sie Elemente flexibler und digitaler Partizipation in ihre Willensbildung integrieren können.[10] Die Lage der Demokratie ist somit auch in etablierten, „multiplen" Demokratien zum Problemfeld geworden,[11] das Sozialunternehmer bearbeiten können.

---

4   Vgl. Claus Leggewie: Mut statt Wut. Aufbruch in eine neue Demokratie, Hamburg 2011. Zur
      Rolle des Internets im arabischen Raum vgl. Thomas Apolte, Marie Möller: Staaten im Umbruch. Die Kinder der Facebook-Revolution, in: Frankfurter Allgemeine Zeitung, 19.02.2011.
5   Vgl. Caja Thimm: Digitale Citoyens, in: The European, 25.08.2012, http://www.theeuropean.
      de/caja-thimm/12037-globale-buergerschaften-im-netz [abgerufen am 20.11.2012].
6   Zur Verwendung des Begriffs Politikverdrossenheit vgl. Arzheimer, Kai: Politikverdrossenheit.
      Bedeutung, Verwendung und empirische Relevanz eines politikwissenschaftlichen Begriffs,
      Wiesbaden 2002.
7   Vgl. Walter Reese-Schäfer: Politisches Denken heute. Zivilgesellschaft, Globalisierung und
      Menschenrechte, München. Wien 2007, S. 9 ff; Paul Nolte: Was ist Demokratie? Geschichte
      und Gegenwart, München 2012, S. 395 ff und Matthias König, Wolfgang König: Deliberative
      Governancearenen. Die Überwindung kooperativer Problemlösungen in der deutschen Parteiendemokratie, in: Journal für Generationengerechtigkeit, Heft 2/2011, S. 65-69.
8   Zit. nach Walter Reese-Schäfer: Politisches Denken heute. Zivilgesellschaft, Globalisierung
      und Menschenrechte, München. Wien 2007, S. 19.
9   Vgl. Walter, Franz; Klecha, Stephan; Hensel, Alexander: Meuterei auf der Deutschland. Ziele
      und Chancen der Piratenpartei, Berlin 2012.
10   Vgl. Paul Nolte: Was ist Demokratie? Geschichte und Gegenwart, München 2012, S. 407 ff.
11   Vgl. Paul Nolte: Von der repräsentativen zur multiplen Demokratie, in: Aus Politik und Zeitgeschichte, Heft 1-2/2011, S. 5-12 und Dieter Rucht: Masen Mobilisieren, in: Aus Politik und
      Zeitgeschichte, Heft 25-26/2012, S. 3-9.

Das Mercator-Forschungsnetzwerk Social Entreprenership MEFOSE zur Untersuchung von Organisation, Kommunikation, Finanzierung und Märkten von Sozialunternehmen hat in der qualitativen Studie 27 Interviews aus den Bereichen Integration, Soziale Dienste, Umwelt und Umweltbildung, Wirtschaft und Fundraising sowie Kultur und Politik geführt. Darunter war ein Interview mit dem Gründer des Projektes *abgeordnetenwatch.de*, das in den Bereich Politik fällt und als Sozialunternehmen zur Schaffung von Transparenz in der Politik jenseits von Parteien betrachtet werden kann. Der Gründer von *abgeordnetenwatch.de*, Gregor Hackmack, wird seit 2008 als Social Entrepreneur von *Ashoka* gefördert; 2010 wurde er von der *Schwab Foundation* in das *Young Global Leader Netzwerk* aufgenommen. *Abgeordnetenwatch.de* soll exemplarisch als Organisation analysiert werden. Die Daten der Organisation werden mit den Daten des quantitativen Samples des Mercator-Forschungsnetzwerks abgeglichen und bewertet. Zudem erfolgt eine Einordnung in die Daten des qualitativen Samples und hier insbesondere die Bereiche Gründung, Finanzierung und Erfolgsfaktoren.[12] Schließlich wird der Fall *abgeordnetenwatch.de* auf Basis grundlegender Literatur der aktuellen politikwissenschaftlichen Debatte zu den Themen Partizipation, Demokratie und Transparenz via Internet kontextualisiert.[13]

Folgende drei Fragekomplexe führen durch den Aufsatz: (1) Wie ordnen sich die politisch orientierten Sozialunternehmen (hier: *abgeordnetenwatch.de*) in die Zivilgesellschaft ein und wo setzen sie im Parteiensystem an? (2) Können diese Sozialunternehmen (*abgeordnetenwatch.de*) mittel- und langfristig ein Ersatz oder eine sinnvolle Ergänzung zu den etablierten Parteien sein? (3) Wie wirken sich Politiklogik und Unternehmenslogik auf die Organisation und deren Ziele und Tätigkeit aus? Und was bedeutet dies für Politik im beginnenden 21. Jahrhundert?

---

12   Vgl. MEFOSE Qualitative Studie: Report Gründung, Report Finanzierung, Report Erfolgsfaktoren.
13   Vgl. exemplarisch Heiko Geiling, Ansgar Klein, Ruud Koopmans: Politische Partizipation und Protestmobilisierung im Zeitalter der Globalisierung: Einleitung, in: dies. (Hg.): Globalisierung, Partizipation, Protest, Opladen 2001, S. 7-20 und Marianne Kneuer: Demokratischer durch das Internet? Potenzial und Grenzen des Internets für die Stärkung der Demokratie, in: Politische Bildung: Neue Medien, alte Fragen? Das Internet in der Politik, Heft 1/2012, S. 28-53.

2. Sozialunternehmen, Zivilgesellschaft und Parteien: Wie wird politische Partizipation ermöglicht?

2.1 Gründung

abgeordnetenwatch.de ist 2004 als ehrenamtliche Initiative im Rahmen der Wahl zur Bürgerschaft in Hamburg entstanden.[14] Mitgründer und Gesicht des Projektes ist der LSE-Absolvent (London School of Economics and Political Science) und Sozialunternehmer Gregor Hackmack (Jahrgang 1977).[15] Er selbst beschreibt seine Gründungsmotivation so, dass er oft erstaunt war, dass sich Mehrheiten in der Bevölkerung nicht unbedingt in den Mehrheiten der Parlamente niederschlugen, wie etwa während des Irak-Krieges in Großbritannien; dagegen wollte er etwas unternehmen.[16] In Hamburg habe er dann den Online-Wahlkampf für den Volksentscheid vom 13. Juni 2004 zur Änderung des Wahlrechts organisiert, mit dem ein Einstimmenwahlrecht durch ein personalisiertes Verhältniswahlrecht ersetzt werden sollte, und gegen die Stimmen der Volksparteien mit geringen finanziellen Mitteln zum Erfolg geführt.[17]

Heute möchte *abgeordnetenwatch.de* der Politikverdrossenheit in Deutschland entgegen wirken;[18] die Vision ist eine selbstbestimmte Gesellschaft, die durch mehr Beteiligungsmöglichkeiten und Transparenz in der Politik befördert werden soll.[19] Hackmack und sein Mitvorstand Boris Hekele (Jahrgang 1978; Gesamtkoordination in der Selbstbeschreibung) gehören daher zu den Sozialunternehmern, die mit der Gründung eine soziale Verbesserung erzielen wollen; dies war in der quantitativen MEFOSE-Studie der Grund, der nach dem Motiv „berufliche Erfahrungen" (83 von 238) am häufigsten genannt wurde (49 von 238). Gleichzeitig wurde der Grund „berufliche Erfahrungen" häufiger von Social *Intra*preneuren als von Social *Entre*preneuren angeführt.[20] In der qualitativen MEFOSE-Studie wurden Gründungsmotivationen von verschiedenen Gründern wie folgt

---

14   Zu den allgemeinen Angaben vgl. die Selbstbeschreibung auf www.abgeordnetenwatch.de [abgerufen am 06.07.2012].

15   Vgl. Marc Winkelmann: Gregor Hackmack. Animateur der Demokratie, in: Handelsblatt, 16.01.2009 und Max Haerder: Soziale Unternehmer. Geld ranschaffen, Gutes tun, in: Spiegel-Online, 07.06.2009.

16   Vgl. MEFOSE-Interview, Hamburg, 19.04.2011.

17   Vgl. MEFOSE-Interview, Hamburg, 19.04.2011.

18   Vgl. Vortrag von Gregor Hackmack in der Ringvorlesung „Demokratie und Internet: Nationale und Internationale Aspekte", Stiftung Universität Hildesheim, 23.05.2012; eigene Notizen.

19   Vgl. abgeordnetenwatch.de: Jahres- und Wirkungsbericht 2011, S. 3.

20   Innerhalb der MEFOSE-Studie wurde das Interview zum Projekt mit Gregor Hackmack geführt, auf den sich die Darstellung daher konzentriert. Dies heißt nicht, dass der Gründer Boris Hekele für das Projekt abgeordnetenwatch.de nicht genauso wichtig ist.

beschrieben:[21] „Wir haben begonnen 1998 auf der Grundlage von Forschungsergebnissen und gesellschaftlichen Entwicklungen uns zu überlegen, ob wir nicht
für die Bewegungswelt unserer Kinder und Jugendlichen etwas tun sollten." Andere Gründer sahen in einem sozialen Problem eine „Herausforderung", die es anzunehmen galt. Die Gründungsmotivation wird oftmals personalisiert betrachtet:
„Es braucht einfach diese Visionäre und wenn wir die finden in Wanne-Eikel und
in Dinkelsbühl und in Berlin-Kreuzberg [...] dann können wir solche Konzepte
auch vorantreiben." Oder: „Wenn Sie mal die ganzen zivilgesellschaftlichen Initiativen in der ganzen Welt sehen, sehen Sie immer, dass das einzelne Menschen
sind, die die Dinge in Bewegung bringen, nicht Massen." Ein anderer Gründer
formuliert: „Man braucht immer jemanden, der so ein Projekt vorantreibt, quasi der Motor, wie bei einem Auto. Wenn der nicht funktioniert, funktioniert das
ganze Auto nicht. Und das ist das Entscheidende dabei."

Auch das Ziel des Projektes *abgeordnetenwatch.de* wird von den Gründern
formuliert: Der entstandenen Graben zwischen Bürger und Politik soll überwunden werden, der Politikverdrossenheit soll entgegengewirkt und über die Parlamente sollen Informationen zur Verfügung gestellt werden. *abgeordnetenwatch.
de* ist ein interaktives Portal, auf dem Bürger ihren Abgeordneten Fragen stellen können. Fragen und Antworten, auch ausstehende Antworten, sind im Internet einsehbar. Der Frageprozess wird von einer Redaktion moderiert. Seit 2006
ist *abgeordnetenwatch.de* auf Bundesebene tätig. Seither sind verschiedene Lan-
desparlamente (Bayern 2009, Baden-Württemberg 2010) sowie das EU-Parlament
(2010) dazu gekommen. Zudem gibt es Partnerprojekte in Irland, Luxemburg und
Österreich. Ein Büro in Tunesien befindet sich im Aufbau. Skaliert wird darüber
hinaus auf kommunaler Ebene. Die Abgeordneten der deutschen Parlamente sind
über Profile auf der Seite www.abgeordnetenwatch.de erreichbar.

2.2 Finanzierung

Seit 2005 gab es die Gregor Hackmack und Boris Hekele Abgeordneten Watch
GbR. 2006 war der Finanzierer (Social Venture Capital Fonds) *BonVenture* ein
Treiber dafür, die Parlamentwatch GmbH zu gründen und verstärkt auf Einnahmen zu fokussieren. Heute ist der Träger von *abgeordnetenwatch.de* der gemeinnützige Verein Parlamentwatch e.V. Die Organisation finanziert sich durch Fördermitglieder und Spender.[22] Im Jahr 2011 hatte der Verein Einnahmen in Höhe

---

21   Vgl. MEFOSE Qualitative Studie: Report Gründung.
22   Vgl. Präsentation von Gregor Hackmack in der Ringvorlesung „Demokratie und Internet:
      Nationale und Internationale Aspekte", Stiftung Universität Hildesheim, 23.05.2012.

von 199.595 Euro und Ausgaben in Höhe von 210.942 Euro.[23] Im Mai 2012 waren 1.237 Fördermitglieder und über 3.000 Einzelspender verzeichnet. Das Portal stellt den Abgeordneten über die Parlamentwatch GmbH zudem eine kostenpflichtige Profilerweiterung zur Verfügung, die mit Fotos, Videos und Inhalten gefüllt werden kann und der Selbstdarstellung dient. Eventuelle Gewinne werden per Selbstverpflichtung an den Verein gespendet. *abgeordnetenwatch.de* stellt Förderanträge an Bundes- und Landeszentralen für politische Bildung in Deutschland und an das Auswärtige Amt; für Mecklenburg-Vorpommern konnten so beispielsweise 3.000 Euro eingeworben werden. Zudem werden Erträge aus dem internationalen Social Franchising erzielt. Des Weiteren unterstützen die Medienpartner *Süddeutsche.de, NDR, WDR, Welt-Online, Stuttgarter Zeitung, T-Online*, und *BR* bei der Verbreitung der Inhalte von *abgeordnetenwatch.de*. Mit Spiegel-Online wurden interaktive Elemente wie das Bundestagsradar entwickelt, das eine gefilterte Suche von Bundestagsabgeordneten nach Geschlecht, Alter, Familienstand, Kindern, Nebeneinkünften, Wahlkreis und Ausschuss ermöglicht. Wie andere Organisationen des Dritten Sektors, mobilisiert *abgeordnetenwatch.de* zudem ehrenamtliches Engagement:[24] Die Recherchen zu den Kommunalparlamenten übernehmen Freiwillige in den jeweiligen Regionen. Im Rahmen der Förderung durch *Ashoka* kann die Organisation darüber hinaus auf ProBono-Leistungen von Unternehmensberatungen, Kommunikationsagenturen und Rechtsanwälten zurückgreifen. Für die Zukunft schließen die Geschäftsführer die Gründung einer Stiftung nicht aus.[25]

Für etwa 55 Prozent der Social Entrepreneure ist die fehlende Finanzierung eine Gründungsproblematik. Im MEFOSE-Sample war zudem festzustellen, dass sich kleinste Organisationen vor allem durch Spenden und Sponsoring finanzieren (Non Entrepreneurs). Kleine und mittlere Organisationen finanzieren sich unternehmerisch – mit Zuschüssen (Market Entrepreneurs), so wie es auch bei *abgeordnetenwatch.de* der Fall ist. In der qualitativen Studie beschrieben die Befragten:[26] „[Wir verdienen] unser Geld mit Leistungsentgelten, indem wir mit Dienstleistungen verkaufen, insgesamt 125 Millionen zurzeit im Jahr." Und „weil wir wachsen müssen wir investieren und d. h. wir müssen einen cash flow produzieren, der die Investitionen trägt." Eine andere Organisation beschreibt: „Wir erwirtschaften ungefähr 500.000 bis 600.000 aus der Zeitschrift, dann kommen noch

23   Vgl. Jahreskurzbericht Parlamentwatch e.V. 2011, https://www.abgeordnetenwatch.de/ finan-zierung_parlamentwatch_e_v-347-0.html [abgerufen am 06.07.2012].
24   Vgl. Michael Stricker: Ehrenamt als soziales Kapital. Partizipation und Professionalität in der Bürgergesellschaft, Berlin 2007.
25   Vgl. MEFOSE-Interview, Hamburg, 19.04.2011.
26   Vgl. MEFOSE Qualitative Studie: Report Finanzierung.

Werbeeinnahmen von 100.000 dazu, dann kommen noch Bußgelder der Richter ungefähr zwischen 30.000 und 90.000 dazu. [...] Den Rest unseres Kapitals generieren wir über Spenden. Die liegen auch zwischen 500.000 und 600.000 jedes Jahr." Eine dritte Organisation beschreibt: „Wir kriegen keinerlei Zuschüsse für unsere Leistung." Und: „Wir haben einen großen Spenderkreis." Bei der Finanzierung der Social Entrepreneure muss wie in der quantitativen Studie ansonsten nach Größe, Alter und Tätigkeitsfeld unterschieden werden.

2.3 Erfolgsfaktoren

Das Portal *abgeordnetenwatch.de* funktioniert folgendermaßen: Bürger senden ihre Fragen an das Portal. Eine Frage muss nach dem Moderationskodex die Kriterien des guten Umgangs, der Singularität und der Relevanz erfüllen, damit sie in das Portal eingestellt wird. Fragen zum Privatleben, Meinungsäußerungen oder Beleidigungen werden nicht veröffentlicht.[27] Dem adressierten Abgeordneten wird die Frage weitergeleitet, die er anschließend direkt im Portal beantworten kann. Der Bundestagsabgeordnete der Grünen Hans-Christian Ströbele hatte in der laufenden Legislaturperiode seit 27. September 2009 bis zum 6. Juli 2012 471 Fragen gestellt bekommen und davon 443 beantwortet. Die SPD-Bundestagsabgeordnete Andrea Nahles lag bis zum 6. Juli 2012 bei 316 Fragen, von denen sie 299 beantwortet hat. Die meisten Fragen bekam Gregor Gysi: 701 Fragen, davon hat er 670 beantwortet. Christian Lindner von der FDP lag bei 419 Fragen und 396 Antworten, von denen sieben Antworten als Standard-Antworten kategorisiert wurden. Der Bundesforschungsministerin Anette Schavan (CDU) wurden 206 Fragen gestellt, von denen sie 188 beantwortete. *abgeordnetenwatch.de* selbst hat für die laufende Legislaturperiode bis zum 21. Mai 2012 22.049 Fragen und 17.095 Antworten gezählt; somit ergebe sich eine Antwortquote von 78 Prozent.

Als Erfolge führt *abgeordnetenwatch.de* an, den ehemaligen Bundesfinanzminister Peer Steinbrück (SPD) im Sommer 2010 überführt zu haben, während der Parlamentsdebatten und Abstimmung hochbezahlte Vorträge (insgesamt 29) gehalten zu haben. Presse und Rundfunk konfrontierten den Minister mit den Ergebnissen der Recherchen.[28] Das war noch vor seiner Nominierung als SPD-Kanzlerkandidat durch den Parteivorstand im Oktober 2012 und der Diskussion um seine Vortragshonorare und Aufsichtsratstätigkeiten in einer Höhe von insgesamt 698.000 Euro.[29] In der Debatte um die Offenlegung von Nebenverdiensten

27 Vgl. Matthias von Hellfeld: Fragen erwünscht! In: Deutsche Welle.de, 17.04.2012.
28 Vgl. Peer Steinbrück und Gregor Hackmack in der ARD-Sendung Beckmann, 20.09.2010.
29 Vgl. o. V.: Abgeordnetenwatch schätzt Nebeneinkünfte der Parlamentarier, in: Der Tagesspiegel, 09.10.2012, http://www.tagesspiegel.de/politik/steinbrueck-in-der-kritik-abgeordnetenwatch-

der Bundestagsabgeordneten spielte das Portal ebenso wie im Rahmen der geplanten Diätenerhöhung im Mai 2008 eine wichtige Rolle.[30] Darüber hinaus schreibt
es sich auf die Fahnen, „Deutschlands faulsten Abgeordneten" Carl-Eduard von
Bismarck mit Hilfe der Bild-Zeitung entdeckt zu haben.[31] Allein die breite Pres-
seberichterstattung in regionalen und überregionalen Medien sowie die anhalten-
de Skalierung auf kommunaler und internationaler Ebene können als Erfolge von
abgeordnetenwatch.de gewertet werden.

In der qualitativen Studie konnten folgende weitere Erfolgsfaktoren abgeleitet werden:[32] Eine Organisation betont die Freude an der Partizipation in der
Organisation und das Gemeinschaftsgefühl durch die Mitgliedschaft im Verein.
Eine andere Organisation betont den Wert einer Struktur, in der sich Menschen
vor Ort regional engagieren können. Eine nächste Organisation betont den Wert
eines innovationsfreudigen Klimas, von der Leitungsebene müsse Innovation gewollt sein und es müssten die gestützt werden, die Ideen haben.

3. Sozialunternehmen und politische Mitbestimmung: Mittel- und langfristiger Ersatz oder Ergänzung zu politischen Parteien?

Hackmack wollte mit seiner Idee *abgeordnetenwatch.de* den Mandatsträgern vermitteln, dass sie unter Beobachtung stehen.[33] Für die Parteiendemokratie Deutschland ist dies trotz zahlreicher Abstiegsszenarien aufgrund des Zerfalls sozialmo-
ralischer Milieus und der Spaltung der Gesellschaft,[34] Mitgliederschwund und
Überalterung ein unübliches Verfahren.[35] Denn Parteien erfüllen dem Parteiengesetz (PartG) nach wie vor eine verfassungsrechtliche Aufgabe: Gemäß §1 (1) des
PartG sind sie „ein verfassungsrechtlich notwendiger Bestandteil der freiheitlich
demokratischen Grundordnung", die an der politischen Willensbildung mitwirken, die aktive Teilnahme der Bürger am öffentlichen Leben fördern, Mandatsträger stellen und für eine lebendige Verbindung zwischen Volk und Staatsorga-
nen sorgen. Die Politikwissenschaftler Markus Klein und Ulrich von Alemann
nennen sieben Funktionen von Parteien:[36] Partizipation, Transmission, Selektion,

---

schaetzt-nebeneinkuenfte-der-parlamentarier/7230874.html [abgerufen am 22.11.2012].
30   Vgl. Christina Jäger: Empörung über höhere Diäten für Politiker, in: Abendblatt, 08.05.2008.
31   Vgl. Meldung: Ist er Deutschlands faulster Abgeordneter? In: Bild-Online, 07.05.2007.
32   Vgl. MEFOSE Qualitative Studie: Report Erfolgsfaktoren.
33   Vgl. MEFOSE-Interview, Hamburg, 19.04.2011.
34   Vgl. Franz Walter: Baustelle Deutschland. Politik ohne Lagerbindung, Frankfurt/Main 2008.
35   Vgl. Peter Lösche: Ende der Volksparteien, in: Aus Politik und Zeitgeschichte, 51/2009, S.
     6-12.
36   Vgl. Markus Klein, Ulrich von Alemann: Warum bracht die Demokratie Parteien?, in: Tim
     Spier u. a. (Hg.): Parteimitglieder in Deutschland, Wiesbaden 2011, S. 9-17, hier S. 12 ff.

Integration, Sozialisation, Selbstregulation und Legitimation. Kontrolle wird üblicherweise innerhalb der Parteien oder durch Wahlen ausgeübt, auch durch Bürgerinitiativen und Soziale Bewegungen, sowie Lobbygruppen, Verbände und die Präsenz der Medien als Vierte Gewalt im Staat.[37]

Sozialunternehmen wie das Portal *abgeordnetenwatch.de* können politische Parteien nicht ersetzen. Aber sie können die politische Landschaft ergänzen, indem sie als zivilgesellschaftliche Organisationen ein Angebot zur Verfügung stellen, das zusätzliche Kommunikationsmöglichkeiten zwischen Bürgern und Politikern und damit zusätzliche Partizipation ermöglicht. Die derzeitige Organisation *abgeordnetenwatch.de* legt Wert darauf, Kommunikationsprozesse innerhalb der Organisation unabhängig von der Organisationsform transparent zu gestalten.[38] Durch die Vereinsform sollen Bürger zudem an der Organisation beteiligt werden. Hackmack sagt dazu pointiert: „Hier geht es nicht um Profitinteressen, sondern hier geht es um die Sache an sich"; und die Sache an sich sei gemäß der Vereinssatzung die Staatsbürgerliche Bildung.[39] Ziel ist es 5.000 bis 10.000 Mitglieder für den Verein zu gewinnen; derzeit sind es gut 2.000 Mitglieder.[40]

Einige Parteien reagieren mit Kritik auf die Plattform. Die CDU in Wiesbaden drohte im Dezember 2011 mit einer Klage gegen *abgeordnetenwatch.de*.[41] Die Kommunalpolitiker, die ehrenamtlich Politik machen, wollten nicht pauschal im Forum vertreten sein. Sie fürchteten einen erheblichen Mehraufwand an Arbeit. So zeigte auch der Städtetag Baden-Württemberg das Portal in Vertretung seiner Mitglieder im Mai 2012 an. Kritiker sagen, dass Transparenz verhindert werden soll. Und auch Politiker wie Peer Steinbrück verweigern die Teilnahme am Portal oder reagieren mit Standard-Antworten auf Fragen, weil sie Gewinninteressen unterstellen; *abgeordnetenwatch.de* sei eine kommerzielle Plattform, die Politiker dazu zwinge, nach ihren Spielregeln zu handeln.[42] Hackmack gibt an, dass etwa 5 bis 10 Prozent der Abgeordneten nicht antworten.[43] Die „Berliner Umschau" wertete das geringe Antwortverhalten von Wolfgang Thierse (SPD; 37/4) und Renate Künast (Bündnis 90/ Grüne; 123/21) als Desinteresse am Di-

---

37 Vgl. Ulrich Sarchinelli: Parteien und Politikvermittlung: Von der Parteien- zur Mediendemokratie? In: ders. (Hg.): Politikvermittlung und Demokratie in der Mediengesellschaft, Bonn 1998, S. 273-296.
38 Vgl. MEFOSE-Interview, Hamburg, 19.04.2011.
39 Vgl. MEFOSE-Interview, Hamburg, 19.04.2011.
40 Vgl. MEFOSE-Interview, Hamburg, 19.04.2011.
41 Vgl. Anett Meiritz: Bürgernähe, nein Danke, in: Spiegel-Online, 01.12.2011 und Daniel Kummetz: Angst vor den Wählerfragen, in: die tageszeitung, 02.12.2011.
42 Vgl. Peer Steinbrück in der ARD-Sendung Beckmann, 20.09.2010.
43 Vgl. MEFOSE-Interview, Hamburg, 19.04.2011.

alog der Politiker mit den Bürgern.[44] Ob das Antwortverhalten auf *abgeordnetenwatch.de* mit der Bürgerorientierung der Mandatsträger gleichgesetzt werden kann, ist jedoch fraglich. So gilt der Vizepräsident des Deutschen Bundestages Wolfgang Thierse jenseits des Portals als zugänglicher Politiker, der vor steigendem Desinteresse in die Politik warnt.[45]

Den Vorwurf, die Organisation verfolge Gewinninteressen entkräftet Hackmack mit dem Verweis, die Finanzströme von Verein und GmbH seien parallel im Internet einsehbar.[46] „Da sieht man genau wofür wie viel Geld ausgegeben wird. [...] Da kann jeder genau nachvollziehen, was da passiert. Insofern ist so ein Einwand immer ziemlich schnell geklärt."[47] Und in der Tat sind im Internet die Jahres- und Wirkungsberichte 2011 übersichtlich einsehbar, indem ein Finanzüberblick über die Parlamentwatch GmbH und die Parlamentwatch e.V. gegeben wird.[48]

4. Politik- und Unternehmenslogik im Widerstreit: Konsequenzen für Gesellschaft im 21. Jahrhundert

abgeordnetenwatch.de hat das Ziel, Transparenz und Kommunikation zwischen Bürgern und Abgeordneten zu erhöhen und so der Politikverdrossenheit entgegen zu wirken. Gleichzeitig ist die Organisation auf finanzielle Mittel, Spenden, Fördermittel oder Einnahmen, angewiesen und nicht durch Wahlen legitimiert. *abgeordnetenwatch.de* hat also als Organisation auch das Ziel, möglichst erfolgreich zu sein und hohe Einnahmen zu erzielen, um die eigene Organisations-Idee skalieren zu können. Dies ist die Unternehmenslogik, die Wachstum und Innovation beinhaltet, nach der ein Social Enterprise funktioniert. Die Währung Legitimation ist in der Zivilgesellschaft eine andere als in der Politik.

Parteien unterliegen dem Parteiengesetz. Sie sind nach dem Gesetz und nach dem Grundgesetz (Art. 21 (1) „Die Parteien wirken bei der politischen Willensbildung des Volkes mit. Ihre Gründung ist frei. Ihre innere Ordnung muss demokratischen Grundsätzen entsprechen. Sie müssen über die Herkunft und Verwendung ihrer Mittel sowie über ihr Vermögen öffentlich Rechenschaft geben.") geschützt. Social Entrepreneure formieren sich nach den Gesetzestexten des Dritten Sektors (Vereinsrecht, Stiftungsrecht) oder den Gesetzestexten der Wirtschaft (Unternehmensrecht). Während die Gesetztestexte des Dritten Sektors der Gemeinnützig-

---

44   Vgl. Meldung: Diese Bundestags-Abgeordnete antworten ihren Wählern offenbar lieber selten, in: Berliner Umschau, 27.06.2012.
45   Vgl. Meldung: Thierse warnt vor „Zuschauer-Demokratie", in: Der Tagesspiegel, 24.04.2007.
46   Vgl. MEFOSE-Interview, Hamburg, 19.04.2011.
47   MEFOSE-Interview, Hamburg, 19.04.2011.
48   Vgl. abgeordnetenwatch.de: Jahres- und Wirkungsbericht 2011, S. 17.

keit unterliegen, können und müssen Wirtschaftsunternehmen Gewinne erzielen. Auch wenn solche Gewinne reinvestiert werden, ist die Organisation darauf angewiesen, um Wachstum zu finanzieren. So ist auch Gregor Hackmack von *abgeordnetenwatch.de* anders als Geschäftsführer von Parteien damit vertraut, Businesspläne zu schreiben und nach Geldgebern zu suchen.[49] Für den Schatzmeister einer Partei ist es eher problematisch, wenn er außerplanmäßige bzw. nicht gerechtfertigte Parteispenden erhält.[50]

Als Fellow der Organisationen *Ashoka* und *Schwab* ist Hackmack ein klassischer Social Entrepreneur, der auf Netzwerke und Know-How der Dach- bzw. Treiberorganisationen zurückgreifen kann und so Erfolge erzielt; er selbst legt Wert darauf, dass *abgeordnetenwatch.de* schon vor der Förderung durch Ashoka erfolgreich war; gleichzeitig betont er den Wert der Erfahrung, den ihm der Gründer des internationalen Projekts „Dialog im Dunkeln", Andreas Heinecke, über die Netzwerke vermitteln konnte[51]. Mit seiner Ausbildung an der LSE in London fügt sich Hackmack in das vom Mercator-Forschungsnetzwerk festgestellte Elite-Phänomen Social Entrepreneurship: 41,7 Prozent der Geschäftsführer und 39,4 Prozent der Gründer haben ein Studium an der Universität absolviert, Hackmack war zudem an der LSE an einer international sozialwissenschaftlichen Spitzeneinrichtung.

Die Organisationskultur eines Sozialunternehmens wird wesentlich von den Aufsichtsgremien und den Gründern und Geschäftsführer beeinflusst. So ist es auch bei *abgeordnetenwatch.de*: In der Organisation gibt es wöchentlich Bürokonferenzen, auf denen inhaltliche Fragen besprochen werden.[52] Ebenfalls wöchentlich wird eine Fundraising Konferenz abgehalten. Die Termine der Konferenzen stehen im Teamkalender. Es werden Ergebnisprotokolle geführt und Wikis angelegt. Die Moderatoren arbeiten auf freiberuflicher Basis; sie halten einmal im Monat eine Telefonkonferenz ab, ein Treffen wird einmal jährlich organisiert, zuletzt im Juli in Hamburg. Informationen werden zusätzlich über verschiedenen E-Mail-Verteiler weiter gegeben: den Teamverteiler mit dem Kernteam, das aus festen Mitarbeitern und Vollzeitpraktikanten besteht, den Kuratoriumsverteiler, und den Verteiler der Moderatoren.

---

49 Vgl. Max Haerder: Soziale Unternehmer. Geld ranschaffen, Gutes tun, in: Spiegel-Online, 07.06.2009.
50 Vgl. Michael Koss: Staatliche Parteienfinanzierung und politischer Wettbewerb. Die Entwicklung der Finanzierungsregimes in Deutschland, Schweden, Großbritannien und Frankreich, Wiesbaden 2008 und PartG § 25 Parteispenden.
51 Vgl. MEFOSE-Interview, Hamburg, 19.04.2011.
52 Zur Beschreibung der Organisationskultur vgl. MEFOSE-Interview, Hamburg, 19.04.2011.

Parteien wiederum blicken meist auf eine Jahrzehntelange dezentrale und internationale Tradition zurück, der sie sich nicht entziehen können.[53] So wurde der Allgemeine Deutsche Arbeiterverein als Vorgängerorganisation der heutigen SPD 1863 gegründet. Die CDU folgte mit Neugründungen nach Ende des Zweiten Weltkrieges und ihrer Konsolidierung in den westlichen Bundesländern unter Konrad Adenauer. Die FDP wurde 1949 als Freie Demokratische Partei von ehemaligen Mitgliedern der Deutschen Demokratischen Partei (DDP) und der Deutschen Volkspartei (DVP) gegründet und steht in der Tradition des Honoratiorentums und Liberalismus. Die Grünen entstanden im Zeichen des postmaterialistischen Wandels der 1970er Jahre. Derzeit reagieren die Piraten mit ihrer Neugründung im Jahr 2006 auf die Herausforderungen der Digitalisierung. Innovationen in der Organisationskultur können nur im Rahmen der gesetzlichen Vorgaben durchgeführt werden. Beispielsweise müssen auch basisdemokratische Parteien gemäß § 11 PartG einen Vorstand mit mindestens drei Mitgliedern wählen.

Auch Social Entrepreneure bewegen sich in organisationskulturellen und sprachlichen Traditionen:[54] Organisationen des Dritten Sektors, insbesondere Vereine, müssen nicht zwingend Sozialunternehmen sein. Wenn Vereine jedoch von sozialunternehmerischen Treiberorganisationen wie *Ashoka* und *BonVenture* gefördert werden, vermitteln diese bestimmte Merkmale: Innovation, Unternehmertum, Skalierung, Internationalisierung, Gewinnstreben zur Refinanzierung von Krediten. Gesellschaftlicher Nutzen soll maximiert werden.[55] Nach der Social Business Definition des Friedensnobelpreisträgers Muhammad Yunus (2006) werden finanzielle Gewinne reinvestiert; der Nutzen richtet sich nach dem sozialen Ziel der Organisation.[56] Sozialunternehmer sind somit per Definition der Zivilgesellschaft, nicht der Wirtschaft zugehörig.

Obwohl im Bereich Demokratieförderung und Politik tätig, sind Sozialunternehmen (hier: *abgeordnetenwatch.de;* weiteres Beispiel *change.org*) eben kein *verfassungsrechtlich notwendiger* Bestandteil der freiheitlichen demokratischen Grundordnung. Der gesellschaftliche Nutzen, den sie erzielen wollen, ist keinem innerorganisatorischen Diskussionsprozess ausgesetzt. Vielmehr sind sie ein *zusätzlicher* Bestandteil der Zivilgesellschaft, mit dem politische Partizipation möglich wird. Sie suchen sich eine Position *zwischen* Politik und Wirtschaft,

---

53   Vgl. Peter Lösche: Kleine Geschichte der deutschen Parteien, Stuttgart. Berlin 1994.
54   Vgl. J. Gregory Dees: The Meaning of „Social Entrepreneurship", ohne Ort, 31.10.1998.
55   Vgl. Helga Hackenberg, Stefan Empter: Social Entrepreneurship und Social Business: Phänomen, Potentiale, Prototypen – Ein Überblick, in: dies. (Hg.): Social Entrepreneurship – Social Business: Für die Gesellschaft unternehmen, Wiesbaden 2011, S. 11-28, hier S. 11.
56   Vgl. Yunus Centre, Social Business, http://www.muhammadyunus.org/Social-Business/social-business/ [abgerufen am 10.07.2012] und Muhammad Yunus: Social Business. Von der Vision zur Tat, Bonn 2010, S. 12 ff.

eben in der Zivilgesellschaft. Ihre Aktivitäten werden nicht unbedingt medial be-obachtet, und sie stehen weniger im medialen Interesse als die Träger öffentlicher Ämter. Ihre Tätigkeiten legitimieren sich durch den Erfolg, den sie im Einwer-ben von Preisen, Fördermitteln und Spenden haben, nicht über den gesellschaft-lich-öffentlich geführten politischen Diskurs. So können Sozialunternehmen die gesetzlich fest gelegten Funktionen der Parteien, wie die politische Willensbil-dung und die Gestaltung der öffentlichen Meinung, keinesfalls ersetzen, sie kön-nen sie allenfalls ergänzen.

Auch *abgeordnetenwatch.de* geht von einer Lücke zwischen Volk und Ab-geordneten aus: „Also es war von Anfang an auch so gedacht, dass Abgeordnete nur was sagen dürfen, wenn sie gefragt werden. Deswegen, weil wir damit ver-deutlichen wollen, dass die Bürger in einer Demokratie über den Abgeordneten in dem Sinne stehen, dass sie ihre Stimme mandatieren und die Abgeordneten sie vertreten. Aber souverän in einer Demokratie ist natürlich das Volk und deswegen muss der Anfangsimpuls auch von den Bürgern ausgehen. Dass es noch weitere kommunikative Implikationen hat und dass wir eigentlich eine Gegenentwick-lung darstellen hat sich auch erst über die Jahre gezeigt.“[57] Hackmack macht in dieser Beschreibung deutlich, dass das Volk bzw. der fragende Bürger zunächst einmal kein gewählter Mandatsträger ist oder sich als solcher wählen lassen kann.

Dies ist in Parteien anders, denn das Parteiengesetzt fordert, dass Parteien gemäß §2 (1) PartG Vereinigungen von Bürgern sind, die dauernd oder für län-gere Zeit für den Bereit des Bundes oder eines Landes auf die politische Willens-bildung Einfluss nehmen und an der Vertretung des Volkes im Deutschen Bun-destag oder einem Landtag mitwirken wollen, wenn sie nach dem Gesamtbild der tatsächlichen Verhältnisse, insbesondere nach Umfang und Festigkeit ihrer Or-ganisation, nach Zahler ihrer Mitglieder und nach ihrem Hervortreten in der Öf-fentlichkeit eine ausreichende Gewähr für die Ernsthaftigkeit dieser Zielsetzung bieten. So ist auch festgelegt, dass Mitglieder einer Partei nur natürliche Personen sein können. Zudem *muss* eine Partei gemäß §2 (2) PartG an Wahlen teilnehmen.

Anders als politische Parteien, die ebenfalls ein schriftliches Programm ha-ben müssen (§6 (1) PartG), versteht sich *abgeordnetenwatch.de* als neutrale und überparteiliche Organisation, die eine Infrastruktur zur Verfügung stellt, auf der die transportierten Inhalte die sich innerhalb des Kodexes der sich an den demo-kratischen Grundwerten orientiert befinden, nicht bewertet werden.[58] Rassistische, sexistische und beleidigende Äußerungen möchte die Plattform nicht verbreiten. Hackmack betont: „Das ist uns wichtig, dass wir sozusagen keine parteipolitische

---

57   Vgl. MEFOSE-Interview, Hamburg, 19.04.2011.
58   Vgl. MEFOSE-Interview, Hamburg, 19.04.2011.

Farbe annehmen."[59] Um Interessenskonflikte zu vermeiden sei so von Anfang an festgelegt worden, dass Mitarbeiter und Kuratoriumsmitglieder, keine Fragen auf *abgeordnetenwatch.de* stellen dürfen.[60] Auch dies ist bei Parteien anders. Parteien leben durch das aktive Engagement ihrer Mitglieder.

Und während sich der Erfolg von Parteien, durch den Erfolg bei Wahlen messen lässt, ebenso wie durch Umfragewerte, definiert Hackmack Erfolg folgendermaßen: Erfolg sei, dass es *abgeordnetenwatch.de* in zunehmend mehr Parlamenten gebe, dass es die Organisation geschafft habe, seit 2005 praktisch alle Landtagswahlen und Bundestagswahlen zu betreuen. „Dass wir immer mehr Landtage auf die Plattform nehmen [...]. Dass es auf Europa und Bundesebene weiter geht. Dass es zunehmend internationale Bedeutung erfährt. Also dass sich mehr und mehr Leute dafür interessieren. Das finde ich auch einen großen Erfolg und auch dass der Bekanntheitsgrad von *abgeordnetenwatch.de* steigt in der Bevölkerung. [...] Natürlich ist es auch ein Erfolg, wenn man sieht, dass die Userzahlen steigen, dass mehr und mehr Leute ihren Weg zur Seite finden."[61]

Im Jahresbericht strebt das Projekt folgende Wirkung an:[62]

Auf Politische Entscheidungsträger:

    a. Neue Formen des Austauschs mit den Bürgern und untereinander.

    b. Höherer Rechenschaftsdruck gegenüber den Wählern.

Auf Medien/ Politische Information:

    c. Parlamente und Abgeordnete rücken stärker in den Fokus der Medien.

    d. Umfangreichere und vollständigere Berichterstattung über Politik.

    e. Einseitige Medienberichte können direkt hinterfragt werden.

Auf Wähler:

    f. Einfacher und direkter Zugang zu politischen Informationen, mehr Transparenz.

    g. Direkte Fragemöglichkeiten bei Abgeordneten.

    h. Dauerhafte Beteiligungsmöglichkeit.

Gesellschaftlich soll so eine höhere Beteiligung am politischen Prozess erzielt werden. Regierungen sollen effektiver und bürgerfreundlicher arbeiten. Das Vertrauen in Politik und Demokratie soll gestärkt werden. Aus der Zuschauerdemokratie

---

59   MEFOSE-Interview, Hamburg, 19.04.2011.
60   Vgl. MEFOSE-Interview, Hamburg, 19.04.2011.
61   MEFOSE-Interview, Hamburg, 19.04.2011.
62   Vgl. abgeordnetenwatch.de: Jahres- und Wirkungsbericht 2011, S. 9.

soll eine Mitmachdemokratie werden. Nun sind nicht alle angestrebten Wirkungen von *abgeordnetenwatch.de* neu: Das Internet-Portal „Direkt zur Kanzlerin!" (www.direktzurkanzlerin.de) ist eine ehrenamtlich von Studenten und Hochschulabsolventen betriebene Seite, die gesellschaftliche Kommunikation und Basisdemokratie fördern will. Fragen und Antworten werden hier ebenfalls moderiert und sind über längere Zeit einsehbar. Hier muss eine direkte Konkurrenz beider Portale festgestellt werden. Ebenfalls kann der Verein „Mehr Demokratie" genannt werden, der sich für einen Ausbau direktdemokratiescher Elemente auf kommunaler, Landes- und Bundesebene einsetzt und 2011 mit einem Finanzvolumen von gut einer halbe Million Euro gearbeitet hat.[63] Der Verein bezieht allerdings auch inhaltlich selbst Position und war im Sommer 2012 an den Klagen gegen den ESM und den Fiskalpakt vor dem Bundesverfassungsgericht beteiligt.[64]

Zusammenfassend lässt sich festhalten, dass *abgeordnetenwatch.de* folgende Funktionen erfüllt:

a. Die Internetplattform bietet eine zusätzliche Möglichkeit, direkte Fragen an Abgeordnete zu stellen.

b. Die Internetplattform bietet die Möglichkeit, zusätzliche Informationen über Politiker zu beziehen.

c. Die Internetplattform dokumentiert die Arbeit der Politiker (Ausschusstätigkeiten, Nebeneinkünfte).

d. Die Internetplattform möchte Wähler und Abgeordnete über Fragen und Antworten miteinander verbinden.

e. Die Internetplattform ergänzt den medialen Diskurs über Politik und kann politische Debatten anstoßen.

f. Die Internetplattform ermöglicht eine gezielte thematische Information.

g. Die Internetplattform speichert Daten und wird somit zum „Wählergedächtnis", auf das digital und dezentral zugegriffen werden kann.

h. Medienpartnerschaften potenzieren die Wirkung der Internetplattform.

i. Die Internetplattform kann die Arbeit von Abgeordneten und Parteien anregen.

---

63   Vgl. www.mehr-demokratie.de [abgerufen am 12.07.2012] und Mehr Demokratie, Jahresbericht 2011, S. 4.
64   Vgl. Mirjam Hecking: Drohendes Beben für Euro-Land, in: Spiegel-Online, 10.07.2012.

5. Fazit

Social Entrepreneurship kann politische Partizipation zum Thema haben und zur Transparenz in der Demokratie beitragen. Allerdings unterliegen zivilge-sellschaftliche Organisationen wie Vereine oder privatrechtliche Organisationen wie GmbHs anderen Verfassungen und Gesetzen als Parteien. Das führt zu un-terschiedlichen Funktionslogiken, nach denen die Organisationen mit Geld um-gehen und haushalten sowie innerorganisatorisch arbeiten (Willensbildung und Wahlen) und Rechenschaft ablegen.

In Sozialunternehmen sind ausgesuchte Mitarbeiter an den Organisationspro-zessen beteiligt. Eine Parteimitgliedschaft ist für jeden wahlberechtigten Bürger möglich, über Jugendorganisationen und über die Hauptorganisation, Parteivor-stände werden innerhalb der Parteien auf Zeit, mindestens alles zwei Jahre (§11 (1) PartG), gewählt (§9 (3) PartG). Über die Organisationsstruktur erzielen Par-teien somit eine andere Legitimität als Sozialunternehmen.

Die drei eingangs gestellten Fragekomplexe lassen sich folgendermaßen be-antworten:

1. *abgeordnetenwatch.de* ist als Sozialunternehmen in der Doppelstruktur eines Vereins und einer GmbH eine zivilgesellschaftliche Organisation, die an der politischen Willensbildung mitwirkt und unternehmerische Orga-nisationsstrukturen aufweist. Qua Satzung möchte *abgeordnetenwatch.de* neutral sein und politische Stellungnahmen vermeiden. *abgeordnetenwatch. de* möchte eine Brücke zwischen Abgeordneten und Wählern bauen. Anders als in Parteien müssen sich Bürger nicht über Mitgliedschaften engagieren, ihre Fragen sind jederzeit berechtigt. Anders als in den klassischen Print-Medien und dem Rundfunk, werden im Web2.0 Informationen über Fragen moderiert, die jederzeit einsehbar sind.

2. Sozialunternehmen wie *abgeordnetenwatch.de* sind kein Ersatz für politische Parteien, die nach dem Grundgesetz und nach dem Parteiengesetz legitimiert sind, auch wird dieser Anspruch nicht geäußert. Als zivilgesellschaftliche Organisationen können Sozialunternehmen die Arbeit der Parteien sinnvoll ergänzen und zusätzliche Angebote für politische Partizipation bereitstellen. Über Mitgliedschaften werden Bürger in die Struktur der Organisation und des Vereins integriert. Sie haben hier die Möglichkeit der Mitgestaltung und Kontrolle. Gleichzeitig sollten Sozialunternehmen ebenfalls über klassische Medien und möglicherweise über zusätzliche, neu zu entwickelnde zivilge-sellschaftliche Organisationen kontrolliert werden, um ihre gesellschaftliche

Legitimität zu erhöhen. Eine solche Kontrolle sollte über die Selbstkontrolle (wie zum Beispiel die Initiative Transparente Zivilgesellschaft) hinausgehen.

3.　Sozialunternehmen wie *abgeordnetenwatch.de* handeln ihre Ziele nicht über innerorganisatorische Debatten aus. Vielmehr steht am Beginn der Organisation in den meisten Fällen, wie bei *abgeordnetenwatch.de* eine Gründung, die von Personen vorangetrieben wird. Die Gründung und die Skalierung der Organisation sowie die Verbreitung der Idee, sind unternehmerische Elemente der Organisationen. Anders als Parteien, die mit ihren Programmen politische Ideen für die Gestaltung der Gesellschaft entwickeln, bleiben Sozialunternehmen auf die Lösung eines sozialen Problems begrenzt. Sie sind keine Organisationen, die wie Volksparteien eine differenzierte soziale Zusammensetzung aufweisen, möglichst verschiedene Wählergruppen ansprechen und an politische Milieus gebunden sind. Sozialunternehmen entstehen in der liberal geprägten Zivilgesellschaft des 21. Jahrhunderts. Sie sind wandelbarer als die Parteien, vom Zeitgeist abhängiger und organisatorisch flexibler. In einer Zeit, in der der Mitgliederstand der Parteien stagniert und rückläufig ist, können Sozialunternehmen eine sinnvolle Ergänzung des politischen Betriebs sein, um Transparenz in der Politik zu erhöhen und der Politik(er)verdrossenheit entgegen zu wirken.

Literaturverzeichnis

Wissenschaftliche Literatur

Achleitner, Ann-Kristin; Heister, Peter; Stahl, Erwin: Social Entrepreneurship – Ein Überblick, in: Ann-Kristin Achleitner, Reinhard Pöllath, Erwin Stahl (Hg.): Finanzierung von Sozialunternehmern. Konzepte zur finanziellen Unterstützung von Social Entrepreneurs, Stuttgart 2007, S. 1-25

Arzheimer, Kai: Politikverdrossenheit. Bedeutung, Verwendung und empirische Relevanz eines politikwissenschaftlichen Begriffs, Wiesbaden 2002

Dees, J. Gregory: The Meaning of „Social Entrepreneurship", ohne Ort, 31.10.1998

Doering-Manteuffel, Anselm; Raphael, Lutz: Nach dem Boom. Perspektiven auf die Zeitgeschichte seit 1970, Göttingen 2008

Geiling, Heiko; Klein, Ansgar; Koopmans, Ruud: Politische Partizipation und Protestmobilisierung im Zeitalter der Globalisierung: Einleitung, in: dies. (Hg.): Globalisierung, Partizipation, Protest, Opladen 2001, S. 7-20

Hackenberg, Helga; Empter, Stefan: Social Entrepreneurship und Social Business: Phänomen, Potentiale, Prototypen – Ein Überblick, in: dies. (Hg.): Social Entrepreneurship – Social Business: Für die Gesellschaft unternehmen, Wiesbaden 2011, S. 11-28

Jansen, Stephan A. et al: Defining Social Entrepreneurship / Eine Definition von Social Entrepreneurship, www.ssrn.com [abgerufen am 06.07.2012]

Kneuer, Marianne: Demokratischer durch das Internet? Potenzial und Grenzen des Internets für die Stärkung der Demokratie, in: Politische Bildung: Neue Medien, alte Fragen? Das Internet in der Politik, Heft 1/2012, S. 28-53

König, Matthias; König, Wolfgang: Deliberative Governancearenen. Die Überwindung kooperativer Problemlösungen in der deutschen Parteiendemokratie, in: Journal für Generationengerechtigkeit, Heft 2/2011, S. 65-69

Koss, Michael: Staatliche Parteienfinanzierung und politischer Wettbewerb. Die Entwicklung der Finanzierungsregimes in Deutschland, Schweden, Großbritannien und Frankreich, Wiesbaden 2008

Leggewie, Claus: Mut statt Wut. Aufbruch in eine neue Demokratie, Hamburg 2011

Lessig, Lawrence: Leidenschaft. Tea Party, Occupy Wall Street und der Antrieb politischer Bewegungen, in: Bieber, Christoph; Leggewie, Claus (Hg.): Unter Piraten. Erkundungen in einer neuen politischen Arena, Bielefeld 2012, S. 67-80

Lösche, Peter: Ende der Volksparteien, in: Aus Politik und Zeitgeschichte, 51/2009, S. 6-12

Lösche, Peter: Kleine Geschichte der deutschen Parteien, Stuttgart. Berlin 1994

Nolte, Paul: Von der repräsentativen zur multiplen Demokratie, in: Aus Politik und Zeitgeschichte, Heft 1-2/2011, S. 5-12

Nolte, Paul: Was ist Demokratie? Geschichte und Gegenwart, München 2012

Reese-Schäfer, Walter: Politisches Denken heute. Zivilgesellschaft, Globalisierung und Menschenrechte, München. Wien 2007

Rucht, Dieter: Masen Mobilisieren, in: Aus Politik und Zeitgeschichte, Heft 25-26/2012, S. 3-9

Sarchinelli, Ulrich: Parteien und Politikvermittlung: Von der Parteien- zur Mediendemokratie? In: ders. (Hg.): Politikvermittlung und Demokratie in der Mediengesellschaft, Bonn 1998, S. 273-296

Stricker, Michael: Ehrenamt als soziales Kapital. Partizipation und Professionalität in der Bürgergesellschaft, Berlin 2007

Walter, Franz: Baustelle Deutschland. Politik ohne Lagerbindung, Frankfurt/Main 2008

Walter, Franz; Klecha, Stephan; Hensel, Alexander: Meuterei auf der Deutschland. Ziele und Chancen der Piratenpartei, Berlin 2012

Yunus, Muhammad: Social Business. Von der Vision zur Tat, Bonn 2010

Medienberichte

Andersen, Kurt: The Protester. Person of the year 2011, Time, 14.12.2011

Apolte, Thomas; Möller, Marie: Staaten im Umbruch. Die Kinder der Facebook-Revolution, in: Frankfurter Allgemeine Zeitung, 19.02.2011

Haerder, Max: Soziale Unternehmer. Geld ranschaffen, Gutes tun, in: Spiegel-Online, 07.06.2009

Hecking, Mirjam: Drohendes Beben für Euro-Land, in: Spiegel-Online, 10.07.2012

Hellfeld, Matthias von: Fragen erwünscht!, in: Deutsche Welle.de, 17.04.2012

Jäger, Christina: Empörung über höhere Diäten für Politiker, in: Abendblatt, 08.05.2008

Klein, Markus; Ulrich von Alemann: Warum bracht die Demokratie Parteien?, in: Tim Spier u. a. (Hg.): Parteimitglieder in Deutschland, Wiesbaden 2011, S. 9-17

Kummetz, Daniel: Angst vor den Wählerfragen, in: die tageszeitung, 02.12.201
Meiritz, Anett: Bürgernähe, nein Danke, in: Spiegel-Online, 01.12.2011
Meldung: Diese Bundestags-Abgeordnete antworten ihren Wählern offenbar lieber selten, in: Ber-
    liner Umschau, 27.06.2012
Meldung: Ist er Deutschlands faulster Abgeordneter? In: Bild-Online, 07.05.2007
Meldung: Thierse warnt vor „Zuschauer-Demokratie", in: Der Tagesspiegel, 24.04.2007
Steinbrück, Peer und Hackmack, Gregor in der ARD-Sendung Beckmann, 20.09.2010
Thimm, Caja: Digitale Citoyens, in: The European, 25.08.2012
Winkelmann, Marc: Gregor Hackmack. Animateur der Demokratie, in: Handelsblatt, 16.01.2009

Internetseiten

www.abgeordnetenwatch.de [abgerufen am 06.07.2012]
www.germany.ashoka.org [abgerufen am 06.07.2012]
www.mehr-demokratie.de [abgerufen am 12.07.2012]
www.muhammadyunus.org [abgerufen am 10.07.2012]

Sonstige Quellen

abgeordnetenwatch.de., Jahres- und Wirkungsbericht 2011
Grundgesetz für die Bundesrepublik Deutschland
MEFOSE-Interview, Hamburg, 19.04.2011
MEFOSE Qualitative und quantitative Studie
Mehr Demokratie, Jahresbericht 2011
Parteiengesetz, Gesetz über die politischen Parteien
Präsentation von Gregor Hackmack in der Ringvorlesung „Demokratie und Internet: Nationale und
    Internationale Aspekte", Stiftung Universität Hildesheim, 23.05.2012
Vortrag von Gregor Hackmack in der Ringvorlesung „Demokratie und Internet", Stiftung Univer-
    sität Hildesheim, 23.05.2012; eigene Notizen

Social Intrapreneurship – Innovative und unternehmerische Aspekte in drei deutschen christlichen Wohlfahrtsträgern

Björn Schmitz / Thomas Scheuerle

1. Einleitung

Das Themenfeld Sozialunternehmertum findet zunehmend Aufmerksamkeit in der wissenschaftlichen Debatte (etwa Drayton 2002; Drayton 2005; Bornstein 2004; Bishop 2006; Nicholls 2006; Mair/Martí 2006; Hill et al. 2010). Dennoch gibt es bislang keine gemeinsame Definition (Mair/Martí 2006; Hill et al. 2010). Die Bandbreite an Kriterien, welche mit wechselnder Gewichtung genannt werden, reicht von „Innovation" über „sozialen Wandel", „Anstoßen von Transformationsprozessen", „soziale Problemlösung" bis hin zu „Wahrnehmen von Gelegenheiten". Betrachtet man die Definitionen daraufhin, ob hier nur Neugründungen gemeint sind, bemerkt man, dass viele sich eben nicht ausschließlich auf diese fokussieren, sondern auch Veränderungsprozesse und unternehmerische Innovationsimpulse in etablierten Organisationen in ihre Definitionen mit einbeziehen und dies mit der „Unterkategorie" Social Intrapreneurship bezeichnen (etwa Mair/ Martí 2006). Dies ist insofern zunächst wenig verwunderlich, startete doch die Debatte um Sozialunternehmertum genau bei solchen Veränderungs- und insbesondere Ökonomisierungsprozessen von etablierten Nonprofit-Organisationen (Emerson/Twersky 1996; Weisbrod 1998; Dees 1998; Young 1986). Die Definition des Südkonsortiums schloss daher ebenfalls explizit diese Form von Sozialunternehmertum mit ein.

In der vorhandenen empirischen Forschung zu Sozialunternehmertum sind Untersuchungen bezüglich Social Intrapreneurship in etablierten Organisationen rar. Empirische Studien konzentrieren sich auf Neugründungen bzw. junge Sozialunternehmen. Noch bemerkenswerter ist aber: die gewählten Fälle rekrutieren sich häufig aus den immer gleichen kleinen Pools von Sozialunternehmern, die etwa als Ashoka oder Schwab Foundation Fellows ausgezeichnet worden sind. So umgeht man Rechtfertigungen bezüglich der Abgrenzung des gewählten Samples und muss nicht fürchten Organisationen aufgenommen zu haben, die bestimmte Kriterien nicht erfüllen und damit für andere Wissenschaftler womöglich nicht als Sozialunternehmer gelten. Allerdings führt dies dazu, dass man den Definitionen der das Feld besetzenden Praktiker vertraut und sich übermäßig auf „celebrity cases" konzentriert (Nicholls 2010). Wenn, dann werden für die Beschreibung des Phänomens einzelne Fälle herangezogen, oder mehrere Fälle in einer Fallstudie zusammengefasst ohne dabei systematische Generalisierungen vorzunehmen; es fehlt an umfassenden quantitativen Analysen und einem Methodenmix (Dacin et al. 2011). Zudem scheint auch im Sozialsektor zu gelten, dass „everybody loves an entrepreneur. The intrapreneur (the corporate) entrepreneurs is not so well known" (Ross 1987: 22). Sicherlich mag dabei auch eine Rolle spielen, dass das Ausfindigmachen von erfolgreichen Fällen von Social Intrapreneurship schwieriger ist und mehr Zeit erfordert.

Trotz der Ignoranz gegenüber diesem Forschungsfeld findet sich in der Debatte weiterhin der Vorwurf, dass etablierte Wohlfahrtsorganisationen und Nonprofits ineffizient, ineffektiv und blind gegenüber neuen Anforderungen und Bedarfen seien (Dees 2001). Doch aus welchen Daten speisen sich solche Annahmen? Zimmermann (1999) etwa konstatiert, dass Innovationsfähigkeit von etablierten gemeinnützigen Organisationen ein Forschungsfeld ist, das nicht angemessen beforscht wird, was ebenso für profitorientierte Organisationen gilt (Seshadri/Tripathy 2006). Zudem gälte es die Zusammenhänge zwischen möglicherweise innovativen Neugründungen und Reaktionen darauf und eigenen Innovationen von etablierten Organisationen zu erhellen. Anschaulich macht dies etwa ein Zitat von einem Sozialunternehmer, der vor wenigen Jahren seine Organisation gegründet hat und im Rahmen des Forschungsprojektes interviewt wurde:

„Ich glaube, dass wenn Sozialunternehmer, wenn Social Entrepreneure den Markt in dem sie tätig sind, auch als solchen begreifen und zum Beispiel Wohlfahrtsverbände oder staatliche Organisationen als Akteure die ihnen ebenbürtig sind sehen, ich glaube, dass sie dann besser werden, sie selber besser werden, ich glaube aber vor allem, da ja eher 97, 98 Prozent der sozialen Dienstleistungen, gerade in diesem staatlich und wohlfahrtsverbandlich organisierten Ebenen laufen und höchstens 2 Prozent, schätze ich mal, bei den Sozialunternehmern laufen, dass die Sozialunternehmer, einen enormen Veränderungsdruck ausüben, einen Innovationsdruck ausüben, auf die staatlichen Organisationen und auf die Wohlfahrtsverbände, also ich glaube, dass wenn Social Entrepreneure diese Konkurrenz annehmen, dass sie den größten Dienst an der Gesellschaft leisten und das Ziel kann nicht sein: Auf der einen Seite sind wir, unsere Lehre ist richtig und die anderen müssen jetzt vernichtet werden, oder besiegt werden, und ich glaube, dass Social Entrepreneure, dadurch, dass sie natürlich nur entstehen in Folge der Entwicklung einer Innovation, den Innovationsdruck, und die Innovationsmotivation überhaupt erst in bestimmte Strukturen tragen."

Auch dieses Zitat wirft die Frage auf nach der Bedeutung von Neugründungen wie nach der Innovationsfähigkeit von etablierten Wohlfahrtsorganisationen. Im vorliegenden Beitrag geht es uns darum, anhand von drei Fallbeispielen die Innovationskraft von etablierten Wohlfahrtsträgern mit christlichem Hintergrund zu veranschaulichen. Insbesondere aufgrund des konservativen Hintergrundes von christlichen Organisationen würde man hier besonders wenig Wandlungsfähigkeit und Innovationsimpulse erwarten. Unser Anliegen ist es mit dieser Untersuchung von etablierten Organisationen die Forschung für das Themengebiet Sozialunternehmertum weiter zu öffnen und einen Vergleich zwischen Social Entrepreneurship und Social Intrapreneurship anzustoßen.

Wir beginnen zunächst mit einem Überblick über die Definitionsangebote zu Social Entrepreneurship, um so zum Kern des Konstrukts vorzustoßen. Dies ist notwendig um einen Untersuchungsrahmen hinsichtlich Social Intrapreneurship zu gewinnen. Dabei zeigt sich, dass Innovationsfähigkeit ein Hauptkriterium von Social Entrepreneurship darstellt. Dies dient daher auch unserer Untersuchung als Ausgangspunkt. Wir betrachten drei Fallstudien von etablierten Wohlfahrtsträgern und diskutieren diese in Hinblick auf Innovation, pro-aktives Agieren und die Übernahme von Risiken.

2. Sozialunternehmertum – ein umstrittenes Konzept

Bislang gibt es keine Einigkeit über eine Definition von Sozialunternehmertum (siehe etwa Mair/Martí 2006; Hill et al. 2010). Viele Beiträge zu einer Definition versuchen zunächst über eine gesonderte Beschreibung des Unternehmerischen und des Sozialen dem Konzept Sozialunternehmertum näher zu rücken. Bereits die traditionellen Definitionen von Unternehmertum finden sich eine Reihe von unterschiedlichen Dimensionen. Richard Cantillon etwa stellt die Risikoübernahme in den Vordergrund, wenn er Unternehmertum wie folgt definiert: „Without an assurance of the profits he will derive from his enterprise" (Cantillon 1964). Er betont damit die Wertschöpfung in einer kapitalistischen Gesellschaft. Ähnlich wie Jean Baptiste Say (1803, 1829) weist er auf den Charakter der Risikoübernahme hin, bei dem allerdings die Koordination von Produktionsfaktoren und die Implementierung von neuen und besseren Prozessen essentiell sind. Ebenso sind Effizienz und Effektivität wichtige Dimensionen.

Neben Cantillon und Say wird in der Debatte vor allem auf Joseph Schumpeter (1993) verwiesen. Für diesen ist ein Unternehmer derjenige, der Wissen und Träume in der Wirklichkeit lebendig werden lässt, also jemand der Ideen, die der Unternehmer nicht zwangsläufig selbst gehabt haben muss, umsetzt. Er ist nicht Inventor. Die Ideen wird er eher von anderen übernehmen. Er ist vielmehr Innovator in einem Prozesssinne von Innovation. Zum geflügelten Wort ist dabei der Begriff „kreative Zerstörung" geworden. Damit wird auf die Umwälzungskraft von Innovationen hingewiesen, die wirtschaftliche Transformation hervorruft. Ob nur diejenigen Unternehmer heißen dürfen, deren Innovation diese starke Form von Durchsetzung und Umwälzung hervorrufen, oder ob es sich dabei um einen besonders starken Typ von Unternehmer handelt, ist in der Debatte nicht immer klar. Umwälzung als Kriterium würde die Gruppe von Unternehmern stark eingrenzen und zugleich bliebe offen, welcher Grad der Zerstörung zu erreichen ist. Insbesondere wenn es dann um Sozialunternehmertum geht, wirft dies ganz neue Problemlagen der Bewertung auf.

Moderne Ansätze von Unternehmertum haben diesen frühen Autoren einige Elemente hinzugefügt. Peter Drucker (1993) etwa bewertet einen Unternehmer danach, ob er Gelegenheiten wahrnimmt und zu nutzen versteht. Unternehmertum ist dabei gekennzeichnet durch neuartige, vorher an diesen neuen Orten nicht erzielte ökonomische Wertschöpfung. Diese Perspektive verbindet die Rolle des Inventors mit der des Umsetzers, des Innovators also, wie sie auch in vielen Definitionen von Sozialunternehmertum zu finden ist. Dies geschieht vor allem dann, wenn darauf Bezug genommen wird, dass Sozialunternehmer aus einem persönlichen Betroffenheitsmoment heraus ihre Initiative gestartet haben. Vorstellungsvermögen, Kreativität und Umsetzung werden daher als essentielle Demarkationskriterien zwischen klassischem Management und Unternehmertum gesehen.

Hans Jobst Pleitner (2001) nennt eine Liste verschiedener Kriterien, die in den verschiedenen Definitionsangeboten zu Unternehmertum als charakteristisch herausgestellt werden. Sie enthält das Nutzen von Gelegenheiten, Risikoübernahme, Ressourcenkoordination, Schaffung von Arbeitsplätzen, Entwickeln und Ausbeuten von Innovationen und Wertschöpfung. Pleitner selbst hingegen ist einer der wenigen, der seine Definition auf Gründer abstellt, auch wenn das Konzept Unternehmertum bei anderen Autoren durchaus offen ist für Neugründungen wie auch Umstrukturierungsleistungen in etablierten Organisationen. Für letztere Fälle wurde der Begriff Intrapreneurship eingeführt, der die Notwendigkeit von Innovationen in älteren Organisationen betont um mit der Geschwindigkeit des Wandels in modernen Gesellschaften Schritt halten zu können.

Wendet man sich nun den gängigen Definitionsangeboten von Sozialunternehmertum zu, so referieren diese zunächst häufig die oben genannten Autoren (etwa Dees 1998). Proaktivität, Gelegenheitssuche, Innovativität und unerschrockenes Agieren sind von Dees als zentrale Elemente herausdestilliert worden. Die Bestimmung des Sozialen wird dann häufig in Form des Zusatzes vorgenommen, dass es um eine soziale Zielsetzung geht, und dass sich der Sozialunternehmer einer Gemeinschaft besonders verpflichtet fühlt (Dees 1998). Doch diese recht frühe Definition, auf die immer wieder verwiesen wird, ist durch viele weitere

Definitionsangebote ergänzt und kritisiert worden. Dabei haben sich inzwischen verschiedene Denkschulen herausgebildet.

Dees und Anderson (2006) unterscheiden zwei Denkschulen und plädieren dafür diese auch voneinander zu trennen. Die *Social Enterprise Denkschule* betone einerseits Strategien der Umsatzgenerierung um eine soziale Mission zu erfüllen. Die *Innovations-Denkschule* stelle dagegen auf „establishing new and better ways to address social problems or meet social needs" (Dees/Anderson 2006: 41) ab. Dees (2003) wie auch Martin und Osberg (2007) fürchten eine Verwässerung des Konzepts und postulieren, dass Innovation und soziale Wirkung die zentralen Kriterien für Sozialunternehmertum seien. In Kontrast dazu argumentieren Defourny und Nyssens (2010), dass es zwischen den beiden Denkschulen mehr Gemeinsamkeiten als Divergenz gäbe. Beide Denkschulen haben mehr Überlappungen und bedingen sich gar einander. Daher seien die Trennlinien zwischen den Konzepten alles andere als klar. Auch viele andere Autoren nehmen eine Einteilung von verschiedenen Denkschulen der Sozialunternehmerforschung vor. Die folgende Tabelle stellt die vier prominentesten Unterteilungen im Überblick dar.

Tabelle 1:   Unterscheidung verschiedener Denkschulen

	Alvord et al. (2004)	Mair/ Marti (2005)	Dees/ Anderson (2006)	Hill et al. (2010)
Umsatzgenerierung	X	X	X	X
Soziale Innovationen	X		X	X
Katalysieren von sozialer Transformation	X	X		
Social Responsibility Aktivitäten (Sektorübergreifende Partnerschaften)		X		
Breitere Stakeholder-Inklusion				X
Multiple "bottom-lines"				X

Die Übersicht macht die unterschiedlichen Strömungen und Betonungen in der Debatte deutlich, in der die Bandbreite von innovativen Ansätzen im sozialen Sektor über den Anstoß starker Wandlungsprozesse, sozialem Engagement von Unternehmen bis hin zu Governanceaspekten einer Organisation (Stakeholder-Inklusion) reicht. Die Definitionsdebatte ist also noch weit von einer Einigung entfernt. Und nicht nur das, es handelt sich um ein stark umstrittenes Untersuchungsfeld, da die verschiedenen Akteure ganz unterschiedliche Ziele und Agenden verfolgen, wodurch diese Sozialunternehmertum in einem jeweils völlig anderen Licht betrachten (Nicholls 2010).

Um etwas mehr Klarheit in die unübersichtlichen Kriterien für Sozialunternehmertum und ihre Beziehungen zu bringen, haben wir 30 gängige Definitionsangebote auf das Vorkommen verschiedener Dimensionen ausgewertet. Wir haben dabei die Kerndefinitionen (max. drei aufeinander folgende Sätze) ausgewertet ohne die weiteren Ausführungen in den jeweiligen Texten mit in unsere Auszählung einzubeziehen, da die Kerndefinitionen die wichtigsten Aspekte betonen, wohingegen die Dimensionen in den weiteren Ausführungen eher Erklärungs- oder marginalen Charakter aufweisen. Die Ergebnisse dieser Analyse sind in Tabelle 2 dargestellt.

Die Auswertung zeigt, dass vor allem „soziale Zielsetzung" stark betont wird. Sie wird in 27 der analysierten Definitionen genannt. Am zweithäufigsten wird „Innovation" als Kriterium genannt, gefolgt von 15 Nennungen für „sozialen Wandel" oder das „Durchbrechen von gesellschaftlichen Mustern", was ebenso mit „Innovationsfähigkeit" in Zusammenhang gesehen werden muss. Einige wenig genannte Dimensionen, haben wir nicht aufgeführt. Darunter ist auch die Dimension „Übernahme von Risiken". Interessanterweise fanden wir dieses Merkmal in nur 2 von 30 Definitionen, wohingegen diese Dimension bei Definitionen von (ökonomischem) Unternehmertum eine bedeutende Rolle spielt. Man könnte daher fragen: Gibt es bei Innovationen im sozialen Bereich keine Risiken? Da wir bei etablierten Organisationen im gemeinnützigen Bereich eine soziale Zielsetzung voraussetzen, fokussieren wir uns im Folgenden in den Fallbeispielen auf die Innovationskraft der Organisationen. Zuvor allerdings versuchen wir zu klären, wie der Begriff Intrapreneurship gefasst wird und welche Hintergründe damit verbunden sind.

Tabelle 2: Häufigkeit von Sozialunternehmer-Definitionsdimensionen in ausgewählten Publikationen (Schmitz/Scheuerle 2012)

	Unternehmerischer Geist (traits)	Unternehmerische Mittel	Mobilisation v. Ressourcen	Innovativität	Effizienz u. Verbesserungen	Diffusion und Wachstum	Nachhaltigkeit u. Dauerhaftigkeit	Soziale Zielsetzung und soziale Wertschöpfung	Sozialer Wandel	Double bottom line
Waddock & Post (1991)								✓	✓	
Leadbeater (1997)		✓	✓	✓	✓	✓		✓	✓	
Prabhu (1999)				✓	✓			✓	✓	
Brinckerhoff (2000)	✓			✓	✓		✓	✓		✓
Fowler (2000)								✓	✓	✓
Thompson, Alvy & Lees (2000)			✓						✓	
Dees (2001)	✓			✓	✓	✓		✓	✓	
Alvord, Brown & Letts (2002)			✓	✓			✓	✓	✓	
Hibbert, Hogg & Quinn (2002)		✓					✓			✓
Boschee & McClurg (2003)								✓		✓
Caloia (2003)							✓	✓		
Mair & Noboa (2003)				✓	✓	✓		✓		
Mort, Weerawardena & Carnegie (2003)	✓	✓		✓	✓			✓		
Barendsen & Gardner (2004)	✓	✓						✓		
Bornstein (2004)	✓			✓	✓	✓		✓		
Fueglistaller, Müller & Volery (2004)			✓			✓		✓		✓
Drayton (2005)	✓			✓					✓	
Kramer (2005)				✓	✓	✓	✓	✓		
Mair & Marti (2005)			✓	✓				✓	✓	
Light (2005)					✓	✓	✓	✓		
Austin, Stevenson & Wei-Skillern (2006)				✓				✓		
Cho (2006)								✓		✓

	Unternehmerischer Geist (traits)	Unternehmerische Mittel	Mobilisation v. Ressourcen	Innovativität	Effizienz u. Verbesserungen	Diffusion und Wachstum	Nachhaltigkeit u. Dauerhaftigkeit	Soziale Zielsetzung und soziale Wertschöpfung	Sozialer Wandel	Double bottom line
Nicholls (2006)			✓	✓	✓	✓		✓	✓	
Perrini & Vurro (2006)	✓			✓		✓			✓	✓
Robinson (2006)	✓						✓	✓		✓
Achleitner, Pöllath & Stahl (2007)	✓							✓		
Martin & Osberg (2007)	✓							✓	✓	
Zahra, Gedajlovic, Neubaum & Shulman (2009)	✓			✓				✓		
Ashoka (2010)	✓			✓		✓		✓	✓	
Hill (2010)	✓			✓				✓	✓	
	9	9	7	17	10	7	7	27	15	9

3. Social Intrapreneurship – Innovationen in etablierten Organisationen

In ihrem Buch In *Search of Excellence* stellten Tom Peters und Robert Waterman (2004) fest, dass bemerkenswert viele große Unternehmen durch ihr Wachstum ihre ursprüngliche Innovationskraft verloren haben. Dies sei dadurch begründet, dass mit der Größe einer Organisation auch die Komplexität und Bürokratie in der Organisation zunimmt. Andere Autoren nennen weitere Faktoren als Innovationshemmnisse in etablierten Organisationen, wie Größe, interner Wettbewerb, hohe Fehlerkosten, Trägheit oder Hierarchien (etwa Malek / Ibach 2004). Phasenmodelle organisationaler Entwicklung basieren ebenfalls auf solchen Annahmen. Larry E. Greiner (1972, 1998) sowie auch Cuno Pümpin und Jürgen Prange (1991) argumentieren, dass Organisationen mit Alter und Größe ihre Flexibilität und Innovationskraft verlieren. Wenngleich Greiner annimmt, dass Organisationen in einer sehr reifen Phase ihrer Entwicklung wiederum einen hohen Druck für Innovationen verspüren. Rosebeth M. Kanter (1989) etwa beschreibt genau diese Innovationskraft etablierter Organisationen, denen weder Flexibilität noch Dynamik zugesprochen werden, in ihrem Buch *When Giants Learn to Dance*. Große Organisationen nämlich können ihre Innovationsfähigkeit zurück-

erlangen, wenn sie Intrapreneurship und eine unterstützende Organisationskultur fördern (Ross 1987).

Das Konzept Intrapreneurship geht auf einen Artikel von Norman Macrae
(1976) in *The Economist* zurück. Ursprünglich sollte das Konzept interne Konkurrenz ausdrücken, welche Innovationen befördert (Nielsen et al. 1985). Seitdem
wird Intrapreneurship als zentral für Innovationen konzeptionalisiert (O'Connor/
Rice 2001; Gapp/Fisher 2007; Pinchot 1983; Rodriguez-Pomeda et al. 2003; Kuratko 1993), Wettbewerbsfähigkeit (Jennings et al. 1994; Pinchot 1985) und organisationale Erneuerung (Brunaker/Kurvinen 2006; Duncan et al. 1988; Kenny/
Mujtaba 2007) sowie als notwendig um ökonomische Krisenphasen zu durchste-
hen (Singh 2006). Der Hauptvorteil für Intrapreneure besteht darin, dass sie die
vorhandenen Ressourcen und die Infrastruktur der existierenden Organisation für
ihre Innovationsvorhaben nutzen können. Etablierte Organisationen können zudem besser Risiken balancieren, welche mit Innovationsprozessen einhergehen.

Die Forschung hat gezeigt, dass Organisationskultur, Organisationsstruktur
und Führungsstil Intrapreneurship befördern können (Colvin/Slevin 1991; Hors-
by et al. 1993; Ireland/Covin/Kuratko 2009). Hornsby et al. (1993) beschreiben
etwa Intrapreneurship als einen Prozess der auf individuellen Akteuren basiert
und das Resultat von organisationalen und individuellen Charakteristika ist. Organisationale Charakteristika sind dabei Managementunterstützung, Autonomie
und Diskretion, Auszeichnungen und andere „Verstärker" und Anreize, zeitliche
Verfügbarkeit und organisationale Grenzen. Individuelle Charakteristika sind
wiederum die Neigung zur Risikoübernahme, der Wunsch nach Autonomie, Leis-
tungsorientierung, Zielorientierung und internale Kontrollüberzeugung (ebenda).
In einem volatilen und unsicheren Marktumfeld bilden daher Intrapreneure einen
Hauptbestandteil für eine Überlebensstrategie von Organisationen.

Auch wenn bislang Studien zum Intrapreneurship aus der Sicht von Wirtschaftsunternehmen mit Profitmotiv geschrieben worden sind (etwa Kuratko et
al. 1990; Zahra 1991; Carrier 1994; Carrier 1996), geben sie doch einige Impulse für gemeinnützige Organisationen. Allerdings ist Erfolg von Unternehmen im
sozialen Bereich vielschichtiger und komplexer. Aspekte wie Zufriedenheit und
Wohlbefinden der Zielgruppe, gesteigerte Aufmerksamkeit für marginalisier-
te Gruppen oder weitere Aspekte von sozialer Erfolgsmessung (Mildenberger/
Münscher/Schmitz 2012) reihen sich hier neben rein ökonomische Kriterien. Es
gibt bislang jedoch keinerlei Versuche diese ökonomischen Konzepte des Intrapreneurship auf die soziale Sphäre zu übertragen und die darin enthaltenen Annahmen zu prüfen sowie weiter zu entwickeln.

Gemeinnützige Organisationen operieren in einem zusehends unsicherer werdenden Umfeld. Staatliche Finanzierungsmaßnahmen werden gekürzt, Regularien werden verschärft und permanenten Veränderungen unterzogen. Hierzu gibt es eine Reihe von wissenschaftlichen Untersuchungen, die verbunden sind mit den Stichwörtern Managerialism, Ökonomisierung und Vermarktlichung gemeinnütziger Organisationen (Emerson/Twersky 1996; Weisbrod 1998; Dees 1998; Young/ Salamon 2003; Dart 2004). Social Intrapreneurship, verstanden als soziales Unternehmertum innerhalb von etablierten Organisationen, bezieht sich dabei oft auf die Erschließung von alternativen Finanzierungsquellen im gemeinnützigen Bereich – häufig über Umsatzgenerierung – aufgrund des Rückzugs des Staates aus der Finanzierung (Austin et al. 2006; Boschee 1988). Als Social Intrapreneurs werden dabei häufig Individuen verstanden, die in größeren und etablierten Organisationen neue Lösungen auf soziale oder ökologische Probleme aufspüren und diese aktiv umsetzen. Präziser können Social Intrapreneurs als Personen beschrieben werden, die nach den Kriterien für Sozialunternehmer, welche in Tabelle 2 aufgeführt sind, agieren (siehe auch SustainAbility 2008). Diese Akteure können auf vorhandene Infrastrukturen und organisationale Möglichkeiten zurückgreifen und diese für ihre Vorhaben nutzen (Brenneke/Spitzeck 2010). Trotz organisationaler Beschränkungen innerhalb von etablierten Organisationen, finden daher Social Intrapreneurs gute Grundbedingungen für die Entwicklung und Ausbreitung von sozialen Innovationen vor.

Mair und Martí (2006) meinen gar, dass es keine klare Trennlinie zwischen Social Entrepreneurship und Social Intrapreneurship gibt. Beide Konzepte beziehen sich auf Charaktermerkmale und/oder innovative Prozesse und Lösungen für soziale Probleme. Entrepreneure und Intrapreneure werden gleichermaßen definiert als „applying an entrepreneurial skill-set such as being innovative, proactive, action oriented, creative, and courageous to bring about an innovation. Also as they have to facilitate communication and interaction with sponsors, employees, customers and other stakeholders, social skills such as networking, emotional intelligence, working across sectors, boundary-spanning and leadership have been attributed to them" (Brenneke/Spitzeck 2010; siehe auch Hemingway 2005; Moore/Westley 2009).

Was also Unternehmertum (ob nun Entrepreneurship oder Intrapreneurship) sowie auch Sozialunternehmertum ausmacht, ist in der Debatte höchst unklar. Bislang kann kein Konzept allgemeine Akzeptanz oder gar Überlegenheit gegenüber den anderen beanspruchen. Auch ist völlig unklar, was es bedeutet, wenn ein Kriterium nicht erfüllt ist, bzw. wie man Grade der Erfüllung etwa des Kriteriums der Innovativität misst. Wir fokussieren aber für unsere Analyse der drei

Fallstudien auf fünf Kriterien, die bei den meisten Definitionen im Vordergrund stehen, und die uns daher als gute Richtschnur für die Analyse sozialen Unternehmertums innerhalb von Organisationen erscheinen. Dabei kombinieren wir Elemente verschiedener Denkschulen, wie sie in Tabelle 1 aufgeführt wurden. Zunächst muss eine soziale Zielsetzung, eine soziale Mission die Organisation treiben, damit diese als *soziale* Organisation ausgewiesen werden kann. Zudem muss zweitens das Streben nach finanzieller Unabhängigkeit hervortreten, welches sich etwa in der Suche nach alternativen Finanzierungsquellen, insbesondere Umsatzgenerierung, zeigt. Wir bezeichnen dies als strukturellen Faktor von Sozialunternehmertum. Drittens zeigt sich auf der Aktionsebene Sozialunternehmertum in drei Facetten, nämlich Innovativität, Risikobereitschaft und pro-aktives Agieren (siehe hierzu etwa auch Helm/Anderson 2010: 264). Innovativität kann dabei beschrieben werden als Einführung von neuen Ideen für Produkte, Dienstleistungen oder Prozessen. Risikoübernahme zeigt sich etwa durch den Willen Verantwortung für Fehlschläge zu übernehmen. Pro-aktives Agieren verstehen wir als Fähigkeit Gelegenheiten aufzuspüren und auszubeuten (Lumpkin/Dess 1996). Obwohl das Kriterium der Risikoübername in den gängigen Definitionen von Sozialunternehmertum eine geringe Rolle spielt, haben wir sie als ein Kriterium aufgenommen. Risikoübernahme erscheint uns als eine zentrale Dimension, vor allem auch, weil sie in der Literatur zu *Unternehmertum* eine wichtige Stellung einnimmt. Die folgende Grafik zeigt unser Analyseschema in der Übersicht.

Abbildung 1:   Analyseschema für Social Intrapreneurship

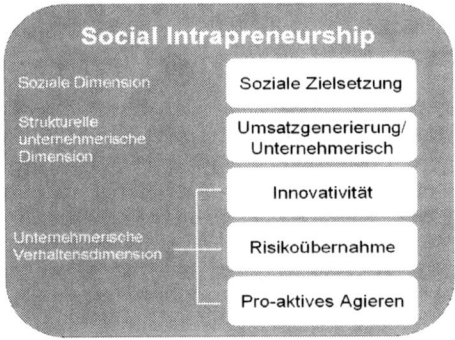

4. Fallstudien dreier christlicher gemeinnütziger Organisationen

Unsere Untersuchung umfasst insgesamt 29 Organisationen, mit denen Interviews in den Jahren 2010 und 2011 geführt worden sind. Neben den Informationen aus den Interviews wurden intensive Recherchen durchgeführt, auf deren Basis die folgenden Fallstudien erstellt worden sind. Fallstudien als empirische Methoden erfahren in den letzten Jahren eine erhöhte Akzeptanz in der Wissenschaft (Eisenhardt 1989, Flyvbjerg 2011). Der Kontextbezug, sowie das Aufzeigen von Hintergründen wird dabei als besondere Stärke von Fallstudien betrachtet (Flyvbjerg 2011). Theoretische Zusammenhänge können damit geschärft und in Bezug gesetzt werden.

4.1 Stiftung Liebenau

1870 gründete der Kaplan Adolf Aich die Stiftung Liebenau. Das anfängliche Angebot fokussierte sich darauf Menschen in Not eine Zuflucht zu bieten, vor allem jenen mit geistiger Beeinträchtigung, Älteren und jüngeren Menschen mit speziellem Bildungsbedarf. Seitdem ist die Organisation stetig gewachsen. Heute ist die Stiftung Liebenau in verschiedenen Tätigkeitsfeldern aktiv, wie der Hilfe für Menschen mit Behinderung, Altenhilfe, Kinder- und Jugendhilfe, Bildung und Gesundheit. Etwa 6000 Mitarbeiter beschäftigt die Stiftung Liebenau und erwirtschaften einen Umsatz von 266 Millionen Euro (Stand 2011). Die Organisation fungiert seit 1995 als Holding für zahlreiche GmbHs und gGmbHs, und ist zudem an verschiedenen weiteren Einrichtungen beteiligt.

Eine der größten Herausforderungen der Stiftung ist, dass für die Umsetzung neuer Ideen kaum staatliche Finanzierungsmöglichkeiten bestehen. Stattdessen sind die staatlichen Finanzierungsströme und die daran geknüpften Bedingungen stetigen Veränderungen unterworfen. Innovationen sind daher für die Stiftung von hoher Bedeutung, da sie im Spannungsfeld zwischen dem Anschluss an staatliche Finanzierungsmöglichkeiten, den Bedarfen von Menschen in Not und der eigenen Mission stehen.

> „Wir sind im inhaltlichen Bereich im Wesentlichen so aufgestellt, dass wir sehr differenziert arbeiten und dass nicht jedes Leistungsspektrum immer in einer, sagen wir mal, Leistungsrefinanzierung abgebildet ist, also: Bei den Kassen, bei den Kostenträgern, Sozialhilfeträgern. Das heißt wir mussten immer wieder Angebote - wo wir den Bedarf bei Menschen gesehen haben - neu in eine Leistungsvereinbarung rein bringen."

Aus dieser Spannung heraus entstehen kontinuierlich neue Dienstleistungen. Zum Beispiel wurde ein Eltern-Kind-Haus eröffnet, das neben dem Kind in Not auch die Eltern begleitet und betreut. Andere Beispiele sind etwa die inzwischen weit verbreiteten Mehrgenerationenhäuser. Da für solche Dienstleistungen keine staatliche Finanzierung zur Verfügung steht, werden sie über Quersubventionierungen finanziert.

Grundsätzlich jedoch steht die Stiftung Quersubventionierungen sehr restriktiv gegenüber, auch wenn sie in manchen Fällen ganz bewusst genutzt wird. Zwei Gründe werden hierfür angeführt. Erstens wird Quersubventionierung zugelassen, wo sie der Zwecksetzung der Organisation dient und einen Bestandteil der Organisationsidentität betrifft. Oftmals betrifft dies Bereiche, wo es niemals eine ausreichende staatliche oder anderweitige Finanzierung gibt. Zweitens kann Quersubventionierung über einen befristeten Zeitraum gewährt werden, etwa um in Bulgarien oder in anderen Ländern neue Dienstleistungen aufzubauen. Die Intention dahinter ist zumeist lokale sozialpolitische Strukturen an anderen Orten zu beeinflussen, das Netzwerk der Stiftung auszubauen und durch eine erfolgreiche Erprobung zusätzliche Mittelzuflüsse für die Zukunft zu generieren. Jede Organisationseinheit arbeitet unabhängig, was Quersubventionierungen zwischen den Einheiten unterbindet. Ein kurzfristiges Defizit einer Einheit wird akzeptiert, doch bei längerfristigen Verlusten kann dies zur Schließung führen. Die Kapitalerhaltung der Stiftung ist zentral um die Unabhängigkeit und die Handlungsfähigkeit der Stiftung zu erhalten.

Die Größe und der Grad der Internationalisierung helfen dabei lokales und praktisches Wissen zu generieren und rasch zu transferieren. Zudem erleichtert es Tätigkeitsfelder zu kombinieren und Dienstleistungen über die Lebensspanne anzubieten, wie etwa Pflegedienste und Arbeitsintegrationsmaßnahmen zusammenzubringen. Außerdem gelingt es der Organisation durch ihre Größe die Komplexität von Institutionen, Entscheidungsträgern und Gesetzgebung besser zu meistern und teilweise gar Brücken zwischen diesen Akteuren zu bauen.

Selbst beschreibt sich die Organisation als sehr innovativ, jedoch ohne Selbstreflexion und Selbstkritik vermissen zu lassen, wie es das folgende Zitat belegt.

> „Wir machen bei Weitem nicht alles richtig. Wir machen glaube ich Vieles ganz ordentliches, aber wir sind auch echt richtig lernfähig, ja."

Um ein Innovationsklima innerhalb der Organisation zu schaffen betont die Organisation ihre Unabhängigkeit. Des Weiteren sind hierbei der Auswahlprozess von Mitarbeitern von Bedeutung und ein Umfeld, welches erlaubt Neues hervorzubringen und auszuprobieren. Unkonventionelles Denken wird gefördert, gleich ob ausgehend vom Vorstand oder nicht, und die Umsetzung wird im Kleinen getestet. Geschäftsführern wird hierfür ein weiter Freiraum gewährt und ihnen werden Coaching sowie erweiterte Trainings- und Mitarbeiterentwicklung angeboten.

Das Organisationsklima wird als wertschätzend und anerkennend beschrieben.
Auch wenn manchmal Ideen scheitern, tragen Innovationsvorhaben dazu bei die
Stiftung flexibel und selbstreflexiv zu erhalten und aktiv nach Marktverände-
rungen Ausschau zu halten. Auf Veränderungen wird pro-aktiv und so früh wie
möglich reagiert um selbst Wandel zu schaffen, anstatt vom Wandel eingeholt zu
werden, wie es die Stiftung Mitte der 1990er Jahre erfahren hat.

> „Wenn da jemand auf Fortbildung will, dann kommt er auf Fortbildung bei uns. Und da ist so eine
> Eigendynamik letztendlich entstanden, weil die ihr Feld einfach ausfüllen und weil gute Ideen,
> wenn sie gut sind, auch bei uns eine Chance haben umgesetzt zu werden, ja. Also gute Ideen,
> die nie umgesetzt werden, nie eine Chance haben, dann stoppt das Potenzial letztendlich, ja."

Bei der Initiierung von neuen Projekten oder Organisationen werden zunehmend
Netzwerke mit anderen Organisationen gebildet. Projektkosten werden geteilt
und Risiken werden gestreut. Zudem kreieren Netzwerkstrukturen Druck auf
die jeweiligen Partner, was das Verpflichtungsgefühl für die Initiative verstärkt.
Außerdem sind Netzwerke im Ausland unerlässlich um einen Marktzugang zu
erlangen. Oftmals fordern gar Behörden und Ministerien ein Netzwerk von Organisationen für neue Dienstleistungen, damit Finanzen überhaupt gewährt werden. Resultate sind neue Organisationsformen im sozialen Bereich, welche Ope-
rationsweise und Struktur der Stiftung beeinflussen.

> „Also das heißt organisatorisch haben wir uns von "viel selber" auf "viel Netzwerke" entwickelt."

Start-ups im sozialen Bereich sind interessante Partner für die Stiftung. Obwohl
eine Partnerschaft für beide Seiten Vorteile in Bezug auf das Kombinieren von
verschiedenen Kompetenzen und Ressourcen hat, kommen Kooperationen in
diesen Fällen nur schwerlich zustande. Etablierte Organisationen brächten Infrastruktur und Netzwerke in eine Partnerschaft mit ein, jüngere Organisationen
Flexibilität, spannende Ideen und oftmals eine gute Medienarbeit. Hier könnten
für die Umsetzung neuer Ideen gut Risiken balanciert werden. Doch scheitern
solche Kooperationen häufig daran, dass einerseits eine Vereinnahmung oder gar
eine Übernahme der jungen Organisationen durch Etablierte befürchtet wurde und
andererseits die Zeitdimensionen auseinander klaffen. Junge Organisationen, die
häufig an einer einzigen Entscheiderpersönlichkeit hängen, drängen auf schnel-
le Entscheidungen, während die Stiftung Liebenau hierarchische Strukturen und
damit Klärungen innerhalb der Organisation zu berücksichtigen hat. Entschei-
dungsfindungsprozesse nehmen entsprechend längere Zeitspannen in Anspruch.

4.2 Rummelsberger Dienste für Menschen

Der Grundstein für die Rummelsberger Dienste für Menschen kann auf das Jahr 1904 datiert werden, als der Landesverein für Innere Mission das Gut Rummelsberg kaufte. Es brauchte 20 Jahre bis die Arbeit mit Menschen mit Behinderung aufgenommen wurde und die Organisation zu einem Hauptakteur der Diakonie in Bayern heranwachsen konnte. Aktuell werden 202 verschiedene Dienstleistungen von den Rummelsberger Diensten angeboten, darunter Krankenhäuser, Kinder- und Jugendhäuser, Einrichtungen für Menschen mit Behinderung, Pflegehäuser, Schulen und Trainingszentren. Heute beschäftigt die Organisation etwa 5400 Mitarbeiter und erwirtschaftet einen Jahresumsatz von etwa 200 Millionen Euro. In den Jahren 2007 und 2008 hatte die Organisation mit einer schweren Krise zurechtkommen, die zurückging auf Untersuchungen bezüglich des damaligen Vorstandsvorsitzenden. Die Organisation erholt sich langsam wieder von dieser Zeit und gewinnt kontinuierlich Anerkennung und Reputation zurück. Eine Hauptherausforderung spielt dabei das Spannungsverhältnis zwischen hochwertigen Dienstleistungen, Effizienz und den eigenen Organisationszielen bei stetigen Kürzungen staatlicher Finanzierungen.

Als eine Organisation mit einem sehr breiten Spektrum an verschiedenen Dienstleistungen für Menschen mit Behinderung aller Altersklassen muss ein weites Spektrum an verschiedenen Sozialgesetzgebungen und deren Veränderungen überblickt werden. Jede Altersklasse wird von Seiten des Gesetzgebers anders betrachtet und verlangt Anpassungen an die Dienstleistungen, sollen die Menschen über die Lebensspanne hinweg Betreuungsmöglichkeiten finden. Permanente Anpassungen und innovative Konzepte sind daher vonnöten. Die Integration verschiedener Dienstleistungen und Assistenzen ist eine Hauptherausforderung, wie das folgende Zitat zeigt:

„Wenn man mal von da anfängt, von wo wir eigentlich tätig sein sollen, an dem Menschen, der zu uns kommt, der Mensch hat ein Problem und das interessiert den relativ wenig, ob das nach SGb 4, 5, 9, 11, 12 oder sonst irgendwas abgerechnet wird. Wir erleben das historisch gewachsen, wie die meisten anderen auch, dieses Spartendenken, wo dann ein Jugendlicher bis 18 in der Jugendhilfe ist und dann hat er plötzlich keinen Beruf und fliegt raus aus dem System, wobei sein Problem weiterhin besteht. Die Person wird womöglich kriminell und tritt in ein anderes System ein, das Strafvollzugssystem. Wir sollten der Person dabei helfen einen Job zu finden, ihm eine Chance für eine Zukunft zu geben ohne auf das Alter zu schauen. Das wäre effizienter für die gesamte Gesellschaft. Oder ein Mensch mit Behinderung in hohem Alter, der irgendwann mal 65 ist, nehmen wir das mal als Schnitt, vorher war er in der Behindertenhilfe untergebracht und hinterher fliegt er zur Altenhilfe rüber, rein rechtlich. Das ist im Prinzip alles Quatsch, es ist nur im Moment von der Refinanzierung so gefordert, nur da die Grenzen immer wieder so ein bisschen aufzuweichen, das ist auch unsere Aufgabe, die wir hier haben, die Bereiche wieder miteinander zum Reden zu bringen."

Um Brücken zwischen den verschiedenen Segmenten zu bauen, musste die Kommunikationsstruktur innerhalb der Organisation verändert werden. Es gibt nun mehr Meetings und Konferenzen; dennoch werden Entscheidungen nicht sonderlich rasch getroffen, da auch die Strukturen der evangelischen Kirche zu berücksichtigen sind. Dieser tiefgreifende Reflexionsprozess vor Entscheidungen beschränkt die Flexibilität und die Geschwindigkeit der Organisation. Aber abgesehen von diesen Nachteilen, ist die große Stärke der Organisation ihre Größe und der damit verbundenen Möglichkeit einer Überbrückungsfunktion zu sehen. Daher erbringen die Rummelsberger Dienste Leistungen, die von anderen Organisationen gar nicht erst erbracht werden können. Als Resultat entstehen genau an den Schnittstellen von unterschiedlichen Feldern Innovationen. Die Vorteile der Größe und Dienstleistungsvielfalt treten dabei an verschiedenen Punkten hervor. Erstens können einige Dienstleistungen, wie Jugendhilfe oder Arbeit mit Menschen mit Behinderungen oft nicht allein auf regionaler Ebene erbracht werden. Auch die Kommunikation mit regionalen Politikern hilft nicht, da die relevanten Entscheidungen auf höheren politischen Ebenen getroffen werden, die aber schwerlich von kleineren Organisationen adressiert werden können. Eine größere Organisation hat die Möglichkeiten und die entsprechenden Einflusspotentiale um den Dialog auf diesen Ebenen führen zu können. Zweitens sind Ideen und Dienstleistungen einfacher zu transferieren. Aufgrund der häufig verschiedenen Standorte und der örtlichen Ausdehnung größerer Organisationen können neue Ideen schneller an andere Orte gebracht werden. Außerdem können die einzelnen Einheiten voneinander im Umsetzungs- und Durchführungsprozess lernen, sofern die Kommunikationsprozesse entsprechend funktionieren. Und schließlich kann drittens die Qualität von kleineren Organisationen nicht erreicht werden.

„Aber generell, wenn jetzt jemand im Altenheim sitzt, ist es eigentlich kein Unterschied, ob ein großer oder kleiner Träger dahinter steht, aber in so einem Geistigbehindertenzentrum oder Körperbehindertenzentrum wie hier [...], so was kann nicht kleinteilig gemacht werden, da kriegen sie die Qualität nie, im Moment gibt es eine Ideologie die heißt small is beautiful, macht die großen Träger kaputt, die großen Einheiten, aber das ist in meinen Augen nicht sehr überzeugend."

Um die Qualitätsstandards in allen Untereinheiten permanent überprüfen zu können, werden interne Prüfungen durch einen speziell qualifizierten Mitarbeiter für Pflegetätigen vorgenommen, der neben regelmäßigen Prüfungen zudem auch beratend und unterstützend tätig ist, um weitere Verbesserungen anzuregen. Aber trotz der genannten Vorteile, die durch die Größe der Rummelsberger Dienste entstehen, bleiben die Vorstände kritisch gegenüber dem Streben nach Größe und

Wachstum, da Größe auch einen ausufernden administrativen Überbau mit sich zieht, der zu finanzieren ist. Größe ist daher kein Wert an sich. Es finden Umverteilungen zwischen den einzelnen Untereinheiten statt. Einnahmenüberschüsse fließen in defizitäre Einheiten. Quersubventionierungen werden bewusst vorgenommen, da die so finanzierten Dienstleistungen eng mit der Mission der Organisation in Verbindung stehen und diese jenseits von bereits bestehenden Lösungen liegen. Oftmals sind diese Initiativen noch als junge Innovationen zu bezeichnen. Zum Beispiel bieten die Rummelsberger Dienste eine Auffangmöglichkeit für Jugendliche unter 16 Jahren an, für die es keine anderen Angebote gibt. Auch Präventionsmaßnahmen, wie Streetwork Arbeit, werden über Umsätze von anderen Einheiten bis zu einem gewissen Grad finanziert. Wie die Stiftung Liebenau testen die Rummelsberger innovative Wohnkonzepte, in denen Menschen mit Behinderung und Menschen ohne Behinderung gemeinsam leben. Für diese Ansätze gibt es keine staatlichen Mittel. Ein anderes Beispiel sind spezielle Musikschulen. Zunächst waren viele Partner gegen diese Dienstleistung, die als inadäquat für die heutige Zeit betrachtet wurde oder es wurde vor einem Verlustrisiko gewarnt. Heute läuft die Musikschule ohne Defizite, was kaum eine staatlich betriebene Musikschule schafft.

4.3 Stiftung Hephata

Seit 1859 stellt die Stiftung Hephata Möglichkeiten zum Leben, Wohnen und Bildung für Menschen mit geistigen Behinderungen zur Verfügung. Heute ist die Stiftung eines der größten sozialen Dienstleistungs- und Arbeitsintegrationsunternehmen in Deutschland. Als eine der ersten Organisationen, die sich um Menschen mit geistigen Behinderungen gekümmert hat, ist diese von den Fähigkeiten solcher Menschen überzeugt und hilft ihnen dabei diese einzubringen und dabei einen positiven Beitrag für die Gesellschaft zu leisten. Aus heutiger Sicht war die Stiftung sehr progressiv. Die Stiftung legt großen Wert auf Bildung und die Unterstützung von Menschen, die an Epilepsie leiden. Dabei durchlief die Organisation in ihrer mehr als 150-jährigen Geschichte einige harte Zeiten, doch sie blieb dabei selbst-reflexiv und bemerkt, dass auch sie nicht ohne „Fehl und Tadel" sei. Auch heute noch ist die Stiftung Hephata durch stetiges Wachstum gekennzeichnet und betreibt eine internationale Wachstumsstrategie. Aktuell arbeiten etwa 2600 Menschen mit Behinderung für die Stiftung in 27 Städten Nordrhein-Westfalens. Über 130 Einrichtungen bieten Dienstleistungen im Bereich Wohnen, Arbeiten, Bildung und Beratung an.

Mitte der 1990er Jahre durchlief die Organisation eine schwerwiegende Krise, hauptsächlich verursacht durch einen exorbitanten Overheadapparat. Diese Krise bot auch eine Chance für einen Neuanfang bzw. eine Restrukturierung. Die angebotenen Produkte und Dienstleistungen wurden stärker auf die Bedürfnisse der Benefiziare abgestimmt, da die bis dahin angebotenen Leistungen nicht mehr zeitadäquat waren. Die Organisation begann wieder Gewinne zu erwirtschaften und investierte diese direkt in weiteres Wachstum und Rücklagen. Ausgelöst durch diesen Lernprozess steht die Stiftung heute ökonomisch sehr gut dar und treibt die kritische Reflexion der eigenen Tätigkeiten weiter voran. Durch Beratungsleistungen implementierte die Organisation eine Integration der Stakeholder nach dem St. Gallener Managementmodell um Veränderungen und neue Bedarfe in der Umwelt rasch aufspüren zu können. Darauf aufbauend können Anpassungen der Dienstleistungen oder gar neue Angebote geschaffen werden.

Unter anderem entstanden dadurch neue Formen des Wohnens. Anstatt Menschen mit geistiger Behinderung fernab der restlichen Bevölkerung unterzubringen, leben diese nun in „aktiven Nachbarschaften". Die Klienten leben hier in kleineren Wohneinheiten. Aber dies ist nur ein Beispiel für die aktuelle Innovationskraft der Organisation.

> „Alle 3-4 Wochen machen wir etwas Neues auf, das ist schon so, du hast es so schön gesagt: Was bei anderen die Strategie ist, ist bei uns operatives Geschäft. Neubau oder so etwas, das passiert permanent. Und da haben wir eine Entwicklung eingeleitet, die schon in jeder Beziehung Beachtung fand. Es waren nicht alle glücklich darüber was wir machten, wir haben mit vielen Dogmen gebrochen [...]"

In der Initiierungsphase arbeitet die Organisation unternehmerisch in dem Sinne, dass neue Vorhaben zunächst ohne staatliche Finanzierung beginnen. Später jedoch findet häufig eine Anpassung an die Systemstrukturen statt, so dass die Initiativen, wenn nicht ganz, dann doch teilweise von staatlicher Seite finanziert werden. Dieses unternehmerische und systemverändernde Vorgehen, welches manche jüngere Sozialunternehmer ebenfalls kennen, ist für reife Organisationen, wie die Stiftung Hephata, tägliches Geschäft und integraler Bestandteil des Selbstbildes der Organisation. Heute ist die Stiftung unternehmerischer als je zuvor indem sie pro-aktiv nach neuen Ideen und Märkten Ausschau hält.

Die Veränderungen, die seit Mitte der 1990er Jahre in der Stiftung Hephata ausgelöst worden sind, haben in der Diakonie nicht wenige irritiert. Funktional betrachtet waren diese Veränderungen völlig unüblich. Resultierend daraus fühlte sich die Stiftung durch den Dachverband nicht mehr adäquat vertreten, weshalb neue Netzwerke etabliert wurden, insbesondere der sog. Brüsseler Kreis (dem auch die Stiftung Liebenau und die Rummelsberger Dienste angehören). Neben der Lobbyfunktion der Vereinigung, hilft das Netzwerk den Organisationen dabei Informationen und Erfahrungen untereinander auszutauschen, sowie gemeinsam neue Initiativen zu lancieren. Aufgrund der bewussten Fokussierung auf Effektivität- und Effizienzkriterien muss die Organisation einen permanenten Spagat zwischen verschiedenen Sphären, sowohl intern als auch extern, eingehen. Dies führte zu einem veränderten Denken und einem unternehmerischen Führungsstil innerhalb der Organisation. Statt jedoch permanent defizitäre Einheiten zu schließen, trägt die Stiftung insofern Verantwortung, indem sie versucht ungenutzte Innovationspotentiale der Mitarbeiter zu heben.

„Aber ansonsten leben wir von der Innovation, verdienen unser Geld mit den neuen Angeboten, ganz klar, wenn etwas von ganz vielen nachgemacht wird, gibt es einen Preiswettbewerb und die Konditionen werden schlechter. Wenn man mit etwas Neuem agieren kann, sind die Margen sehr viel angenehmer, insofern müssen wir eigentlich immer vorne sein, einen Vorsprung behalten vor den anderen, dann haben 1, 2, 3 Jahre Zeit daran auch gutes Geld zu verdienen bis eben viele es nachmachen und dann müssen wir auf anderen Gebieten schon wieder weiter sein. Insofern, glaube ich, dass eben auch in diakonischer Arbeit eben das Thema Forschung und Entwicklung eines ist, in das man investieren muss und das ganz entscheidend zum Erfolg beiträgt. Die Diskussion um effizienteres Handeln ist notwendig aber die führt letztlich nicht aus dem maroden System der Sozialhilfe heraus. Wenn man das durchbrechen will, muss man wirklich mit innovativen Konzepten, ganz neuen Ideen, die quer zum Trend sind, sich positionieren."

Ein permanenter, moderater Gewinn und die signifikante Machtposition aufgrund der Größe der Organisation sind hilfreich um kontinuierlich neue Initiativen zu starten. Zugleich hält Hephata permanent Ausschau nach Organisationen, die mit Innovationen aufwarten. Manchmal werden diese Ideen übernommen oder entsprechend angepasst, und – wenn erfolgreich an einem Standort – dann an weitere Standorte übertragen. Die Vorstände sehen dies als einen zentralen Punkt der Strategie von Hephata an. Neue Ideen kommen aber nicht allein aus der Führungsriege. Oftmals bringen Mitarbeiter neue Projektideen hervor. Zunächst werden diese klein umgesetzt. Dabei entstehen Projektkosten von etwa 50.000 Euro, die aber für die Stiftung keinen besonders bemerkenswerten Betrag und damit kaum ein finanzielles Risiko darstellen. Ein Beispiel für eine erfolgreiche Innovation bei Hephata ist die betreute Elternschaft, wo Eltern mit Behinderung in der Anfangszeit der Elternschaft Unterstützung erhalten.

Die Generierung eines geringen Profits ist für die Organisation entscheidend in Hinblick auf Flexibilität und die Möglichkeit für Reinvestitionen in neue Ideen und organisationales Wachstum. Ebenso betreibt die Stiftung Hephata Quersubventionierungen. So wird etwa eine kurative Tagespflegeeinrichtung für Kinder betrieben um junge Menschen so früh wie möglich an die Organisation heranzuführen. Andere Einrichtung, die permanent Defizite einfahren, sind Schulen, wobei diese Verluste vor allem durch gesetzliche Vorgaben bedingt sind.

Die Entscheidungsprozesse innerhalb von Hephata sind relativ schnell, setzt man sie mit der Größe und der damit erwartbaren Trägheit ins Verhältnis. Rasche Entscheidungsprozesse halfen dabei die Organisation in der letzten Dekade schnell zu transformieren und zeugten von organisationaler Flexibilität. Die Erfolge in der Vergangenheit halfen dem Vorstand bei der Überzeugungsarbeit bezüglich der Umsetzung neuer Ideen intern und extern. Dies bedeutet aber nicht, dass es keine Diskussionen über neue Vorhaben gibt. Besonders wichtig für die Stiftung Hephata sind gute Arbeitsbeziehungen, welche ein Klima des konstruktiven Disputs ermöglichen.

> „[...] auch wenn es einem in den Fingern juckt jetzt möglichst schnell zu einer Entscheidung zu kommen, aber zu sehen, die Zeit, die man dann glaubt einsparen zu können, muss man dann hinterher investieren, weil Entscheidungen, die nicht gemeinsam getragen werden, werden sie nicht umsetzen können."

5. Diskussion der Ergebnisse

Die betrachteten Organisationen sind klassische Nonprofit-Dienstleistungsorganisationen. Sie blicken alle auf eine über 100-jährige Geschichte zurück. Aus der Perspektive von Organisationsentwicklungsmodellen befinden sich alle drei Organisationen in der Reifephase, wenn nicht gar in der Krisenphase bzw. haben diese überwunden. Interessant war, dass alle Organisationen eine Holdingstruktur aufgebaut haben. Dies ist auf Anpassungsnotwendigkeiten aufgrund von Veränderungen im Sozial- und Gemeinnützigkeitsrecht zurückzuführen, sowie auf tarifliche und fiskale Gründe und letztlich auch auf Vermarktlichungstendenzen. So wurden etwa einige Dienstleistungen für Dritte angeboten, um den Organisationen eine gewisse Unabhängigkeit von volatilen und konstant schrumpfenden staatlichen Finanzierungen zu gewährleisten. Im Folgenden wird die Erfüllung der oben dargestellten Kriterien für Social Intrapreneurship im Einzelnen geprüft.

5.1 Soziale Zielorientierung

Die Fallbeispiele stellen Dienstleitungsorganisationen im Dritten Sektor dar. Ihre soziale Zielsetzung bezieht sich auf die Inklusion von marginalisierten Gruppen in die Gesellschaft. Dies umzusetzen wird in Zeiten schrumpfender staatlicher Finanzierungsströme stetig schwieriger. Weniger verwunderlich ist daher, dass bei den Fallbeispielen eine zunehmende Kommerzialisierung und Marktorientierung zu beobachten ist. Quersubventionierungen sind gängig um auch Aktivitäten betreiben zu können, die den Kern der Mission betreffen, jedoch nicht über staatliche Finanzmittel betrieben werden können. Teilweise werden Quersubventionierungen vorgenommen um neue Märkte zu erschließen. Letztlich tragen diese Strategien zu einer Stabilisierung der Organisation bei.

5.2 Umsatzgenerierung und unternehmerisches Agieren

Seit etwa Mitte der 1990er Jahre beobachtet man bei den vorgestellten Fällen, dass die Organisationen einen erheblichen Aufwand treiben, um neue Gelegenheiten aufzuspüren, die wiederum helfen höhere Umsätze zu generieren. Neue Organisationseinheiten werden vermehrt dahingehend überprüft, ob sie zukünftig weitestgehend unabhängig von staatlichen Finanzierungen betrieben werden können. Dies hat den Charakter der Dienstleistungen verändert. Häufig findet man Arbeitsintegrationsmaßnahmen, die über den Verkauf von Dienstleistungen und Produkten, einerseits Menschen mit Behinderungen eine Beschäftigung und damit Inklusions- und Partizipationsmöglichkeiten bieten und andererseits Umsätze über etablierte Märkte erwirtschaften. Die Operationen der Organisationen wurden durch Finanzcontrolling zusehends unternehmerischer. Teilweise wurden Einheiten geschlossen, die einen permanenten Verlust erwirtschafteten, da Quersubventionierungen nur für bestimmte Bereiche vorgesehen sind. Bemerkenswerter war jedoch die bei allen Fällen vorzufindende Doppelspitze im Vorstand mit mindestens einem kaufmännischen und einem klerikalen Vorstandsvorsitzenden. Hier wird offenbar versucht unternehmerisches Agieren mit dem spezifischen sozialen Auftrag zum Ausgleich zu bringen. Die Stiftung Liebenau beschäftigt darüber hinaus einen Juristen als dritten Vorstandsvorsitzenden.

5.3 Innovationskraft

Die Veränderungen staatlicher Finanzierungen, sowie Gesetzesänderungen, die einen Druck zur Aufspaltung größerer Organisationen in gewinnorientierte und gemeinnützige Organisationen ausgelöst haben, veranlassen reife Organisationen dazu Innovationen hervorzubringen. Die meisten Innovationen weisen dabei einen hybriden Charakter auf, da sie soziale und kommerzielle Mittel kombinieren. Die Unabhängigkeit von staatlichen Finanzierungen wurde dabei durch eine höhere Abhängigkeit von volatilem Marktgeschehen ersetzt, was die Organisationen zu höherer Flexibilität, Konkurrenzorientierung und Konsumentenorientierung anhält.

Eine hohe Innovationskraft konnte in allen Fällen ausgemacht werden, jedoch ragen die Stiftung Liebenau und die Stiftung Hephata heraus und können als

Avantgarde im Feld bezeichnet werden, während ein Vorstandsskandal der jüngeren Vergangenheit die Rummelsberger Dienste noch belastet. Doch die Innovationen in reiferen Organisationen scheinen sich von Innovationen bei Neugründungen zu unterscheiden. Das spezifische innovative Moment ist weder der Gründungsakt an sich noch die einzigartige Idee, die zur Gründung geführt hat. Der kontinuierliche Innovationsprozess bei den dargestellten Organisationen folgt aus einer Mischung von externem Druck und interner, aktiver Suche nach Neuerung.

5.4 Proaktivität

Die Organisationen warten allesamt nicht ab, in welche Richtung sich die staatlichen Strukturen und Finanzierungen entwickeln werden. Vielmehr agieren sie pro-aktiv auf eine weitestgehende Unabhängigkeit von diesen Entwicklungen hin, wobei eine sich weiter verschärfende Finanzlage des Staates und damit weitere Kürzungen im Sozialsystem angenommen werden. Die Organisationen suchen aktiv nach neuen Geschäftsgelegenheiten und prüfen ihr Umfeld nach Veränderungen hin ab. Die Organisationen ruhen sich nicht auf dem Erreichten aus, sondern setzen fortwährend auf neue Ideen, gleich ob nun vom Vorstand initiiert oder durch Mitarbeiter angestoßen, und implementieren diese regelmäßig. Dabei hilft es, dass Risiken für Innovationen durch erfolgreiche Geschäftsbereiche ausgeglichen werden können. Die Implementierung eines Innovationsklimas ist dabei zentral. Dies kann als Strategie bewertet werden um funktionales Denken in Einzeleinheiten zu überwinden und die Mitarbeitermotivation zu erhöhen. Eine gute Organisation aktiviert Innovationskraft in dezentraler Art und Weise.

Pro-aktive Suche nach und Umsetzen von Umsatzstrategien ist ein Mittel um den Fortbestand der Organisation zu sichern und zukünftige Innovationen zu ermöglichen. Dabei werden teilweise Quersubventionierungen angewandt. Um Risiken durch nationalstaatliche Regulierungen auszugleichen, versuchen Wohlfahrtsträger, die zu Unrecht als nationalstaatlich gebunden betrachtet werden, sogar zunehmend neue Märkte auch außerhalb von Deutschland zu erschließen.

5.5 Risikoübernahme

Eine starke finanzielle Basis hilft bei der Initiierung von Innovationen. Eine gescheiterte Innovation bedeutet nicht das Ende der gesamten Organisation. Eine größere Organisation kann Infrastruktur, verfügbare Finanzmittel und langjährige Erfahrung und Wissen in den Innovationsprozess einbringen. Wie von einem Vorstandsvorsitzenden bemerkt, kann eine gescheiterte Innovation leicht kompensiert werden, erfolgreiche Innovationen können rasch an verschiedene, schon erschlossene Standorte weitergetragen werden um auch dort entsprechende Umsätze zu generieren. Dennoch bleibt ein Risiko bestehen, wenn zu viele neue Ideen gleichzeitig umgesetzt werden, die allesamt scheitern und dadurch die finanzielle Basis Stück für Stück aufzehren.

Wir betrachten zusammenfassend die vorgestellten Fallbeispiele als Fälle von Social Intrapreneurship, wobei der Social Intrapreneur nicht als eine einzelne Person betrachtet werden kann. Vielmehr führen spezifische Strukturen und Führungsstile der Organisationen zu einer innovationsfördernden Kultur der gesamten Organisation. Erstaunlich war, dass es sich bei allen Organisationen um christliche Organisationen handelte, die zunächst als weniger innovativ gelten, da bei diesen Organisationen Entscheidungsstrukturen angenommen werden, die als eher konservativ, unflexibel und zurückhaltend bezeichnet werden, und damit letztlich als wenig innovationsfreundlich.

6. Zusammenfassung und Ausblick

In den vorgestellten Fällen konnte bei reifen gemeinnützigen Organisationen mit christlichem Hintergrund Social Intrapreneurship gut dargestellt werden. Basierend auf einer intensiven Literaturdurchsicht wurde ein Konzept von Social Intrapreneurship entwickelt, das die folgenden Kriterien herausstellt: soziale Zielorientierung, Strategien der Umsatzgenerierung und unternehmerische Aktivitäten: Innovationskraft, pro-aktives Agieren und Risikoübernahme. Dabei fokussierten die Fallbeispiele allesamt auf Organisationen, die insbesondere die Themenfelder Pflegedienstleistungen und Bildung abdecken. Damit handelt es sich zunächst um einen sehr eingegrenzten Aktivitätenkreis mit einem speziellen wohlfahrtsstaatlichen und damit regulativen Hintergrund. Inwiefern diese Ergebnisse aus dieser Untersuchung für andere sozialunternehmerische Aktivitäten in anderen Feldern übertragbar sind bleibt zu prüfen. Festzuhalten aber ist, dass Social Intrapreneurship durchaus eine Relevanz in der Praxis hat und dies in der Forschung weiterführende Berücksichtigung finden sollte.

Zwei Innovationstreiber konnten identifiziert werden. Erstens erzeugen regulative und fiskalpolitische Veränderungen einen Druck auf die Dienstleistungserbringung von gemeinnützigen Organisationen, was häufig zu Effizienzbemühungen und Umsatzgenerierungsstrategien führt, wie dies auch in der frühen Literatur zum Thema beschrieben worden ist (etwa Weisbrod 1998, Emerson/Twersky 1996). Zweitens stellen Neugründungen von Organisationen in Themenfeldern von etablierten Organisationen einen Innovationstreiber für letztere dar. Trotz dieses Innovationsdrucks zeigen die Fallbeispiele, dass nicht allein auf

Veränderungen reagiert wird, sondern dass pro-aktiv Veränderungen und Umsatzgenerierungsmöglichkeiten gesucht werden. Hierbei richteten die Organisation ihre Strukturen und Prozesse auf Innovationen im Rahmen ihrer jeweiligen Mission aus. Bemerkenswert ist dabei herauszustellen, dass Internationalisierung als Strategie angewandt wird und Instrumente, die Veränderungen in der Umwelt der Organisation frühzeitig aufspüren, implementiert wurden.

Für die zukünftige Forschung zum Themenfeld Sozialunternehmertum ergeben sich dabei mindestens zwei Aufgaben. Zum einen gilt es die Innovationskraft von etablierten Wohlfahrtsorganisationen stärker in den Blick zu nehmen und in den Forschungszweig Sozialunternehmertum zu integrieren. Dabei gilt es den weiterhin vorgebrachten, aber empirisch eher wenig untermauerten, Vorwurf der Unflexibilität und Trägheit von etablierten Organisationen zu prüfen. Zum anderen ist es notwendig Innovationen qualitativ zu bewerten und hierfür entsprechende Messmethoden zu entwickeln, da sich soziale Innovationen stark unterscheiden und bislang kaum in ihrer Relevanz unterscheiden lassen. Dies ist insofern von Belang, da Innovativität eine Kerndimension des Konzeptes Sozialunternehmertum darstellt.

Oftmals erbringen ältere Wohlfahrtsorganisationen nicht allein Dienstleistungen, sondern sind darüber hinaus als Themenanwälte aktiv und nehmen so Einfluss auf politische Entscheidungen. Aufgrund ihrer Größe werden diese Organisationen im Gegensatz zu kleineren eher wahrgenommen. Defourny und Nyssens konstatieren (2010: 45): "...[S]ocial enterprises, unlike some non-profit organizations, are normally neither engaged in advocacy, at least not as a major goal, nor in the redistribution of financial flows (as, for example, grant-giving foundations) as their major activity; instead, they are directly involved in the production of goods or the provision of services on a continuous basis."

Forscher des Feldes sollten sich vermehrt mit Fällen von Social Intrapreneurship beschäftigen und entsprechende Erklärungsmodelle entwerfen oder weiterentwickeln. Das vorgeschlagene Schema verschiedener Kriterien, welche Social Intrapreneurship charakterisieren, kann dabei als ein Ansatzpunkt genutzt werden. Ergänzend dazu sollten die gleichen Kriterien für die Untersuchung von neu gegründeten Sozialunternehmen in Anschlag gebracht werden, um Vergleiche zwischen etablierten Organisationen und Neugründungen ziehen zu können. Dies dürfte dabei helfen ein klareres Bild von unterschiedlichen Typen von Sozialunternehmertum zu erhalten.

Des Weiteren scheint die Anwendung von Rollenmodellen und Funktionstypen von Organisationen hilfreich. Klassisch ist die Unterscheidung von Kramer (1981) der zwischen Dienstleisterfunktion, Themenanwalt, Wertewächter und Avantgardisten unterscheidet. Dies hilft die Heterogenität des Feldes etwas differenzierter darzustellen und die Unterscheidungslinien zwischen einzelnen Organisationsmodellen neu zu justieren. Es gibt ausgehend von unseren Untersuchungen keinen Grund Neugründungen gegenüber etablierten Organisationen bezüglich Innovation zu bevorzugen. Vielmehr sollten Transformations- und Innovationsleistungen von etablierten Organisationen im Zusammenhang mit Neugründungen betrachtet werden und hierbei ebenso die Umfeldfaktoren Berücksichtigung finden, die Treiber, aber auch Hemmschuhe für Innovationskraft und Umsatzstrategien darstellen. Dies würde der Gefahr begegnen, dass im Forschungsfeld jüngere Organisationen gegenüber etablierten den Vorzug erhalten. Letztlich hat dies auch Auswirkungen auf die Praxis. So finden sich zwar viele neuere Finanzierungsinstrumente für Neugründungen von Sozialunternehmen oder aber für deren Wachstum. Demgegenüber werden aber fast durchgängig Restrukturierungsmaßnahmen von Investorenseite ausgeschlossen. Hierfür mag im Feld offenbar kein Geld gegeben werden, selbst wenn es mehr als sinnvoll erscheint auf vorhandenes Wissen, Infrastruktur und erfahrenes Personal dieser Organisationen zu bauen.

Literaturverzeichnis

Achleitner, A.-K./ Pöllath, R./ Stahl, E. (Hrsg.) (2007). *Finanzierung von Sozialunternehmern, Konzepte zur finanziellen Unterstützung von Social Entrepreneurs.* Stuttgart: Schäffer-Poeschel.

Alvord, S. H./ Brown, L. D./ Letts, C. (2004). Social Entrepreneurship and Social Transformation: An Exploratory Study. *Journal of Applied Behavioral Science*, 40(3): 260-282.

Austin, J./ Stevenson, H./ Wei-Skillern, J. (2006). Social and commercial entrepreneurship: same, different, or both? *Entrepreneurship Theory and Practice* 30 (1): 1-22.

Barendsen, L./ Gardner, H. (2004). Is the Social Entrepreneur a New Type of Leader? *Leader to Leader*, 34: 43-50.

Bishop, M. (2006). The rise of the social entrepreneur: whatever he may be. *The Economist*, 378 (8466), special edition: 11-13.

Bornstein, D. (2004). *How to Change the World, Social Entrepreneurs and the Power of New Ideas.* New York: Oxford University Press.

Boschee, J. (1998). *Merging mission and money: A board member's guide to social entrepreneurship.* Enterprising Nonprofits, Vancouver, Download unter: http://128.121.204.224/pdfs/MergingMission.pdf.

Boschee, J./ McClurg, J. (2003). *Toward a Better Understanding of Social Entrepreneurship: Some Important Distinctions.* Social Enterprise Alliance, Minnetonka, Download unter: http://www.se-alliance.org/better_understanding.pdf.

Brenneke, M./ Spitzeck, H. (2010). *Social Intrapreneurship.* Working Paper, Download unter: http://www.eben.gr/site/Papers/Spitzeck%20Heiko%20Social%20Intrapreneurship.pdf

Brinckerhoff, P. C. (2000). *Social Entrepreneurship: The Art of Mission-Based Venture Development.* New York: Wiley.

Brunaker, S./ Kurvinen, J. (2006). Intrapreneurship, local initiatives in organizational change processes. *Leadership and Organizational Development Journal,* 27(2): 118-132.

Caloia, A. (2003). *The social entrepreneur.* Working Paper presented at the Fifth International Symposium on Catholic Thought and Management Education, Bilbao, Spain.

Cantillon, R. (1964). *Essay on the Nature of Trading in General.* New York: Transaction Publisher.

Casson, M. (1982). *The Entrepreneur: An Economic Theory.* Towtowa, NJ: Edward Elgar Publishing.

Carrier, C. (1994). Intrapreneurship in large firms and SMEs. A comparative study. *International Small Business Journal,* 12(3): 54-62.

Carrier, C. (1996). Intrapreneurship in Small Businesses: An Exploratory Study. *Entrepreneurship Theory and Practice,* 21(1): 5-20.

Cho, A. H. (2006). Politics, Values and Social Entrepreneurship: A Critical Appraisal, in: Mair, J./ Robinson, J./ Hockerts, K. (Hrsg.): *Social Entrepreneurship.* Houndmills: Palgrave Macmillan.

Covin, J./ Slevin, D. (1991). A Conceptual Model of Entrepreneurship as Firm Behavior. *Entrepreneurship Theory and Practice,* 16(1): 7-25.

Dacin, T.M./ Dacin P.A./ Tracey, P. (2011). Social Entrepreneurship: A Critique and Future Directions. *Organization Science,* 22(5): 1203-1213.

Dart, R. (2004). Being "Business-Like" in a Nonprofit Organization: A Grounded and Inductive Typology. *Nonprofit and Voluntary Sector Quarterly,* 33(2): 290-310.

Dees, G.J. (1998). Enterprising nonprofits. *Harvard Business Review,* 76 (1): 54-67.

Dees, G.J. (2001). *The Meaning of Social Entrepreneurship.* CASE, Duke University: The Fuqua School of Business, Download unter http://www.fuqua.duke.edu/centers/case/documents/dees_sedef.pdf.

Dees, G.J. (2003). *Social entrepreneurship is about innovation and impact, not income.* CASE, Duke University: The Fuqua School of Business, Download unter: http://www.caseatduke.org/articles/1004/corner.htm.

Dees, G. J./ Anderson B. (2006). *Framing a Theory of Social Entrepreneurship: Building on Two Schools of Practice and Thought.* Working Paper presented at the Association for Research on Nonprofit Organizations and Voluntary Action (ARNOVA), Indianapolis, IN.

Defourny, J./ Nyssens, M. (2010). Conceptions of Social Enterprise and Social Entrepreneurship in Europe and the United States: Convergences and Divergences. *Journal of Social Entrepreneurship,* 1(1): 32-53.

Drayton, B. (2002). The citizen sector: becoming as entrepreneurial and competitive as business. *California Management Review,* 44(3): 120-132.

Drayton, B. (2005). *Social Entrepreneurs: Creating a Competitive and Entrepreneurial Citizen Sector.* Ashoka Innovators for the Public, Download unter: www.changemakers.net/library/readings/drayton.cfm.

Drucker, P. (1993). *Innovation and Entrepreneurship: Practices and Principles.* New York. Harper & Row.

Duncan, W.J./ Ginter, P.M./ Rucks, A.C./ Jacobs, T.D. (1988). Intrapreneurship and the Reinvention of the Corporation. *Business Horizons*, May-June: 16-21.

Eisenhardt, K.M. (1989). Building Theories from Case Study research. *Academy of Management Review*, 14 (4): 532-550.

Emerson, J./ Twersky F. (Hrsg.) (1996). *New Social Entrepreneurs: the Success, Challenge and Lessons of Non-profit Enterprise Creation*. San Francisco: The Roberts Enterprise Development Funds.

Flyvbjerg, B. (2011). Case Study, in: Denzin, N.K./ Lincoln, Y.S. (Hrsg.): *The Sage Handbook of Qualitative Research*. 4th Edition. Thousand Oaks: Sage.

Fowler, A. (2000). NGDOs as a moment in history: beyond aid to social entrepreneurship or civic innovation. *Third World Quarterly*, 21(4): 637-654.

Fueglistaller, U./ Müller, C./ Volery, T. (2004). Social Entrepreneuship; in: Fueglistaller, U./ Müller, C./ Volery, T. (Hrsg.): *Entrepreneuship*. Wiesbaden: Gabler.

Gapp R./ Fisher R. (2007). Developing and Intrapreneur-Led Three-Phase Model of Innovation. *International Journal of Entrepreneurial Behaviour & Research*, 13(6): 330-348.

Glaser, B./ Strauss, A. (1967). *The Discovery of Grounded Theory: Strategies of Qualitative Research*. Chicago [u.a.]: Aldine de Gruyter.

Greiner, L.E. (1972). Evolution and Revolution as Organizations Grow. *Harvard Business Review*, 50(4): 37-46.

Greiner, L.E. (1998). Evolution and Revolution as Organizations Grow. *Harvard Business Review*, 76(3): 55-67.

Helm, S.T./ Andersson, F.O. (2010): Beyond Taxonomy - An Empirical Validation of Social Entrepreneurship in the Nonprofit Sector. *Nonprofit Management and Leadership*, 20(3): 259-276.

Hemingway, C.A. (2005). Personal Values as a Catalyst for Corporate Social Entrepreneurship. *Journal of Business Ethics*, 60(3): 233-249.

Hibbert, S. A./ Hogg, G./ Quinn, T. (2002). Consumer response to social entrepreneurship: The case of the Big Issue in Scotland. *International Journal of Nonprofit & Voluntary Sector Marketing*, 7(3): 14.

Hill, T.L./ Kothari, T.H./ Shea, M. (2010). Patterns of Meaning in the Social Entrepreneurship Literature: A Research Platform. *Journal of Social Entrepreneurship*, 1(1): 5-31.

Hornsby, J./ Naffziger, D./ Kuratko, D./ Montagno, R. (1993). An Interactive Model of the Corporate Entrepreneurship Process. *Entrepreneurship Theory and Practice*, 17(2): 29-37.

Ireland, R./ Covin, J./ Kuratko, D. (2009). Conceptualizing Corporate Entrepreneurship Strategy. *Entrepreneurship Theory and Practice*, 33(1): 19-46.

Jennings, R./ Cox, C./ Cooper, C.L. (1994). *Business elites – The psychology of entrepreneurs and intrapreneurs*. London and New York: Routledge.

Kanter, R.M. (1989). *When Giants Learn to Dance – Mastering the Challenge for Strategy, Management and Careers in the 1990s*. New York: Simon and Schuster.

Kenney, M./ Mujtaba, B.G. (2007). Understanding Corporate Entrepreneurship and Development – A Practioner View of Organizational Intrapreneurship. *The Journal of Applied Management and Entrepreneurship*, 12(3): 73-88.

Kramer, R.M. (1981). *Voluntary Agencies in the Welfare State*. Berkeley, Los Angeles [u.a.]: California University Press.

Kramer, R.M. (2005). *Measuring Innovation: Evaluation in the Field of Social Entrepreneurship*. Skoll Foundation, Foundation Strategy Group. Download unter: http://www.skollfoundation. org/media/skoll_docs/Measuring%20Innovation%20(Skoll%20and%20FSG%20Report).pdf.

Kuratko, D.F./ Montagno, R.V./ Hornsby, J.S. (1990). Developing an intrapreneurial assessment instrument for an effective corporate entrepreneurial environment. *Strategic Management Journal*, 11: 49-58.

Kuratko, D.F. (1993). Intrapreneurship: Developing innovation in the corporation – Advances in Global High Technology Management. *High Technology Venturing*, 3: 3-14.

Leadbeater, C. (1997). *The Rise of the Social Entrepreneur*. London: Demos.

Light, P. C. (2005). *Searching for Social Entrepreneurs: Who they might be, where they might be found, what they do*. Working Paper presented at the annual meetings of the Association for Research on Nonprofit and Voluntary Associations ARNOVA, Washington DC, USA.

Lumpkin, G./ Dess, G. (1996). Clarifying the Entrepreneurial Orientation Construct and Linking It to Performance. *Academy of Management Review*, 21(1): 135-172.

Macrae, N. (1976). The coming entrepreneurial revolution, *The Economist*, December: 16.

Mair, J./ Noboa, E. (2003). *Social Entrepreneurship: How Intentions to Create a Social Enterprise get Formed*. Working Paper University of Navarra, IESE Business School, Download unter: http://papers.ssrn.com/sol3/papers.cfm?abstract_id=875589.

Mair, J./ Robinson, J./ Hockerts, K. (Hrsg.) (2006). *Social Entrepreneurship*. Houndmills: Palgrave Macmillan.

Mair, J./ Martí, I. (2006). Social entrepreneurship research: A source of explanation, prediction, and delight. *Journal of World Business*, 41, 36-44.

Malek, M./ Ibach, P.K. (2004). *Entrepreneurship – Prinzipien, Ideen und Geschäftsmodell zur Unternehmensgründung im Informationszeitalter*. Heidelberg: dpunkt Verlag

Martin, R.L./ Osberg, S. (2007). Social Entrepreneurship: The Case for Definition. *Stanford Social Innovation Review*, April: 27-39.

Mildenberger, G./ Münscher, R./ Schmitz, B. (2012). Dimensionen der Bewertung gemeinnütziger Organisationen und Aktivitäten, in: Anheier, H.K./ Schröer, A./ Then, V. (Hrsg.): Soziale Investitionen – Interdisziplinäre Perspektiven. Wiesbaden: VS Verlag.

Moore, M.L./ Westley, F. (2009). *Surmountable Chasms – The Role of CrossScale Interactions in Social Innovation*. Working Paper University of Waterloo. Download unter http://c.ym-cdn.com/sites/www.plexusinstitute.org/resource/collection/5FD4ACEF-7B50-4388-A93E-109B0988049F/Moore-Westley-SurmountableChasms-2011.pdf.

Mort, G.S./ Weerawardena, J./ Carnegie, K. (2003). Social entrepreneurship: Towards conceptualisation. *International Journal of Nonprofit & Voluntary Sector Marketing*, 8(1): 76-88.

Nicholls, A. (2006). Introduction. In: Nicholls, A. (Hrsg): *Social Entrepreneurship: New models of sustainable social change*. New York: Oxford University Press.

Nicholls, A. (2010). The Legitimacy of Social Entrepreneurship: Reflexive Isomorphism in a Pre-Paradigmatic Field. *Entrepreneurship Theory and Practice*, 34(4): 611-633.

Nielsen, R.P./ Peters, M./ Hisrich, R. (1985). Intrapreneurship Strategy for Internal Markets - Corporate, Non-Profit and Government Institution Cases. *Strategic Management Journal*, 6(2): 181-189.

O'Connor, G.C./ Rice, M.P. (2001). Opportunity Recognition and Breakthrough Innovation in Large Established Firms. *California Management Review*, 76(1): 55-67.

Patton, M.Q. (2002). *Qualitative Research & Evaluation Methods*. 3rd Edition. Thousand Oaks [u.a.]: Sage.

Perrini, F./ Vurro, C. (2006). Social Entrepreneurship: Innovation and Social Change Across the Theory and Practice, in: Mair, J./ Robinson, J./ Hockerts, K. (Hrsg.): *Social Entrepreneurship*. Houndmills: Palgrave Macmillan.

Peters, T./ Waterman, R. (2004). *In Search of Excellence - Lessons from America's Best-Run Companies*. New York: Harper Business.

Pinchot, G. (1983). Intrapreneurship – How Firms can Encourage Keep Their Bright Innovators. *International Management: Europe*, 38(1): 11-12.

Pinchot, G. (1985). *Intrapreneuring – Why you don't have to leave the corporation to become an entrepreneur*. New York: Joanna Cotler Books.

Pleitner, H.J. (2001). Entrepreneurship – Mode oder Motor? *Zeitschrift für Betriebswirtschaft*, 10: 1145-1159.

Prabhu, G.N. (1999). Social entrepreneurial leadership. *Career Development International*, 4(3): 140-145.

Pümpin, C./ Prange, J. (1991). *Management der Unternehmensentwicklung. Phasengerechte Führung und der Umgang mit Krisen*. Frankfurt a.M./New York: Campus Verlag.

Robinson, J. (2006). Navigating Social and Institutional Barriers to Markets: How Social Entrepreneurs Identify and Evaluate Opportunities, in: Mair, J./ Robinson, J./ Hockerts, K. (Hrsg.): *Social Entrepreneurship*. Houndmills: Palgrave Macmillan.

Rodriguez-Pomeda, J./ Casani-Frenandez de Navarrete, F./ Morcillo-Ortega, P./ Rodriguez-Anton, J.M. (2003). The Figure of the Intrapreneur in Driving Innovation and Initiative for the Firm's Transformation. *International Journal of Entrepreneurship and Innovation Management*, 3(4): 349-357.

Ross, Joel E. (1987). Intrapreneurship and Corporate Culture. *Industrial Management*, 29(1): 22-25.

Say, J.-B. (1803). *Traité d'économie politique, ou, Simple exposition de la manière dont se forment, se distribuent, et se consomment les richesses*. Paris: Crapelet.

Say, J.-B. (1829). *Cours complet d'économie politique pratique*. Brüssel: Société typographique Belge.

Schumpeter, J. A. (1993). *Theorie der wirtschaftlichen Entwicklung – Eine Untersuchung über Unternehmergewinn, Kapital, Kredit, Zins und den Konjunkturzyklus*. Berlin: Duncker & Humblot.

Seshadri, D.V.R./ Tripathy, A. (2006). Innovation through Intrapreneurship: The Road Less Travelled. *VIKALPA*, 31(1): 17-29.

Singh, J. (2006). The Rise and Decline of Organizations: Can 'Intrapreneurs' Play a Saviour's Role? *VIKALPA*, 31(1): 123-127.

SustainAbility (2008). *The Social Intrapreneur – A Field Guide for Corporate Changemakers*. London.

Thomspon, J./ Alvy, G./ Lees, A. (2000). Social entrepreneurship - a new look at the people and the potential. *Management Decision*, 38(5/6): 328 - 338.

Waddock, S.A./ Post, J.E. (1991). Social Entrepreneurs and Catalytic Change. *Public Administration Review*, 51(5): 393-401.

Weisbrod, B.A. (Hrsg.) (1998). To Profit or Not to Profit – The Commercial Transformation of the Nonprofit Sector. Cambridge: Cambridge University Press.

Young, D.R./Salamon, L.M (2003). Commercialization, Social Ventures, and for-profit competition, in: Salamon, L.M. (Hrsg.): *The State of the Nonprofit America*. Washington (DC).

Young, D.R. (1986). Entrepreneurship and the Behavior of Nonprofit Organizations: Elements of a Theory, in: Rose-Ackerman, S. (Hrsg.): *The Economics of Nonprofit Institutions: Studies in Structure and Policy*. New York: Oxford University Press.

Zahra, S. (1991). Predictors and Financial Outcomes of Corporate Entrepreneurship: An Exploratory Study. *Journal of Business Venturing*, 6(4): 259–285.

Zahra, S.A./ Gedajlovic, E./ Neubaum, D.O./ Shulman, J.M. (2009). A typology of social entrepreneurs: Motives, search processes and ethical challenges. *Journal of Business Venturing*, 24(5): 519-532.

Zimmermann, H. (1999). Innovation in Nonprofit Organizations. *Annals of Public and Cooperative Economics*, 70(4): 589-619.

II
Ost-Konsortium

Zwischen Facebook und Festival –
Instrumente des Social Marketing und ihre Wirkung

Marianne Henkel / Christian Dietsche

1. Einführung

Der vorliegende Beitrag untersucht Social Marketing-Strategien und -Angebote von Sozialunternehmern im Bereich Umweltschutz und Entwicklung, mit medialem Fokus auf Angeboten im Bereich der Neuen und Sozialen Medien und der Eventkultur[1]. Über eine Bestandsaufnahme hinaus – Welche Kommunikationsstrategien wählen Sozialunternehmer, und wie machen sie von diesen Medien Gebrauch, um ihre Botschaft zu vermitteln? -, will er Erfolgsbedingungen solcher Social Marketing-Aktivitäten identifizieren: Welche Faktoren sind maßgeblich für den Erfolg im Sinne der Ziele der Initiativen?

Zum Begriff Social Entrepreneurship

Das Phänomen Social Entrepreneurship ist vielschichtig; unterschiedliche Begriffe von Social Entrepreneurship haben sich aus verschiedenen Traditionen wirtschaftlichen und gesellschaftlichen Handelns wie auch Theorien zur Rolle des Staats, der Wohlfahrtsverbände und des Privatsektors entwickelt. Während Social Entrepreneurship als Begriff erst seit den 1970er Jahren aufkam, reichen historische Bezugspunkte zurück in das 19. Jahrhundert. Bereits damals versuchten kooperative und gemeinschaftsbasierte Unternehmensmodelle die mit der Industrialisierung einhergehenden Beziehungen zwischen Arbeit und Kapital zu verändern und prägen heute etwa die Strukturen des fairen Handels (Ridley-Duff & Bull 2011: 26ff).

Nach diesem – vor allem in Europa verbreiteten – Verständnis umfasst Social Entrepreneurship kollektivistische Ansätze der Selbsthilfe, die auf Solidarität,

---

1   Der vorliegende Beitrag entstand unter Mitarbeit von Juliane Fritzsch. Die Autoren danken darüber hinaus den Interviewpartnern der untersuchten Fallstudien sowie Dr. Rafael Ziegler für die Diskussion und Kommentierung des Beitrags. Des Weiteren gilt der Dank Julia Glahe, Franziska Mohaupt, Jeannette Otterstein, Frederik Knirsch und Lisa Conrads für die Unterstützung bei der inhaltlichen und empirischen Bearbeitung des Projekts.

Gegenseitigkeit und gemeinsamen, demokratischen Entscheidungsprozessen beruhen. Treffend ist hier insbesondere der Begriff des Social Enterprise, einem primär wirtschaftlich tätigen Unternehmen mit sozialem Auftrag (ibd., S. 26ff, 60ff). Der in den USA dominierende Begriff von Social Entrepreneurship hingegen ist vor allem geprägt von (nicht-staatlichen) Initiativen, die jenseits eigener Betroffenheit soziale Probleme adressieren und sich dabei eines unternehmerischen Ansatzes bedienen, und entspringt daher eher dem Caritas-Gedanken als dem der Selbsthilfe (Ridley-Duff & Bull 2011: 60 ff). Während ein Teil der Vertreter dieses Begriffes ein die Initiative (vollständig oder teilweise) finanzierendes Geschäftsmodell als ein Kernkriterium ansehen (sog. *School of earned income,* vgl. Defourny & Nyssens 2010: 40), sehen andere die Innovation als ‚Herzstück' des Unternehmertums an (sog. *School of innovation,* ibd, S. 41).

Als Innovation wird hier grundsätzlich nicht nur die objektive Innovation oder „universelle" Neuschöpfung, sondern auch die subjektive, eine – an bestimmte Umstände angepasste – Rekombination vorhandener Elemente verstanden (vgl. Duschek 2002). Aus den Forschungsfragen ergibt sich, dass entsprechend der in der Innovationsforschung üblichen Unterscheidung gleichermaßen Produkt- wie Prozessinnovationen von Interesse sind; die Neuerung kann gleichermaßen das konkrete Angebot an die Zielgruppe wie die Mittel seiner Erstellung umfassen.

Geprägt vom *New Public Management*-Ideal des schlanken, effizienten Staates und der Privatisierung sozialer Aufgaben, werden vielfach auch ein an Effektivität und Effizienz ausgerichtetes Vorgehen und hohe Ansprüche an die eigene Rechenschaft als weitere Kennzeichnen gesehen (Ridley-Duff & Bull 2011: 41ff, Dees 2001: 4). Der unternehmerische Ansatz manifestiert sich darüber hinaus im strategischen Vorgehen, „unternehmerischer Disziplin" und effizientem Umgang mit Ressourcen: Social Entrepreneurship meint in diesem Sinne auch „eine Vorstellung von unternehmensgleicher Disziplin... [Social entrepreneurs] nutzen knappe Ressourcen effizient und sie setzen ihre begrenzten Ressourcen wirksam ein, indem sie Partner einbinden und mit anderen kooperieren" (Dees 2001: 5, eig. Übersetzung). Diese Charakterisierung beschreibt insgesamt mehr eine geistige Haltung oder Herangehensweise denn einen spezifischen Organisations- bzw. Unternehmenstyp. Sie ist demnach als Idealtyp zu sehen, dessen Kriterien die meisten Initiativen in realiter nicht in gleichem Ausmaß erfüllen werden[2].

Im Rahmen dieses Beitrags werden, diesem letzteren Verständnis gemäß, als Sozialunternehmer oder Social Entrepreneurs private, d. h. nicht-staatliche In-

---

2   Hier finden sich Parallelen zum Begriff des Policy Entrepreneurs, der, ähnlich dem Handeln des (Economic) Entrepreneurs auf den Märkten, neue politische Ideen voranzubringen und politischen Wandel zu befördern sucht (vgl. Roberts & King 1991, Mintrom & Vergari 1996).

itiativen mit innovativem, unternehmerischem Lösungsansatz für Anliegen des öffentlichen Interesses verstanden. Dieses Verständnis baut somit auf zentralen Thesen der *school of innovation* auf.

Zum Begriff Social Marketing

Social Marketing zielt auf die Änderung von Einstellungen und Verhaltensweisen, die 1) mit ordnungsrechtlichen Mitteln und Wissensvermittlung (Bildung) allein nicht zu erreichen sind, und 2) dem Wohlergehen der Zielgruppe und/ oder der Gesellschaft und mithin einem öffentlichen Interesse dienen.

Da Sozialunternehmer per definitionem (auch) einem öffentlichen Interesse verpflichtet sind und das öffentliche Interesse im Umweltschutz wie auch der privaten Entwicklungszusammenarbeit wesentlich vom freiwilligen (z. B. Spenden- und Konsum-)Verhalten des Einzelnen abhängt, ist es plausibel anzunehmen, dass Social Marketing ein relevantes Instrument für Sozialunternehmer darstellt, die in diesen Bereichen aktiv sind. Bekräftigt wird diese Annahme insbesondere dadurch, dass Sozialunternehmer weder über die rechtlichen Mittel des Staates noch vergleichbare finanzielle Ressourcen wie gewinnorientierte Unternehmen verfügen (Madill & Ziegler, im Erscheinen).

Überblick über den Beitrag

Im Folgenden geben wir einen kurzen Überblick über die Untersuchungsmethoden und Fallstudien, ehe wir uns in Kapitel 2 den Strategien und Instrumenten des Social Marketings und dem hier gewählten theoretischen Zugang widmen. Das Kapitel schließt mit einigen aus Forschungsfragen und Theorie abgeleiteten Hypothesen. Ausgehend von einer Darstellung der Social Marketing-Angebote der Initiativen, stellt Kapitel 3 die wesentlichen empirischen Ergebnisse dar. Im letzten Abschnitt dieser Arbeit erfolgt eine zusammenfassende Betrachtung unter Einbezug der Hypothesen.

Fallstudien

Die Untersuchung beruht auf drei qualitativen Fallstudien im deutschen Kontext; eine der Initiativen zielt dabei auf umweltschonende Nutzung von Energie (Klimaschutz), zwei auf innovative und transparente Ansätze der Spendengenerierung für Umwelt- und Entwicklungsprojekte.

Mit Blick auf die sich ändernden Kommunikationsgewohnheiten (vgl. Kap. 2.1) wurde ein medialer Fokus auf Neue Medien und Veranstaltungen (‚Eventkultur') gesetzt; entsprechend diente ein Aktivitätenschwerpunkt in diesen Bereichen als Kriterium bei der Fallstudienauswahl.

Die Initiativen im Einzelnen:

Betterplace gAG – *Menschen, die Unterstützung brauchen, treffen auf Menschen, die helfen wollen*

Betterplace.org ist eine web-basierte Spendenplattform mit dem Ziel, hilfesuchende und hilfsbereite Menschen zusammenzubringen und die Effizienz und Transparenz des Spendenmarkts zu erhöhen.

Die 2007 gegründete Organisation mit Sitz in Berlin wird von der gut.org gemeinnützigen Aktiengesellschaft (gAG) betrieben. Die Plattform bietet Einzelpersonen oder Organisationen die Möglichkeit für eigene (soziale) Spendenprojekte zu werben oder bereits bestehende Projekte durch finanzielle Beiträge zu unterstützen. Die erhaltenen Spenden fließen zu 100 Prozent in die entsprechenden Projekte. Das integrierte Vertrauensnetzwerk (*Web of Trust*) ermöglicht Nutzern Projekte zu bewerten und Fragen an die Verantwortlichen zu stellen. Neben dieser Austauschplattform und dem *betterplace blog* auf der Homepage, nutzt die Organisation soziale Medien wie Facebook, Twitter und YouTube, um ihr innovatives Konzept zu verbreiten und für Spenden zu werben. Pro-bono-Werbekampagnen und die Teilnahme an Spendenläufen sollen auch außerhalb der Neuen Medien für Aufmerksamkeit sorgen.

Auf diese Weise soll einerseits der Spendenmarkt transparenter und effektiver gemacht, andererseits neue Spendergruppen gewonnen werden, indem auch ein junges, internet-affines Publikum erreicht wird, das noch nicht zu den klassischen Spendersegmenten gehört.

Viva con Agua e.V. – *Sauberes Trinkwasser und sanitäre Grundversorgung für alle Menschen*

Viva con Agua ist ein international tätiger Verein mit Sitz in Hamburg-St. Pauli, der sich für die Förderung von Wasserprojekten der Welthungerhilfe einsetzt. Ziel ist, den Zugang zu sauberem Trinkwasser in Entwicklungsländer zu verbessern und in Deutschland das Bewusstsein für das Thema Wasser zu schärfen.

Der 2006 gegründete Verein setzt auf das ehrenamtliche Engagement seiner Unterstützer in Arbeitskreisen und Ortsgruppen, den sogenannte Zellen. Ein kleiner Teil der Spenden (ca. sechs Prozent) dient der Finanzierung der Organisation; der restliche Spendenanteil wird an die private Hilfsorganisation Welthungerhilfe weitergeleitet. *Viva con Agua* hat sich auf das Fundraising für Trinkwasser- und Sanitärprojekte in Entwicklungsländern spezialisiert und organisiert zusammen mit Eventagenturen Konzerte, Spendenläufe und andere Benefizveranstaltungen. Ein großer Teil der Spenden wird über die „Becherjagd" bei Musikfestivals und anderen Veranstaltungen generiert, bei der Besucher animiert werden, ihre Pfandbecher für Wasserprojekte zu spenden. In Schulen und teils Universitäten führt *Viva con Agua* darüber hinaus Workshops zu verschiedenen Wasser-Themen durch. Über soziale Plattformen wie Twitter, Facebook, StudiVz und Xing ist der Verein mit Unterstützern und Interessierten in ständiger Verbindung.

Damit sollen nicht nur Trinkwasser- und Sanitär-Projekte in sog. Entwicklungsländern, sondern auch die Bewusstseinsbildung insbesondere bei jungen Zielgruppen in Deutschland gefördert werden.

co2online gGmbH – *Ein Netzwerk für den Klimaschutz*

Die gemeinnützige Beratungsgesellschaft *co2online* gGmbH mit Sitz in Berlin setzt sich seit 2003 mittels Kampagnen und Verbraucherinformation für Klimaschutz und Energiesparen ein. Ziel ist, den Energieverbrauch (und die damit verbundenen CO_2-Emissionen) von Privathaushalten wie auch Unternehmen zu senken. Die Kampagnen werden dabei ausschließlich durch Projektförderung der öffentlichen Hand finanziert.

Zentrales „Produkt" ist eine web-basierte Informationsplattform und Datenbank, mittels derer die Zielgruppe der Privatleute durch die verständliche und nutzerfreundliche Aufbereitung von Informationen in die Lage versetzt werden soll, selbst Entscheidungen zu energetischer Sanierung, Neuanschaffung oder Nutzungsänderungen von Geräten zu treffen. Die Nutzer haben die Möglichkeit, über das Portal miteinander und mit Freunden Erfahrungen auszutauschen. Darüber hinaus werden auch Heizgutachten erstellt und individuelle Analysen der Heizkostenabrechnung angeboten. Neben dem Angebot für eine erwachsene Zielgruppe bietet co2online für ein jüngeres Zielpublikum die Website „Klimaklicker.de" sowie ein eigenes Facebook- und SchülerVz-Profil, Blogs, Twitter und YouTube-Videos. Das Online-Angebot wird ergänzt durch öffentlichkeitswirksame Aktionen wie ,Carrot-mobs', Wettbewerbe für Energiesparprojekte an Schulen, Klima-Songs und die Beteiligung an Festivals.

Werden bei den Erwachsenen insbesondere die Kostensenkungspotentiale als Anreiz für das Energiesparen kommuniziert, treten bei Kindern und Jugendlichen die Botschaft des Klimaschutzes („Eisbären retten!") und der Spaßfaktor in den Vordergrund.

Forschungsmethodik

Die Untersuchung umfasste 10 leitfadengestützte qualitative Interviews mit den Initiativen und ihren externen Partnern sowie drei quantitative Online-Umfragen[3] und 27 qualitative Kurzinterviews unter den Zielgruppen von Viva con Agua und co2online. Des Weiteren wurde eine Bestandsaufnahme des Online- und Veranstaltungsangebots der Initiativen und, im Falle von co2online, eine Analyse

---

3   Der Rücklauf bei den Online-Umfragen lag bei 356 (Viva con Agua), 97 (Betterplace) respektive 41 (co2online) Teilnehmern; aufgrund der großen Differenz und der relativ geringen Beteiligung bei co2online sind die Ergebnisse nicht gleichermaßen aussagekräftig und letztere nicht statistisch signifikant.

der Nutzung des Online-Angebots (Webtraffic-Analyse) durchgeführt. Der Erhebungszeitraum umfasste, von vorbereitenden Gesprächen bis zur Sammlung
letzter Daten, Juni 2010 bis November 2011.

2. Social Entrepreneurship und Social Marketing

2.1 Social Marketing als Strategie und Instrumentarium

2.1.1 Begriffsbestimmung und -abgrenzung

Social Marketing bezieht, ähnlich dem kommerziellen Marketing, seine Grund-
annahmen aus kommunikationswissenschaftlichen, soziologischen und sozialpsy-
chologischen Theorien bezüglich der Frage, wie Menschen ihre Umwelt wahrnehmen, sich Meinungen bilden und zu individuellen Entscheidungen gelangen.

Marketing wird im klassischen Sinne als Lehre vom (Produkt-)Verkauf
verstanden und umfasst die Prozesse der Analyse, Planung, Durchführung und
Kontrolle von absatzmarktorientierten Kampagnen. In Anlehnung daran wurde
in den 1960er Jahren der Begriff des *Social Marketing* geprägt und definiert als
„generische Marketingprogramme mit dem Ziel, Verhaltensweisen im Interesse
des Individuums oder der Gesellschaft zu ändern" (Andreasen & Kotler 2003,
eig. Übersetzung). Social Marketing umfasst mithin die Adaption kommerziel-
ler Marketingstrategien, um das Sozialverhalten der Zielgruppe zu beeinflussen
(Andreasen 1994)."

Grundsätzlich bedarf es für einen sozialen Wandel – oder Verhaltenswandel auf breiter gesellschaftlicher Ebene – sowohl der Fähigkeit wie auch der Motivation der einzelnen Gesellschaftsmitglieder. Bezogen auf diese Determinanten
steht das Instrument Social Marketing zwischen Bildung- und Recht: Die Motivation zum Verhaltenswandel wird in der Regel durch Bildung kaum, durch rechtlichen Zwang hingegen am stärksten bewirkt. Die Fähigkeit zum Verhaltenswandel wird dagegen vor allem durch Bildung, kaum jedoch durch Recht geschaffen
und kann durch soziales Marketing unterstützt werden. In der Praxis beinhalten
Social Marketing-Kampagnen daher oft Elemente der Wissensvermittlung als
Voraussetzung für die Einsicht in eine Verhaltensveränderung. Social Marketing
kann mithin dort hilfreich sein, wo ein bestimmtes individuelles Verhalten gesellschaftlich wünschenswert ist, eine rechtliche Verpflichtung für jenes jedoch
nicht besteht und etabliert werden kann, und die Ursache für ein anderes als das
gewünschte Verhalten mindestens ebenso sehr in der persönlichen Motivation zu
suchen ist wie in der Fähigkeit.

Quelle: eig. Darstellung

2.1.2 Social Marketing in Umweltschutz und Entwicklungszusammenarbeit

Empirisch ist festzustellen, dass Social Marketing bislang wenig hinsichtlich seiner thematischen Besonderheiten erforscht wurde. Social Marketing-Kampagnen finden meist im vorbeugenden Gesundheitsschutz (z. B. Kampagnen zu Rauchen und Brustkrebsvorsorge) und ähnlichen sozialen Handlungsfeldern statt.

Doch auch viele Erfordernisse der Nachhaltigkeit, wie nachhaltiger Konsum oder Klimaschutz auf individueller Ebene, lassen sich nur bedingt mit den Mitteln des Rechts durchsetzen. Eine besondere Herausforderung ist bei diesen Themen die Tatsache, dass der Nutzen des erwünschten Verhaltens der Zielgruppe in der Regel weniger persönlich zu Gute kommt, als es etwa bei der Gesundheitsvorsorge der Fall ist. Ähnliches gilt für Spenden im Rahmen der privaten Entwicklungszusammenarbeit. Der Antrieb ist hier eher in einer Gemeinwohlorientierung zu suchen (Prose et al. 1994).

2.1.3 Strategieentwicklung und Instrumente des Social Marketings

Am Anfang einer Social Marketing-Kampagne steht eine Reihe von strategischen Entscheidungen, die idealtypisch die folgenden Prozessschritte umfassen: die Umfeld-/Situationsanalyse, die Festlegung der Ziele und Zielgruppen, die Erarbeitung von Strategien und Übersetzung dieser in einen konkreten Instrumenten-Mix (vgl. Häfner & Gaus 2003: 48ff; Scholz & Grüsgen 2005: 32; Dann & Dann 2006: 15f; Bruhn 2005).

Im ersten Schritt werden hemmende und förderliche Faktoren des Umfeldes und die herkömmlichen Einstellungen und Verhaltensweisen identifiziert. Der zweite Schritt dient der Ausrichtung der Kampagne auf ein Zielpublikum und beinhaltet die Wahl einer geeigneten Botschaft, die – wie im konventionellen Marketing – die Bedürfnisse der Zielgruppe ansprechen muss. Um ‚Streuverluste' zu vermeiden, bedarf es einer geeigneten Sprache sowie der zielgruppengerechten Vermittlung der Botschaft. Der Entwicklung einer Kommunikationsstrategie geht daher idealerweise eine Segmentierung der möglichen Zielgruppen auf der Grundlage von persönlichen Werten und Lebensweisen voraus (Prose et al. 1994). Nach Abschluss dieser Zielgruppenanalyse wird auf Grundlage der Strategie ein „Marketing-Mix" entwickelt, der neben der zu vermittelnden Botschaft, auch die Distributionskanäle bzw. Kommunikationsinstrumente umfasst.

Diesen Aspekten gilt in der vorliegenden Untersuchung das Hauptaugenmerk. Dabei ist zu bedenken, dass Social Marketing-Kampagnen selten dem dargestellten idealtypischen Ablaufschema folgen. Vielen Kampagnenträgern ist Social Marketing nicht einmal als Begriff oder Instrument bekannt – dennoch kommen die genannten Elemente häufig, teils geplant, teils intuitiv, in der Praxis zur Anwendung.

2.1.4 Social Marketing in Neuen Medien und Eventkultur

In den letzten beiden Jahrzehnten hat die Entwicklung der Neuen Medien, insbesondere der sozialen Medien wie Blogs, Facebook und Twitter die Kommunikations- und Informationsgewohnheiten der Menschen wesentlich verändert. Der Wandel vom „passiven Konsumenten zum aktiven Produzenten" (Lindner 2009: 5) bietet großes Potential für das Social Marketing. Die persönliche Kommunikation zwischen Menschen, die zeitlich und räumlich voneinander entfernt sind, ist gerade für Einstellungs- und Verhaltensänderungen aussichtsreicher als reine Informationsvermittlung durch Massenkommunikation. Zudem kann durch Online-Medien dem Wunsch nach mehr Teilhabe der Zielgruppen Rechnung getragen und durch deren Vernetzung ein großer Multiplikatoreffekt erzielt werden (Reiser 2009: 3). Jedoch muss dabei der meist geringeren Verbindlichkeit der Kommunikation in der ‚Onlinewelt' Rechnung getragen werden. Hinzu kommt aus Sicht der Organisation das Risiko, das eigene Image – insbesondere im Internet – weniger als bisher bestimmen zu können.

Gegenüber der potentiell hohen Reichweite der Online-Medien liegt die Bedeutung von Veranstaltungen für das soziale Marketing vor allem in der direkten Begegnung und persönlichen Kommunikation, wodurch sie die Möglichkeit einer „inszenierten und emotional aufgeladenen Interaktion zwischen Veranstalter (Auftraggeber) und Publikum" (Lucas & Wilts 2004: 7) bieten. Die direkte und individuelle Ansprache der Zielgruppe ermöglicht dem Social Marketer, auf sich aufmerksam zu machen, mit den Anspruchsgruppen in Dialog zu treten und so Loyalität und Vertrauen zu schaffen. Zudem bieten Events das Potential, komple-

xe Botschaften, wie Themen des Umweltschutzes oder der sozialen Gerechtigkeit, auf spielerische Weise, ohne „mahnende[n], bildungs-pädagogische[n] Zei-
gefinger" (ibd., S. 44) zu vermitteln und Fragen des Publikums unmittelbar zu
klären (Dann & Dann 2006). Aufgrund ihres emotionalen und informellen Er-
lebnischarakters sind Events daher besonders geeignet, Menschen anzusprechen,
die den Themen Umwelt und Entwicklung noch wenig Aufmerksamkeit schen-
ken (Lucas & Wilts 2004: 44).

2.2 Der Ansatz des Partizipativen Sozialen Marketings

Neben den oben erwähnten strategischen Erwägungen und Planungsschritten beruht Social Marketing wesentlich auch auf (sozial)psychologischen Annahmen
über Determinanten menschlichen Verhaltens, u. a. aus Theorien der Verhaltens-
modifikation und der Normveränderung (vgl. Häfner und Gaus 2003: 55f, 67ff).
Ein Ansatz, der die Erkenntnisse dieser Theorien explizit berücksichtigt und
in einen gemeinsamen Rahmen fügt, ist das Partizipative Sozialen Marketings
(PSM) (Prose 1993, Prose 1995). Der Ansatz wurde an der Christian-Albrecht
Universität Kiel im Bereich Umweltpsychologie insbesondere mit Blick auf die
Anwendung im Klimaschutz entwickelt, auch wenn er zunächst keinen thematischen Fokus hat. Aufgrund dieser thematischen Nähe wie auch des oben gegebenen Begriffsverständnisses von Social Entrepreneurship bietet sich der Ansatz
zur Erforschung der hier gestellten Forschungsfragen an.

Das Partizipative Soziale Marketing räumt der sozialen Identität – als jenem
„Teil des Selbstkonzeptes eines Individuums, der aus der Identifikation mit einer sozialen Gruppe (oder Gruppen) entsteht" (Prose 1994) – einen hohen Stellenwert auch für die Veränderung sozialer Normen auf gesellschaftlicher Ebene
ein. Entsprechend trägt die soziale Identität nicht nur dazu bei, dass die Normen
einer Gruppe das Verhalten ihrer Mitglieder mitprägen. Auch umgekehrt regt
der Einzelne durch sein Verhalten andere in seiner Umgebung zur Übernahme
der Normen an. Diese Annahme findet sich unter anderem in der Theorie der
Sozialen Diffusion (Rogers nach Lindner 2009: 16f), der zufolge der Informa-
tionsaustausch über den „interpersonalen Kanal" maßgeblich zur Meinungsbil-
dung beiträgt. Der interpersonale Kanal besteht insbesondere zwischen Freunden, Verwandten und Bekannten, mithin in sozialen Netzwerken; das Vertrauen,
das den Personen entgegengebracht wird, macht zugleich ihr Verhalten und ihre
Ansichten glaubwürdig. In ähnlicher Weise können jedoch auch Persönlichkeiten
des öffentlichen Lebens die Glaubwürdigkeit von Informationen erhöhen und als
Identifikationsobjekt dienen, wenngleich diese Kommunikation bzw. Beziehung
in der Regel nicht reziprok ist. Hier wird ein Schauspieler, Musiker, Sportler o. ä.

durch seine Bekanntheit und sein positives Image mit seiner Fürsprache („testi-
monial") zum Rollenmodell. Der Erfolg hängt dabei auch davon ab, wie authentisch die Person diese Position vertritt (Lindner 2009: 20).

Das Partizipative Soziale Marketing unterstreicht mithin die Bedeutung von
sozialen Netzwerken für die Verbreitung von Einstellungen und Übernahme von
Verhaltensweisen. Zugleich setzt es damit dezidiert auf die Einbindung der Adressaten einer Social Marketing-Kampagne in deren weitere Verbreitung, also die
Übernahme einer Multiplikatorfunktion innerhalb der Zielgruppe: „Neue Ideen
und Verhaltensweisen verbreiten sich wirkungsvoll durch Modell-Verhalten von
glaubwürdigen Personen und durch persönliche Kommunikation in vorhandenen
sozialen Netzen" (Prose 1996). In dem Umfang, in dem dieser Schneeballeffekt
die Botschaft der Social Marketing-Kampagne zum „Bestandteil der sozialen [...],
regionalen und kommunalen Identitäten gesellschaftlicher Einheiten" (Prose et al.
1994) werden lässt, trägt er letztlich zu dem gewünschten sozialen Wandel bei.

Im Partizipativen Sozialen Marketing wird das Ziel verfolgt, gesellschaftlichen Wandel durch Änderung individueller Verhaltensweisen zu fördern. In Anlehnung an die Theorie des geplanten Verhaltens (nach Ajzen & Fishbein 1980)
soll die zentrale Botschaft von Social Marketing-Kampagnen dabei weniger die
Problem-Dimension thematisieren als vielmehr konkrete, für die Zielgruppe umsetzbare Handlungsempfehlungen in den Vordergrund rücken. Die Darstellung
des Problems wird oft als bedeutsam angesehen, um die Dringlichkeit der Verhaltensänderung zu belegen, doch können damit im schlimmsten Fall Hoffnungs-
losigkeit oder Verdrängung begünstigt werden (Prose 1995). Wichtiger ist, die
Umsetzbarkeit und Wirksamkeit der angebotenen alternativen Verhaltensweisen
herauszustellen, um „die Effektivität von Maßnahmen hinsichtlich der Problem-
minderung bzw. -lösung" zu vermitteln, so dass „die/ der Einzelne sich in der
Lage sieht, die Handlungsschritte selbst zu vollziehen" (ibd.).

Der Theorie des geplanten Verhaltens zufolge wird eine Entscheidung von
der wahrgenommen Selbstwirksamkeit des Einzelnen beeinflusst. Diese bezieht
sich auf die Einschätzung des Individuums bezüglich seiner Fähigkeit, ein bestimmtes Verhalten auszuüben oder – weiter gefasst – auf seine Umwelt Einfluss
zu nehmen. Diese Einschätzung ist maßgeblich für die Entscheidung, entsprechend eines für sinnvoll erachteten Appells zu handeln oder nicht (Häfner& Gaus
2003: 78f). Vermutet der Adressat große Probleme bei der Umsetzung, wird er
zumeist erst gar keinen Versuch unternehmen, sich so zu verhalten. Es kommt
daher auch darauf an, das angesprochene Problem auf die Handlungsebene des
Adressaten herunter zu brechen, konkrete Handlungsoptionen aufzuzeigen und
den Beitrag solcher Handlungen zur Lösung des Problems plausibel darzustel-

len. „Die Segmentierung des globalen Problems [ ] erfolgt somit automatisch auf den persönlich relevanten Bereich und wird für den einzelnen überschaubar. Die Handlungsbereitschaft [...]steigt an, und Verhaltensänderungen werden möglich" (Lübke 2000: 12).

Die Erfahrung, ein selbst gesetztes und gesellschaftlich anerkanntes Ziel zu erreichen, beinhaltet wiederum ein Erfolgserlebnis, zu dem auch das Gefühl gesellschaftlicher Teilhabe gehört, z.B. in Form des „Dazugehörens" zu einer Gruppe oder der Identifikation mit einem Rollenmodell, das ähnliche Ziele verfolgt. Hier besteht somit eine Verbindung zur sozialen Identität des Individuums.

2.3 Social Entrepreneurship und Social Marketing: Hypothesen

Aus dem oben beschriebenen Verständnis von Social Entrepreneurship und dem Ansatz des Partizipativen Sozialen Marketings lassen sich einige Hypothesen entwickeln, die die Untersuchung leiten:

2.3.1 Innovative Instrumentenwahl und strategisches Vorgehen

1. Wenn Social Entrepreneurs Akteure mit innovativen Problemlösungskonzepten sind, dürfte sich diese Innovation auch in der Herangehensweise an Social Marketing zeigen, soweit dieses für ihre Tätigkeiten relevant ist. Als Innovation wird hier auch eine Rekombination bekannter Elemente oder Anwendung einer bekannten Idee in neuem Kontext verstanden (vgl. Kap. 1).

Hypothese 1: Social Entrepreneurs setzen innovative Social Marketing-Instrumente ein.

2. Ein unternehmerisches Vorgehen wird als Charakteristikum von Social Entrepreneurship angesehen; dies umfasst insbesondere strategische Planung und eine klare Zielorientierung (vgl. Dees 2001 in Kap. 1). „Der Social Entrepreneur verfolgt seine Mission nachhaltig und konsequent. Die Zielerreichung ist langfristig ausgerichtet. Der Erfolg bemisst sich nach dem Erreichungsgrad einer Mission" (Grimm 2011: 447).

Hypothese 2: Social Entrepreneurs gehen, sofern sie Social Marketing-Aktivitäten durchführen, strategisch und zielorientiert vor.

2.3.2 Soziale Kontakte und Netzwerke als Kommunikationskanal

3.   Wie oben geschildert, geht der Ansatz des Partizipativen Sozialen Marketings davon aus, dass der interpersonale Kanal ein wichtiges Medium ist, um die Zielgruppe zu erreichen, die soziale Identität der Gruppe zu beeinflussen und so die gewünschte Verhaltensänderung (auf individueller Ebene) herbeizuführen. Entsprechend müsste sich auch bei den hier untersuchten Social Entrepreneurship-Initiativen zeigen, dass die Ansprache der Zielgruppe über den interpersonalen Kanal zum Zweck der Änderung von Verhaltensweisen ein wesentlicher Erfolgsfaktor ist.

Weiterhin sieht das PSM in der Ansprache der Zielgruppe über persönliche Beziehungen ein Potential, Mitglieder der Zielgruppe als Multiplikatoren der Kampagnenbotschaft zu gewinnen und damit eine größere Verbreitung zu erreichen. Die US-amerikanische Social Entrepreneur-Unterstützerorganisation Ashoka, deren Verständnis dem der *School of innovation* entspricht, bezeichnet Social Entrepreneurs als „mass recruiters of local changemakers" (Ashoka 2012), da sie breite Unterstützung zu gewinnen suchen und bewusst auf einfach praktizierbare Lösungen setzen. Insofern ist es interessant zu prüfen, inwieweit Social Entrepreneurs tatsächlich darauf abzielen und in der Lage sind, ihre Zielgruppe als Multiplikatoren in die Verbreitung ihres Ansatzes einzubeziehen.

Hypothese 3a: Die Ansprache der Zielgruppe über soziale Netze oder Identifikationsfiguren des öffentlichen Lebens hat einen positiven Einfluss auf die Übernahme des gewünschten Verhaltens. Hypothese 3b: Social Entrepreneurs binden dabei ihre Zielgruppe bewusst als Multiplikatoren in die Verbreitung ihres Lösungsansatzes ein.

4.   Während die Annahmen des PSM – und anderer Ansätze des Social Marketings – nahelegen, dass durch die Ansprache über Bekannte und Freunde ein „Vertrauensvorschuss" entsteht, der klare Erfolgsnachweise unbedeutender werden lässt, geht Dees (2001) davon aus, dass Social Entrepreneurs sich zu hoher Rechenschaft verpflichtet sehen.

Hypothese 4: Unabhängig von den Erwartungen der Zielgruppe bemühen sich Social Entrepreneurs um Erfolgsnachweise.

2.3.3 Botschaft und Angebot

5. Im Partizipativen Sozialen Marketing sowie in der weiteren Social Marke-
    ting-Forschung, gelten eine positive Botschaft und klare, für die Zielgruppe
    umsetzbare Handlungsangebote als wichtige Erfolgsfaktoren. Dies korreliert
    mit dem Social Entrepreneur-Verständnis der School of innovation, demzu-
    folge Unternehmer (soziale) Problem in erster Linie als Chance begreifen
    (vgl. Dees 2001: 2).

*Hypothese 5: Social Entrepreneurs vermitteln positive Botschaften mit konkre-
ten, niederschwelligen Handlungsangeboten, um ihre Zielgruppe zum Handeln
zu motivieren und zu befähigen.*

Im Folgenden stellen wir die Ergebnisse der drei qualitativen Fallstudien dar, anhand derer die Hypothesen überprüft werden.

3. Facebook, Festival & Co. – Social Marketing bei Social Entrepreneurs im Bereich Umwelt und Entwicklung

Den unterschiedlichen Zielen der betrachteten Initiativen entsprechen, wie sich
zeigt, verschiedene Zugänge zu ihren Zielgruppen: Für Viva con Agua stehen
spaßorientierte Events zum Spendensammeln und Bewusstseinschaffen im Zentrum. Co2online nutzt verschiedene Wege, um seine Zielgruppen zu den interaktiven Energiespar-Tools auf seiner Website zu führen, und Betterplace verlinkt
seine Website mit sozialen Netzwerken, um ein transparentes soziales Spenden-
Netzwerk zu schaffen.

3.1 Innovative Instrumentenwahl und strategisches Vorgehen

3.1.1 Hypothese 1: Innovative Instrumente im Social Marketing

Zur Ansprache ihrer Zielgruppe(n) greifen die Initiativen auf ein breites Medien-
spektrum zurück. Sie nutzen einerseits die gesamte Breite der Web 2.0-Anwen-
dungen – von eigenen sozialen Netzwerken über Blogs und interaktive Tools bis
zu externen Plattformen wie Facebook und Twitter. Zum anderen setzen sie auf
Events, die eine direkte Ansprache der Zielgruppe ermöglichen.

Die eigene **Webpräsenz** dient bei den untersuchten Initiativen als zentrale
Schnittstelle des gesamten Angebots. Auf ihren Webseiten geben die Initiativen
einen Überblick über ihre Organisationen und deren Ziele, stellen Informationen

bereit, berichten über aktuelle Veranstaltungen und verlinken auf weiterführende Webseiten. Während sich die Internetpräsenz von Viva con Agua weitgehend auf die Bereitstellung von Informationen beschränkt, bilden die Webseiten von co2online und Betterplace den Kern des jeweiligen interaktiven Angebots. Die co2online-Website klima-sucht-schutz.de dient vor allem als Dach für verschiedene interaktive Online-Ratgeber. Auf der Website klimaklicker.de werden vor allem interaktive, auf Klimaschutz im Alltag angelegte Angebote mit „Spaßfaktor" angeboten. Hierzu gehören etwa eine interaktive CO2-Waage, die die Emissionen verschiedener Nahrungsmittel und Aktivitäten berechnet, ein Klima-Quiz, ein Party-Ratgeber für klimafreundliches Feiern, Hinweise auf klimafreundliche Veranstaltungen sowie ein klimafreundlich produziertes Musikvideo. Neben dem Klimaschutz ist hier auch die Kostenersparnis Teil der Botschaft. Zielgruppe sind insbesondere die 20- bis 30-Jährigen, die zum ersten Mal eine eigene Stromrechnung in der Hand halten. Ziel dieses spaßorientierten Angebots ist, vor allem ein junges Publikum für Energiesparen zu interessieren und über einen ersten einfachen Stromcheck perspektivisch zu den detaillierteren Ratgebern zu leiten (Interview S. Fabricius, 18.03.2011).

Die Webseite von Betterplace geht über reine Informationsangebote hinaus und stellt den Nutzern eine interaktive Spendenplattform bereit. Die Plattform versteht sich als soziales Netzwerk, das als „Marktplatz" für Spender und Projektverantwortliche fungiert. Jede Organisation oder Privatperson kann eigene Projekte einstellen und konkrete Spendenbedarfe benennen – bei einem Schulprojekt beispielsweise Lehrbücher oder einen Monatslohn für Lehrer. Die Unterstützer können für jedes der eingestellten Projekte einen frei wählbaren Betrag spenden. Dabei wird eine direkte Kommunikation zwischen Projektverantwortlichen und Spendern ermöglicht, die hilft, Vertrauen zwischen den Akteuren der Spendenbörse aufzubauen. Projektverantwortliche und Unterstützer können Informationen zu den Projekten einstellen und Stellungnahmen abgeben, die Nutzer können Fragen stellen und die Projekte positiv oder kritisch kommentieren.

Dem Einsatz **sozialer Netzwerke** kommt bei den untersuchten Initiativen eine Schlüsselrolle zu. Neben der speziellen Form des Betterplace-Spendennetzwerks verwenden die Social Entrepreneurs ein breites Spektrum von Social Media-Plattformen, die zum Teil unterschiedliche Zielgruppen erreichen: Facebook ist das am intensivsten genutzte Netzwerk und spricht insbesondere jüngere Nutzer an, die eine wesentliche Zielgruppe der Fallstudien darstellen. Daneben sind die Initiativen auch auf weiteren Plattformen, wie Twitter, den VZ-Netzwerken, XING, Myspace oder YouTube präsent. Die Stärke der sozialen Medien wird vor allem darin gesehen, dass sie in einem vielfältigen und unübersichtlichen Me-

dienumfeld eine gezielte und dosierte Information der Nutzer erlauben (Interview
C. Wiebe, 7.12.2010) und dem Trend entsprechen, dass sich die Medien indivi-
dualisieren und die Massenmedien tendenziell unbedeutsamer werden (T. Loitz,
19.09.2011). So können mit den verschiedenen Netzwerken zum Teil spezifische
Zielgruppen erreicht werden. Während bei Myspace eine große Anzahl von Mu-
sikern und Künstlern vertreten ist, wird Twitter intensiv von Akteuren aus Politik und Medien bzw. beruflichen Multiplikatoren verwendet (Interview T. Loitz,
19.09.2011). Facebook und Co. werden dabei von Seiten der Initiativen vor allem
genutzt, um über aktuelle Projekte und Veranstaltungen zu informieren und um
weitergehende Informationsangebote zu verlinken. In dieser Hinsicht erweisen
sich die Netzwerke als effektiv: Die Einträge im Facebook-Profil von co2online
haben mehrheitlich sog. *likes* von Nutzern, was zeigt, dass sie nicht nur wahrgenommen, sondern vielfach weiterkommuniziert werden. Dafür sprechen auch
die Seitenverweise von den Social Media auf die Website der Organisation. Eine
auf Facebook gepostete Suchbild-Aktion mit Gewinnspiel hatte innerhalb einer
Woche rund 200 Teilnehmer, wovon ca. 15 Prozent im Anschluss den Newsletter
der Organisation abonnierten (Interview T. Loitz, 19.09.2011).

Die sozialen Netzwerke bieten grundsätzlich die Möglichkeit einer regelmäßigen Kommunikation zwischen Initiative und Zielgruppe und können dadurch
helfen, die Bindung zur Initiative zu festigen (vgl. Kap. 2.1). Ein tatsächlicher
Austausch findet allerdings nur in sehr begrenztem Maße statt. Auch die Nutzer
bedienen sich der Seiten in erster Linie als Informationsplattform und treten nur
in sehr begrenztem Ausmaß durch Kommentare, Fragen oder Diskussionsbeiträ-
ge in eine zweiseitige Kommunikation.

Erlebnisorientierte **Events** bieten hingegen ein besonders günstiges Umfeld
für eine direkte und emotionale Ansprache und werden gezielt eingesetzt, um die
Beziehung zur Zielgruppe zu intensivieren und neue Adressaten zu erreichen. Auf
Veranstaltungen können Menschen verschiedener Milieus in einer für sie positiv
besetzten Situation erreicht werden. „Wir holen junge Menschen dort ab, wo sie
sind: auf Festivals, auf Partys, bei Fußballspielen, Läufen etc. Wir holen sie bei
Aktionen ab, die sie leidenschaftlich betreiben" (Interview C. Wiebe, 7.12.2010).
Die Besucher werden insbesondere durch spaßorientierte Angebote zum Handeln
bewegt. Durch die persönliche Interaktion bieten Veranstaltungen mehr noch als
der Austausch in sozialen Netzwerken Raum für eine direkte Ansprache. Auf
den Veranstaltungen bekommen die Besucher das Gefühl vermittelt, als Teil einer Gemeinschaft Gutes bewirken zu können. Über die reine Informationsvermittlung hinaus können vor Ort Stimmungen erzeugt und ein positives Grundge-
fühl vermittelt werden. Insbesondere Viva con Agua tritt vor allem über Events

mit der Zielgruppe in Kontakt und bedient sich dafür eines breiten Spektrums von Veranstaltungsformaten: Die Initiative beteiligt sich an Festivals, Konzerten und Sportveranstaltungen und führt daneben auch viele eigene Veranstaltungen für verschiedene Zielgruppen durch, beispielsweise Tramp-Rennen, Wasserläufe, Lesungen und Wasser-Literatur-Wettbewerbe, Flashmobs oder Fotoshootings. Dabei nehmen spaßorientierte Events für ein überwiegend junges Publikum eine besonders zentrale Stellung ein. Mit den zum Teil selbst entwickelten Eventformaten gelingt es Viva con Agua, öffentliche Aufmerksamkeit zu erzeugen, Menschen zu beteiligen und letztendlich auch Spendeneinnahmen zu generieren – der überwiegende Teil der Spenden wird von Viva con Agua bei Events gewonnen. Viva von Agua konnte seit seiner Gründung bereits über 1 Million Euro für Trinkwasserprojekte sammeln; etwa Dreiviertel der Spenden wurden dabei auf Veranstaltungen erzielt (Interview C. Wiebe, 7.12.2010). Auch bei der Onlineumfrage geben ca. 69 Prozent der Befragten an, dass sie bereits auf Veranstaltungen für Viva con Agua gespendet haben, während andere Spendenwege nur eine untergeordnete Rolle spielen. Nur knapp 10 Prozent der Unterstützer haben eine Spende per Überweisung abgegeben. Besonders große öffentliche Resonanz und gleichzeitig hohe Spendeneinnahmen erzielt die Initiative mit originellen, innovativen Formaten. So werden beispielsweise die Besucher auf Festivals, Konzerten oder Sportveranstaltungen über die Ziele von Viva con Agua informiert und gebeten, ihre Pfandbecher in Viva con Agua-Sammeltonnen oder auf die Bühne zu werfen („Ihr habt heute die einmalige Gelegenheit, Eure Lieblingsband mit Pfandbechern zu bewerfen!"). Der Erlös aus den gespendeten Pfandbechern wird für Trinkwasserprojekte eingesetzt. Große Aufmerksamkeit erzeugt Viva con Agua auch durch eigene Mitmachaktionen, wie beispielsweise die jährlich ausgerichteten Tramp-Rennen. Bei diesen treten Teams gegeneinander an, die per Anhalter einen bestimmten Zielort erreichen müssen. Das Rennen wird, ähnlich wie bei einem Spendenlauf, mit Informationsaktionen und Spendensammeln verbunden. Über solche ungewöhnlichen Events werden dabei vor allem junge Menschen erreicht. Zum Teil richten sich die Veranstaltungen aber auch an ein älteres Publikum, etwa bei den von Viva con Agua organisierten Lesungen.

Auch die anderen untersuchten Initiativen setzten auf die Ansprache der Unterstützer über Events. Co2online ist seit 2009 als Kooperationspartner oder Mitveranstalter bei klimafreundlich organisierten Musikfestivals aktiv, wobei die Organisation den Gästen auf dem Festivalgelände Stromchecks mit i-Pads, in Schwarzlicht leuchtende Bodypaintings mit klimafreundlichen Slogans und das Aufladen des Mobiltelefons per Ergometer/ Fahrrad anbietet. Die Umfrage zeigt, dass damit tatsächlich überwiegend Menschen angesprochen werden, die sich noch nicht mit Energiesparen beschäftigt haben und von denen ein Teil sich vornimmt, sich mittelfristig intensiver mit dem Thema auseinanderzusetzen. Darüber hinaus ist co2online als Energiesparberater und mit Informationsmaterial an *Carrotmobs* beteiligt, wobei Konsumenten durch ihren Einkauf in einem bestimmten Zeitraum einen ausgewählten Laden dabei unterstützen, in Energiesparmaßnahmen zu investieren. Durch solche Aktionen werden einerseits Mittel für Investitionen in Energieeffizienz generiert, andererseits auch die Einkäufer auf Energiesparpotentiale aufmerksam gemacht, indem sichtbar gemacht wird, wie viel Energie sich etwa mit der Neuanschaffung eines Kühlschranks einsparen lässt (vgl. Kap. 3.3).

Auch Betterplace setzt für seine Spendenplattform auf Events, an denen die Organisation jedoch nicht selbst mitwirkt. Nutzer können eigene Spendenaktionen auf betterplace.org einstellen und diese in ihrem Bekanntenkreis umsetzen. Beispiele für solche Spendenaktionen sind Geburtstagsfeiern, bei denen das Geburtstagskind die Gäste an Stelle von Geschenken um Spenden bittet oder Marathonläufe, die der Läufer mit einem Spendenaufruf verbindet.

Die Bedeutung der verschiedenen Kommunikationskanäle variiert je nach Zielen und Adressaten der Initiative. Viva con Agua setzt für die Markenbildung und den Erstkontakt mit der Zielgruppe vor allem auf Events mit „Spaßfaktor". Wie die Online-Nutzerbefragung ergab, werden die jüngeren Unterstützer unter 25 Jahren überwiegend über Veranstaltungen oder die Testimonials von Künstlern erreicht (insgesamt ca. 73 Prozent). Die Altersgruppe ab 30 Jahren kommt dagegen am häufigsten über Berichte oder Links im Internet (32,9 Prozent) und Freunde (26,3 Prozent) in Kontakt mit der Organisation. Etwas anders verhält es sich laut Online-Umfrage bei co2online; hier spielen neben persönlichen Kontakten und Social Media (je 11 von 40) insbesondere Suchmaschinen (14 von 40) eine große Rolle, Veranstaltungen und die klassischen Medien (je 2 von 40) sind dagegen vergleichsweise unbedeutend. Die hohe Quote von Erstkontakten über Suchmaschinen dürfte insbesondere ein Ergebnis der intensiven Bemühungen des Unternehmens um Suchmaschinen-Optimierung in den letzten Jahren sein.

Generell zeigt sich damit, dass soziale Medien von den Initiativen überwiegend zur Information und Bindung bestehender Nutzer eingesetzt werden. In begrenztem Maße können auf diesem Weg auch neue Unterstützer erreicht werden, insbesondere, wo Veranstaltungen kein zentrales Medium darstellen. Die unterschiedlichen online- und offline-Kommunikationskanäle greifen in der Praxis häufig ineinander: Ein vielfältiger Medienmix mit eng verknüpften Kommunikationskanälen ermöglicht es, Botschaften breit zu streuen und unterschiedliche Zielgruppen zu mobilisieren. Wer beispielsweise bei betterplace.org für ein

Projekt spendet, hat die Option, die Spende direkt auf seiner Facebook-Seite zu posten. Ähnlich können Klimaschutz-Erfolge im Energiespar-Konto bei co2online durch eine Mitteilungsfunktion mit Freunden über Facebook geteilt werden. Erfolgreiche oder besonders originelle Spendenaktionen können darüber hinaus in Print- oder Fernsehberichten aufgegriffen werden; über die Medienberichterstattung wird schließlich wieder auf der Facebook-Seite der Initiative berichtet, wodurch sich die Nutzerzugriffe auf die Websites und Organisationsprofile erhöhen können (Interview J. Breidenbach, 10.11.2010). Die multimediale Verbreitung trägt damit zum Spendenerfolg der Projekte bei. Auch für Viva con Agua ergeben sich aus der Kombination verschiedener Kommunikationskanäle positive Synergien. Viva con Agua gelingt es mit seinen innovativen Aktionen oft ein breites Medienecho insbesondere in der Kernregion der Initiative, dem Großraum Hamburg, hervorzurufen.

Insgesamt zeigt sich, dass die Initiativen entsprechend ihren unterschiedlichen Zielen die ihnen zur Verfügung stehenden Medien unterschiedlich nutzen: Der Aktivitätenschwerpunkt von Viva con Agua liegt auf dem Spendensammeln und der Schaffung von Aufmerksamkeit durch Veranstaltungen. Hierzu greift die Organisation auf ein breites Netzwerk ehrenamtlicher Unterstützer zurück, wobei die Neuen Medien zur Koordination und Information ein wertvolles Kommunikationsinstrument darstellen. Bei Betterplace hingegen steht die Online-Gemeinschaft der Plattform-Nutzer – Projektträger wie Spender – im Vordergrund, deren Austausch zu mehr Transparenz und höherer Spendenbereitschaft führen soll; die Social Media dienen der Kommunikation über Projekte und damit ebenfalls dem Spendensammeln. Auch bei co2online liegt der Fokus auf der eigenen Website als Tor zu den Datenbank-basierten Ratgebern. Die Beteiligung bei Veranstaltungen und das Angebot der klimaklicker-Seite dienen immer auch dazu, ein junges Publikum an das Thema Energiesparen und die Online-Ratgeber heranzuführen (Interview S. Fabricius, 18.03.2011).

Grundsätzlich finden sich zwei Motivationen für die Entwicklung neuer und Weiterentwicklung bestehender Angebote: diese sind teils gerichtet auf Verbesserung oder auch Anpassung an ein sich änderndes Umfeld, teils aber auch auf stetige Neuerungen im Angebot als *Unique Selling Point* per se der Organisation.

Innovation als Alleinstellungsmerkmal. Viva von Agua steht vor der Herausforderung, kontinuierlich neue, öffentlichkeitswirksame Eventformate zu entwickeln, um das Alleinstellungsmerkmal der Organisation zu bewahren. Innovation ist hier ein Mittel, um Aufmerksamkeit und damit Spenden zu generieren. Dies dient gleichermaßen der Erfüllung der Vereinsmission wie auch der Finanzierung: Viva con Agua finanziert sich überwiegend durch den Verwaltungskostenanteil der Spenden, der bei etwa sechs Prozent liegt. *Innovation zur Verbesserung und Anpassung.* Darüber hinaus entstehen Innovationen im Prozess der Angebotsverbesserung oder -anpassung. Auch diese dienen sowohl der Erreichung der Organisationsziele wie der finanziellen Sicherung. Wie Viva con Agua muss auch Betterplace auf ein tragfähiges Geschäftsmodell zurückgreifen: Die Organisation finanziert sich durch private Förderer, Unternehmenspartnerschaften und freiwillige Zusatzspenden der Unterstützer. Um diese Unterstützung zu sichern, muss sich Betterplace auf dem umkämpften Spendenmarkt behaupten und dafür die Optimierung der Spendenplattform vorantreiben und diese weiter an die Bedürfnisse der Zielgruppe anpassen. Für co2online, deren Arbeit durch öffentliche Mittel finanziert wird, sind hohe Seitenzugriffs- und Zuschauerzahlen ebenso ein wichtiger Erfolgsindikator in der Kommunikation mit Geldgebern, dem für die Mittelakquise eine hohe Bedeutung zukommt.

3.1.2 Hypothese 2: Strategisches Vorgehen

In den untersuchten Fallstudien sind die Innovationen in Angebot und Kommunikationsinstrumenten zum Teil Ergebnis systematischer Prozesse; diese sind allerdings nicht allein ausschlaggebend für das Erreichen der Organisationsziele. Institutionalisierte Räume für die Entwicklung von Innovationen und Weiterentwicklung bisheriger Aktivitäten haben eine wichtige Funktion. Darüber hinaus nutzen die Organisationen jedoch gezielt ihre Möglichkeiten, neue Impulse aufzugreifen und Angebote im Trial-and-error-Verfahren auszuprobieren. Für die langfristige Genese des Medienmixes, dessen sich die Organisationen bedienen, spielt die Erfahrung – mithin das Ausprobieren, Adaptieren oder Einstellen von Angeboten – eine wesentliche Rolle. Wichtige Informationsquellen für die Weiterentwicklung sind dabei direkte Rückmeldung von den Nutzern oder eigene Evaluationen, wie die systematische Auswertung von Zugriffszahlen auf Online-Angebote.

Betterplace verfolgt beim Aufbau des eigenen Angebots einen systematischen Ansatz. Das „betterplace lab" führt grundlegende Analysen des Online-Spendenmarkts uns dessen Zielgruppen durch (Interview J. Breidenbach, 10.11.2010). Über ein Monitoring der eingestellten Projekte werden Erfolgsfaktoren identifiziert. Die eigene Forschungs- und Analysearbeit hilft, die Angebote der Organisation weiterzuentwickeln und den Zielgruppenbedürfnissen anzupassen.

Auch co2online führt Zielgruppenanalysen durch und wertet Daten zur Nutzung seines Angebots in Online- und anderen Medien regelmäßig aus. Dem festgestellten Trend der Individualisierung der Medien folgend, entwickelt die Organisation ihr Angebot insbesondere in den sozialen Medien in einer Art Testverfahren weiter; die Nutzung neuer Angebote wird regelmäßig überprüft, das Nutzerverhalten und Anregungen der Zielgruppe in die Verbesserung einbezogen (Interview T. Loitz, 19.09.2011). Als das Team 2007 begann, seine Arbeit in den sozialen Netzwerken auszubauen, war es für co2online, auch im Vergleich zu ähnlichen Organisationen, Pionierarbeit (ibd.). Der Vorteil der sozialen Medien liegt dabei aus ihrer Sicht insbesondere in den relativ geringen Kosten und der Flexibilität, die ein „trial and error" erlauben. Produkte und Kommunikationsinstrumente folgen häufig, jedoch nicht ausschließlich, strategischen Planungen. Teils werden bestimmte „Produkte" gezielt entwickelt, etwa als Brücke für bestimmte Zielgruppen, wie die niedrigschwellige Stromcheck-App auf der Klimaklicker-Seite, die auch für Smartphones geeignet ist und ein jüngeres Publikum an die Online-Ratgeber heranführen soll. Andere Aktivitäten haben sich jedoch in Kooperation mit oder auf Anregung von Partnern ergeben, so etwa die Beteiligung an Carrotmobs und Musikfestivals (Interviews T. Loitz, 19.09.2011, S. Fabricius, 18.03.2011).

Anders als Betterplace und co2online verfolgt Viva con Agua einen eher organischen Social Marketing-Ansatz. Zwar wertet die Organisation ebenfalls bestehende Informationen zu Medienberichten oder Veranstaltungen aus, eine systematische Zielgruppenanalyse und strategische Instrumentenentwicklung erfolgt allerdings nicht. Das Social Marketing der Initiative entwickelt sich quasi evolutionär (Interview C. Wiebe, 7.12.2010) – neue Ideen werden häufig spontan ausprobiert und je nach Erfolg fortgeführt, weiterentwickelt oder aufgegeben. Gerade bei der Entwicklung innovativer Eventformate ergeben sich aus der „trial and error"-Methode vielversprechende Potenziale. Erst durch die hohe Flexibilität bietet sich für das Netzwerk der Organisation die Möglichkeit, kreative Ideen zu generieren und diese in der Praxis zu testen. Der Initiative kommt dabei ihre offene Struktur und niedrige Zugangsschwelle zugute: Die Unterstützer können sich leicht in bestehende Projekte einbringen und eigene Ideen im Viva con Agua-Netzwerk umsetzen.

Grundsätzlich lässt sich feststellen, dass die betrachteten Initiativen ihre Flexibilität (in der Organisationsgröße oder Unabhängigkeit) als Stärke begreifen und bewusst nutzen (Interview T. Loitz, 19.09.2011), um neue Ideen aufzugreifen und auszuprobieren. Die Impulse hierfür können von außen kommen oder der eigenen Organisation entspringen. Viva con Agua kommt dabei offenbar seine spezifische Organisationskultur und sein weiter Unterstützerkreis besonders zugute, weil hier viele neue Ideen dezentral erdacht und lokal getestet werden. Die Weiterentwicklung erfolgreicher Neuerungen unterliegt dann oft systematischer Planung in den Organisationen.

3.2 Soziale Kontakte und Netzwerke als Kommunikationskanal

Zur Verbreitung ihrer Botschaften setzen die Initiativen auch auf vielfältige Vernetzungsstrategien: Neben bekannten Persönlichkeiten und institutionellen Multiplikatoren werden vor allem die Unterstützer selbst als Vertrauen schaffende Multiplikatoren einbezogen.

3.2.1 Hypothese 3a: Ansprache der Zielgruppe über soziale Netze oder Identifikationsfiguren

Durch die Einbindung von Identifikationsfiguren können neue Unterstützer angesprochen und die Bindung an die Initiative gestärkt werden. Die untersuchten Initiativen verfolgen hierbei unterschiedliche Ansätze. Betterplace veröffentlicht auf der Webseite Statements einiger Testimonials, in denen insbesondere die Transparenz der Spendenplattform hervorgehoben wird. Darüber hinaus verzichtet die Organisation aber bewusst auf die aktive Einbindung von Prominenten, da die Gefahr besteht, dass diese von Seiten der Nutzer als wenig glaubwürdig und austauschbar wahrgenommen werden (Interview M. Eckert, 12.1.2011).

Co2online hingegen setzt prominente Fürsprecher aus dem Musikbereich, vor allem in Form von Videoclips und Videobotschaften ein, um vor allem Jugendliche zu erreichen. Das auf YouTube eingestellte Musikvideo, bei dem eine bekannte Popgruppe die für die Produktion erforderliche Energie selbst per Ergometer/ Fahrrad erzeugt, wurde innerhalb von etwa acht Monaten rund 14.500Mal betrachtet. Die Wirkung auf die Zuschauer ist schwer festzustellen; die darunter stehenden Kommentare beziehen sich nicht unmittelbar auf die Botschaft des Clips. Doch auch die beiden Testimonials derselben Gruppe zum Energiesparmeister-Wettbewerb für Schulklassen wurden einige tausendmal betrachtet, sodass der Einsatz der Gruppe mit hoher Sicherheit für zusätzliche Aufmerksamkeit innerhalb der Zielgruppe sorgt.

Eine besonders intensive Kooperation mit Prominenten verfolgt Viva con Agua. Vor allem auf Events unterstützen bekannte deutsche Musiker oder Sportler das Anliegen der Initiative, beispielsweise indem sie zu Pfandbecher-Spenden aufrufen. „Wenn bei einem Konzert die Band auf der Bühne sagt ‚Pfandbecher spenden ist cool', dann machen das auch ganz viele Leute" (Interview M. Siewert, 28.12.2010). Das Engagement von prominenter Seite trägt nicht nur zum Spendenerfolg der Initiative bei, es hilft ihr auch neue Unterstützer zu gewinnen. So haben mehr als ein Drittel der Unterstützer von Viva con Agua die Initiative über Bands, Sportler oder andere bekannte Persönlichkeiten kennengelernt. Voraussetzung für den Erfolg der Einbindung von Identifikationsfiguren ist dabei, dass deren Engagement von der Zielgruppe als authentisch wahrgenommen wird.

Darüber hinaus werden auch durch strategische Kooperationen mit institutionellen Multiplikatoren breitere Zielgruppen erreicht und dabei auf die Vertrauensbasis der bestehenden Beziehungen zurückgegriffen. Viva von Agua setzt seine vielfältigen Aktionen beispielsweise gemeinsam mit Konzertveranstaltern oder Fußballvereinen um. In ähnlicher Weise arbeitet co2online im Jugendbereich mit Festivalveranstaltern, Jugendmessen und lokalen Organisationen für Carrotmobs zusammen; für die Online-Ratgeber und an Berufsgruppen gerichtete Kampagnen auch mit Online-Medienportalen, Kommunen, Berufsverbänden und anderen relevanten Institutionen. Neben einer Möglichkeit für persönliche Präsenz bei Veranstaltungen bieten diese Kooperationen insbesondere auch Verlinkungen, die, wie oben festgestellt, tatsächlich zu erhöhten Nutzerzahlen führen.

In besonders hohem Maße setzt Betterplace auf Kooperationen. Durch die Zusammenarbeit mit großen und bekannten Hilfsorganisationen kann insbesondere das Vertrauen „konservativer" Spendergruppen gewonnen werden. Eine zentrale Marketingstrategie ist für Betterplace die Kooperation mit Partnern, die den Zugang zu großen Zielgruppen ermöglichen (Interview J. Breidenbach, 10.11.2010). Ein erfolgreiches Beispiel hierfür ist die Zusammenarbeit mit dem Kunden-Bonusprogramm Payback. Im Rahmen der „Payback-Spendenwelt" können die Mitglieder des Bonusprogramms ihre gesammelten Punkte für verschiedene Projekte als Spende einsetzen. Die Spendenfunktion ist in die Payback-Homepage integriert und bietet Nutzern somit eine einfache, unkomplizierte Möglichkeit zu spenden. „Da ist ganz viel Potential von neuen Nutzern, die Punkte einfach liegen gelassen haben oder Punkte auf Bratpfannen eingelöst haben. Jetzt können sie das für ein Projekt bei sich um die Ecke spenden" (Interview J. Breidenbach, 10.11.2010). Die bei Betterplace zunächst vergleichsweise hohe Schwelle – potenzielle Spender müssen sich aktiv mit der Plattform und den Projekten auseinandersetzen – kann durch die Kooperation entscheidend gesenkt werden. Auch Spender mit geringer Bereitschaft, sich mit der Initiative oder ihren Projekten zu beschäftigen, können auf diese Weise erreicht werden.

3.2.2 Hypothese 3b: Persönliche Netzwerke und Zielgruppen als Multiplikatoren

Als noch bedeutsamer für die Verbreitung der Botschaften als institutionelle und prominente Multiplikatoren erweisen sich zum Teil die Unterstützer selbst. Vor allem Viva con Agua und Betterplace binden ihre Adressaten aktiv ein und beteiligen sie an der weiteren Verbreitung ihres Anliegens. Die Nutzung und Integration von bestehenden persönlichen Netzwerken der Unterstützer ist ein zentraler Erfolgsfaktor der Initiativen. Ähnlich wie die Identifikationsfiguren helfen diese Multiplikatoren, die Organisationen in breiteren Zielgruppen bekannt zu machen, und bringen zudem einen Vertrauensvorschuss. Ein erheblicher Teil der Unterstützer von Viva con Agua wird so über den Freundes- oder Bekanntenkreis der Nutzer gewonnen. In der Onlinebefragung zeigt sich beispielsweise, dass 95 Prozent der Unterstützer von Viva con Agua im Freundes- oder Bekanntenkreis über die Initiative berichten. Über die persönlichen Netzwerke werden nicht nur neue Spender gewonnen, sondern auch viele aktive Mitstreiter der Initiativen. Viva con Agua ist hierbei in hohem Maße erfolgreich, da die Organisation über eine besonders niedrige Zugangsschwelle für Neueinsteiger verfügt: Die Initiative versteht sich als offenes Netzwerk mit flachen Hierarchien, in das sich alle Interessierten durch die Mitarbeit bei Aktionen oder in regionalen „Zellen" einbringen können.

Auch bei Betterplace zeigt sich, dass die Erfolgsaussicht von Projekten vom Grad der Vernetzung und Interaktion der Projektverantwortlichen abhängt. Projektverantwortliche, die intensiv mit ihren Adressaten kommunizieren, indem sie beispielsweise regelmäßig aktuelle Informationen bereitstellen und Fragen der Nutzer beantworten, generieren in der Regel mehr Spenden als „passivere" Projektinitiatoren (Interview M. Eckert, 12.1.2011). Besonders erfolgversprechend sind Projekte, die bereits mit großen eigenen Netzwerken starten. Wenn die Initiatoren beispielsweise stark bei Facebook oder anderen Plattformen vernetzt sind, können sie vergleichsweise leicht ihre eigenen Kontakte für ihr Projekt mobilisieren. Die Einbindung privater Netzwerke wird von Betterplace aktiv forciert. So wird den Onlinespendern automatisch angeboten, ihre Spende auf Facebook zu posten. Zudem bietet die Initiative den Nutzern die Möglichkeit, eigene Spendenaktion umzusetzen. Der Initiator einer Spendenaktion mobilisiert dabei seine eigenen Netzwerke, übernimmt also die Spenderakquise im eigenen Freundes- und Bekanntenkreis: „Du hast einen, der diese Spendenaktion initiiert und dann verbreitet er die (...). Er spricht seine Freunde an und er weiß dabei, wie er sie am besten anzusprechen hat. Er weiß, ob er sie Duzen oder Siezen muss, er weiß ob er sie auf Facebook findet oder auf der Straße. Das wissen wir ja alles nicht und deswegen ist das der große Vorteil" (Interview M. Eckert, 12.1.2011).

Auch co2online versucht seine Nutzer als Multiplikatoren einzubinden, sowohl über die eigenen Profile in den sozialen Netzwerken wie auch, bei der älteren Zielgruppe, durch eine „Tell a friend"-Funktion im kostenfreien Energiesparkonto, bei der Nutzer neue Nutzer anwerben können (Interview T. Loitz, 19.09.2011). Tatsächlich geben etwa 50 Prozent (22 von 43) der online befragten Nutzer an, schon einmal Freunden oder Bekannten von co2online erzählt zu haben; meist um

Informationen weiterzugeben (16), aber auch um eigene Energiesparmaßnahmen zu schildern (12) oder zur Teilnahme an Aktionen von co2online aufzufordern (8).

Im Vergleich zeigt sich, dass bei der Ansprache der Zielgruppe die Einbindung bestehender sozialer Kontakte offenbar wirkungsvoller ist als Testimonials bekannter Persönlichkeiten. Soziale Netzwerke innerhalb der Zielgruppe tragen vielfach zum Erstkontakt mit der Organisation und einer Auseinandersetzung mit deren Anliegen bei. Entsprechend versuchen die Initiativen – auf verschiedene Weise und mit unterschiedlichem Erfolg – ihre Zielgruppe auch zu Multiplikatoren werden zu lassen. So spielen bei Viva con Agua soziale Kontakte zwischen den Unterstützern eine große Rolle für das ehrenamtliche Engagement. Tell-a-friend- und andere Empfehlungsfunktionen werden hingegen seltener genutzt, um Freunden und Bekannten über eigene Spenden oder Energiesparmaßnahmen zu informieren.

3.2.3 Hypothese 4: Vertrauensbildung und Erfolgsnachweise

Die unterschiedlichen Vernetzungsstrategien ermöglichen den Initiativen ihren Unterstützerkreis auszuweiten. Das Aktivieren bestehender Netzwerke bringt dabei einen wichtigen Vertrauensvorschuss auf Seiten der Adressaten mit sich.

Insbesondere auf dem Spendenmarkt kommt dem Faktor Vertrauen entscheidende Bedeutung zu. Betterplace verfolgt den Ansatz, das nötige Vertrauen über größtmögliche Transparenz innerhalb des Spendennetzwerks herzustellen. Hierfür kommen unterschiedliche Mechanismen des sogenannten „Web of Trust" zum Einsatz: Projektinitiatoren können klare Bedarfe benennen, Informationen über den Verlauf des Projekts bereitstellen und Fragen der Nutzer beantworten. Das Vertrauensnetzwerk kann durch Kommentare der Spender und weiterer Fürsprecher der Projekte erweitert werden. Die Spender können sich so relativ leicht über die von ihnen unterstützten Projekte und deren Erfolg informieren. Diese Möglichkeit wird auch von einem Großteil der Spender wahrgenommen. Gut 82 Prozent der Spender geben bei der Onlinebefragung an, dass sie sich nach ihrer Spende über den Erfolg des Projektes informiert haben. Eine intensive Kommunikation zwischen Projektverantwortlichen und Spendern bleibt allerdings die Ausnahme.

Nur eine kleine Minderheit von Projektinitiatoren schöpft die Möglichkeiten des „Web of Trust" voll aus; etwa die Hälfte stellt auf der Webseite nur das absolute Mindestmaß an Informationen bereit (Interview J. Breidenbach, 10.11.2010). Das von Betterplace bereitgestellte Konzept zur Vertrauensbildung stößt in der Praxis daher an seine Grenzen. Vielen Projektinitiatoren fehlen das Verständnis oder schlicht die Kapazitäten für die intensive Kommunikationsarbeit im Betterplace-Netzwerk. Insbesondere große Hilfsorganisationen stellt darüber hinaus der Ansatz der Bedarfsorientierung vor Herausforderungen. Die Fokussierung auf konkrete und für die Spender attraktive Bedarfe geht oft an den Anfordernissen von Hilfsprojekten vorbei, da der tatsächliche Spendeneinsatz nicht immer im Voraus bestimmt werden kann und häufig auch Gelder für schlecht „vermittelbare" Aktivitäten benötigt werden. Um den Realitäten der Projektpraxis gerecht zu werden, wurde das Konzept von Betterplace weiter flexibilisiert, sodass nun beispielsweise auch exemplarische Bedarfe benannt werden können (Interview J. Breidenbach, 10.11.2010).

Bei Viva con Agua besteht von Seiten der Spender ein geringerer Bedarf, über die Verwendung ihrer Spende und den Erfolg der finanzierten Projekte informiert zu werden – ca. 55 Prozent der Unterstützer informieren sich nach Abgabe der Spende noch einmal über den Projekterfolg. Die Spenden setzen sich zum größten Teil aus Kleinstbeträgen zusammen, die überwiegend spontan auf Events abgegeben werden. Aufgrund der zumeist geringen Spendensummen werden von den Unterstützern selten klare Erfolgsnachweise nachgefragt. Dennoch besteht ein sehr großes Vertrauen in die Organisation: In der Onlinebefragung zeigt sich, dass die Unterstützer davon überzeugt sind, dass ihre Gelder richtig eingesetzt werden (79,2 Prozent sind „voll und ganz" überzeugt, 19,3 Prozent „eher" überzeugt). Die starke Vertrauensbasis lässt sich unter anderem mit dem persönlichen, oft als „familiär" beschriebenen Bezug zu Viva con Agua erklären. Die Unterstützer identifizieren sich in hohem Maße mit der Initiative und nehmen Viva con Agua im Vergleich zu anderen Hilfsorganisationen als eine sehr offene, sympathische und besonders glaubwürdige Organisation wahr.

Bei co2online, das keine Spenden von seinen Zielgruppen sammelt, ist Vertrauen seitens der Zielgruppe kein vergleichbar zentraler Aspekt. Dennoch bemüht sich die Organisation um klare Erfolgsnachweise durch Evaluation ihrer Arbeit sowohl für Geldgeber als auch für Zielgruppen. Hierzu werden eigene Befragungen in der Zielgruppe durchgeführt, externe Evaluationen beauftragt und Mediendaten, etwa zur Nutzung des Web-Angebots und zu den Zuschauerzahlen von Fernsehreportagen, ausgewertet. Die Ergebnisse werden auf der Website veröffentlicht.

Insgesamt ist festzustellen, dass alle Initiativen sich bewusst um Transparenz hinsichtlich des Erfolgs der eigenen Arbeit – bzw. im Falle von Betterplace der eingestellten Projekte Dritter – bemühen. Interessanterweise werden diese Wirkungsnachweise von der Zielgruppe der privaten Spender jedoch nur eingeschränkt wahrgenommen und nachgefragt; für den Großteil der Nutzer ist das Vertrauen in die Organisationen so groß, dass solche Belege nicht eingefordert oder aktiv gesucht werden.

3.3 Botschaft und Angebot

3.3.1 Hypothese 5: Positive Botschaft und konkretes Handlungsangebot

„Wir sind die, die jetzt einfach mal anfangen mit dem Weltverbessern – die ganze Zeit drüber reden können andere" (Betterplace 2012). Die Selbstbeschreibung von Betterplace verdeutlicht den Anspruch, den die untersuchten Initiativen an sich selbst, aber auch als Angebot an ihre Zielgruppen richten. Um dieses Ziel umzusetzen, schaffen die Organisationen niedrigschwellige Handlungsangebote: Die Nutzer werden nicht in erster Linie mit Sachinformationen für die Anliegen der Initiativen sensibilisiert, sondern vor allem durch attraktive und leicht zugängliche Angebote zum Mitmachen bewegt. So ermöglicht Viva con Agua Festivalbesuchern durch die einfache Abgabe eines Pfandbechers zum Spender zu werden. Auch co2online bietet auf Festivals einfache Mitmachangebote zum Klimaschutz an, etwa einen Stromcheck mit iPad oder eine Fahrrad-betriebene Handyladestation. Ist die Motivation einmal vorhanden, kann auch das individuelle Engagement – für den Klimaschutz im Alltag, die Arbeit von Viva con Agua oder als Spender oder Projektverantwortlicher bei Betterplace – ausgeweitet werden.

Die Handlungsangebote der Fallstudien werden von positiven emotionalen Botschaften flankiert. Diese tragen nach Ansicht der Initiativen dazu bei, neue Zielgruppen für ihre Anliegen zu gewinnen. Gerade Zielgruppen mit geringem Bezug zu den Kernanliegen der Initiative können durch eine emotionale Ansprache besser erreicht werden, als dies durch reine Sachinformationen möglich wäre. Den Nutzern wird dadurch vermittelt, dass sie mit einfachen Mitteln – und gleichzeitig mit Spaß – etwas zum Guten bewegen können. So bewirbt co2online seinen Party-Ratgeber mit dem Slogan „Feier Dich grün! Dein Guide zur korrektesten Party der Welt". Viva con Agua bringt den Ansatz folgendermaßen auf den Punkt: „Wir sind der Meinung, helfen kann Spaß machen und gleichzeitig seriöse Ziele verfolgen!" (Viva von Agua 2012)

Die Botschaften der Initiativen stellen nicht das Problem in den Vordergrund, sondern das Veränderungspotenzial der angebotenen Verhaltensweisen. Viva con Agua betont beispielsweise nicht zuerst die dramatischen Folgen von Wasserknappheit, sondern die Möglichkeiten, sich im Kleinen für eine sichere Wasserversorgung in Entwicklungsländern zu engagieren. Co2online stellt nicht zuerst die ökologischen Auswirkungen eines hohen Energieverbrauchs ins Zentrum der Kommunikation, sondern die konkreten Möglichkeiten, das Klima durch Energiesparen zu schützen und damit gleichzeitig Geld zu sparen. Informations- und Bildungsangebote zur Problematik sind ein wichtiger flankierender Baustein, um das Bewusstsein jüngerer Zielgruppen für das Thema zu schärfen. Viva con Agua bietet etwa Wasser-Workshops in Grundschulen an, co2online einen Energiespar-

Wettbewerb für Schulklassen mit Begleitmaterial. Bei erwachseneren Zielgruppen steht hingegen das Handlungsangebot im Vordergrund, insbesondere dort, wo der Kontakt zeitlich begrenzt ist.

Durch die geringe Zugangsschwelle und das Angebot einfacher Handlungsschritte wird bei den Unterstützern das Bewusstsein der eigenen Handlungsfähigkeit gestärkt. Das Bewusstsein der Selbstwirksamkeit (vgl. Kap. 2.2) ist dabei offenbar von entscheidender Bedeutung für den Erfolg der Angebote. So sind bei Betterplace diejenigen Projekte finanziell besonders erfolgreich bei der Spendenakquise, die konkrete und klar begrenzte Bedarfe angeben (Interview J. Breidenbach, 10.11.2010). Durch die klare Bedarfsorientierung wird dem Spender das Gefühl vermittelt, auch mit vergleichsweise geringen Beträgen einen greifbaren Beitrag zum Projektziel leisten zu können.

Ähnlich versucht auch co2online, seinen Nutzern zu vermitteln, dass sie einen sinnvollen Beitrag zum Klimaschutz leisten. So werden Carrotmobs in den verschiedenen Online-Kanälen nicht nur angekündigt, sondern auch Meldungen über das Ergebnis veröffentlicht, etwa die Summe der Einnahmen und die Höhe der damit ermöglichten Emissionsminderungen[4]. 17 von 41 der online befragten Nutzer geben an, durch Tipps der Plattform den eigenen Energieverbrauch, unter anderem durch die geänderte Nutzung von Geräten und Anschaffung neuer Geräte, verringert oder zu einem Ökostrom-Anbieter gewechselt zu haben.

Die Übernahme einer bestimmten Verhaltensweise wird von den Initiativen als erster Schritt zu einer möglicherweise breiten inhaltlichen Beschäftigung mit der Thematik gesehen, die schließlich auch einen tiefergehenden Einstellungswandel mit sich bringen kann. Die Onlinebefragung der Nutzer bestätigt, dass die Beschäftigung mit der Initiative zu einem weitergehenden Engagement führen kann: So geben rund 82 Prozent der Unterstützer von Viva con Agua an, dass sie nun besser über Wasserprobleme in Entwicklungsländern informiert sind. Der Aussage, dass sie sich stärker als zuvor für soziale Themen oder Umweltthemen engagieren, stimmen gut zwei Drittel der Unterstützer zu. Viva con Agua gelingt es mit seinen niedrigschwelligen Angeboten auch Menschen mit bislang geringem gesellschaftlichen Engagement zu erreichen. So engagiert sich ein Viertel der Unterstützer nach eigener Aussage in ihrer Freizeit nicht aktiv für soziale Themen oder Umweltthemen.

Auch die Nutzer von Betterplace sind mehrheitlich davon überzeugt, dass sie durch die Beschäftigung mit der Initiative besser über bestimmte soziale oder

---

4   „Der Gewinn [einer Carrotmob-Aktion in einer Berliner Markthalle] in Höhe von 750 Euro fließt nun in energiesparende LED-Lampen in der Markthalle Neun. Laut unserem Energieberater können so bei der Beleuchtung zukünftig knapp 10.000 kWh pro Jahr eingespart werden" (co2online 2012).

ökologische Themen informiert sind (knapp 67 Prozent) und sich stärker als zuvor für diese Themen engagieren (54 Prozent).

Ein zentraler Aspekt ist mithin bei allen drei Initiativen das, was eine von
ihnen als „Empowerment-Ansatz" (Interview J. Hengstenberg, 19.04.2011) bezeichnet: Das Anliegen, die Zielgruppe über eine positiv formulierte Botschaft
und ein konkretes Handlungsangebot zum Aktivwerden zu motivieren und befähigen. Dieses kann beispielsweise darin bestehen, Energiesparmaßnahmen tech-
nisch verständlich zu machen und die Emissionsminderungen eines Ladens nach
einem Carrotmob vorzurechnen. Ein konkretes Handlungsangebot kann zudem
die Anregung zur Spende kleinerer Summen sein, wie auch die Möglichkeit, sich
für die Ziele der Organisation oder ein eigenes Hilfsprojekt engagieren.

4. Ergebnisse im Überblick

Zwischen Facebook und Festival – was lässt sich zusammenfassend über das Social Marketing der hier betrachteten Social Entrepreneurs und seine Erfolgsfaktoren festhalten?

Die untersuchten Initiativen greifen auf einen vielfältigen Mix an Online-
Anwendungen und Eventformaten zurück. Bei der Entwicklung der Instrumente
ist festzustellen, dass strategische Planungen und spontane Innovationen nebeneinander stehen und die Initiativen die Flexibilität für das Ausprobieren neuer
Ideen bewusst einsetzen. Nicht alle Aktivitäten der Organisationen sind gleichermaßen erfolgreich; dies gehört jedoch zu einem normalen Austesten neuer Konzepte und Ideen. Die Kommunikationsstrategien entwickeln sich dabei unterschiedlich mit eigenen medialen Schwerpunkten und Angeboten: Bei Viva con
Agua liegt der Spendenerfolg wesentlich in der Originalität der Sammelaktionen
und dem bewusst eingesetzten Spaßfaktor begründet; durch direkte Begegnun-
gen mit der Zielgruppe und die aktive Nutzung sozialer Netzwerke gelingt es der
Initiative zudem, ehrenamtliche Unterstützer erfolgreich einzubinden. Der Kontakt zwischen co2online bzw. Betterplace und ihren Zielgruppen ist demgegenüber vorwiegend indirekt, eher auf Online-Medien beruhend. Co2online erreicht
dabei die Zielgruppe der jungen Erwachsenen über vielfältige Tipps in zielgrup-
pennahen Formaten – von Party-Guide über Energiecheck-App bis zu Energiesparkonto – insbesondere mit der Botschaft, dass Energiesparen zugleich Kosten
senkt wobei neben Suchmaschinen der Erstkontakt wesentlich über Freunde und
Bekannte zustande kommt. Betterplace bietet seinen Nutzern die Möglichkeit,
selbst eingestellte oder unterstützte Projekte über die eigenen Social Media-Pro-
file bekannt zu machen. Zusammen mit den interaktiven Funktionen der Spen-

denplattform, erweist sich dies als ein wesentlicher Erfolgsfaktor für die Finanzierung der Projekte.

Tatsächlich gelingt es den Initiativen vielfach, ihre Unterstützer durch konkrete und leicht umsetzbare Handlungsangebote zu eigenem Engagement zu befähigen und darüber hinausgehende Einstellungsänderungen anzustoßen. In allen drei Fällen gibt ein großer Teil der Nutzer an, sein Verhalten im Sinne der Initiativen geändert zu haben – durch Spenden, Energiesparen oder ehrenamtliches Engagement – oder sich durch die Beschäftigung mit deren Anliegen allgemein mehr mit sozialen und Umweltschutzthemen auseinanderzusetzen.

Bemerkenswert ist, dass keine der Initiativen den Begriff Social Marketing im Hinblick auf ihre Arbeit gebraucht oder sich systematisch damit auseinandersetzt, auch wenn bei allen drei Einstellungs- und Verhaltensänderungen im Zentrum ihrer Aktivitäten stehen und, wie ersichtlich, viele der klassischen Instrumente des Social Marketings (vgl. Kap. 2.1) in der einen oder anderen Form zum Einsatz kommen. Das ist insofern interessant, als dass Social Marketing sowohl einen Baukasten von Instrumenten wie auch Einsichten aus (Sozial)Psychologie und Kommunikationstheorie bereitstellt, die bei der Entwicklung von Botschaft und Marketing- oder Medien-Mix hilfreich sein können. Auch wenn bestimmte Bestandteile daraus sich intuitiv erschließen oder aus anderen Kontexten bekannt sind, kann eine Beschäftigung mit Social Marketing für Sozialunternehmer mit entsprechender Zielsetzung eine Bereicherung darstellen.

Literaturverzeichnis

Ajzen, Icek; Fishbein, Martin (1980): Understanding attitudes and predicting social behavior. Englewood Cliffs, NJ: Prentice Hall.

Andreasen, Alan R. (1994): Social marketing: Its definition and domain. In: Journal of Public Policy & Marketing 13. 1. 108-114.

Andreasen, Alan R.; Kotler, Philipp (2003): Strategic marketing for nonprofit organizations. Upper Saddle River, NJ: Prentice Hall.

Ashoka (2012): What is a social entrepreneur? http://www.ashoka.org/social_entrepreneur (Stand: 17.03.2012).

Betterplace (2012): http://www.betterplace.org/de/how_it_works (Stand: 20.3.2012).

Bruhn, Manfred (2005): Marketing für Nonprofit-Organisationen. Grundlagen – Konzepte – Instrumente. Stuttgart: Verlag W. Kohlhammer.

co2online (2012): http://www.klima-sucht-schutz.de/mitmachen/klimaklicker/carrotmob/beitrag/article/berliner-ermobben-750-euro-fuers-klima.html (Stand: 24.05.2012).

Dann, Susan; Dann, Stephen (2006): Insight and overview of social marketing. Brisbane: Queensland Government. Online verfügbar: http://www.premiers.qld.gov.au/publications/categories/reports/assets/social-marketing-final-report.pdf (Stand: 05.08.2010).

Dees, Gregory (2001): The meaning of 'social entrepreneurship'. Online verfügbar: http://www.caseatduke.org/documents/dees_sedef.pdf (Stand: 07.06.2012).

Defourny, Jacques; Nyssens, Marthe (2010): Conceptions of social enterprise and social entrepreneurship in Europe and the United States: Convergences and Divergences. In: Journal of Social Entrepreneurship 1. 1. 32-53.

Duschek, Stephan (2002): Innovation in Netzwerken. Renten – Relationen – Regeln. Wiesbaden: Deutscher Universitätsverlag.

Grimm, Heike M. (2011): Entrepreneur – Social Entrepreneur – Policy Entrepreneur. Typologische Merkmale und Perspektiven. Zeitschrift für Politikberatung 3. 441-456.

Häfner, Peter; Gaus, Hansjörg (2003): Social Marketing und Umweltschutz. Welche Rolle kann Social Marketing für die Veränderung umweltrelevanten Verhaltens spielen? Chemnitz: Rabenstück-Verlag.

Lindner, Christoph (2009): Das Web 2.0 als Medium und Plattform für Soziales Marketing. Universität Kiel: Institut für Psychologie. Verfügbar unter: http://www.nordlicht.uni-kiel.de/dateien/Lindnerweb20.pdf (Stand: 05.09.2009).

Lucas, Rainer; Wilts, Henning (2004): «Events für Nachhaltigkeit» – ein neues Geschäftsfeld für die Eventwirtschaft? Wuppertal Papers Nr. 149. Wuppertal.

Lübke, Volkmar (2000): Praxis des Sozialmarketing. Trends, Techniken, Fallbeispiele. Berlin: Stiftung Verbraucherinstitut.

Madill, Judith; Ziegler, Rafael (im Erscheinen): Marketing Social Missions – Adopting Social Marketing for Social Entrepreneurship? A Conceptual Analysis and Case Study. In: International Journal of Nonprofit and Voluntary Sector Marketing.

Mintrom, Michael; Vergari, Sandra (1996): Advocacy Coalitions, Policy Entrepreneurs, and Policy Change. Policy Studies Journal 24. 3. 420-434.

Prose, Friedemann (1993). Von der Psychologie des Energiesparens. Tagung Effizienter Stromeinsatz- Analysen, Wege, Hemmnisse: Tagungsbericht. Graz: Institut für Elektrische Anlagen, TU Graz. S. 152-165.

Prose, Friedemann (1994): Ansätze zur Veränderung von Umweltbewußtsein und Umweltverhalten aus sozialpsychologischer Perspektive. In: Senatsverwaltung für Stadtentwicklung und Umweltschutz Berlin (Hrsg): Neue Wege im Energiespar-Marketing. Materialien zur Energiepolitik in Berlin 16. 14-23.

Prose, Friedemann (1995): Soziales Marketing im Umweltbereich. In: Franz-Balsen, Angela; Apel, Heino (Hrsg.): Professionalität und Psyche – Einsichten aus der Klimabildung. Frankfurt a.M.: Deutsches Institut für Erwachsenenbildung. S. 40-50.

Prose, Friedemann (1996): Zur Organisation der nordlicht-Kampagne in Kommunen. Klimabündnis-Rundbrief 7. 20-21.

Prose, Friedemann; Kupfer, Dirk; Hübner, Gundula (1994): Social Marketing und Klimaschutz. In: Fischer, Wolfgang; Schütz, Holger (Hrsg.): Gesellschaftliche Aspekte von Klimaänderungen. Jülich: KFA Jülich. S. 132-144.

Reiser, Brigitte (2009): Social Media und die Bürgergesellschaft – wie können gemeinnützige Organisationen vom Mitmach-Internet profitieren? BBE-Newsletter 2. 1-5.

Ridley-Duff, Rory E.; Bull, Mike (2011): Understanding social enterprise: Theory and practice. London: Sage Publications.

Roberts, Nancy; King, Paula (1991): Policy entrepreneurs: Their activity structure and function in the policy process. In: Journal of Public Administration Research and Theory 2. 147-175.

Scholz, Sophie; Grüsgen, Volker (2005): Strategisches Social Marketing der Umweltpsychologie als Beitrag zum Umweltschutz. In: ipublic – Psychologie im Umweltschutz 9. 30-36.

Viva von Agua (2012): http://www.vivaconagua.org/index.htm?about (Stand: 20.3.2012).

III
Nord-Konsortium

Wenn gute Lösungsansätze keine Selbstläufer werden: Vernetzung als Skalierungsstrategie in fragmentierten Entscheidungslandschaften am Beispiel des Social Labs in Köln

Markus Beckmann / Steven Ney

Einleitung

(1) Bill Clinton wird zugeschrieben, eine zentrale Herausforderung im Bereich sozialer Innovationen wie folgt pointiert zu haben: „Nearly every problem has been solved by someone, somewhere. The challenge of the 21st century is to find out what works and scale it up." Bill Clinton formuliert damit eine von zwei Positionen, die sich auch in der deutschen Diskussion über soziale Innovation und die Rolle von Social Entrepreneurship identifizieren lassen.

Im Jahr 2010 und 2011 unternahm das Forschungsprojekt „Social Entrepreneurs as Evolutionary Agents in the German Institutional Landscape" (SEEAGIL) im Rahmen seines ersten Projektmoduls eine Interview-Studie, für die etwa 60 Akteure aus unterschiedlichen gesellschaftlichen Bereichen befragt wurden, mit welchem Verständnis und welchen Erwartungen sie das Konzept ‚Social Entrepreneurship' im deutschen Kontext wahrnehmen (vgl. Ney/Beckmann/Gräbnitz/ Mirkovic in diesem Band). Befragt nach den spezifischen Barrieren für soziale Innovationen – letztere verstanden als skalierbare Lösungen für bisher unbefriedigend adressierte gesellschaftliche Anliegen (vgl. z. B. Phills/Deiglemaier/ Miller, 2008) – wurden unter anderem folgende zwei, scheinbar widersprüchliche Positionen geäußert.

Die erste Position erklärt die primäre Ursache für fehlenden Fortschritt bei der Lösung wichtiger sozialer Probleme mit dem Fehlen geeigneter Lösungs*ideen*. Die Diagnose lautet: Mangel an Innovation. Es fehle an kreativen Ansätzen und neuen Lösungswegen, die auch tatsächlich funktionieren. Analog liegt dieser Sichtweise zufolge dann die Aufgabe von Social Entrepreneuren[1] darin, diesen Engpass an Innovation zu überwinden: Ihre Funktion bestehe in der (Er-) Findung und Implementierung neuer Lösungsansätze, die sich nach erfolgrei-

---

[1] Zu Gunsten der einfacheren Lesbarkeit verwenden wir in diesem Aufsatz sowohl für die männliche wie die weibliche Form die männliche Form verwenden.

cher Beweisführung („proof of concept') dann quasi als Selbstläufer in der Fläche verbreiten werden.

Die zweite Position nimmt – ganz im Sinne des obigen Zitats von Bill Clinton – die gewissermaßen gegensätzliche Sichtweise ein. Dieser Perspektive zufolge gibt es keinen Mangel an Lösungsideen oder an sogar bereits erprobten Pilotprojekten. Stattdessen bestehe der Engpass darin, dass gut funktionierende Lösungen nicht ohne weiteres zum Selbstläufer werden, sondern ihre *Skalierung* oftmals unterbleibe. Die Diagnose lautet also: Mangel an Diffusion, und zwar verstanden als die Verbreitung einer Innovation im System (vgl. Rogers 2003). Gute Projekte gebe es zuhauf; sie bleiben jedoch oft in der Pilotphase stecken, ohne in die Fläche zu diffundieren. Analog ergeben sich entsprechend andere Erwartungen bezüglich des Beitrags, den Social Entrepreneure leisten können: Ihre Funktion bestehe nicht primär in der (Er-)Findung neuer Ideen, sondern vor allem darin, funktionierende Lösungen aufzugreifen und ihre Verbreitung unternehmerisch voranzutreiben.

(2) Der vorliegende Aufsatz versucht, den scheinbaren Widerspruch dieser zwei Positionen für eine differenzierte Analyse der Verbreitungsbedingungen sozialer Innovationen fruchtbar zu machen. Ob funktionierende soziale Innovationen zum Selbstläufer werden oder an Diffusionsbarrieren auflaufen, ist, so die Grundthese, keine einmalig zu beantwortende Ja/Nein-Frage, sondern hängt von spezifischen institutionellen Kontextbedingungen ab. Es kommt nicht nur auf den Social Entrepreneur und seine Idee, sondern auch auf die Umwelt an, in der er sich bewegt. Genau diese Idee eines Wechselverhältnisses zwischen Social Entrepreneur und seiner Umwelt bildet die konzeptionelle Hintergrundfolie des SEEAGIL-Projekts. Da dieser Aufsatz auf diesem konzeptionellen Rahmen aufbaut, seien die Ausgangsüberlegungen des SEEAGIL-Projekts hier zunächst in aller Kürze skizziert:

Social Entrepreneure agieren nicht in einem luftleeren Raum. Vielmehr bewegen sie sich immer in sozialen Umwelten, die durch zum Teil sehr unterschiedliche Institutionen gekennzeichnet sind. Diese institutionellen Landschaften unterscheiden sich hinsichtlich der vorherrschenden Ideen (z. B. Denkmuster, Ideologien, ‚Spielverständnisse'), der relevanten Strukturen (z. B. Gesetze, sanktionierte Normen, ‚Spielregeln' etc.) und der gängigen Praktiken (also ‚Spielzüge', Routinen, Handlungsrepertoires etc.) (vgl. Ney/Beckmann/Gräbnitz/Mirkovic, 2013).

Gleichsam als Evolutionsagenten stehen Social Entrepreneure nun mit ihren jeweiligen institutionellen Umwelten in einem zweiseitigen Wechselverhältnis. Einerseits beeinflussen die vorherrschenden Denkmuster, Strukturen und Praktiken, welche Probleme und Gelegenheiten (‚opportunities') Social Entrepreneure identifizieren können, welche Ressourcen und Strategien in ihrer Umwelt verfügbar sind und welchen Barrieren sie gegenüberstehen. Andererseits beeinflussen Social Entrepreneure ihrerseits genau diese institutionelle Umwelt, wenn sie – wie vielfach beschworen – als „changemaker®" (vgl. www.ashoka.org) verändern, wie wir gesellschaftlich über bestimmte Probleme nachdenken (Ideen), nach welchen Regeln und Prinzipien wir Problemlösungen strukturell organisieren (Strukturen) und mit welchem Handlungsrepertoires wir gesellschaftliche Anliegen adressieren (Praktiken).

Folgt man dieser Idee einer Wechselwirkung zwischen Social Entrepreneuren und ihren institutionellen Umwelten, so lassen sich zwei Folgeüberlegungen für die Besonderheiten von Social Entrepreneurship im deutschen institutionellen Kontext anschließen. Erstens unterscheidet sich das institutionelle Umfeld in Deutschland grundlegend von der institutionellen Topographie anderer Länder – sei dies der Entwicklungsländerkontext, in dem das Social Entrepreneurship-Konzept seit den 1980er Jahren zunächst besondere Aufmerksamkeit erfuhr; sei es der angelsächsische Kontext, in dem insbesondere die Institutionen des Wohlfahrtsstaats grundlegend anders verfasst sind als in Deutschland. Unterschiede in diesen institutionellen Umwelten legen daher nahe, dass sich Social Entrepreneurship in Deutschland von Social Entrepreneurship in anderen Ländern unterscheidet. Zweitens bewegen sich Social Entrepreneure auch innerhalb Deutschlands in zum Teil substantiell unterschiedlichen Kontexten. So ist der Bereich der Bildung etwa durch andere institutionelle Rahmenbedingungen gefasst als der Bereich der Altenpflege oder der ökologischen Landwirtschaft. So gesehen ist zu erwarten, dass Unterschiede in diesen institutionellen Umwelten dazu führen, dass Social Entrepreneure auch innerhalb Deutschlands ganz unterschiedlichen Möglichkeiten und Barrieren für ihre Innovations- und Diffusionstätigkeit gegenüber stehen.

(3) Dieser konzeptionelle Rahmen des SEEAGIL-Projekts lädt zu der Frage ein, ob sich die unterschiedlichen Positionen bezüglich der Innovationsschwierigkeiten im sozialen Bereich („zu wenig gute Ideen" versus „zu wenig Verbreitung guter Ideen") auch damit erklären lassen, dass diese beiden Positionen unterschiedliche Innovationskontexte vor Augen haben. Hieran lassen sich unmittelbar folgende Forschungsfragen anschließen: Woran liegt es – an welchen Kontextkonfigurationen –, dass an sich gute Ansätze zur Lösung sozialer Probleme nicht zum Selbstläufer werden? Gibt es institutionelle Landschaften, in denen spezifische Diffusionsbarrieren die flächenmäßige Verbreitung an sich gut funktionierender Lösungen systematisch erschweren? Worin bestehen diese Diffusionsbarrieren?

Und mit welchen Strategien können Social Entrepreneure versuchen, diese Barrieren zu überwinden?

Der vorliegende Beitrag greift diese Fragen auf, indem er den Blick auf *eine* wichtige, aber bisher wenig beachtete Diffusionsbarriere für soziale Innovationen lenkt. Die zentrale hier zu entwickelnde und im Rahmen einer eigenen Fallstudie untersuchte These lautet: In vielen Bereichen des sozialen und öffentlichen Bereichs können Social Entrepreneure neue Lösungsansätze nur dann innovieren und in die Breite skalieren, wenn sie zugleich auch als *‚Policy-Entrepreneure'* (vgl. Mintrom 1997; Mintrom 2000; Mintrom/Norman 2009) aktiv und erfolgreich sind. Der Policy-Begriff bezieht sich auf ein weites Spektrum an administrativen und politischen Handeln. Im Kern bezeichnet „Policy" die für einen Organisationsbereich gesetzten Ziele, Entscheidungen und Leitlinien sowie das zielgerichtete, mit rechtlichen und finanziellen Ressourcen unterstütze Handeln einer Organisation. „Public Policy" bezieht sich meist auf das Wirken einer öffentlichen oder staatlichen Institution (vgl. Hogwood/Gun 1984; Parsons 1995).

Policy-Entrepreneurship ist für Social Entrepreneure dort erforderlich, wo die eigentlichen Nutznießer einer sozialen Innovation nicht für sich selbst entscheiden, sondern stattdessen institutionell zuständige Stellen (Behörden, Schulleiter etc.) im Sinne einer „Policy"-Entscheidung bestimmen, ob bestimmte Lösungsansätze für die Zielgruppe angeboten werden (dürfen). Für einige Bereiche werden diese „Policy"-Entscheidungen lokal von Entscheidungträgern getroffen, die als Einzelpersonen einen zum Teil substantiellen Ermessungsspielraum haben. Durch diese diskretionärem Handlungsspielräume entwickelt sich der – oftmals fragmentierte – *Zugang* zu diesen Entscheidern zu einem entscheidenden Engpass für die Skalierung von Social Entrepreneurship. In einem solchen Kontext, so die anschließende These, werden persönliche Netzwerke, Vertrauen und Reputation wichtig. Die lokale und problembezogene Vernetzung von Social Entrepreneuren kann hier Diffusionsbarrieren senken und die Verbreitung funktionierender sozialer Lösungsansätze befördern.

(4) Dieser Gedankengang wird im Folgenden in fünf Schritten ausgearbeitet.

Der erste Schritt unterscheidet holzschnittartig zwischen einerseits Diffusionskontexten, in denen die Verbreitung einer Innovation prinzipiell ohne Policy-Entscheidungen möglich ist, und andererseits institutionellen Kontexten, in denen die Verbreitung einer sozialen Innovation immer auch eine kollektive Policy-Dimension aufweist.

Der zweite Schritt nimmt diese Policy-Dimension näher in den Blick und unterscheidet anhand des jeweiligen individuellen Handlungsspielraums der einzelnen Entscheidungsträger idealtypisch zwei Arten von Policy-Entscheidungen. Diese Unterscheidung rückt ins Blickfeld, dass in vielen Bereichen des Sozialsektors – etwa im Bereich der Bildung – dezentrale Entscheidungsträger für ihre jeweiligen, untereinander stark fragmentierten Bereiche über einen individuellen Ermessensspielraum bei ihren Entscheidungen verfügen.

Der dritte Schritt diskutiert, inwiefern diese fragmentierten, dezentralen Policy-Entscheidungsstrukturen erschweren können, dass gute Lösungsansätze von sich aus zum Selbstläufer avancieren und warum sie daher eine relevante Barriere für die Verbreitung sozialer Innovationen darstellen. Um diesen Zusammenhang näher zu bestimmen und zugleich einer empirischen Betrachtung zugänglich zu machen, formuliert die Arbeit weitergehende Hypothesen dazu, wie sich diese Diffusionsbarrieren äußern und mit welchen Strategien Social Entrepreneure auf sie reagieren können.

Der vierte und fünfte Schritt bilden den empirischen Teil dieses Beitrags. Im vierten Schritt wird zunächst das ,Social Lab' in Köln als zu untersuchender Gegenstand kurz vorgestellt und die Methodik der Fallstudie beschrieben.

Der fünfte Schritt gibt sodann zentrale Ergebnisse der Fallstudie wieder, diskutiert sie mit Blick auf die zuvor formulierten Hypothesen und erörtert relevante Implikationen für die Skalierung sozialer Innovationen in Deutschland. Als zentrales Ergebnis zeigt sich, dass die gezielte Vernetzung von Social Entrepreneuren in Kontext fragmentierter Entscheidungsstrukturen zwar zum Abbau von Diffusionsbarrieren beitragen kann – dass aber Vernetzung keinen Selbstzweck an sich darstellt. Vielmehr ist Vernetzung für Social Entrepreneure auch mit Kosten verbunden, denen nur dann ein entsprechender Mehrwert gegenüber steht, wenn die Vernetzung problembezogen bzw. mit Blick auf die gleichen Entscheidungsträger in lokal eingegrenzten Netzwerken stattfindet.

Der Aufsatz schließt mit einem kurzen Fazit und Ausblick.

1. Zwei unterschiedliche Diffusionsbedingungen: dezentrale individuelle Entscheidungen versus kollektiv zu legitimierende Policy-Entscheidungen

Betrachtet man institutionell bedingte Unterschiede, die beeinflussen, wie eine soziale Innovation in die Breite diffundieren kann, kann man zunächst einmal fragen, ob die Prozesse der Innovation und der Diffusion eines neuartigen Lösungsansatzes völlig frei geschehen können oder im weitesten Sinne einer Art von Genehmigungsakt bedürfen. Holzschnittartig zugespitzt, lassen sich anhand dieser Frage zwei idealtypische Kontexte unterscheiden: Im ersten Diffusionskontext

bedürfen die Innovation und Verbreitung einer neuartigen Lösung keiner Genehmigung, sondern erfolgen durch spontane, dezentrale, individuelle Entscheidungen. Der zweite Diffusionskontext beschreibt den gegenteiligen Fall. Hier können
weder die erstmalige Umsetzung noch die nachfolgende Verbreitung einer neu-
en Idee völlig frei erfolgen, sondern erfordern eine Art Genehmigungsakt durch
eine dafür institutionell als zuständig definierte Stelle

Am einfachsten lassen sich diese Unterschiede mit Hilfe zweier konkreter
Beispiele illustrieren. Als erstes Beispiel diene ein Social Entrepreneur, der – getrieben von der Frustration über Umweltzerstörung und das Bauernsterben im
ländlichen Raum — durch die Entwicklung und Einführung eines regionales Bio-
Biers ökologische und soziale Verbesserungen für seine Region erreichen möchte. Als zweites Beispiel diene ein Social Entrepreneur, der – getrieben von den
hohen individuellen und sozialen Kosten scheiternder Resozialisierung jugendlicher Straftäter – bereits im Gefängnis neuartige Reintegrationsmaßnahmen etablieren und verbreiten möchte.

In beiden Fällen kann der Social Entrepreneur seine Idee nicht im Alleingang verwirklichen, sondern agiert in einem sozialen Prozess gemeinsam mit anderen Akteuren. Dieser soziale Prozess unterscheidet sich in beiden Fällen jedoch
grundlegend. Im ersten Fall braucht der Öko-Bierbrauer keine formale Genehmigung, um biologisch produzierte Rohstoffe zu verwenden, einen Versuchssud zu
brauen oder an interessierte Konsumenten zu verkaufen. Der Hintergrund: Die
Akteure oder ‚Zielgruppe‘, die der Social Entrepreneur damit besser stellen will,
– die Bauern, die höhere Einkommen erzielen, oder die Konsumenten, die schad-
stofffreie Lebensmittel erhalten – kann der Bauer direkt ansprechen. Ob sie seine
neue Lösung (Bio-Bier) in Anspruch nehmen wollen, können diese Akteure jeweils individuell für sich entscheiden. Dabei entscheiden sie frei gemäß ihrer jeweils individuellen, persönlichen Überlegungen und müssen ihre Entscheidung
(„Ich kaufe Bio-Bier." „Ich produziere jetzt Bio-Gerste.") gegenüber keiner anderen Instanz formal legitimieren können.

Ganz anders gelagert ist der Fall im zweiten Beispiel. Ein Social Entrepreneur, der ein neuartiges Resozialisierungsprogramm mit jugendlichen Straftätern
durchführen möchte, kann dies nicht einfach frei umsetzen und nach persönli-
chem Gutdünken verbreiten. Er braucht dazu vielmehr eine formale Genehmigung. Denn anders als im Bio-Bier-Beispiel kann der Social Entrepreneur seine
Zielgruppe, also die begünstigen Personen, denen er primär helfen will – insbesondere die jugendlichen Straftäter, aber auch die Gesellschaft, die von einer
besseren Integration profitieren würde – nicht direkt ansprechen und für seine
Maßnahme werben. Selbst wenn eine solche direkte Ansprache möglich wäre,

könnten die jugendlichen Straftäter oder ‚die Gesellschaft' auch gar nicht individuell für sich entscheiden, ob sie dieses Lösungsangebot für sich in Anspruch
nehmen wollen. Vielmehr gibt es institutionell definierte Entscheidungsinstanzen – die Justizbehörden, der Gefängnisdirektor etc. –, die je nach Fragestellungen für die eigentliche Zielgruppe der Innovation entscheiden.

An dieser Stelle wird ein zentraler Unterschied zwischen beiden Entschei-
dungssituationen besonders deutlich, nämlich die Unterscheidung zwischen einerseits privaten Handlungen und andererseits Policy-Entscheidungen mit einer
kollektiven Dimension. Im Fall des Bio-Biers entscheiden die Bauern oder Konsumenten als Privatpersonen. Die Legitimität der Entscheidung speist sich aus
der jeweils individuellen Zustimmung der frei handelnden Akteure. Eine Recht-
fertigung öffentlicher Natur ist im Normalfall nicht erforderlich. Es geht schlichtweg um eine private Handlung. Anders gestaltet sich der Fall der Innovation im
Strafvollzug. Die entscheidenden Instanzen wie etwa der Anstaltsleiter entscheiden gerade nicht als Privatperson, sondern als Funktionsträger mit einem institutionell definierten Auftrag. Weder die jugendlichen Gefängnisinsassen noch
‚die Gesellschaft' äußern durch entsprechende Wahlhandlungen direkt ihre Zustimmung. Vielmehr müssen die Entscheidungen gegenüber dem gesellschaftlichen Auftraggeber rechtfertigbar und prinzipiell im Sinne des Gemeinwohls legitimierbar sein. Hier geht es also nicht um eine individuelle private Handlung,
sondern eine *Policy*-Entscheidung mit kollektiver Dimension: Im Sinne des kollektiven Auftragsgebers ist zu entscheiden, nach welchem Prinzip nicht für einen einzelnen Jugendlichen, sondern regelhaft für eine ganze Zielgruppe ein bestimmtes Lösungsangebot unterbreitet werden darf.

Aus dieser Unterscheidung folgt eine direkte Konsequenz für die Diffusi-
onsmöglichkeiten sozialer Innovationen. Im ersten Kontext dezentraler individueller Entscheidungen gibt es für einen Social Entrepreneur sehr viele alternative
Instanzen, um sein Anliegen zu verfolgen. Lehnt es zum Beispiel ein einzelner
Bauer ab, den Bierbrauer mit Bio-Gerste zu beliefern, kann der Bierbrauer einfach zum nächsten Bauern in der Region wechseln und diesen ansprechen. Es
gibt, anders formuliert, keine institutionell definierten Gate-Keeper oder Veto-
Spieler. Im zweiten Kontext der Policy-Entscheidungen hingegen bilden die jeweiligen Policy-Instanzen Entscheidungsknoten, die für einen institutionell bestimmten Bereich mit einer Art Entscheidungsmonopol ausgestattet sind. Lehnt
hier beispielsweise der Leiter einer Justizvollzugsanstalt das Lösungsangebot
des zweiten Social Entrepreneurs ab, so kann dieser die Jugendlichen dieser An-
stalt nicht erreichen, indem er sich einfach einen anderen Kooperationspartner
sucht. Für den Bereich dieser Vollzugsanstalt gibt es klare Gate-Keeper, ohne

deren Zustimmung nichts geht. Die Folge: Für die Umsetzung und Diffusion einer sozialen Innovation bestehen je nach Kontext sehr unterschiedliche institutionelle Bedingungen.

Die Hervorhebung der potentiellen Policy-Dimension von Social Entrepreneurship ermöglicht es, die eingangs diskutierte ‚Bill-Clinton-Position' in einer erweiterten Form zu reformulieren: In vielen Problembereichen gibt es keinen Mangel an guten Ideen oder bereits erprobten Lösungsansätzen, sondern einen Mangel an Policy-Diffusion, der diese Lösungen über die institutionell als zuständig definierten Entscheidungsstrukturen verbreitet. Allerdings betrifft diese Beobachtung nicht alle gesellschaftlichen Bereiche gleichermaßen. In marktlichen Kontexten beispielsweise bedürfen soziale Innovationsprozesse, die privatrechtlich durch individuelle Handlungen koordiniert werden, oftmals keiner ausgeprägten Policy-Dimension. In institutionellen Umwelten, in denen Handlungen und Entscheidungen politisch oder administrativ koordiniert werden, kommt der Innovation und Diffusion neuartiger Lösungsansätze hingegen oftmals eine ausgeprägte Policy-Dimension zu. Tabelle 1 fasst die Überlegungen dieses Abschnitts in Form einer vergleichenden Übersicht zusammen.

Tabelle 1: Individuelle versus institutionell als zuständig definierte kollektive Entscheidungsstrukturen

	Private individuelle Entscheidungsstrukturen	Institutionell zuständige kollektive Entscheidungsstrukturen
Genehmigungsakt erforderlich?	Innovation und Diffusion bedürfen keiner Erlaubnis	Innovation und Diffusion bedürfen Policy-Entscheidung
Direkte Ansprache	… der primären Zielgruppe ist möglich	… der primären Zielgruppe ist in der Regel nicht möglich
Entscheider	… entscheidet als Privatperson für sich	… entscheidet als Funktionsträger für andere
Legitimitätskriterium	Zustimmung der handelnden Akteure	Gemeinwohlorientierung/ Funktionserfüllung
Entscheidung als	… individuelle Handlung	… kollektive „policy"-Entscheidung
Rechtfertigung	Entscheidung bedarf keiner öffentlichen Rechtfertigung	Entscheidung muss als im Sinne des (gemeinwohlorientierten) Auftrags rechtfertigbar sein
Rolle von Gate-Keepern	Keine Gate-Keeper, sondern viele dezentrale, alternative Entscheider	Institutionell strukturierte Entscheidungsknoten mit bereichsspezifischem Entscheidungsmonopol

	Private individuelle Entscheidungsstrukturen	Institutionell zuständige kollektive Entscheidungsstrukturen
Typisch für	... privatrechtlich koordinierte Beziehungen im Markt	... politisch oder administrativ koordinierte Beziehungen im Sozialsektor
Beispiel:	Einführung und Verbreitung eines Öko-Biers	Einführung und Verbreitung einer Resozialisierungsmaßnahme für jugendliche Straftäter

Das zentrale Ergebnis dieses Abschnitts kann nun wie folgt zusammengefasst werden: Während Social Entrepreneure in einigen Kontexten ihre Angebote vergleichsweise frei entwickeln können, bedarf es hierfür in anderen Kontexten immer auch der Beeinflussung von *policy* – angefangen von der lokalen Ebene und dem administrativen Level von Organisationen (z. B. Policy-Entscheidungen innerhalb eines Gefängnisses) bis hin zur legislativen Ebene ganzer Gebietskörperschaften (z. B. den Policy-Entscheidungen durch Verwaltungsvorschriften, Verordnungen oder Gesetzgebungen).

Social Entrepreneure sind oftmals – aber nicht nur – in genau jenen institutionellen Umwelten tätig, in denen die hier beschriebene Policy-Dimension tendenziell wichtig ist: sei dies im Bereich der frühkindlichen Bildung, der Sozialarbeit, dem Strafvollzug oder der Integration von Menschen mit Behinderung. In der institutionellen Landschaft Deutschlands bezeichnet der hier beschriebene Zusammenhang folglich eine wichtige Kontextbedingung für Social Entrepreneurship. Als These formuliert, sei damit festzuhalten:

In durch politische oder administrative Koordination gekennzeichneten institutionellen Umwelten können Social Entrepreneure ihre sozialen Innovationen oftmals nur dann umsetzen und in die Fläche diffundieren, wenn sie selbst zugleich auch als Policy Entrepreneure agieren oder mit solchen zusammenarbeiten.

Die Innovations- und Skalierungsmöglichkeiten von Social Entrepreneuren hängen in vielen Bereichen folglich auch von jenen institutionellen Bedingungen ab, die kanalisieren, wie die relevanten Policy-Entscheidungen getroffen werden. Der nächste Abschnitt lenkt den Blick darauf, dass auch in dieser Hinsicht mindestens zwei unterschiedliche institutionelle Konfigurationen unterschieden werden können.

Markus Beckmann/Steven Ney

2. Kollektiv/Legislativ prozessuale versus individuell diskretionäre Policy-Entscheidungen

Der vorherige Abschnitt hat erörtert, dass Social Entrepreneure in vielen institutionellen Kontexten ihre sozialen Innovationen nur dann in die Breite diffundieren können, wenn dieser Prozess durch Formen von Policy-Entrepreneurship und entsprechenden Policy-Änderungen auf den jeweils relevanten Ebenen flankiert wird.

Dieser Abschnitt lenkt nun den Blick darauf, dass es nicht „die eine" Art von Policy-Prozessen gibt, sondern auch mit Blick auf Policy-Entrepreneurship verschiedenartige, institutionell bestimmte „opportunity structures" (Tilly und Tarrow, 2007) und unterschiedliche „policy venues" (Baumgartner und Jones, 1993) denkbar sind. Im Folgenden sei der Vorschlag für eine Unterscheidung zweier solcher unterschiedlicher institutioneller Umwelten für Policy-Entrepreneurship entwickelt. Maßgeblich für die folgende Unterscheidung ist dabei der diskretionäre persönliche Ermessensspielraum, der Einzelpersonen bezüglich einer bestimmten Policy-Entscheidung zukommt. Handelt es sich bei einer bestimmten Policy-Entscheidung um einen Vorgang, bei dem eine Einzelperson den diskretionären Handlungsspielraum besitzt, diese Entscheidung alleine (vor) zu entscheiden – oder wird dies im Rahmen eines organisierten kollektiven Prozesses entschieden?

Folgt man diesem Kriterium des individuellen Ermessensspielraums, lassen sich auch hier wieder zwei Fälle idealtypisch (und damit notwendigerweise stark vereinfacht) unterscheiden. Tabelle 2 stellt diese beiden Idealfälle als die beiden Extremfälle eines Möglichkeitsspektrums gegenüber.

Zunächst zum ersten Fall, den wir mit der Kategorie „kollektiv prozessuale Policy-Entscheidungen" bezeichnen möchten. Als fiktives Beispiel diene die Policy-Entscheidung darüber, ob eine neuartige Dienstleistung im Pflegebereich für Demenzkranke per Gesetzesbeschluss in Zukunft über die Pflegeversicherung abgerechnet werden darf. Keine Einzelperson – auch nicht die Gesundheitsministerin – hat den diskretionären Handlungsspielraum, diese Entscheidung im Alleingang zu treffen. Die institutionell als zuständig definierten Entscheidungsträger sind vielmehr die demokratisch gewählten Volksvertreter im Parlament. Die Policy-Entscheidung resultiert als Ergebnis eines kollektiven – und in diesem Extremfall: eines legislativen – Prozesses. Als Policy-Output produziert dieser Prozess Gesetzgebungsleistungen. Entsprechend findet sich diese Art von Policy-Entscheidungen typischerweise auf den höheren Entscheidungsebenen wie etwa der Governance-Ebene des Bundes oder auf Länderebene.

Tabelle 2:   Kollektiv-prozessuale versus individuell-diskretionäre
Policy-Entscheidungen

	Kollektiv prozessuale Policy-Entscheidungen	Individuell diskretionäre Policy-Entscheidungen
Entscheidungsträger	Gewählte Vertreter	Ernannte Verwaltungsakteure
Art der Policy-Entscheidung	Legislativer/regulativer Prozess	Administrativer Akt
Governance Level	Tendenziell höhere Ebenen (Land, Bund)	Tendenziell niedrigere Verwaltungsebene (kommunal)
Policy Output	Gesetzgebung	Programme, Genehmigungen, Projekte, Förderzusagen
Diskretionärer Handlungsspielraum	... des einzelnen Akteurs ist eher niedrig	... des einzelnen Akteurs ist eher höher
Bedeutung von Organisationen	Höher	Niedriger
Bedeutung von Individuen	Niedriger	Höher
Erfolgsfaktor für Policy-Entscheidung	Einfluss durch interorganisationale Netzwerke	persönliche Netzwerke; Zugang zu individuellem Entscheidungsträger
Beispiel:	Schaffung von (Quasi-)Märkten für neuartige soziale Dienstleistungen	Einführung eines Anti-Gewalt-Trainings in einer Grundschule

Nun zum zweiten, gegenübergestellten Fall, der sich mit der Kategorie „individuell diskretionäre Policy-Entscheidungen" bezeichnen ließe. Als Beispiel diene die Policy-Entscheidung eines Schulleiters darüber, ob ein Social Entrepreneur ein innovatives Anti-Gewalt-Training in der betreffenden Grundschule anbieten darf. Auch wenn diese Entscheidung letztlich beispielweise von der Schulkonferenz formal zu beschließen wäre, kommt der Person des Schulleiters für viele Entscheidungen de facto ein substantieller persönlicher Handlungsspielraum zu. Dabei handelt er nicht als gewählter Parlamentarier, sondern als bürokratisch ernannter Verwaltungsakteur. Policy-Entscheidungen dieser Art resultieren nicht aus einem legislativen Prozess, sondern ergeben sich als Ergebnis eines administrativen Akts. Entsprechend produzieren diese Policy-Entscheidung andere Formen von Policy-Output wie etwa Genehmigungen, Projekte oder Förderzusagen. Typischerweise sind diese Policy-Entscheidungen auf tendenziell niedrigeren Governance-Ebenen angesiedelt, namentlich der kommunalen Verwaltungs- und Organisationsebene.

Trotz ihrer offensichtlichen Unterschiede liegt eine wichtige Gemeinsamkeit dieser beiden Idealtypen darin, dass es in beiden Fällen um genau jene Art von

Policy-Entscheidungen geht, wie sie im ersten Abschnitt beschrieben wurde. Sowohl kollektiv prozessuale als auch individuell diskretionär getroffene Entscheidungen formulieren *Policy* im Sinne kollektiv relevanter Entscheidungen, Prinzipien oder Handlungsanweisungen. In beiden Fällen müssen diese Entscheidungen
bezüglich eines institutionell definierten gesellschaftlichen Auftrags rechtfertigbar sein. Schließlich können beide Arten von Policy-Output entscheidend dafür
sein, dass ein Social Entrepreneur einen bestimmten neuartigen Lösungsansatz
umsetzen oder in neue Kontexte skalieren darf.

Allerdings bestehen systematische Unterschiede hinsichtlich der Frage, *wie*
ein Social Entrepreneur oder andere Akteure durch Policy-Entrepreneurship die
entsprechenden Policy-Entscheidungen beeinflussen können. Im ersten hier un-
terschiedenen Fall ist die Bedeutung von Einzelentscheidern eher untergeordnet.
Schließlich geht es um Entscheidungsfindungen, die auf Mehrheitsbildungen basieren. Aus diesem Grund ist die Rolle von Organisationen (Parteien, Interessen-
verbände, Gewerkschaften etc.) wichtig, die kollektives Handeln organisieren und
Interessen sowie Macht bündeln, um auf diese Weise mehrheitsfähige Koalitio-
nen zu schmieden. Netzwerke können dabei eine große Rolle spielen, und zwar
verstanden als interorganisationale Netzwerke zwischen einzelnen Organisationen. Spiegelbildlich ist im zweiten Fall der individuell diskretionären Entscheidungen die Bedeutung von Organisationen tendenziell weniger wichtig; die Bedeutung einzelner Entscheidungspersonen jedoch wichtiger. Auch hier können
Netzwerke eine wichtige Rolle spielen, aber primär als personenbezogene Netzwerke, durch die Zugang, Reputation und Wissen bezüglich der relevanten Entscheidungsträger ausgetauscht werden.

Gerade für die Betrachtung von Social-Entrepreneurship in der institutionellen Landschaft des (deutschen) Wohlfahrtsstaats ist die hier getroffene Unterscheidung zweier Arten von Policy-Entscheidungskontexten von besonderer
Bedeutung. Denn häufig wird in der internationalen Diskussion über Policy-Entrepreneurship vor allem die linke Seite von Tabelle 2 betrachtet und auf die „großen", regulativen Policy-Entscheidungen fokussiert, die beispielsweise zu Geset-
zesinitiativen, Volksbegehren oder ähnlichem führen.[2]

Für viele Social Entrepreneure und die Skalierung ihrer sozialen Innovationen sind jedoch in besonderer Weise Policy-Entscheidungen relevant, die eher
dem individuell-diskretionären Typ auf der rechten Seite von Tabelle 2 zuzuordnen sind. Systematisch ist dies in einer institutionellen Umwelt der Fall, in der a)
viele fragmentierte und (teil-)autonome Organisationseinheiten über einen eigenen

---

2   Zu denken ist in diesem Zusammenhang etwa an die Forschung zur regulativen Wegbereitung
     von „*school choice*" (vgl. King/Roberts 1987; Mintrom 2000; Mintrom/Vergari 1998).

institutionell zugewiesenen Entscheidungsraum verfügen und in der b) innerhalb dieser Organisationen einzelnen Positionen eine administrative Leitungsfunktion mit substantieller Entscheidungszuständigkeit zukommt. Eine solche Fragmentierung in – oftmals lokale – teilautonome Organisationseinheiten findet sich in Deutschland in sehr vielen Bereichen, in denen Social Entrepreneure aktiv sind: angefangen von Kindergärten und Schulen über Justizvollzugsanstalten bis hin zu Jugendämtern und Arbeitsagenturen. In diesen Fällen benötigen Social Entrepreneure für den Zugang zu den Schülern, Gefängnisinsassen, Jugendlichen oder Arbeitssuchenden oftmals die Policy-Entscheidung der lokalen Entscheidungseinheit, in der einzelnen Funktionspersonen eine maßgebliche Entscheidungsbefugnis zukommt.

Die für diesen Aufsatz zentrale Überlegung dieses Abschnitts lässt sich damit wie folgt zusammenfassen:

In vielen administrativen Kontexten im (Wohlfahrts-)Staat sind die Zuständigkeiten für bestimmte Policy-Entscheidungen institutionell fragmentiert. Dort, wo es viele lokale, teilautonome Entscheidungseinheiten gibt, wächst für Social Entrepreneure die Bedeutung jener Einzelpersonen, die aufgrund ihrer Position einen individuell diskretionären Entscheidungsspielraum bezüglich der Unterstützung einer sozialen Innovation besitzen.

Die ersten beiden Abschnitte haben die bisherige Argumentation aus primär konzeptionellen Überlegungen heraus entwickelt. Mit Blick auf die Frage, wie Social Entrepreneure ihre sozialen Innovationen in die Breite diffundieren können, formuliert der nachfolgende Abschnitt nun spezifischere Hypothesen, um diese im vierten und fünften Abschnitt einer empirischen Untersuchung und Diskussion zu unterziehen.

3. Fragmentierte, diskretionäre Policy-Entscheider als Diffusionsbarriere für Social Entrepreneure: Hypothesenbildung

Welche institutionellen Situationseigenschaften in Deutschland erschweren für einige Social Entrepreneure die Diffusion ihrer sozialen Innovationen? Wie äußern sich diese Diffusionsbarrieren? Und mit welchen Strategien könnten Social Entrepreneure versuchen, diese Diffusionsbarrieren besser zu überwinden?

Die beiden vorherigen Abschnitte haben mit Blick auf diese Fragen wichtige Vorüberlegungen entwickelt. Um diese Überlegungen für den nachfolgenden empirischen Teil nutzbar zu machen, führt dieser Abschnitt nun einige zum

Teil bereits angelegte Annahmen weiter und spezifiziert sie in Hypothesenform.
Sechs Hypothesen seien hier formuliert.

((1)) Die erste Hypothese greift den Kerngedanken des ersten Abschnitts auf, wo-
nach sich Social Entrepreneure häufig in institutionellen Umwelten bewegen, in
denen sie ihre soziale Innovation nicht frei umsetzen und diffundieren können,
sondern vielmehr die Genehmigung und/oder Unterstützung einer institutionell als
zuständig definierten Instanz benötigen. Im Rahmen der empirischen Fallstudie
soll daher untersucht werden, ob hier tatsächlich eine potentielle relevante Diffusionsbarriere für Social Entrepreneure besteht. Als Hypothese formuliert, folgt:

*H1: Eine Diffusionsbarriere für soziale Innovationen kann darin bestehen, dass
Social Entrepreneure für das, was sie im Rahmen ihrer sozialen Innovation für
eine bestimmte Zielgruppe tun wollen, die Genehmigung bzw. Policy-Unterstützung von institutionell als zuständig definierten Dritten benötigen.*

((2)) Die zweite Hypothese führt die Unterscheidung des zweiten Abschnitts zwischen zwei Arten von Policy-Entscheidungen weiter. Allerdings geht es an dieser
Stelle nun nicht um die Frage des individuell diskretionären Entscheidungsspiel-
raums, sondern um die Unterscheidung zwischen vergleichsweise zentral, auf höheren Ebenen getroffenen Policy-Entscheidungen und eher fragmentierten, insbesondere auf kommunaler Ebene getroffenen Policy-Entscheidungen.

Letztere Fragmentierung von Entscheidungsstrukturen kann für die Diffusion sozialer Innovationen zu einer wichtigen Barriere werde. Zwar kann eine
institutionell fragmentierte Entscheidungslandschaft aus Sicht eines Social Entrepreneurs auch eine Chance sein; allerdings eher, wenn es nicht um die Diffusion, sondern um die anfängliche Erstinnovation geht. Wenn beispielsweise eine
bestimmte Schule die Anfrage für ein gemeinsames Pilotprojekt ablehnt, kann
ein Social Entrepreneur versuchen, die Erstinnovation mit einer anderen Schule
umzusetzen. Im gegensätzlichen Fall einer nicht zustande kommenden Gesetzgebung, die durch die zentrale Policy-(Nicht-)Entscheidung die Grundlage für einen
bestimmten Lösungsansatz vorenthält, ist es für einen Social Entrepreneur hingegen ungleich schwieriger, schlichtweg in eine andere Jurisdiktion zu wechseln.[3]

Für die Diffusion einer sozialen Innovation bedeutet die Fragmentierung von
Entscheidungsstrukturen jedoch, dass eine lokal erfolgreiche Innovation nicht
automatisch als Selbstläufer diffundieren kann. Vielmehr muss ein Social Ent-

---

3   Wohlgemerkt: Schwieriger, wenn auch nicht unmöglich, wie etwa in der Diskussion über
     „venue shopping" erörtert wird. Vgl. Baumgartner/Jones (1993).

repreneur (oder Unterstützer) in diesem Fall für jeden Verbreitungsschritt einer
sozialen Innovation die Policy-Entscheider der jeweils weiteren Zuständigkeits-
fragmente separat für sich neu gewinnen. Derartige kontinuierliche Policy-Ent-
repreneurship-Aktivitäten binden Zeit, Personal und andere knappe Ressourcen,
die bei Social Entrepreneuren ohnehin häufig eine Wachstumsbarriere darstellen. Aus diesen Gründen lautet die zweite Hypothese:

*H2: Eine Diffusionsbarriere für soziale Innovationen kann darin bestehen, dass
die Zuständigkeit für die diffusionsnotwendigen Policy-Entscheidungen auf viele
fragmentierte und teilautonome Einheiten – oftmals lokal – verteilt ist.*

((3)) Die dritte Hypothese greift die zunächst nur konzeptionell entwickelte Unterscheidung zwischen kollektiv-prozessual und individuell-diskretionär getroffenen Policy-Entscheidungen nochmals separat auf und spezifiziert ihre Bedeutung
für den hier besonders betrachteten Kontext fragmentierter und teilautonomer lokaler Diffusionseinheiten. Je fragmentierter, kleinteiliger und autonomer diese
Einheiten sind (wie z. B. im Fall einzelner Schulen mit je eigener Entscheidungsbefugnis), desto unwahrscheinlicher wird es, dass lokale Policy-Entscheidungen
durch komplexe, hochgradig formalisierte oder kollektiv verfasste Entscheidungs-
verfahren (wie im Fall parlamentarischer Gesetzgebungsentscheidungen) getroffen werden. Vielmehr wird es bei fragmentierten, teilautonomen Einheiten auch
aufgrund ihrer überschaubaren Größe wahrscheinlicher, dass einzelne Individu-
en die relevanten Policy-Entscheidungen administrativ per Entscheidungsakt fällen können. Allerdings handeln diese individuellen Entscheider dabei nicht als
Privatpersonen, sondern vielmehr aufgrund der ihrer Position institutionell zu-
geschriebenen Funktion. Empirisch wird daher zu prüfen sein, ob die potentielle Bedeutung derartiger individuell diskretionärer Entscheidungen für die Arbeit
von Social Entrepreneuren und die Diffusion ihrer sozialen Innovation tatsächlich
zu finden ist. Die zugehörige dritte Hypothese lautet entsprechend:

*H3: In fragmentierten und teilautonomen Entscheidungseinheiten besitzen oft-
mals bestimmte Einzelpersonen aufgrund einer institutionell definierten Funktion einen individuell diskretionären Handlungsspielraum, um die für die lokale Implementierung einer sozialen Innovation relevanten Policy-Entscheidungen
(vor-) zu entscheiden.*

((4)) Die vierte Hypothese nutzt diesen Gedanken der institutionell definierten
Entscheidungszuständigkeit, um die im Rahmen dieses Aufsatzes betrachtete Art
von Policy-Entscheidungen noch näher zu bestimmen. Policy-Entscheidungen –

also Entscheidungen über bestimmte kollektiv relevante Regeln, Vorgehenswei-
sen, Beschlüsse, Befugnisse etc. – gibt es prinzipiell in allen gesellschaftlichen
Bereichen. Beispielsweise kann in Privatunternehmen eine Policy-Entscheidung
beinhalten, dass sich alle Mitarbeitende unabhängig von ihrer hierarchischen
Stellung mit Vornamen ansprechen und wechselseitig duzen. Allerdings handelt
es sich im letzteren Fall um die autonome Policy-Entscheidung einer privatwirt-
schaftlichen Organisation, die bestenfalls ihren Shareholdern und gegebenenfalls
noch anderen Stakeholdern rechenschaftspflichtig ist. In vielen Kontexten des Sozialsektors, in denen Social Entrepreneure oftmals aktiv sind, geht es hingegen
um Policy-Entscheidungen, über die jeweils in einem dezidiert gesellschaftlichen
Auftrag befunden werden soll. Anders formuliert, geht es hier nicht um ‚private
policy‘, sondern um ‚public policy‘-Entscheidungen. Im Fall dieser Public-Policy–
Entscheidungen müssen daher jene Entscheidungsträger, die aufgrund ihrer institutionell definierten Befugnisse nach eigenem Ermessen entscheiden können, jeweils rechtfertigen können, dass ihre Entscheidung – hier: die Genehmigung oder
Unterstützung einer bestimmten sozialen Innovationstätigkeit – im Sinne ihres
institutionell definierten, gesellschaftlichen Auftrags legitimierbar ist. Empirisch
bietet es sich folglich an, zu untersuchen, inwiefern Fragen der Legitimität sowohl
eines Social Entrepreneurs als auch seiner sozialen Innovation aus Sicht jener Policy-Entscheider relevant sind, die über die Genehmigung oder Unterstützung einer bestimmten sozialen Innovation befinden. Als Hypothese formuliert, folgt:

H4: Entscheidungsträger, die qua institutionell definierten Auftrag über einen in-
dividuellen Ermessensspielraum verfügen, achten auf die wahrgenommene Legi-
timität eines anfragenden Social Entrepreneurs und die potentielle Legitimier-
barkeit einer Entscheidung zugunsten seiner Innovation.

((5)) Die fünfte Hypothese formuliert eine wichtige Schlussfolgerung aus den
ersten drei Hypothesen. Wenn ein Social Entrepreneur für das, was er für seine
Zielgruppe tun will, a) Policy-Entscheidungen von dritter Seite benötigt, b) diese
Entscheidungen in fragmentierten Strukturen dezentral c) von Policy-Entscheidern mit individuell diskretionären Entscheidungsbefugnissen getroffen werden,
dann avanciert für den Social Entrepreneur der *Zugang* zu diesen Entscheidern
zu einer erfolgskritischen Ressource für die Diffusion seiner sozialen Innovation. Allerdings ist es keinesfalls selbstverständlich, dass ein Social Entrepreneur
über diese Art von Zugang zu Entscheidungsträgern in breiter Form verfügt. Viele
Social Entrepreneure befinden sich noch kurz nach der Gründungsphase und begegnen der üblichen „liability of newness" (Stinchcombe 1965), also damit dem

Umstand, in ihrer Umwelt noch keine breite Reputation aufgebaut haben zu können. Zudem gibt es in der Regel in den wenigsten Organisation institutionell definierte Eintrittsstellen für soziale Innovationsansätze, die den Zugang erleichtern würden. Schließlich lässt sich in fragmentierten, teilautonomen Entscheidungsstrukturen der Zugang zu einem lokalen Entscheider nicht einfach auf einen anderen Entscheidungsträger übertragen.

Aus diesen Gründen ist davon auszugehen, dass fragmentierte, individuelldiskretionäre Entscheidungsstrukturen systematisch zu einer Diffusionsbarriere für die soziale Innovation eines Social Entrepreneurs werden können,. Empirisch ist somit zu prüfen, ob Social Entrepreneure tatsächlich eine solche Schwierigkeit des Zugangs erfahren. Die fünfte Hypothese lautet entsprechend:

H5: Eine Diffusionsbarriere für soziale Innovation kann darin bestehen, dass Social Entrepreneure keinen bzw. nur begrenzten Zugang zu den für sie relevanten Policy-Entscheidern haben.

((6)) Die sechste und letzte Hypothese lenkt den Blick auf die Frage, mit welchen Strategien Social Entrepreneure diesem Problem des begrenzten Zugangs zu den relevanten Entscheidungsinstanzen begegnen können. Hierzu wird der im zweiten Abschnitt entwickelte Gedanke wieder aufgegriffen, dass die institutionelle Konfiguration des Policy-Entscheidungsprozesses beeinflusst, welche Art von Strategien die größere Erfolgswahrscheinlichkeit besitzt, um eine bestimmte Policy-Entscheidung herbeiführen zu können. So kann in übergeordneten kollektivprozessualen Entscheidungen wie einem parlamentarischen Gesetzgebungsverfahren der Aufbau inter*organisationaler* Netzwerke entscheidend sein, um die Unterstützung großer Gruppen für eine Policy-Entscheidung zu ermöglichen. In dem hier betrachteten Fall individuell-diskretionärer Entscheidungen sind hingegen einzelne Personen wichtig. Der Aufbau inter*personaler* Netzwerke kann hier dazu beitragen, den Zugang zu diesen fragmentierten Entscheidungspersonen, besser zu organisieren.

Dem Gedanken der Netzwerkbildung kommt deswegen eine besondere Relevanz zu, weil das hier beschriebene Problem der fragmentierten, individuelldiskretionären Entscheidungsstrukturen durchaus ganze Gruppen von Social Entrepreneuren in ähnlicher Weise betreffen kann, wenn sich diese in einer gemeinsamen institutionellen Umwelt mit ähnlichen Diffusionsbarrieren bewegen. Hier handelt es sich dann um ein kollektives Problem, das zu kollektiven Lösungsansätzen einlädt. In dieser Situation ist zu vermuten, dass die gezielte Netzwerkbildung es den Social Entrepreneuren ermöglichen kann, ihre jeweils individuell (mühsam erarbeiteten) Zugänge zu relevanten Entscheidungsträgern mit den anderen Social Entrepreneuren zu teilen. Im Idealfall können Netzwerke dabei einen mehrdimensionalen Nutzen stiften. Sie können durch Vermittlung den Zugang zu bisher unerreichten Entscheidungsträgern herstellen, den Austausch von Wissen befördern oder den Fluss von Legitimation und Glaubwürdigkeit ermöglichen. Schließlich können Netzwerke damit ermöglichen, die Transaktionskosten einer Kontaktanbahnung und Policy-Entscheidung zu senken. Durch eine gemeinsame Vernetzung können Social Entrepreneure auf diese Weise dem Problem des fragmentierten Zugangs besser begegnen. Empirisch bietet es sich daher an zu untersuchen, wie sich Social Entrepreneure vernetzen und welche Erfahrungen sie damit machen. Die dazugehörige sechste Hypothese lautet:

H6: Die Vernetzung von Social Entrepreneuren untereinander kann für diese eine zielführende Strategie darstellen, um dem Problem des begrenzten Zugangs zu fragmentierten individuell-diskretionären Entscheidungsstrukturen zu begegnen.

4. Der Fall Social Lab: Kurzvorstellung und Methodik der Datenerhebung

((1)) *Was ist das SOCIALLAB KÖLN (S-LAB)?*

Das SOCIALLAB-KÖLN (S-LAB) wurde im Jahr 2010 in Köln gegründet. Gemeinsam mit aktiven Social Entrepreneuren wie den Ashoka Fellows Murat Vural oder Sandra Schürmann, initiierten Michel Aloui, Vorstand der brandStiftung, Professor Christoph Zacharias sowie weitere Unterstützer das S-LAB als eine Plattform, um Social Entrepreneure und innovative Initiativen im Bildungsbereich im Rheinland zu vernetzen und zu fördern (vgl. www.sociallab-koeln. de). Das S-LAB ist kein rein virtueller Verbund von Social Entrepreneuren. Seit September 2010 existiert das S-LAB vielmehr als realer physischer gemeinsamer Raum. In einem gemeinsamen Bürostockwerk des historischen 4711-Gebäudes in Köln sitzen Social Entrepreneure und Mitarbeiter unterschiedlicher Projekte und Initiativen in direkter räumlicher Nachbarschaft Tür an Tür. Wie in anderen Co-working Konzepten schließt auch die gemeinsame räumliche Nutzung des S-LAB weitere Infrastrukturelemente ein, angefangen von einer gemeinsamen Teeküche bis hin zu Besprechungsräumen.

Das SOCIALLAB-KÖLN (S-LAB) beschreibt sich selbst als „Gründerzentrum für Social Entrepreneurship im Schul- und Bildungsbereich" (www.sociallab-koeln.de). Allerdings handelt es sich bei den verschiedenen teilnehmenden Projekten nicht ausschließlich um tatsächliche (Neu-)Gründungen, sondern auch um Büros von bereits zum Teil schon länger bestehenden Social-Entrepreneurship-Organisationen, die ihre Arbeit fortführen, vertiefen oder an neue Standorte skalieren möchten. Der Fokus auf den Schul- und Bildungsbereich bildet hierbei die verbindende Klammer der unterschiedlichen Projekte, die als komplementäre Glieder einer gemeinsamen „Bildungskette" verstanden werden: angefangen von Projekten zur frühkindlichen Bildung über Bildungsprojekte in Kindergarten und Grundschule bis hin zu Projekten in Haupt-, Realschule, beruflicher Bildung, Studium und nachschulischer Bildung decken die einzelnen Ansätze die verschiedenen Stationen einer umfassenden Bildungskette ab.

((2)) *Motivation der Fallauswahl*

Die verschiedenen Social Entrepreneure, die sich im Rahmen des Kölner S-LABs zusammengefunden haben, verfolgen zum Teil ganz unterschiedliche Lösungsansätze für ihre Zielgruppen an mitunter unterschiedlichen Umsetzungsorten. Gerade diese Gemeinsamkeiten und Unterschiede erlauben jedoch eine interessante Perspektive auf die hier verfolgte Fragestellung. Das S-LAB wurde als Gegenstand für eine Fallstudie ausgesucht, weil es verspricht, in besonderer Weise Einblicke in genau jene institutionellen Bedingungen für die Diffusion sozialer Innovationen durch Social Entrepreneure zu geben, wie sie im Fokus dieses Artikels stehen. Alle beteiligten Social Entrepreneure und Initiativen des S-LAB verfolgen das Ziel, eine soziale Innovation, für die sie in den meisten Fällen ihren ‚proof of concept' bereits schon lange erbracht haben, nun an weitere Standorte zu diffundieren. In praktisch allen dieser im Bildungsbereich tätigen Projekte können die Social Entrepreneure dabei ihre Tätigkeiten nicht frei skalieren, sondern sind auf die „Policy"-Entscheidungen Dritter angewiesen. Die entsprechenden Entscheidungsstrukturen sind in einzelne Organisationseinheiten fragmentiert, nämlich einzelne Kindergärten, Schulen, Arbeitsagenturen etc. Insofern besteht die Erwartung, die in diesem Artikel beschriebenen Phänomene gut untersuchen zu können.

Das Sampling der Fallstudie folgt somit nicht dem Ziel, eine repräsentative Stichprobe zu erheben, um bestehende Hypothesen im strengen Sinne (quantitativ) zu verifizieren oder zu falsifizieren. Ebenso wenig gilt es, einen „unique" oder „extreme case" zu nutzen, um beispielsweise neuartige Hypothesen zu generieren. Vielmehr wurde der Fall als „critical case" so gewählt, dass die vermuteten Zusammenhänge empirisch gehaltvoller beleuchtet, illustriert und gegebenenfalls überarbeitet werden können (vgl. Yin 2009 S. 47).

((3)) *Vorgehensweise.*

Die Fallstudie stützt sich sowohl auf die Recherche und Auswertung bereits bestehender Daten und Texte als auch auf die Erhebung eigener Daten. So wurden
zum einen die Internetseiten des S-LAB, Zeitungsartikel sowie weitere Sekun-
därquellen ausgewertet. Im Jahr 2011 und 2012 nahm zudem einer der Autoren
am Workshop des S-LAB im Rahmen des Vision Summit (www.visionsummit.
org) teil. Der Hauptteil der Datenerhebung erfolgte sodann in Form leitfadenge-
stützter Interviews im Frühjahr 2012. Nach Vorinterviews mit einem der S-LAB-
Gründer besuchten beide Autoren im März 2012 für mehrere Tage das S-LAB
vor Ort in Köln. Wichtige Eindrücke wurden in Notizform festgehalten. In Köln
wurden neben Michel Aloui vor allem die verschiedenen Social Entrepreneure
und ihre Mitarbeiter befragt. Die meisten Interviews führten beide Autoren gemeinsam im S-LAB in Köln. Zwei Interviews erfolgten durch einen der beiden
Autoren als Telefoninterviews. Alle Interviews wurden nach Zustimmung der Interviewten für Transkriptionszwecke aufgezeichnet und anonymisiert. Insgesamt
wurden zehn qualitative Interviews geführt. Die Länge aller Interviews bewegte
sich jeweils zwischen 45 Minuten und 100 Minuten.

5. Fallstudienergebnisse und Diskussion: spezifischer Zugang als knappe Ressource

Im Folgenden seien zunächst einige Untersuchungsergebnisse bezüglich der zu-
vor formulierten sechs Hypothesen in kompakter Form dargestellt und diskutiert.
Anschließend wird die Diskussion zusammengefasst und um einige zusätzliche
Ergebnisse ergänzt.

((1)) Die erste Hypothese stellte darauf ab, dass eine Diffusionsbarriere für Social Entrepreneure darin bestehen kann, dass letztere für die Arbeit mit ihrer Zielgruppe die Genehmigung bzw. Policy-Unterstützung von institutionell als zuständig definierten Dritten benötigen. Sicherlich auch bedingt durch die gezielte
Fallauswahl und die damit verbundene Fokussierung auf den Bildungsbereich ließ
sich dieser Sachverhalt in den geführten Interviews sehr deutlich wiederfinden.
So berichteten alle befragten Social Entrepreneure, dass sie in ihrer Arbeit nicht
direkt und gänzlich frei mit ihrer Zielgruppe zusammenkommen können, sondern zunächst stets über Vermittlungsinstanzen (Schulleitung, Fachbereichsleiter,
Fachlehrer, Jobcenterleitung) gehen müssen (Teilnehmer 3, 5, 6, 7, 9, 10 - 2012).
    Allerdings zeigten sich hinsichtlich der Bedeutung dieser Policy-Entschei-
dungen unterschiedliche Ausprägungen. Am wenigsten relevant erwies sich die

hier betrachtete Genehmigungsdimension im Fall eines Projekts, das großforma-
tige Jobmessen für die Gymnasiasten einer Stadt organisiert. Die Policy-/Geneh-
migungsdimension beschränkte sich in diesem Fall darauf, dass die Schüler für
den Besuch der Ausbildungs- und Bewerbermesse von ihren Schulen freigestellt
werden. Inwieweit die Schüler dieses Angebot dann intensiv nutzen, liegt dann
in ihrem individuellen Ermessen. Deutlich wird somit, dass auch im Bildungsbereich politische oder administrative Policy-Entscheidungen nicht notwendigerweise für alle Projekte von gleichermaßen kritischer Relevanz sind. Zu denken
wäre beispielsweise an innovative Formen der Nachhilfe, die ein Social Entrepreneur durchaus im rein privat koordinierten Bereich implementieren und skalieren
könnte. Bei rein privat gefällten Entscheidungen käme Policy-Entrepreneurship
hier keine systematische Bedeutung zu.

Bei allen weiteren interviewten Social Entrepreneuren spielte die hier betrachtete Policy-Dimension indes eine absolut zentrale Rolle. Ohne die Überzeugung der jeweils institutionell zuständigen Policy-Entscheider wäre die Arbeit
dieser Social Entrepreneure schlichtweg unmöglich. Auf Grundlage der Fallstudi-
eninterviews lässt sich die Art dieser Policy-Entscheidung nochmals in zwei Unterkategorien differenzieren, nämlich a) eine festlegende Entscheidung darüber,
dass eine Zielgruppe das Angebot eines Social Entrepreneurs tatsächlich nutzt
bzw. nutzen muss und b) eine ermöglichende Entscheidung darüber, ob eine Zielgruppe das Angebot eines Social Entrepreneurs prinzipiell selbst wählen darf.

a. Im ersten Fall entscheidet die institutionell zuständige Instanz direkt für die
    Zielgruppe, was diese tut. In der Fallstudie fand sich diese Kategorie etwa beim
    Beispiel einer Social Entrepreneurin, die ein Gewaltpräventionsprogramm
    für Grundschüler entwickelt hat. Nur mit der Genehmigung der Schulleitung
    kann dieses Programm in der Schule umgesetzt werden. Dabei wählen die
    Schüler nicht selbst, ob sie am Programm teilnehmen. Vielmehr entscheidet
    dies die Schulleitung stellvertretend für die Kinder. Ähnlich gelagert war der
    Fall bei einem zweiten interviewten Projekt. Hier geht es um die Integration
    von Entrepreneurship-Training in den Schulunterricht. In diesem Fall ist
    der Social Entrepreneur darauf angewiesen, die entsprechenden Lehrer zur
    Übernahme der Unterrichtsmodule zu überzeugen. Als zuständige Instanzen
    entscheiden die Lehrer, welche Unterrichtsinhalte übernommen werden. Die
    Schüler selbst können nicht frei entscheiden, ob sie das Unterrichtsangebot
    annehmen wollen oder nicht.

b. Im zweiten Fall entscheiden institutionell zuständige Entscheider darüber,
    ob eine Zielgruppe das Angebot eines Social Entrepreneurs für sich wählen
    darf oder nicht. Dieser Fall zeigte sich unter anderem bei folgenden drei

interviewten Projekten. So entwickelt ein Social Entrepreneur Projekt ein komplexes Mentoring- und Nachhilfesystem, das die Schüler direkt in den Schulräumen abholt. Ein zweites Projekt ermöglicht Schülern, auf dem Schulgelände einen Schulkiosk zu betreiben und durch diese Arbeit Selbstständigkeit, Verantwortung, mathematische Fähigkeiten und Selbstwertgefühl auszubauen. Bei beiden Projekten entscheiden die Schüler zwar selbst, ob sie das Angebot nutzen wollen. Allerdings muss die Schule diese Projekte auf dem Schulgelände zunächst genehmigen und logistisch (Räume etc.) unterstützen. Bei einem dritten Projekt bietet eine Social-Entrepreneurship-Organisation theaterpädagogische Programme zur Ausbildung und Vermittlung von arbeitslosen Jugendlichen an. Der kritische Policy-Engpass ist hier, dass die lokal zuständigen Jobcenter dieses Programm erst als eine wählbare (und damit abrechnungsfähige) Maßnahme in ihr Programm aufnehmen müssen. Erst dann können die Jugendlichen dann in begrenzter Weise selbst wählen, ob sie an einer solchen Maßnahme teilnehmen wollen. All diese genehmigenden Policy-Entscheidungen sind somit eine entscheidende Umsetzungs- bzw. Diffusionsbarriere für das Angebot der entsprechenden Social Entrepreneure. Ohne sie kann der Lösungsansatz der Social Entrepreneure nicht frei zu weiteren Personen der Zielgruppe diffundieren.

((2)) Die zweite Hypothese vermutete, dass eine Skalierungsbarriere für Social Entrepreneure vorliegen kann, wenn die Zuständigkeit für die diffusionsnotwendigen Policy-Entscheidungen auf fragmentierte Entscheidungsstrukturen verteilt ist. Mit der Ausnahme des Veranstalters von Jobmessen zeigte sich dieser Befund bei allen interviewten Social Entrepreneuren in ausgeprägter Form. Sowohl mit Blick auf Schulen als auch mit Blick auf die Jobcenter der Arbeitsagenturen betonten die interviewten Social Entrepreneure, dass jede dieser Einheiten jeweils für sich selbst und einzeln angesprochen, erreicht und überzeugt werden muss.

Die erfolgreiche Kooperation mit einer Entscheidungseinheit, z. B. einer Schule, erleichtere, so die Aussage eines Interviewten, den Zugang zu weiteren Schulen nur in sehr begrenztem Maße. Zwar wurde ein gewisser positiver Effekt von einigen Entrepreneuren hinsichtlich lokal benachbarter Entscheidungseinheiten geäußert. So kann Mund-zu-Mund-Propaganda dafür sorgen, dass innerhalb einer Stadt beispielsweise eine Schule von den (positiven) Erfahrungen einer anderen Schule mit einem Social Entrepreneur erfährt. Allerdings ist dieser Effekt lokal begrenzt und lässt sich nicht auf räumlich entfernte Städte übertragen. Wörtlich kommentierte ein Mitarbeiter des Social Lab die Skalierungsschwierigkeiten, die ein lokal bereits sehr erfolgreicher Social Entrepreneur bei der Verbreitung seiner Idee an anderer Standorte erfuhr, mit der Bemerkung: „[Dieser Social Entrepreneur] muss im Nahkampf jede Schule Stadt für Stadt erobern" (Teilnehmer 2, 2012). Ein Mitarbeiter dieses Social Entrepreneurs betonte in ähnlicher Weise wiederholt, dass dieser „Nahkampf" sehr aufwendig und anstrengend sei, da die einzelnen Schulen „wie mittelalterliche Festungen" (Teilnehmer 3, 2012) sein, die nach außen undurchdringliche Einheiten bildeten. Auch die anderen Social Entrepreneure berichteten, dass diese Fragmentierung ihres anvisierten Tätigkeitsfelds in viele kleine, in sich abgeschlossene Entscheidungseinheiten eine bedeutende Hürde für die weitere Verbreitung ihres Lösungsansatzes bedeutet.

((3)) Die dritte Hypothese unterstellte, dass in fragmentierten Entscheidungseinheiten. die für einen Social Entrepreneur wichtigen Policy-Entscheidungen oftmals maßgeblich von Einzelpersonen mit diskretionärem Handlungsspielraum (vor-)entschieden werden. Bezüglich dieser Hypothese fanden sich nicht in allen Interviews relevante Antworten. Die jedoch gegebenen Antworten scheinen sehr deutlich zu unterstützen, dass in vielen Fällen tatsächlich Einzelpersonen eine maßgebliche Rolle für den Social Entrepreneur spielen.

Zusätzlich ergab sich aus den Interviews, dass es je nach Fragestellung durchaus unterschiedliche Personen geben kann, die aufgrund ihrer – zum Teil informellen – Funktion als zuständige Instanz agieren. Beispielsweise ist für die Social Entrepreneure, die an Schulen tätig sein wollen, die Person des Schulleiters von grundsätzlich herausgehobener Bedeutung. Allerdings wurde in den Interviews deutlich, dass es auch Projekte gibt, für die nicht die Schulleitung, sondern die Fachabteilungsleitung (z. B. für den Fachbereich „Mathe") oder die einzelnen Klassenlehrer die relevante Entscheidungsinstanz sind.

Eine weitere Erkenntnis aus den Interviews war es, dass auch innerhalb der einzelnen Entscheidungseinheiten – hier: auf Schulebene – zwar einige für einen Social Entrepreneur relevanten Policy-Entscheidungen durch kollektive Verfahren getroffen werden, namentlich durch Kollektivgremien wie die Schulkonferenz oder einen Fachbereich. Die Interviews machten jedoch deutlich, dass auch in diesen – formal gesehen – „kollektiven" Verfahren de facto Einzelpersonen wie der Schulleiter oder die Fachbereichsleitung (vor-)entscheiden, worüber überhaupt abgestimmt und was dann gemeinschaftlich beschlossen wird. Auch hier kommt somit Einzelpersonen eine wichtige Rolle zu.

((4)) Die vierte Hypothese legte nahe, dass Fragen der Legitimität eines Social Entrepreneurs und seiner Innovation aus Sicht der Policy-Entscheider, die im Rahmen ihres institutionell definierten Auftrags stellvertretend für eine Zielgruppe entscheiden, von zentraler Bedeutung sind.

In den Interviews wurde dieser Punkt unter anderem an zwei Stellen angesprochen. Zum einen berichtete das Projekt, das für arbeitslose Jugendliche theaterpädagogische Angebote durchführt, dass eine Schwierigkeit vor allem in der
Anfangsphase der Skalierung darin lag, neu anzusprechende Jobcenter von der
Sinnhaftigkeit dieses Ansatzes zu überzeugen. Die Legitimität und Wirksamkeit
des zunächst als exotisch wahrgenommenen Lösungsangebotes wurden seitens
der relevanten Policy-Entscheider misstrauisch hinterfragt. Allerdings trat dieses Problem der „liability of newness" (Stinchcombe 1965) im Zeitverlauf zunehmend in den Hintergrund, als das Projekt an verschiedenen Stellen den „proof of
concept" wiederholt erbrachte und dieser Erfolg nicht nur durch Mund-zu-Mund-
Kommunikation, sondern auch medial aufbereitet den potentiellen Policy-Entscheidern bekannt wurde.

Im zweiten Beispiel aus den Interviews trat die Frage der Legitimität noch
stärker in den Vordergrund. Konkret geht es um jenen Social Entrepreneur, der
Schülern hilft, auf dem Schulgelände in Eigenverantwortung einen eigenen Schulkiosk zu betreiben. Zu diesem Zweck gründete der Social Entrepreneur ein eigenes Unternehmen, das unter anderem den zentralen Einkauf und die Zulieferung
der Waren bis auf das Schulgelände übernimmt. Im Gespräch erläuterte der Social Entrepreneur, warum es extrem wichtig war, dieses Unternehmen nicht als
gewinnorientiertes, sondern als gemeinnütziges Unternehmen zu gründen. Die
Erklärung: Für die Schulleitungen ist es sehr schwer zu rechtfertigen, ein For-Profit-Unternehmen nicht nur auf das Schulgelände zu lassen, sondern ihm auch den
Zugang zu den eigenen Schülern zu öffnen. Nach außen erscheint dies nicht als
legitime Vertretung der Schülerinteressen und des gesellschaftlichen Bildungs-
auftrags. Die Selbstbindung eines Non-Profit-Unternehmens an die Gemeinnützigkeit verleiht hingegen die Glaubwürdigkeit, dass es dem Social Entrepreneur
tatsächlich um eine Förderung der Schüler geht — und erleichtert es auf diese Weise den Policy-Entscheidern innerhalb der Schule, die Kooperation mit dem Social
Entrepreneur einzugehen und rechtfertigen zu können. Legitimität und Vertrau-
en in die Person des Social Entrepreneurs sind hier daher Voraussetzung für die
Skalierung der sozialen Innovation innerhalb des Schulkontexts.

((5)) Die fünfte Hypothese formulierte die Annahme, dass ein begrenzter Zugang
zu den für sie relevanten Policy-Entscheidern eine bedeutende Diffusionsbarriere für Social Entrepreneure und ihre sozialen Innovationen darstellen kann. Die-

ses Problem des Zugangs zeigte sich im Rahmen der Fallstudie insbesondere bei jenen Social Entrepreneuren, die auf dem Schulgelände mit Schülern arbeiten.[4] Wie bereits weiter oben erwähnt, bezeichnete ein Interview-Partner das Problem des Zugangs wie folgt: „Schulen sind mittelalterliche Festungen, die man nicht so leicht erobern kann" (Teilnehmer 3, 2012). Hierfür wurden in den verschiedenen Interviews verschiedene Gründe genannt.

Der erste Grund ist ein pragmatisches Problem des tatsächlichen, konkreten Zugangs zu den relevanten Entscheidungsträgern. Wie kommt ein Gespräch mit einem relevanten Ansprechpartner zustande? So bemerkte eine andere Social Entrepreneurin, dass die Kaltakquise einer neuen Schule auch deswegen so unheimlich schwierig sei, weil die übliche Ansprache per Telefon praktisch kaum möglich sei. Dies gelte sowohl für die Schulleitung als auch umso stärker für Lehrer und Lehrerinnen, die keine Bürozeiten haben und bestenfalls in der Schulpause über das Sekretariat erreicht werden könnten. Eine Interviewpartnerin äußerte diesen Punkt wie folgt:

„Schule zu akquirieren, Lehrer zu akquirieren, ich sage Ihnen, ist kein leichtes Brot. ... Das ist ganz schwierig. Das hat zum einen ganz banale, technische Gründe. Die Schulen, die kann ich nicht alle besuchen. Das heißt ich nehme das Medium Telefon oder Mailing. Wenn ich jemanden anmaile, ist das eine unpersönliche Adresse, in der Regel das Sekretariat, da kann man die Anfrage auch zum Fenster rausschmeißen. ... oder telefonieren, und wenn ich dann Glück habe ... und ich weiterverbunden werde an einen Fachlehrer oder Schulleiter ... dann sagt in der Regel die andere Stimme „Rufen Sie doch bitte morgen nochmal um 9.20h an, da ist dann Pause..." Das sind die Arbeitsbedingungen, unter denen man ein differenziertes Konzept möglichst in einem Pitch in drei Sätzen vorstellen... Das ist ganz schön hart." (Teilnehmer 7, 2012)

Aus diesem einfachen Grund können leicht Wochen vergehen, bevor die telefonische Erstansprache den Zugang zu einer entsprechenden Entscheidungsperson herstellt.

Neben diesem pragmatischen Grund wurde als zweite Zugangsschwierigkeit ein Wissensproblem genannt. Dieses besteht darin, dass es für einen Außenstehenden oftmals nicht möglich ist zu wissen, wer innerhalb beispielsweise einer Schule überhaupt die relevante Ansprechstelle ist. Im Fall der Schulleitung ist diese Information teilweise noch öffentlich einsehbar, etwa über die Internetpräsenz der Schule. Aber, wie eine Social Entrepreneurin frustriert bemerkte: „den zuständigen Fachabteilungsleiter in der Schule, den kennt man einfach nicht". Und falls diese Person dann bekannt ist, wie erreicht man sie? Wie lautet die E-Mail-Adresse, um sie anzusprechen? Auch hier verschärft die Fragmentierung der Entscheidungseinheiten das Zugangsproblem. Das Wissen über den re-

---

4   Im Interview mit der Social Entrepreneurship-Organisation, die theaterpädagogische Programme für arbeitslose Jugendliche durchführt, war dieses Problem von geringerer Bedeutung.

levanten Kontakt in einer Schule verschafft keinen automatischen Wissensvorteil darüber, wer diese Entscheidungsperson in der nächsten Schule ist oder wie man sie erreichen könnte.

Als drittes Zugangsproblem tauchte in den Interviews das Problem der begrenzten Reputation und Glaubwürdigkeit auf. Selbst wenn ein Social Entrepreneur weiß, wer die entsprechende Ansprechperson innerhalb einer Schule ist, und es schafft, diese ans Telefon zu bekommen, ist es nach wie vor schwer, als ein interessanter und verlässlicher potentieller Partner wahrgenommen zu werden. Mehrfach benannten verschiedene Interviewpartner dabei das Problem, dass die Schulleitung und die Lehrer einfach „zu viel um die Ohren haben" (Teilnehmer 5, 7; 2012) und daher neue Angebote und Anfragen leicht abblocken, wenn es nicht gelingt, eine kritische Wahrnehmungsschwelle zu durchbrechen.

Somit scheint sich deutlich zu bestätigen, dass zumindest für einige Social Entrepreneure der begrenzte Zugang zu den für sie relevanten Entscheidungsträgern eine wichtige Diffusionsbarriere darstellt.

((6)) Die sechste Hypothese stellte darauf ab, dass eine Vernetzung von Social Entrepreneuren untereinander diesen helfen kann, dem Problem des begrenzten Zugangs zu den für sie relevanten Entscheidungsträgern zu begegnen. Gerade diese Überlegung motivierte maßgeblich die Auswahl des Social Labs in Köln als Gegenstand der hier durchgeführten Untersuchung. Denn das S-LAB betreibt nicht nur die gezielte Vernetzung von Social Entrepreneuren, sondern nennt explizit als einen der damit bezweckten Vorteile, dass sich die Social Entrepreneure durch das Teilen ihrer jeweils individuell erarbeiteten Kontakte den nötigen Zugang für die Verbreitung ihrer Arbeit besser erschließen können.

Hinsichtlich dieser durch das S-LAB selbst formulierten Erwartung zeigte sich im Rahmen der Interviewbefragung indes ein gemischtes Bild. Es gibt Interviewpartner, die diesen Nutzen von sich aus ansprechen; allerdings ebenso Interviewpartner, die diesen Nutzen für sich nicht feststellen konnten.

Zunächst zur Gruppe derer, die das S-LAB als gelungene Vernetzungsstrategie beschreiben. Gefragt, wie sie in ihrer Arbeit von der Zusammenarbeit im S-LAB profitieren und sich wechselseitig unterstützen können, gaben diese Interviewten unter anderem drei wahrgenommene Vorteile an, die letztlich die oben genannten Probleme des tatsächlichen Zugangs, des Wissens und der Aufmerksamkeit/Reputation adressieren. So erläuterten mehrere Interviewpartner, dass die Vernetzung untereinander eine Strategie darstellt, den jeweiligen „Fuß in der Tür" mit den anderen zu teilen und dadurch Zugang herzustellen. Konkret erzählten die Interviewten, dass sie beispielsweise zu Besprechungen an Schulen, an denen sie bereits aktiv sind oder erste Gespräche haben, das Informationsmaterial der anderen Social Entrepreneure mitnehmen, um auf deren Arbeit aufmerksam zu machen und Kontakte herzustellen. Mit Blick auf das Wissensproblem berichteten die Interviewten, dass die Vernetzung im S-LAB es ihnen ermöglicht, relevantes Wissen auszutauschen (Mit welcher Schule lässt sich gut kooperieren? Wer ist an der Schule der relevante Ansprechpartner? Wann kann man diese Person auf welchem Wege am besten erreichen?). Schließlich berichteten die noch jüngeren und unbekannteren Social Entrepreneure, dass die Vernetzung mit anderen, an einem Standort bereits etablierten Social Entrepreneuren hilfreich sein kann, um als seriös und vertrauenswürdig anerkannt zu werden. So sagte beispielsweise ein Interviewpartner: „Ich würde sagen, dass es [das S-LAB] schon meinem Projekt, sag ich mal, gerade zu Anfang, eben auch n' gewissen Seriösitätsstempel gegeben hat. Gerade dass hier auch Projekte dabei sind, die es schon viele Jahre gibt, und die auch schon viele Jahre erfolgreich gearbeitet haben, mit denen wird dann mein Projekt assoziiert und davon kann ich dann eigentlich nur profitieren." (Teilnehmer 5, 2012). Dieser Reputationseffekt wurde auch mit Blick auf die Verortung im S-LAB genannt, das bis zu einem gewissen Grad als eigenständige „Marke" betrachtet werde, wenn auch mit stark lokal begrenzter Bekanntheit (Teilnehmer 5, 2012; Teilnehmer 7, 2012).

Neben diesen sehr positiven Einschätzungen kam in den Interviews jedoch auch zum Ausdruck, dass die Vernetzung im S-LAB nicht allen Social Entrepreneure gleichermaßen in ihrer Verbreitung hilft. So erläuterte ein Interviewpartner, dass seitens seiner Organisation von vornherein gar nicht die Erwartung bestand, durch die Zusammenarbeit im Lab einen besseren Zugang für die eigene Skalierung zu erschließen (Teilnehmer 10, 2012). Auch im Rückblick habe sich dieser Nutzen nicht eingestellt. Auf den zweiten Blick ist dieser Befund aber wenig überraschend, da die hier betrachtete Social-Entrepreneurship-Organisation als einziges befragtes S-LAB Mitglied nicht mit Schulen arbeitet, sondern auf den Zugang zu den fragmentierten Entscheidungsträgern bei unterschiedlichen Arbeitsagenturen angewiesen ist. Folglich konnte die Vernetzung mit den anderen Social Entrepreneuren und das wechselseitige Teilen von Wissen, dem jeweiligen „Fuß in der Tür" und der kontextspezifischen Reputation („gutes Schulprojekt") gar nicht die erhofften Vorteile generieren, da man sich in unterschiedlichen Entscheidungsstrukturen bewegte.

((7)) Zusammenfassung und (weitere) Erkenntnisse aus der Fallstudie.

Die Fallstudie des Social Lab in Köln bietet eine Illustration dafür, wie die Verbreitung von an sich funktionierender Ideen auf institutionelle Diffusionsbarrie-

ren stoßen kann. Der Bildungsbereich und namentlich die Arbeit in Schulen geben ein Beispiel für einen Kontext, in dem a) Social Entrepreneure nicht direkt
mit ihrer Zielgruppe arbeiten können, sondern hierfür die Policy-Entscheidung
einer institutionell zuständigen Instanz benötigen und b) diese Policy-Entscheidungen in vielen fragmentierten, teilautonomen Einheiten getroffen werden, in
denen bestimmte Einzelpersonen aufgrund ihrer Funktion oftmals einen individuell diskretionären Handlungsspielraum haben. Der Zugang zu diesen fragmentierten Entscheidungsstrukturen und den jeweiligen Entscheidungsträgern entwickelt
sich dann zu einem kritischen Faktor für die Arbeit eines Social Entrepreneurs.

In einem solchen institutionellen Umfeld kann für Social Entrepreneure
eine sinnvolle Strategie darin bestehen, sich gezielt mit anderen Social Entrepreneuren zu vernetzen. Allerdings ist Vernetzung weder ein Allheilmittel noch ein
Selbstzweck. Vernetzung ist ein Mittel, das mit Kosten verbunden ist. So wurde
in den Interviews deutlich, dass die Vernetzung mit anderen Social Entrepreneuren Zeit, Aufmerksamkeit und andere Ressourcen in Anspruch nimmt. Diesem
Aufwand steht zwar möglichweise ein Nutzen gegenüber. Jedoch stellt sich dieser Nutzen nicht von alleine ein, sondern muss gezielt organisiert werden. Gerade
hinsichtlich dieses Punktes benannten die in der Fallstudie Befragten eine Reihe von Verbesserungsvorschlägen für die Arbeit im S-LAB: angefangen von der
Einrichtung eines Schwarzen Bretts zum besseren Informationsaustauschs über
die Gestaltung eines gemütlichen Gemeinschaftsraums[5] und die Verstärkung der
gleichzeitigen Präsenz in den Räumen des Social Lab bis hin zur Einführung eines regelmäßigen Austauschformats (z. B. eine Art Jour Fixe) für die Mitglieder
des S-LAB, die sich bis dato eher ad hoc und zufällig auf den Fluren begegneten.

Zudem wurde als Ergebnis der Fallstudien-Interviews deutlich, dass die Mitglieder des S-LABS mit ihrer Vernetzung zum Teil unterschiedliche Ziele verfolgen. Eine Erwartung besteht beispielsweise darin, dass die Vernetzung der
verschiedenen Social Entrepreneure zu mehr *Innovation* führt – etwa durch eine
klassisch Schumpetersch (1911) verstandene Neukombination bereits bestehender
Module oder die Weiterentwicklung von Lösungsansätzen in neuartigen gemeinsamen Projekten. Auf der anderen Seite steht die Erwartung, dass die wechselseitige Vernetzung es für die beteiligten Mitglieder erleichtert, ihre bereits existierenden Lösungsansätze auf breiterer Front umzusetzen. Kritisch ist festzuhalten,
dass im S-LAB zwar beide Vernetzungsziele erreicht werden sollen, aber gleichzeitig wenig reflektiert wurde, dass die optimale Erreichung jedes einzelnen Zie-
les auch jeweils eine andere Art der Vernetzung erfordern würde. So würde eine

---

5   Zum Zeitpunkt der Interviews war die gemeinsame Teeküche nur ein kleiner, wenig gemütlicher
     Raum, der kaum zum gemeinsamen Verweilen einlud.

Orientierung am Innovationsziel nahe legen, dass möglichst die Gründerpersonen oder sehr unternehmerische Mitarbeiter mit großer kreativer Gestaltungskompetenz vor Ort im S-LAB zusammen kommen sollten. Tatsächlich aber sind zumindest einige Projekte im S-LAB nicht durch Social Entrepreneure, sondern eher durch ausführende, verwaltende ‚Social Manager' vertreten – die besser zum Ziel der Diffusion eines bereits bestehenden Ansatzes passen. Vor diesem Hintergrund erscheint es wichtig, dass über die gemeinsam angestrebten Vernetzungsziele zunächst Transparenz hergestellt werden sollte, um dann die Vernetzungsstrategie (Wer ist beteiligt? Welche Hierarchieebenen arbeiten zusammen? etc.) darauf auszurichten.

Versteht man die Vernetzung von Social Entrepreneuren untereinander als ein Mittel, um für die beteiligten Netzwerkmitglieder den Zugang zu den für sie relevanten fragmentierten Entscheidungsstrukturen zu verbessern, dann lassen sich aus den Fallstudienergebnisse folgende weitere Schlussfolgerungen ziehen:

Erstens erfordert eine erfolgreiche Vernetzungsstrategie, das Netzwerk nicht möglichst groß anzustreben, sondern die (eher weniger) Mitglieder nach Relevanz zusammenzuführen. Entscheidend ist hierbei neben einer thematischen Nähe („Bildung", „Integration") vor allem, ob die verschiedenen Social Entrepreneure strukturell auf die gleichen Policy-Entscheidungspersonen und Ansprechpartner für ihre Arbeit angewiesen sind. Denn nur dann können sie sich wechselseitig Zugänge eröffnen. Insofern erscheint hier eine lokale Fokussierung sinnvoll (kommunale oder ggf. regionale Ebene).

Zweitens erscheint eine intensive Vernetzung nur dann aussichtsreich, wenn keine Social Entrepreneure zusammengeführt werden, die in direktem Wettbewerb zueinander stehen. Wenn beispielsweise zwei sehr ähnliche Projekte darum konkurrieren, wer den Zugang zu einer Schule erhält, wird die Kooperation innerhalb des Netzwerks erschwert. Daher erscheint es ratsam, Social Entrepreneure mit eher komplementären Lösungsansätzen zusammenzuführen.

Drittens sollten der gemeinsame Austausch sowie ggf. das gemeinsame Auftreten nach außen gezielt organisiert werden. Dies heißt freilich nicht, dass die Vernetzung wie im Fall des S-LAB in Köln zwangsläufig in Form einer physischen Präsenzlösung in gemeinsamen Räumen erfolgen muss. Prinzipiell ließe sich auch an eine virtuelle Lösung denken, die durch gezielte Vernetzungsmaßnahmen (regelmäßige Treffen, Wissensaustausch, Koordination etc.) flankiert wird.

6. Fazit

Für viele gesellschaftliche Probleme fehlen zurzeit noch geeignete Lösungsansätze. Gleichzeitig gibt es jedoch auch viele bereits erprobte Lösungen, die nur schwer in die Fläche diffundieren. Der vorliegende Aufsatz ist der Frage nachgegangen, welche institutionellen Umweltbedingungen dazu beitragen können, dass an sich funktionierende Lösungen nicht zum Selbstläufer werden – und hat eine solche Umwelteigenschaft näher in den Blick genommen. In vielen Bereichen, in denen Problemlösungen politisch oder administrativ organisiert werden (Beispiel: Bildungsbereich), können Social Entrepreneure eine Problemlösung nicht frei an ihre Zielgruppe (Beispiel: Schüler) bringen, sondern benötigen dafür die Policy-Entscheidung von dafür institutionell als zuständig definierten Dritten (Beispiel: Schulleitung). Die Skalierung von Social Entrepreneurship erfordert hier die Flankierung durch Policy-Entrepreneurship. Die Zuständigkeit für diese Policy-Entscheidung ist jedoch oftmals in viele dezentrale, teilautonome Entscheidungseinheiten fragmentiert (Beispiel: einzelne Schulen). Für den Social Entrepreneur verbindet sich damit die Herausforderung, für die Skalierung seiner Arbeit die in diesen fragmentierten Strukturen jeweils relevanten Einzelpersonen (Beispiel: Schulleitung, Fachbereichsleitung) zu kennen, zu erreichen und zu überzeugen. Diese für jede Entscheidungseinheit (Beispiel: Schule) neu zu wiederholende Kaltakquise erfordert knappe Ressourcen und kann daher zu einem Skalierungshindernis für Social Entrepreneure werden. In dieser Situation ermöglicht die gezielte Vernetzung von Social Entrepreneuren untereinander die Möglichkeit, den knappen Zugang zu relevanten Entscheidungsträgern gemeinsam zu erarbeiten und untereinander zu teilen. Dies setzt jedoch voraus, die Vernetzung der Social Entrepreneure untereinander auf einen gemeinsamen Policy-Bereich und gleiche Entscheidungsstrukturen (lokal) zu fokussieren.

Die Fallstudie des Social Lab in Köln hat illustriert, dass die hier beschriebenen Diffusionsbarrieren für Social Entrepreneure im Bildungsbereich (insbesondere im Schulbereich) tatsächlich relevant sind. Die Analyse der institutionellen Kontextbedingungen zeigt aber auch, dass das Wirken von Social Entrepreneuren immer im Kontext der institutionellen Umwelt zu betrachten ist, in der sie sich bewegen. Aus einer solchen Perspektive stellt der deutsche Wohlfahrtsstaat eine gänzlich andere Umwelt dar als jene in Entwicklungsländern Und auch innerhalb Deutschlands lassen sich ganz unterschiedliche institutionelle Rahmenbedingungen für die Innovation und Diffusion neuartiger gesellschaftlicher Lösungsansätze unterscheiden.

Je nach institutioneller Umwelt erscheinen für die beteiligten Social Entrepreneure dann unterschiedliche Strategien sinnvoll, um ihre jeweiligen Lösungsansätze voranzutreiben. Die Vernetzungsstrategie, wie sie im Social Lab Köln zu finden ist, ist eine mögliche Antwort darauf, mit jenen Skalierungsschwierigkeiten umzugehen, die sich aus fragmentierten Entscheidungsstrukturen ergeben. Aber sie ist sicherlich nicht die einzige Antwort. Als eine weitere Skalierungsstrategie ließe sich beispielsweise auch an Social Franchising denken – ein weiterer Ansatz, wie Social Entrepreneure angesichts struktureller Skalierungsbarrieren durch die Kooperation mit anderen, bereits existierenden Organisationen ihre innovativen Lösungsansätze in die Fläche verbreiten können (vgl. Volery/ Hackl 2010; Beckmann/Zeyen 2013).

Literaturverzeichnis

Baumgartner, Frank/Jones, Bryan D. (1993). Agendas and Instability in American Politics. Chicago: University of Chicago Press.

Beckmann, Markus/Zeyen, Anica (2013): Franchising as a Strategy for Combining Small and Large Group Advantages (Logics) in Social Entrepreneurship: A Hayekian Perspective. In: Non-Profit and Voluntary Sector Quarterly (im Erscheinen).

Hogwood, Brian W./Gunn, Lewis A. (1984): Policy Analysis for the Real World. Oxford University Press, Oxford.

King, Paula J./Roberts, Nancy C. (1987): "Policy Entrepreneurs: Catalysts for Policy Innovation", In: The Journal of State Government, July-August, pp.172-178

Ney, Steven/Beckmann, Markus/Gräbnitz, Dorit/Mirkovic/Rastislava (2013): Social Entrepreneurship in Deutschland: Debatte, Verständnis und Evolution. In diesem Band.

Ney, Steven/Beckmann, Markus/Gräbnitz, Dorit/Mirkovic, Rastislava (2013): Social entrepreneurs and social change: tracing impacts of social entrepreneurship through ideas, structures and practices. In: International Journal of Entrepreneurial Venturing (im Erscheinen).

Mintrom, Michael (1997): Policy Entrepreneurs and the Diffusion of Innovation. In: American Journal of Political Science. Vol. 41(3): 738-770.

Mintrom, Michael (2000), Policy Entrepreneurs and School Choice, Georgetown University Press, Washington, D.C.

Mintrom, Michael/Vergari, Sandra (1998): Policy networks and innovation diffusion: The case of state education reforms. In: Journal of Politics, Vol. 60(1): 126-148.

Mintrom, Michael/Norman, Philippa (2009): Policy Entrepreneurship and Policy Change. In: Policy Science Journal. Vol. 37(4): 649-667.

Parsons, Wayne (1995): Public Policy: an Introduction to the Theory and Practice of Policy Analysis. Edward Elgar, Aldershot.

Phills, James/Deiglmaier, Kriss/Miller, Dale (2008): Rediscovering Social Innovation. In: Stanford Social Innovation Review. Fall: 34-43.

Schmitz, Björn/Scheuerle, Thomas/Spiess-Knafl, Wolfgang/Schües, Rieke/Richter, Saskia (2013): Eine Vermessung der Landschaft deutscher Sozialunternehmen, in diesem Band.

Rogers, Everett (2003): The Diffusion of Innovations. Fifth Edition. The Free Press, New York.

Stinchcombe, Arthur L. (1965): Social structure and organizations. In James G. March (Hrsg.), Handbook of Organizations, Chicago, IL: Rand McNally: 142–193.

Teilnehmer 1, Interview, 22.02. 2012

Teilnehmer 2, Interview, 05.03. 2012

Teilnehmer 3, Interview, 05.03. 2012

Teilnehmer 4, Interview, 05.03. 2012

Teilnehmer 5, Interview, 05.03. 2012

Teilnehmer 6, Interview, 05.03. 2012

Teilnehmer 7, Interview, 06.03. 2012

Teilnehmer 8, Interview, 06.03. 2012

Teilnehmer 9, Interview, 06.03. 2012

Teilnehmer 10, Interview, 08.03 2012

Tilly, Charles/Tarrow, Sidney (2007): Contentious Politics. Paradigm, Boulder, CO.

Volery, Thierry/Hackl, Valery (2010): The promise of social franchising as a model to achieve social goals. In: Fayolle, Alain/Matlay, Harry (Hrsg.), Handbook of research on social entrepreneurship. Cheltenham: Edward Elgar: 155–179.

Yin, Robert K. (2009): Case Study Research. Designs and Methods. Fourth Edition. Thousand Oaks, Ca.: Sage.

Social Entrepreneurship in Deutschland: Debatte, Verständnis und Evolution

Steven Ney/Markus Beckmann/Dorit Gräbnitz/Rastislava Mirkovic

1. Einleitung: Gesellschaftlicher Wandel und Social Entrepreneurship

Wie überall auf der Welt befindet sich auch die deutsche Gesellschaft in einem grundlegenden Wandel. Demographische Veränderungen, wirtschaftliche Turbulenzen, eine sich ständig verändernde globale und europäische Politik sowie, ganz speziell, die noch immer andauernde Wiedervereinigung Deutschlands haben deutliche Spuren in der deutschen Gesellschaft hinterlassen. Und, wie auch überall, wird diesem Wandel von Menschen nicht immer begeistert entgegen gesehen. Im Gegenteil scheint gesellschaftlicher Wandel für viele vielmehr etwas Bedrohliches zu sein. Wandel schafft neue soziale Probleme, während uns bereits die Bewältigung der alten Probleme zu überfordern scheint. Wandel bedeutet für viele auch ein von außen – wo immer das „außen" auch sein mag – aufoktroyiertes Anpassen der lieb gewonnenen Gewohnheiten. Wie die natürliche Evolution die Dinosaurier, so scheint uns der gesellschaftliche Wandel aufzureiben, ohne dass wir etwas dagegen zu tun vermögen.

Ein viel kleinerer Teil der Bevölkerung versteht Wandel indes als Chance, die neue Gestaltungsräume eröffnet. Anders als jedoch bei den Kräften der biologischen Evolution sind beim gesellschaftlichen Wandel individuelle und kollektive Handlungsmuster von prägender Bedeutung. Wenn darüber hinaus die sogenannten Mega-Trends – z. B. demographischer Wandel, Klimawec, globale Migrationsströme, oder die Finanzkrise – verknöcherte lokale Institutionen aufbrechen, vermag zielgerichtetes Handeln diese neue soziale Plastizität dahingehend zu verwenden, Neues und Innovatives – sprich: Besseres – zu schaffen. Eine der Kernfragen, die sich hier stellt ist: Wer kann diesen gesellschaftlichen Wandel, diese vielleicht prekäre sozio-ökonomische und politische Plastizität, als Chance nutzen?

Einige glauben in Social Entrepreneuren die Antwort gefunden zu haben (Bornstein 2004; Yunus 1998, 2007). Social Entrepreneure, wie z. B. Muhamad Yunus in Bangladesh oder Markus Seidel hier in Deutschland, schaffen es, den gesellschaftlichen Wandel als Chance zu verstehen und durch Innovationen nachhaltig zu sozialen Problemlösungen beizutragen. Ob Mikrokredite in Bangladesh oder neue Streetworker-Konzepte in deutschen Großstädten, Social Entrepreneure, so ihre Befürworter, schaffen es, gesellschaftlich prekären Wandel positiv zu gestalten, indem sie durch ihre Innovationen gesellschaftsevolutionäre Impulse setzen.

Ob und wie Social Entrepreneure die evolutionäre (Weiter-)Entwicklung von Institutionen bzw. Institutionslandschaften prägen oder sogar gestalten können, ist die Kernfrage, die das Nordkonsortium, bestehend aus Jacobs University Bremen und der Leuphana Universität Lüneburg im Mercator Forschungsverbund im Rahmen des Teilprojekt „Social Entrepreneurs as Evolutionary Agents in the German Institutional Landscape" (kurz: SEEAGIL) verfolgte.

Im Folgenden werden nach einer kurzen Übersicht über die theoretischen Ausgangsannahmen der SEEAGIL-Studie die Ergebnisse der qualitativen Analyse einer Teilstichprobe von 18 Entscheidungsträgern im Social Entrepreneurship Policy Netzwerk präsentiert.

2. Die SEEAGIL Studie: Ausgangsfrage und theoretischer Ansatz

Der Ausgangspunkt unseres Projekts war die von der Stiftung Mercator zumindest implizit gestellte Frage, wie Begriff Social Entrepreneur bzw. Social Entrepreneurship im deutschen Kontext zu verstehen sei. Denn die bekannten Beispiele erfolgreicher Social Entrepreneure sind oftmals in den Entwicklungsländern zu finden: Hier ist die Grameen Corporation nur die spektakulärste Instanz einer langen Reihe von Projekten, die man in Süd-, Südost- und Ostasien sowie in Mittel- und Südamerika und selbstverständlich auch in Afrika findet. Die innovativen Ansätze dieser Social Entrepreneure scheinen profunde Veränderungen zu bewirken: Nicht umsonst schreibt David Bornstein (2004) von Menschen, die die Welt verändern. Die zwar selten explizit ausgesprochene, aber in der sich entwickelnden Social-Entrepreneurship-Szene atmosphärisch doch spürbare Hoffnung scheint zu sein, dass wir unsere vertrackten, komplexen und lästigen sozialen Probleme in der entwickelten Welt – etwa Jugendarbeitslosigkeit, soziale Ungerechtigkeit, Bildungsmisere oder Integrationsprobleme – mit Hilfe des Social-Entrepreneurship-Ansatzes lösen können. So wie Yunus mit der Grameen Bank Bangladesh verändert hat, so werden Social Entrepreneure mit ihren Innovationen in Deutschland für jene grundlegende Veränderung sorgen, die wir brauchen (oder zu brauchen scheinen).

Die Grundhypothese der SEEAGIL Studie stellte dieser impliziten Erwartung die Überlegung entgegen, dass sich Social Entrepreneurship in Deutschland von Beispielen in anderen Ländern wahrscheinlich inhaltlich und in der strategischen Ausrichtung unterscheidet. Diese Hypothese fußt auf der Vermutung, dass Social Entrepreneure, genau wie Entrepreneure in anderen sozialen Systemen, sich stark mit ihrer institutionellen Umwelt auseinander setzen müssen, um erfolgreich zu sein. Maßgeblich sind es die institutionellen Landschaften, die den Social Entrepreneuren erst die Chancen eröffnen und vermitteln, und sei es durch institutionelles Versagen. Die Natur eines sozialen Problems, dessen sich ein Social Entrepreneur annimmt, wird von Institutionen auf vielen Ebenen nachhaltig definiert. Probleme der Bildung, Integration, Armut, usw. werden nicht nur sozial-phänomenologisch (beispielsweise das Stigma eines Hartz IV Empfängers) sondern auch real-ontologisch (z. B. die Armut, in der sich ein Hartz IV Empfänger befindet) konstituiert. Innovationen und Lösungen entstehen ebenfalls nicht im einem luftleeren Raum ohne Institutionen. Vielmehr strukturieren Institutionen die Verfügbarkeit von Ressourcen, wie auch die Wirkung von Zwängen. Vor allem wird auch die anschließende Umsetzung und Diffusion innovativer Lösungen sehr stark von Strukturen, Normen und Praktiken relevanter Institutions- und Organisationslandschaften geprägt (vgl. Beckmann/Ney, in diesem Band).

Diese Institutionslandschaften prägen und kanalisieren nicht nur. Sie sind auch immer plastische Landschaften, die Social Entrepreneure mit ihrem Tun gestalten können. Das Hauptaugenmerk dieser Studie war demnach die Wechselwirkung zwischen institutioneller Umwelt und Social Entrepreneure. Einerseits wollten wir wissen, wie verschieden strukturierte Institutionenlandschaften das Handeln von Social Entrepreneuren bestimmen. Andererseits wollten wir ebenfalls erforschen, ob und wie Social Entrepreneure durch ihr Tun diese Institutionen innovativ und nachhaltig zu gestalten vermögen.

Die Institutionenlandschaften, in denen sich Social Entrepreneure in Entwicklungsländern bewegen, unterseiden sich stark von den Organisationsnetzwerken, mit denen sich Social Entrepreneure im globalen Norden auseinander setzen müssen. Generell sind Institutionenlandschaften in den für unsere Studie relevanten Gebieten (Bildung, Integration, Nachhaltigkeit) in Deutschland von einer hohen Organisationsdichte sowie von einer hohen Funktionalität geprägt. Es gibt viele, relativ gut funktionierende Organisationen, die mit einander gut vernetzt sind. Aus diesem Grund, so unsere Vermutung, werden sich Social Entrepreneure im deutschen Kontext qualitativ andere Gelegenheiten eröffnen, die mit anderen Innovationen und Strategien zu ergreifen sind, als ihre Kollegen im globalen Süden. Hier sind Institutionslandschaften eher dünn besiedelt und funktionieren relativ schlecht.

2.1 Ein Modell des institutionellen Wandels: Strukturen, Ideen, und Praktiken

Wir haben versucht, diese Wechselwirkung zwischen Akteur und Umwelt auf drei analytischen Ebenen – die Ebene der Strukturen, der Ideen und der Praktiken – einzufangen und nachzuzeichnen.

Die Ebene der Strukturen beschreibt die möglichen Ausprägungen von Beziehungen zwischen Akteuren, die in Institutionen, Organisationen und Gesellschaft vorkommen. Manche Institutionen differenzieren Akteure stark voneinander, indem sie diese in relativ fixe und ungleiche Beziehungen zueinander stellen: man spricht dann von einer hierarchischen Organisation. In anderen Institutionen begegnen sich Akteure auf Augenhöhe, konkurrieren miteinander über verfügbare Ressourcen: dies sind dann markt-ähnliche Institutionen. Andere Organisationen beharren wiederum auf eine absolute Gleichheit zwischen den in ihnen handelnden Akteuren; etwa in egalitären Sekten. Es gibt auch Organisationen und Institutionen, die ihre Mitglieder voneinander isolieren, um dabei Einzelne zu kontrollieren zu können: hier handelt es sich um fatalistische Institutionsformen (siehe Douglas 1987; Thompson et al., 1990; Hood 1998).

Die Ebene der Ideen beschreibt die institutionellen Denk- und Deutungsmuster, mit deren Hilfe Akteure sich die soziale und natürliche Welt erklären. Diese Deutungsmuster sind einerseits kognitiv, in dem sie es Akteuren ermöglichen, Sinn aus komplexen Sachverhalten und Datenlagen zu konstruieren. Andererseits findet man auf der Ebene der Ideen auch normativ-moralische Deutungs- und Denkmuster, in Form von z. B. formellen Regeln oder informellen Moralvorstellungen. Beispielsweise herrscht in Märkten oftmals ein Glaube an den freien Wettbewerb vor, während Akteure in Hierarchien die Welt als in sich geordnete und harmonisch zusammenspielende Elemente verstehen.

Der Ebene der Praktiken werden die Handlungen und Handlungsmuster zugeordnet, die die Reproduktion von Institutionen erst ermöglicht. Demnach sind Praktiken die bestimmbaren Handlungen, über die sich eine Organisation oder eine Institution definiert. Dadurch sind es auch die Handlungsmuster, über die sich Institutionen produzieren und, noch wichtiger, reproduzieren. Märkte reproduzieren sich darüber, dass Akteure erfolgreich mit einander konkurrieren sowie in Tauschakte treten. Hierarchien legitimieren sich dadurch, dass sie ihre Ziele durch Top-Down-Management, unterstützt von Expertenwissen, erreichen.

Funktionierende oder funktionale Institutionen sind in diesem Schema dadurch gekennzeichnet, dass sich die verschiedenen Ebenen wechselseitig unterstützen. Hierarchische Strukturen brauchen formelle Regeln sowie informelle Deutungsmuster, die die Ungleichheit zwischen den Organisationsebenen legitimiert. Um diese Ungleichheit zu erfolgreich reproduzieren, müssen die vorgeschriebenen Handlungen auch verlässlich Erfolge erzielen. So werden in vielen bürokratischen Organisationen die ungleichen Positionen in der Organisation mit der Länge der Dienstzeit und/ oder dem (formell authorisierten) Wissensstand legitimiert. Man kann anhand dieser drei Ebenen den Wandel in einer Institution sowohl statisch als auch dynamisch darstellen. Wenn ein institutioneller Wandel in allen drei Ebenen gleichzeitig stattfindet, so kann man von einem revolutionären Wandel sprechen. Interessanter für den Kontext dieser Studie ist jedoch der Wandel, der sich evolutionär vollzieht. Man kann die Evolution von Institutionen (oder von sozialen Systemen im Allgemeinen) analog zum Darwinschen Prozess der biologischen Evolution verstehen. So betrachtet, entwickeln sich Institutionen anhand des Prozesses der Variation – Selektion – Restabilisierung (vgl. z. B. Luhmann 1990, 1997).

Mit diesem Schema kann der evolutionäre Wandel durch das Nachzeichnen fallspezifischer Pfade dargestellt werden (vgl. ausführlich Ney/Beckmann/Gräbnitz/Mirkovic 2013). Demnach kann Wandel in einer oder mehreren Ebenen seinen Anfang nehmen (Variation) und sich entlang verschiedener Pfade entlang ausbreiten (Selektion, bzw. der Effekt der Selektion). Beispielsweise kann ein allgemeingesellschaftlicher Wertewandel in Richtung Individualisierung die Normen und Deutungsmuster einer Hierarchie in Frage stellen. Das könnte wiederum zu Veränderungen in den Praktiken einer Organisation führen, wie etwa zu einem intensiven Konkurrenzkampf zwischen den hierarchischen Ebenen. Am Ende einer solchen Entwicklung könnte erst der Wandel der Organisation von einer in eine andere Form stehen (Restabilisierung).

Wie bewirken Social Entrepreneure sozialen Wandel in den institutionellen Landschaften, in denen sie tätig sind?

2.2 Die drei Phasen des SEEAGIL Projekts und einige vorläufige Erkenntnisse

Anhand dieses Schemas hat das Nordkonsortium die Wechselwirkung von Umwelt und Akteur im Social Entrepreneurship Bereich in Deutschland in zwei Projektphasen untersucht. In der ersten Projektphase, mit der sich dieses Kapitel überwiegend beschäftigt, hat sich das Konsortium auf die sich entwickelnde Institutionenlandschaft und insbesondere Ideenlandschaft um das Social-Entrepreneurship-Konzept in Deutschland konzentriert. Hier ging es einerseits darum, zu verstehen, wie die politischen und administrativen Institutionsnetzwerke mit dem Begriff Social Entrepreneurship umgehen. Andererseits wollten wir in dieser Phase untersuchen, ob und wie sich autonome Organisationsnetzwerke um die Social-Entrepreneurship-Idee herausbilden bzw. herausgebildet haben. So sollte ein Gesamtbild der institutionellen Landschaften um Social Entrepreneurship in

Deutschland entstehen. In der zweiten Projektphase, auf die Beckmann und Ney (in diesem Band) eingehen, ging es darum, anhand von Fallbeispielen relevante Prozesse, Mechanismen und Strategien, die in der Wechselwirkung zwischen Akteur und Umwelt in drei spezifischen Bereichen (Bildung, Nachhaltigkeit und Integration) zu tragen kommen, näher zu verstehen.

Um das allgemeine Netzwerk von Institutionen und Organisationen um Social Entrepreneurship in Deutschland zu verstehen, haben wir uns auf qualitative Instrumente verlassen. In fast 80 Experten-Interviews, die anhand eines semistrukturierten Fragebogens durchgeführt worden sind, hat das Nordkonsortium die strukturelle und diskursive Topographie der institutionellen Landschaft des Social Entrepreneurship erforscht. Die erste Phase der Studie hat sich auf Institutionen und Organisationen auf Bundesebene konzentriert (da auf die Landes- und Kommunalebenen in der zweiten Phase näher eingegangen wurde). Die Stichprobe der zu erforschenden Institutionen bestand aus Organisationen im öffentlichen Sektor (Bundesministerien und Bundesämter, Vertreter politischer Parteien), dem privaten Sektor (Firmen und firmennahe Stiftungen, Banken), der Zivilgesellschaft (NGOs, Sozialverbände, Gewerkschaften) und Medienvertretern (Zeitschriften). Zusätzlich zu den Organisationen, die explizit Social Entrepreneurship in ihrem Programm anführen (z. B. Ashoka), hat unsere Untersuchung auch Institutionen und Organisationen erfasst, die prinzipiell ein vemutetes Interesse an Social Entrepreneurship in den drei Schwerpunktgebieten (Bildung, Integration, Nachhaltigkeit) haben könnten. Die Feldforschung, die mehr als 1000 Seiten transkribierte Daten produziert hat, ist in Tabelle 1 quantitativ dargestellt.

Tabelle 1:   Quantitative Übersicht der erhobenen Daten

Feldforschung: Daten	
Zahl angefragter Interviews	91
Zahl durchgeführter Interviews	61
Zahl der aufgenommenen Interview	60
Zahl transkribierter Interviews	58
Geschätzte Gesamtlänge des Datensatzes	ca. 1400 Seiten

Die Auswertung dieser Daten ist noch im Gange. Was wir hier vorstellen, beruht auf der Analyse einer Teilauswertung von 18 Schlüsselinterviews. Die Kernaussagen dieser Analyse lassen sich vorab wie folgt zusammenfassen:

- Obwohl das Thema Social Entrepreneurship auf großes Interesse bei allen von uns angesprochenen Akteuren stößt, ist die Thematik noch weit vom administrativen und politischen Tagesgeschäft entfernt.

- Die institutionelle Kernlandschaft um Social Entrepreneurship herum ist sehr klein und dazu noch fragmentiert. Es gibt aber einen erkennbaren Kern und einen deutlichen Rand.

- Die Position, die ein Akteur oder eine Institution in dieser Landschaft inne hat, prägt, wenig überraschend, maßgeblich das Verständnis von Social Entrepreneurship. Allerdings ist dies nicht ganz so voraussehbar, wie man es sich vorstellen würde. So ist es keineswegs der Fall, dass der Kern der Social-Entrepreneurship-Szene ein einheitliches oder sogar kohärentes Verständnis von dem Begriff an den Tag legt.

- Es gibt in der von uns analysierten Stichprobe zwei auseinander gehende Auffassungen von der gesellschaftlichen Rolle und Position der sozialen Innovation. Die einen sehen in Deutschland einen Engpass in der Produktion von Innovationen: Wir Deutsche, so dieser Standpunkt, sind im sozialen Bereich nicht sehr kreativ und brauchen deshalb Social Entrepreneure, um die notwendigen soziale Innovationen bereitzustellen. Die zweite Position führt an, dass es genug helle Menschen mit guten Ideen gibt – auch im sozialen Bereich. Das Problem liege in Deutschland jedoch an den (mangelnden) Transmissions- und Diffusionsmechanismen, die diese Ideen verbreiten sollten.

Im den folgenden Abschnitten gehen wir auf diese Kernaussagen näher ein.

3. Die fragmentierte Diskussion um Social Entrepreneurship in Deutschland

In der Gruppe von uns in Deutschland befragten Organisationen und Personen, sei es im öffentlichen, privaten und zivilgesellschaftlichen Sektor, stößt die Idee des Social Entrepreneurship auf reges – teils besorgtes, teils begeistertes – Interesse. Das zeigt sich unter anderem daran, dass von unseren Anfragen für qualitative Interviews nur ein relativ kleiner Teil abgelehnt wurde (die Rücklaufquote betrug 66 %). Allerdings findet die Debatte oder Diskussion über Social Entrepreneurship nicht im Zentrum der deutschen Öffentlichkeit statt, wie es z. B. mit der Bildungsdebatte der Fall ist. Social Entrepreneurship ist in weiten Teilen noch Gegenstand eines eher fragmentierten Randdiskurs.

Einerseits ‚verteilt' sich das Interesse an Social Entrepreneurship über die Arbeitsebenen verschiedener, von sachpolitischen Organisationsnetzwerken getragenen Teilöffentlichkeiten. Da Social Entrepreneurship, wie so viele wichtigen Themen der letzten Jahrzehnte (z. B. demographischer Wandel oder Nachhaltigkeit), ein sogenanntes Querschnittsthema ist, erkennen Akteure in vielen verschiedenen gesellschaftlichen Bereichen Chancen und Risiken in diesem Phänomen. Zumindest zeigte sich in den Befragungen der für das SEEAGIL Projekt relevanten Ressorts und Bereiche – Bildung, Integration und Nachhaltigkeit –, dass sich Akteure auf verschiedensten Ebenen (arbeits- und politischer Ebene, Bundes- und Landes-, bzw. Kommunalebene) mit der Bedeutung des Social-Entrepreneurship-Ansatzes für ihren Arbeitsbereich auseinandersetzen.

Andererseits entsteht um den Begriff bzw. die Praxis des Social Entrepreneurship herum eine Organisations- und Institutionslandschaft im engeren Sinne, die sich explizit auf Social Entrepreneurship als generisches Phänomen konzentriert. Diese entstehende Social-Entrepreneurship-Szene ist aber noch sehr von heterogenen Organisationen und Akteuren bestimmt. Zum Teil haben diese Akteure einerseits sehr unterschiedliche Auffassungen derselben Begriffe (z. B. Social Entrepreneurship) und andererseits verschiedene Ausdrücke für prinzipiell ähnliche Handlungsmuster (z. B. Social Entrepreneurship versus Social Business versus Social Impact Business). Die Social-Entrepreneurship-Szene redet daher nicht immer mit einer Stimme.[1]

Die Analyse unserer qualitativen Daten suggeriert, dass sich in der diskursiven „Provinz" deutscher Teilöffentlichkeiten ein Kern und ein Rand der Diskussion um Social Entrepreneurship gebildet haben. Dieser Kern, der in Hinblick auf Mitglieder und Auffassungen recht heterogen ist, besteht einerseits aus den Organisationen und Akteuren, die Social Entrepreneurship (und Social Business, soziale Innovation, etc.) als solches thematisieren (z. B. Ashoka, Grameen Creative Labs, Genisis, Phineo, bonventure, enorm usw.) und andererseits aus Social Entrepreneuren und ihren sozialen Unternehmern, die in verschiedenen gesellschaftlichen Teilsystemen aktiv sind (z. B. Andreas Heinicke mit dem Dialog im Dunkeln im Integrationsbereich, Murat Vural mit dem Chancenwerk in der Bildung, usw.).

---

1   Es ist allerdings fraglich, ob eine solche einheitliche Stimme von den Akteuren in der Szene überhaupt gewollt wäre und ob eine solche diskursive Harmonisierung für das eigentliche Innovationsanliegen von Social Entrepreneurship zielführend wäre. In diesem Sinne würden gerade die Protagonisten im Feld der sozialen Innovation nicht in Abrede stellen, dass Innovationskraft zentral von einem gesunden Ideen- und Konzeptwettbewerb lebt.

Der Rand dieser Debatte besteht aus jenen Akteuren, die ein Interesse an Social Entrepreneurship bekunden und vielleicht auch mit der Arbeit von Social Entrepreneuren konfrontiert worden sind. Diese Akteure und Organisationen stehen jedoch in keinem oder in einem nur sehr sporadischen institutionellen Zusammenhang mit jenen Akteuren, die dem Kern zuzuordnen sind.

4. Fünf Dimensionen des Verständnisses von Social Entrepreneurship in Deutschland

Wie unterscheiden sich die Auffassungen von Social Entrepreneurship zwischen dem Kern und dem Rand der Diskussion sowie innerhalb dieser Gruppen?

Die vorläufige Analyse der Daten hat ergeben, dass sich das Verständnis des Social-Entrepreneurship-Begriffs bei den befragten Akteuren entlang folgender fünf Aspekte differenzieren lässt. Erstens unterscheiden sich Akteure in ihrer Auffassung darüber, ob Social Entrepreneurship in Deutschland wirklich etwas Neues ist oder ob es so etwas schon immer, allerdings unter anderen Namen, gegeben hat. Zweitens gibt es unter den Akteuren grundlegend unterschiedliche Antworten auf die Frage, von wem man Innovation zu erwarten hätte bzw. wer denn nun für Innovation verantwortlich sei. Drittens scheint es in Deutschland jeweils engere und weitere Vorstellungen davon zu geben, was einen Unternehmer ausmacht. Die Daten weisen darauf hin, dass dies nachhaltig die Wahrnehmung und Rezeption des Begriff Social Entrepreneur und Social Entrepreneurship prägt. Der vierte Aspekt der deutschen Begriffslandschaft um Social Entrepreneurship betriff die Frage, worin der eigentliche Beitrag eines Social Entrepreneurs liegt: Innovation, also neue Ideen in die Welt bringen, oder Implementation bzw. Diffusion, also bereits Bestehendes besser und effektiver umzusetzen und zu verbreiten. Fünftens und mit dem vorherigen Punkt eng verbunden gibt es verschiedene Ansichten bezüglich der Frage, worin die maßgebliche Hürden für bessere Problemlösungen bestehen: für die einen fehlt es an innovativen Lösungsansätzen, für die anderen werden bestehende gute Ideen in Deutschland nicht breit genug umgesetzt.

4.1 Ist Social Entrepreneurship etwas Neues?

Auf die Frage, ob die Idee und Praktiken des Social Entrepreneurship eine Innovation im deutschen Kontext darstellen, lassen sich die Antworten in zwei relativ klare Gruppen teilen.

Eine Gruppe sieht in Social Entrepreneurship nichts Neues. Im Gegenteil sei Social Entrepreneurship ein Re-Import von Ideen, Organisationsformen und Praktiken, die es in Deutschland schon seit über einem Jahrhundert gibt. Und, so die Verfechter dieser Ansicht, durchdringe der Geist dessen, was als Social Entrepreneurship angepriesen wird, seit dieser Zeit die deutsche Zivilgesellschaft, die Wirtschaft und die Verwaltung (Teilnehmer 13, 2011; Teilnehmer 11, 2010; Teilnehmer 2, 2010; Teilnehmer 10, 2010).

In der Zivilgesellschaft ist es das Genossenschaftswesen, so die Argumentation dieser Gruppe, das im starken Maße auf Social Entrepreneurship vorgreift. Die Genossenschaften, die in Deutschland (und in Europa im Allgemeinen) zur Wende des vorletzten und letzten Jahrhunderts entstanden sind, stellen für Vertreter dieser Meinung prototypische soziale Unternehmen dar (Teilnehmer 2, 2010). Demnach muss man nach einer näheren Betrachtung des Genossenschaftswesens zur Erkenntnis kommen, dass soziale Unternehmen ein viel älteres Phänomen sind, als die aktuelle Social-Entrepreneurship-Debatte erscheinen lässt (Teilnehmer 2, 2010). Dieser Auffassung nach waren Wohlfahrtsverbände eine unternehmerische und innovative Antwort auf die erheblichen sozialen Kosten der Industrialisierung (Teilnehmer 2, 2010).

Ähnlich gibt es Vertreter aus der Wirtschaft, die Social Entrepreneurship ebenfalls als ein Kontinuitätsphänomen betrachten. Richtiges wirtschaften, so diese Auffassung, ist von vornherein schon sozial:

> „Also zunächst mal würde ich gern im Unternehmerischen keine Abgrenzung machen, dass man auf der einen Seite normale Unternehmer bräuchte und einen Social Entrepreneur. Sondern jeder Unternehmer hat, wenn er sinnvolle Arbeit macht, eben im Blick, die Bedürfnisbefriedigung der Menschen." (Teilnehmer 4, 2010)

Oft wird auch impliziert, dass das deutsche Unternehmertum schon immer eine soziale Komponente enthalte (Teilnehmer 10, 2010; Teilnehmer 4, 2010). Die soziale Marktwirtschaft wird hier oft als Institutionalisierung der Praktiken und Ideen verstanden, die man neuerdings mit Social Entrepreneurship in Verbindung bringt (Teilnehmer 4, 2010).

Und auch für den öffentlichen Sektor gibt es schon seit geraumer Zeit Programme, Ideen und Praktiken, die einige Interviewpartnern durchaus als unternehmerisch bezeichnen. Ein Interviewteilnehmer weist wie folgt darauf hin:

> „... all das hat ja schon stattgefunden, also es gab vor 30 Jahren auch aufsuchende Familienarbeit, aber die hieß dann eben ,aufsuchende Familienarbeit' und war vom Jugendamt organisiert und das war dann eben die Fürsorgefrau und die kam mit Häubchen und bestimmten Schuhen. ... da wurde nicht drüber geredet. Und das ist etwas, was ... die sozialen Unterneh-

mer heutzutage schon leisten, dass sie über ihre Arbeit reden, ... dass sie es öffentlich machen..." (Teilnehmer 6, 2010)

Obwohl tendenziell die Betonung hier mehr auf dem Unternehmerischen als auf dem Innovativen liegt, ist zu erkennen, dass viele der Befragten in der Teilstichprobe die Praktiken und Ideen, die mit Social Entrepreneurship in Verbindung gebracht werden, in vielen sozialen Subsystemen in Deutschland zu wieder erkennen glauben. Diese Argumentationsart impliziert, dass die kontinentaleuropäische Art zu Wirtschaften schon seit geraumer Zeit eben diese sozialen Komponenten institutionalisiert hat, auch wenn sie in den letzten Jahrzehnten etwas in Vergessenheit geraten seien. Das Interesse an Social Entrepreneurship, so dieses Argument, bedeutet vielmehr, dass der Anglo-Amerikanische Raum oder auch die Schwellenländern eben diese Art des Wirtschaftens jetzt in besonderer Weise entdeckt haben (Teilnehmer 2, 2010). Oft geht auch eine gewisse Ablehnung des Social Entrepreneurship Diskurses mit dieser Einstellung einher (Teilnehmer 2, 2010).

Anders verhält es sich mit der zweiten Gruppe. Hier ist Social Entrepreneurship eine Innovation, die sich von bisherigen Praktiken klar unterscheidet. Vertreter dieser Gruppe sprechen freilich nicht ab, dass es soziale Innovationen schon immer gegeben hat (Teilnehmer 17, 2010). Trotzdem seien Social Entrepreneure irgendwie anders:

„...aber da bricht tatsächlich etwas ganz Neues auf. Am Anfang, würde ich sagen, konnte man das beobachten, war nicht so sicher, ist es was Neues oder kommt es nur in alten Kleidern daher. Inzwischen bin ich ziemlich davon überzeugt, dass es etwas Neues ist." (Teilnehmer 17, 2010)

Die soziale Komponente im Wirtschaften mag an sich nichts Neues sein. Dennoch scheinen Social Entrepreneure den Gedanken ganz neu umzusetzen, indem sie „... versuchen für soziale Probleme eine neue Art von Lösungen zu finden und auf eine neue Art und Weise, nämlich unternehmerisch, da ranzugehen" (Teilnehmer 17, 2010). Der Unterschied liege in der Grundeinstellung der Social Entrepreneure: Sie „... haben eine andere Begeisterung für ihr Thema. So ein Geschäftsführer von Sozialunternehmen ist immer noch eher ein Angestellter" (Teilnehmer 9, 2010).

Die Verteilung dieser beiden Meinungen innerhalb der erfassten Meinungslandschaft ist in Abbildung 1 mit Hilfe zweier Achsen dargestellt. Während die Ordinate hierbei unterscheidet, ob Social Entrepreneurship als „bekannt" oder als „neu" betrachtet wird, verortet die Abszisse die Interview-Positionen danach, ob die befragten Akteure eher dem Kern oder dem Rand der Social-Entrepreneurship-Szene zuzuordnen sind.

Abbildung 1: Differenzattribute „alt" versus „neu"

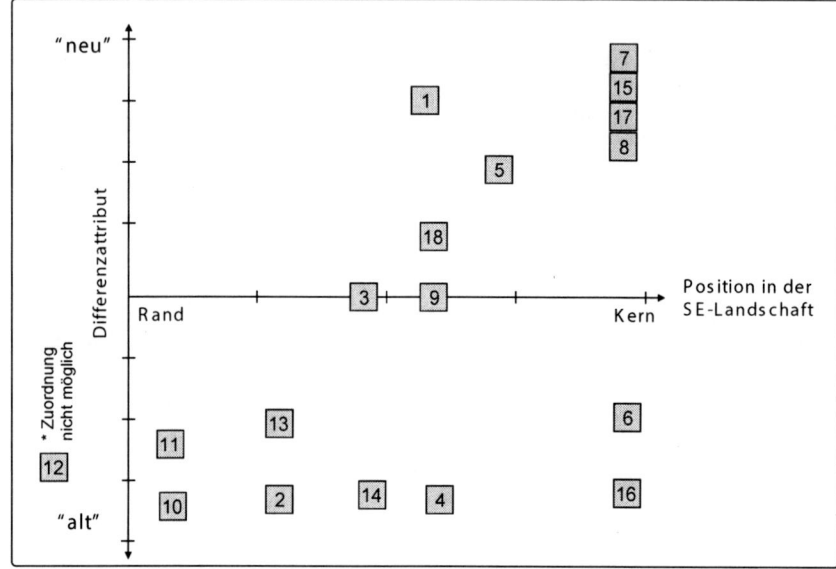

Wie die Abbildung zeigt, unterscheidet sich der Rand in dieser Frage recht deutlich vom Kern. Der Rand erkennt im Social Entrepreneurship nichts Neues. Vertreter des Kerns hingegen möchten in Social Entrepreneurship eher eine gesellschaftliche Innovation sehen. Die Abbildung 1 zeigt aber auch, dass dies interessanterweise nicht für alle Mitglieder des Kerns zu gelten scheint.

4.2 Wer ist für soziale Innovation verantwortlich?

Eine zweite zentrale Frage prägt die gegenwärtige Diskussion um Social Entrepreneurship: Wer ist für soziale Innovationen verantwortlich? Sollten wir uns auf Individuen verlassen (und daher auch Individuen fördern) oder sind es die rechtmäßig legitimierten Institutionen bzw. Organisationen (und sollen wir daher diese stärker unterstützen)? Hierzu gibt es von den Befragten klare Aussagen, ohne allerdings klare Cluster auszubilden.

Eine starke Meinung, die sich aus der Teilstichprobe kristallisiert, sieht Institutionen und Organisationen als die eigentlichen (und rechtmäßigen) Orte der sozialen Innovation. Einerseits müssen sich „klassische Organisationen" (Teilnehmer

16, 2010) – z. B. Wohlfahrtsverbände – aufgrund von Veränderungen in der institutionellen Umwelt unternehmerischer positionieren (Teilnehmer 16, 2010) „...um 'ne vernünftige Rolle spielen zu können" (Teilnehmer 16, 2010). Außerdem, so die Vertreter dieser Position, gäbe es nur sehr wenig individuelle Social Entrepreneure, so dass ihr Handeln nicht wirklich eine relevante Wirkung erzielen kann. Andererseits sprechen sich viele aus funktionalen und normativen Gründen dagegen aus, soziale Innovation bei Individuen oder privaten Akteuren anzusiedeln:

> „Und das kann eigentlich nicht sein, dass eine staatliche Aufgabe, demokratisch gesteuert, hier übernommen wird, von irgendwelchen Privatakteuren. Das können Privatakteure auch nicht leisten. Und die haben auch nicht die Legitimation dazu. Das träfe an der Stelle genauso auf Unternehmen zu, wie auch auf NGOs, ja. Also das kann nicht sein. Also wir sollten das demokratische Prinzip in den Mittelpunkt rücken und es ist dann der demokratische Staat, der dazu beitragen muss, diese Krisen zu lösen." (Teilnehmer 12, 2010)

Hingegen sieht eine andere Gruppe aus der Teilstichprobe die einzelnen Individuen als die Motoren der sozialen Innovation. Demnach brauchen wir „... immer überzeugend handelnde Personen..., wenn wir etwas in einer Gesellschaft wirklich verändern wollen" (Teilnehmer 10, 2010). Bestehende Institutionen und Organisationen, so diese Auffassung, geben den Rahmen für verantwortlich handelnde Personen. Denn damit Menschen ihr Verhalten verändern, so das Argument, bedarf es menschlicher Vorbilder:

> „...wenn ich Leben wirklich verändern will, dann glaub' ich, schauen viele Menschen darauf, wie machen das Andere? Wie machen das die Personen, die mich interessieren? Also ... das ist ja diese Chance auf n gutes Vorbild in einem positiven Sinn. ... wenn das gelingt und These ist, es hängt n bisschen ab auch von Personen, weil wir zum Beispiel ne Medienwelt haben, von der ich glaube, sie ist sehr stark bestimmt ... also sehr personalisiert." (Teilnehmer 10, 2010)

Dieses Bild des innovativen Individuums, meinen die Vertreter dieser Gruppe, unterscheidet sich stark von dem allgemeinen gesellschaftlichen Bild des sozialen Wandels oder des sozialen Engagement, dass eher durch kollektive Akteure – also Vereine oder Gesellschaften – geprägt ist (Teilnehmer 15, 2010). Folglich sind es auch diese Individuen, die gefördert werden müssen, um soziale Innovationen zu generieren:

> „... wir sind der festen Überzeugung, dass es wirklich oft Einzelpersonen sind, die diese Motoren des Wandels sind und genau die zu highlighten, auch positiv zu assoziieren und eben den eine Bühne zu geben, wie es auch mit Unternehmern oft gemacht wird im Markt. Genau dafür sind wir eigentlich angetreten" (Teilnehmer 15, 2010)

Es lässt sich aber auch eine dritte Position aus der Teilstichprobe herausbilden. Dieser Auffassung nach entstehen soziale Innovationen, in dem engagierte Individuen innerhalb Organisationen und Institutionen agieren (Teilnehmer 18, 2010):

> „Aber wenn man jetzt Unternehmen etwas... Unternehmen in dem Sinne neue Wege zu suchen sieht, dann sind wir das eben in einem Teil unser Tätigkeit. Nicht generell, sondern es gibt auch die etablieren Strukturen, wo sozusagen Leistungen wie gewohnt, wie auch erwartet zur Verfügung gestellt werden, aber wir haben – und das ist eben die Auswirkung des wettbewerblichen Gesamtrahmens auch immer wieder einzelne Personen oder Organisationen, die nach neuen Wegen suchen, wie wir Probleme lösen können. Wie wir soziale Probleme lösen können." (Teilnehmer 18, 2010)

Abbildung 2 stellt die Verteilung der Meinungen dar.

Abbildung 2: Differenzierungsattribut „Individuum" versus „Organisation"

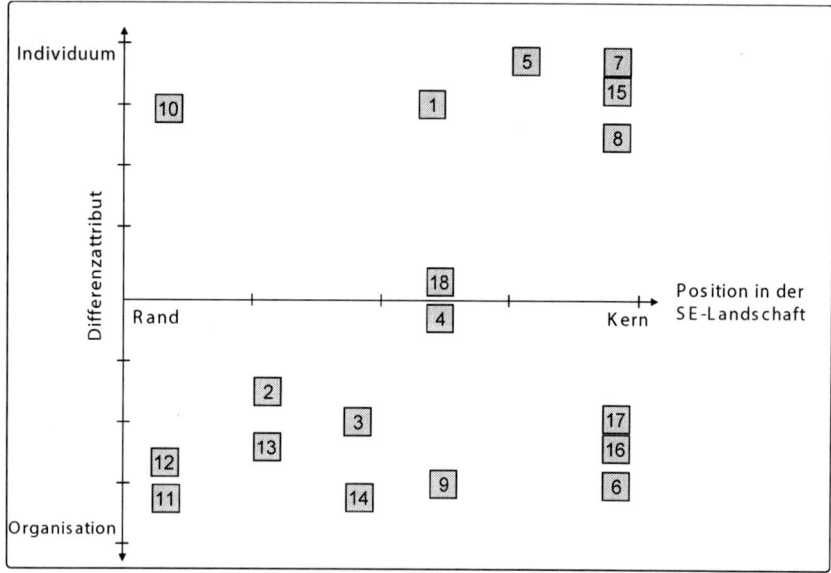

Interessant ist, dass die Position in der institutionellen Landschaft wenig über die damit verbundene Zuordnung von Verantwortung auszusagen scheint. Dies würde darauf hinweisen, dass es eventuell noch grundlegende Unterschiede zwischen den Akteuren der Teilstichprobe zu geben scheint, die mit der Zuschreibung Rand-Kern nicht aufgegriffen werden. Die Durchmischung in dieser Frage deutet allerdings auch darauf hin, dass die Diskussionsfronten nicht verhärtet sind: Es scheint Gemeinsamkeiten zwischen Protagonisten im Zentrum wie auch in der Peripherie der Policy Community zu geben.

4.3 Sind alle Unternehmer sozial? Enge und weite Definitionen des Unternehmerbegriffs

Social Entrepreneurship ist als Begriff im deutschsprachigen Raum auch deshalb problematisch, weil es dafür keine präzise Übersetzung gibt. Dies gilt weniger für das originäre Französisch als für die Konnotationen, die man im Englischen mit den Wörtern „Entrepreneur" und „Entrepreneurship" verbindet. Der „Unternehmer" oder das „Unternehmertum" im Deutschen beschreibt primär eher einen bestimmten Stand oder eine Klasse. Im Englischen umschreibt „Entrepreneur" oder „Entrepreneurship" eine bestimmte Einstellung oder einen Habitus.

Daher ist der „soziale Unternehmer" nicht unbedingt die treffendste Übersetzung für „Social Entrepreneur". Die linguistische Unklarheit eröffnet entsprechende Interpretationsräume, was unter einem soziales Unternehmertum zu verstehen sei. Je nachdem, ob Akteure eine enge oder weite Vorstellung des Begriff Unternehmers haben, variiert die Auffassung des Social Entrepreneurs. Enge Definitionen des Unternehmers sehen soziale Zielsetzungen als zusätzlich, vielleicht sogar übergeordnet, aber auf jeden Fall nicht als einen grundsätzlichen Bestandteil des unternehmerischen Denkens, welches nämlich primär auf Profitorientierung basiere (Teilnehmer 10, 2010). Das Verfolgen sozialer Ziele in einem unternehmerischen Kontext bedeutet demnach, dass man gar nicht antritt

> „... um diesen Unternehmen so zu ... damit dies Unternehmen reüssiert, sondern ich nutz` das nur noch als ein Instrument, mein Ziel höherer Ordnung zu erreichen. Ich glaub` nicht, dass die Unternehmer im 19. Jahrhundert so aufgestellt waren." (Teilnehmer 10, 2010)

Diese hier als ‚eng' bezeichnete Auffassung des Unternehmers bedeutet, dass sich für gewinnorientierte Unternehmer zwangsläufig Motivationsbarrieren im sozialen Bereich auftun. Ein Interviewpartner stellte fest: „Der Sozialbereich ist in erster Linie ein Reparaturbetrieb. Da können Sie ... in vielen Bereichen (...) keine Knete mit verdienen" (Teilnehmer 9, 2010).

Dem gegenüber steht ein viel großzügigerer und ‚weiterer' Begriff des Unternehmers, der nicht notwendigerweise an eine Gewinnerzielungsabsicht gekoppelt sein muss. Die Vertreter dieser Perspektive sehen Unternehmer als Menschen, die immer und überall Potenzial für Veränderung wittern. Dieser Auffassung nach, fragen sich Unternehmer folgendes:

„Wo wird sich unsere Gesellschaft hin entwickeln, dann ableiten was müssen wir tun. Das ist für mich unternehmerisches Denken. Weil es nicht vom Status Quo ausgeht und die unternehmerische Strategie darauf abzielt, diesen Status Quo abzusichern, sondern von der Erkennt... sondern man muss von der Erkenntnis dann eben geleitet sein: Nichts bleibt so, wie es ist. Und alle Veränderungen haben sicher auch, können auch was Negatives haben, haben aber auch immer eine Chance." (Teilnehmer 18, 2010)

Abbildung 3 zeigt, dass sich um diese Frage klare Cluster in der Teilstichprobe herausgebildet haben.

Abbildung 3:   Differenzattribut „weites" oder „enges" Verständnis von Unternehmertum

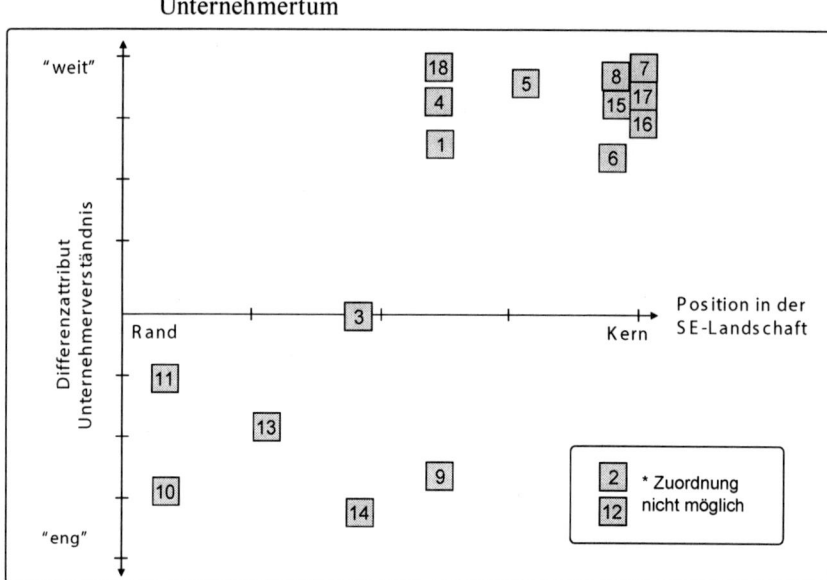

Es scheint, dass die Akteure des Kerns der Social Entrepreneurship Szene den Unternehmerbegriff tendenziell weiter definieren als Akteure am Rand dieser Policy Community.

4.4 *Erfinderische Innovation oder Umsetzung gegen Widerstände?*

Die ausgewerteten Interviews lassen sich auch dadurch differenzierend beschreiben, indem unterschieden wird, wie die Akteure die charakteristischen Merkmale von Social Entrepreneuren verstehen. Für eine erste Gruppe in der Teilstichprobe ist Entrepreneurship durch den unternehmerischen Macher-Ansatz definiert. Hiernach unterscheiden sich Social Entrepreneure von anderen Akteuren im sozialen Bereich primär dadurch, dass ihre Kompetenzen in der Umsetzung liegen: Social Entrepreneurship sei die

> „...Herangehensweise an eine Problemlösung und an das Bewusstsein dafür, dass es dort ein Wissensfeld gibt, nämlich das Unternehmerische, das man nicht 1:1, aber klug und in Analogien anwenden kann, um die Probleme möglicherweise nachhaltiger zu lösen, auch selbstständiger zu lösen.“

Innovation im Sinne neuer kreativer Neuerungen, obwohl wichtig, sei nur eine mögliche Seite des Social Entrepreneurs. Was diese sozialen Unternehmer von anderen absetzt, sei vielmehr ein gewisses Beharrungsvermögen. Wie bereits Schumpeter (1911), der den Kern des Unternehmerischen in der Überwindung von Widerständen sah, sind Social Entrepreneure aus dieser Sicht

> „...auch irgendwo starke Persönlichkeiten, also, das meinte ich auch vorhin mit diesem ‚Innovation ist das Eine‘ und dieses dann Durchhalten und Durchsetzen, und, auch gegen Widerstände, und, wenn es schwierig wird, und dann sagen: ‚Dieses ist mir aber wichtig und das will ich aber auf jeden Fall auf die Beine stellen und ich seh‘ da auch was richtig Sinnvolles‘“. (Teilnehmer 9, 2010).

Andere hingegen sehen das Besondere im Social Entrepreneurship in der kreativen Innovation neuartiger Lösungen; also was für Schumpeter (1911) stärker mit der Funktion des Erfinders abgedeckt wurde. Demnach besitzen Social Entrepreneure die Fähigkeit, neue Lösungen für Probleme zu konzipieren. Wichtig sei hier „...die unternehmerische Weise neue Lösungsansätze zu finden. Da ist Kirche eben nicht, zum Beispiel, erfolgreich, weil sie nicht unternehmerisch denken.“ (Teilnehmer 13, 2011)

Was für diese Gruppe den Social Entrepreneur auszeichnet, ist eine gewisse

> „...‚Ballast-Losigkeit‘. Man sieht ein Problem, man versucht eine Lösung zu finden, tut sich vielleicht mit anderen zusammen und entwickelt ein neues Geschäftsmodell, wie ein Unternehmensgründer, der eine Idee hat und die jetzt aufstellt. Das unternehmerisch Tätige finde ich auch ein Unterscheidungsmerkmal, was für mich aber nicht so gewichtig ist, weil Wohlfahrtsverbände auch letztlich auch unternehmerisch tätig sind.“ (Teilnehmer 1, 2010)

Hier sind es folglich die Ideen, nicht das Unternehmerische, was die Gesellschaft verändert. Was bei Social Entrepreneuren zählt, sei demnach

> „... eben nicht die Quantität, sondern da zählt die Evolutionskraft und die Qualität, die uns weiter bringt. Mit einer Idee können Sie natürlich in einer Gesellschaft unheimlich viel bewegen, auch wenn Sie, ich sage mal, quantitativ mit absolut minimalen Ressourcen antreten. Das ist eben das Spannende, der Reiz von all diesen Ideen." (Teilnehmer 1, 2010)

Abbildung 4 stellt dar, wie sich die Teilstichprobe anhand dieser Ideen verteilt.

Abbildung 4:   Differenzattribut „Erfindung neuer Lösungen" versus
             „Durchsetzung gegen Widerstände"

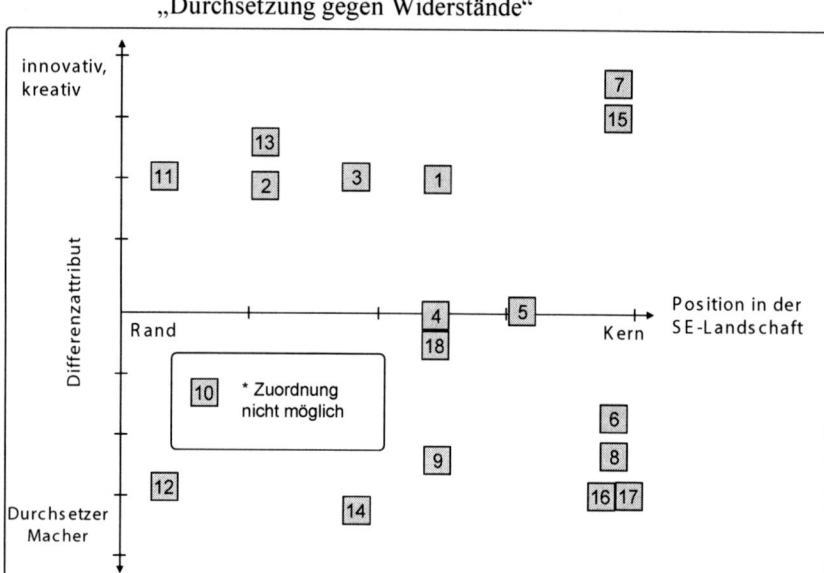

Die Frage, was den Social Entrepreneur auszeichnet, spaltet sowohl den Rand als auch den Kern der Debatte.

4.5 Wo liegt der Engpass?

Ein letztes Attribut, mit dem man die Teilstichprobe differenzieren kann, ist die Verortung des Engpasses an Problemlösungen in der deutschen Institutionenlandschaft. Alle Interviewteilnehmer sind der Ansicht, dass es große, weitgehend ungelöste gesellschaftliche Herausforderungen in Deutschland gibt. Gesellschaftliche Bereiche, die in dieser Hinsicht wiederholt Erwähnung finden, sind Bildung, die Umwelt oder Integration. Allerdings gaben die befragten Interviewpartner unterschiedliche Antworten zu der Frage, was für diesen Engpass verantwortlich ist.

Für eine erste Gruppe der befragten Akteuren fehlt es in Deutschland an Ideen und innovativen Problemlösungen. In Deutschland, so ein Interviewpartner, „... brauchen [wir] auf jeden Fall viele neue innovative Produkte" (Teilnehmer 12, 2010). Das Problem sei allerdings, dass gerade in jenen gesellschaftlichen Bereichen, in denen Innovation am nötigsten wäre – in der Bildung, Integration, oder Armut – man die Voraussetzungen für innovative Problemlösungen vergleichsweise vergeblich sucht. Für einen Interviewpartner ist der soziale Sektor „...möglicherweise sogar der innovationsärmste Sektor in unserer Gesellschaft. Das muss sich definitiv ändern." Dieser Gesprächspartner schließt daraus: „Wir brauchen ein dezidiertes Innovationsklima" (Teilnehmer 7, 2010).

Andere wiederum sehen den Engpass der Problemlösungen nicht in fehlenden Ideen oder Innovationen. Vielmehr sei sogar das Gegenteil der Fall. Denn, so ein Interviewpartner, das „Angebot an Lösungen, an innovativen Ideen in Deutschland ist ja riesig. Die Frage ist ja, wie gelingt der Transfer." (Teilnehmer 1, 2010). Für alle Probleme gebe es irgendwo bereits eine Lösung; man müsse sie nur finden und entsprechend umsetzen (Teilnehmer 16, 2010). Daher macht es dieser Auffassung nach keinen Sinn, Innovationen im Sinne neuer Pilotprojekte, Experimentierfelder etc. an sich zu fördern. Ein Experte meint:

> „... ich glaube, wir haben im gesellschaftlichen Bereich jedenfalls haben wir viele Innovationen, wenn wir die Kraft stärker statt auf neue Innovationen, auf die Verbreitung getesteter Innovationen setzen würden, dann wäre das kosteneffizienter. Und insofern bin ich, sozusagen, bin ich nicht dafür viele, neue Innovationen zu schaffen, die dann sich nicht in die Fläche ausbreiten. Da seh' ich nicht den Engpass." (Teilnehmer 16, 2010)

Abbildung 5 stellt die Verteilung der unterschiedlichen Ansichten erneut graphisch dar.

Abbildung 5:   Differenzattribut „Bedarf an Ideen" versus „Bedarf an
Diffusion"

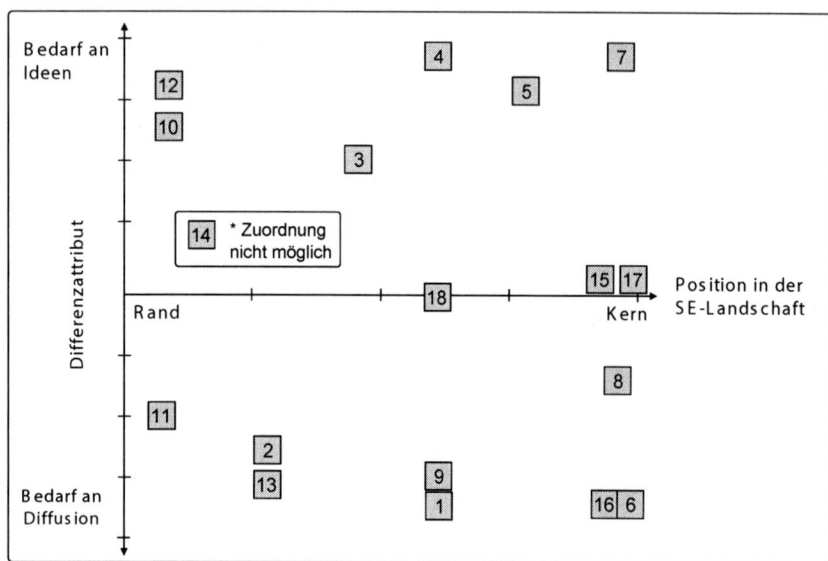

Auch in dieser zentralen Frage bilden sich entlang der institutionellen Unterscheidung von Kern und Rand der Debatte keine klaren Cluster. Manche Akteure im Kern und im Rand teilen die Meinung, dass es in Deutschland an guten sozialen Innovationen (Ideen) mangelt. Das gleiche gilt aber auch für die Auffassung, dass der Engpass nicht bei der Ideengenerierung, sondern in fehlenden Transmissionsmechanismen und Diffusionsbarrieren liegt.

Welche Schlüsse kann man aus der Analyse ziehen?

5. Zwei (vorläufige) Erkenntnisse: ein sich formierender, aber prekärer Diskurs und eine institutionsevolutionäre Frage

Die Analyse der Teilstichprobe lässt zwei vorläufige Schlussfolgerungen zu. Die erste Erkenntnis bezieht sich auf den Stand der Debatte um Social Entrepreneurship in Deutschland und die Chancen, aber auch Risiken, die sich daraus ergeben. Die zweite Erkenntnis erlaubt es uns, die Forschungsfrage nach der Wirkung von Social Entrepreneuren etwas präziser in Hinblick auf die Entwicklung von Institutionen zu stellen.

Die Debatte um Social Entrepreneurship: starke Meinungen, schwache Cluster

Es wird keinen wundern, dass zum Zeitpunkt der Datenerhebung – 2010 – die Debatte um Social Entrepreneurship in Deutschland noch am Anfang stand. Es lassen sich dennoch zwei, teils gegenläufige Tendenzen ausmachen.

Zum einen gibt es in der Debatte um die Wahrnehmung und Interpretation von dem Social-Entrepreneurship-Phänomen erhebliches Konfliktpotenzial. Wie wir gesehen haben, werden bezüglich einer ganzen Reihe maßgeblicher Definitionsaspekte deutlich gegensätzliche Positionen klar definiert. Ob es nun darum geht, was unter dem Begriff „Unternehmer" zu verstehen ist oder darum, ob Social Entrepreneurship ein neues Konzept ist, sind markante begriffliche Fronten erkennbar.

Oft besteht zwischen diesen Positionen und der eigentlichen Praxis von Social Entrepreneuren in Deutschland nur ein vager Zusammenhang. Das mag daran liegen, dass die Akteure auf bewährte Deutungs- und Interpretationsmuster zurückgreifen, um das Phänomen Social Entrepreneurship zu erklären und einzuordnen. Das ist der Fall, egal ob sich diese Positionen „für" oder „gegen" Social Entrepreneurship aussprechen. Allerdings führt das auch zu relativ stereotypen Einschätzungen. Die Akteure, die eher dem politisch linken Spektrum zuzuordnen sind, sind dementsprechend tendenziell kritisch(er), während Akteure der politischen Mitte der Idee des sozialen Unternehmertums grundsätzlich offen(er) sind, ohne so richtig zu wissen, was Social Entrepreneure spezifisch ausweist.

Eine wichtige Konsequenz dessen ist, dass in der Debatte über Social Entrepreneurship umfassendere Deutungsmuster mitverhandelt werden – ohne dass diese den beteiligten Parteien notwendigerweise voll bewusst ist. Das Phänomen des Social Entrepreneurship scheint bei den Interviewpartnern der Teilstichprobe grundlegende Fragen des sozialen Wandels aufzuwerfen bzw. die Frage, wer dafür die gesellschaftliche Verantwortung zu tragen hat. Teilweise werden diese Position in den Interviews äußerst emotional vorgetragen. Die klaren Konfliktlinien sowie die Verknüpfung von Social Entrepreneurship mit fundamentalen gesellschaftspolitischen Fragen bergen das Risiko, dass die Debatte um Social Entrepreneurship sich in unproduktiver Weise polarisiert. Die große Gefahr besteht dann, dass die wichtigen sachpolitischen Fragen in einem sehr laut geführten ideologischen Grabenkampf verstummen würden. Die Chancen des Social Entrepreneurship würden dann von den großen ideologischen Mühlen zerrieben.

Zum anderen sind diese Meinungen bzw. Denk- und Deutungsmuster allerdings nicht durchgängig der einen oder der anderen Position der Institutionenlandschaft zuzuordnen. Wie wir gesehen haben, bilden sich um gewisse Streitpunkte klare Cluster zwischen denjenigen, die recht nah an der Social-Entrepreneurship-Szene agieren (dem Kern) und denjenigen, die diese Szene aus einer gewissen Entfernung her wahrnehmen (dem Rand). Deutlichere Cluster gibt es nur zur Frage, wie weit der Begriff des Unternehmerischen zu verstehen ist und, vielleicht nicht allzu verwunderlich, ob Social Entrepreneurship ein neues Phänomen ist. Hingegen unterscheidet sich bei der Frage, ob es nun das Individuum ist oder die Organisation, die für Innovation verantwortlich sei, der Rand nicht wesentlich vom Kern. Ähnlich verhält es sich mit der Frage, ob bei den innovativen Ideen oder bei deren Umsetzung und Verbreitung in Deutschland der Engpass liegt. Interessanterweise bilden sich um die Frage, was denn nun das Besondere am Social Entrepreneurship sein, fast gar keine Cluster um die Kern-Rand Pole. Dies könnte man durchaus als eine diskursive Auswirkung der Fragmentierung der Social-Entrepreneurship Policy Community interpretieren: Für manche im Kern (z. B. Ashoka) ist Innovationskraft wichtig, andere konzentrieren sich mehr auf den Umsetzungsaspekt (z. B. Grameen Creative Lab).

Es besteht hier also noch eine gewisse diskursive Durchlässigkeit und Plastizität, die dem Verhärten von Argumentationsfronten und einer Polarisierung entgegenwirken könnte. Eine hieraus resultierende Handlungsempfehlung für die Akteure in diesem fragmentieren Feld besteht daher darin, eine offene Debatte zu fördern, die der Heterogenität verschiedener Begriffsverständnisse Rechnung trägt. Dies ist vor allem für jene institutionellen Akteure von Bedeutung, die mit ihren Strukturen, Regeln und Handlungsmustern „Realitäten" schaffen. Zum einen ist das die Wissenschaft, die versucht gesellschaftliche Phänomene mit den Werkzeugen der systematischen Sozialforschung festzumachen. Obwohl es für die Forschung sehr wichtig ist, Definitionen zu finden, die systematische Vergleiche möglich machen, sollte sich die Wissenschaft der konstruktivistischen Wirung dieser vielleicht nur für analytische Zwecke konzipierten Kategorien bewusst sein. Wichtiger als die Wissenschaft sind jedoch jene Institutionen, die Social Entrepreneurship fördern und diese Förderung, sei es finanzieller oder nicht-finanzieller Art, an bestimmten Definitionen binden. Hier sind anderfalls isomorphistische Vereinheitlichungstendendenzen vorprogrammiert (DiMaggio/Powell 1983). Gerade bei staatlichen oder staatsnahen Organisationen fungieren diese meist operationalen oder pragmatischen Festlegungen als bestimmende und daher auch ausschließende Definitionen. Sinnvoll wäre es hier die die Heterogenität der Handlungsformen zu bewahren, indem man die Begriffsvielfalt bzw. Begriffsunschärfe als diskursive Ressource versteht.

Soziale Innovationen und die Rolle des SE's als Evolutionsmoment

Aus der Analyse der Gespräche der Teilstichprobe ging auch eine andere Erkenntnis bzw. Forschungsfrage hervor. Ziel der Studie ist es u. a. auch, zu verstehen, inwiefern Social Entrepreneure die deutsche Institutionenlandschaft verändern bzw. zu verändern vermögen. In anderen Worten formuliert: Welche Art von Innovationen bewirken Social Entrepreneure?

In Kontext des hier verwendeten Institutionsschemas kann man viele der Antworten dahingehend verstehen, dass die befragten Beobachter des Social-Entrepreneurship-Phänomens den Wandel, den Social Entrepreneure bewirken, primär auf der Ideenebene verorten. Viele Studienteilnehmer sehen die zentrale Funktion von Social Entrepreneuren darin, Denkblokaden, die soziale Innovation und Problemlösungen verhindern, zu durchbrechen. Für einen Interviewpartner ist „…der größte Beitrag [von Social Entrepreneuren] …tatsächlich dieser, den Paradigmenwechsel anzustoßen, so'n Umschalten in den Köpfen hinzukriegen." (Teilnehmer 12, 2010). Demnach liege in Deutschland das Hauptproblem an einer mangelnden Fantasie oder Bereitschaft, radikale Lösungen für unsere Problem anzudenken:

> „Das ist ein ganz wichtiger Aspekt, aus meiner Sicht, haben wir noch schlicht haben wir noch schlicht Denkblokaden, wenn es um Innovationen im sozialen Bereich geht....Genau das ist das Problem: Für uns ist es undenkbar, deswegen ist es aber nicht prinzipiell undenkbar. … Die Radikalität des Umdenkens, damit haben wir im Moment noch ein richtiges Problem" (Teilnehmer 12, 2010).

Aus dieser Perspektive ist der Social Entrepreneur im klassisch Schumpeterschen Sinne ein Agent der „schöpferischen Zerstörung". Social Entrepreneure produzieren die radikalen Ideen, die Probleme auf innovative, aber auch destruktive Art lösen. Das Problem in Deutschland sei, dass wir nicht genug Ideen dieser Art zulassen.

Andere hingegen sehen das Problem nicht auf der Ebene der Ideen. Innovative Problemlösungen, so diese Akteure, sind in Deutschland mindestens genauso verbreitet wie andernorts (einige würden sogar meinen, es werden in Deutschland mehr dieser Art Ideen produziert als in anderen Ländern und Regionen). Der Engpass sind dieser Position zufolge nicht die Lösungen, sondern die organisatorischen Mittel, diese Ideen zu verbreiten. Demnach gelingt es aus diversen Gründen nicht, die sozialen Innovationen über den sehr lokalen Wirkungskreis eines einzelnen Social Entrepreneur hinaus zu verbreiten und zu verstetigen. In der

Begriffslogik des oben aufgeführten Institutionenschemas würde dies bedeuten, dass das Problem eher bei den Strukturen und Handlungspraktiken zu suchen ist. Beide Auffassungen von sozialer Innovation ziehen grundlegend verschiedene Handlungsstrategien mit sich. Wenn der Engpass in Deutschland tatsächlich auf der Ebene der Ideen vorherrscht, dann sollte eine Sachpolitik, die Innovation fördern möchte, mit rechtlichen, organisatorischen und nicht zuletzt finanziellen Mitteln Räume bereitstellen, in denen sich Social Entrepreneure entfalten können. Dies impliziert den Abbau von bürokratischen und finanziellen Barrieren. Es bedeutet aber auch, dass der Zugang zum Social Entrepreneurship für einzelne erleichtert wird, z. B. durch Lehr- und Studienangebote bzw. durch eine intensivere Durchdringung von der Idee des (Social) Entrepreneurship in der Gesellschaft. Diese Strategie würde hauptsächlich die Akteure des Kerns involvieren, also jene Akteure, die entweder Social Entrepreneurship praktizieren oder, wie Ashoka oder Genisis, sich sehr nah an der Handlungspraxis des Social Entrepreneurships befinden.

Sollte der Flaschenhals jedoch bei den Diffusions- und Transmissionsmechanismen liegen, verschiebt sich der Fokus. Während eine Förderung von sozialen Innovationen auf den zivilgesellschaftlichen Raum, in dem diese Ideen entstehen, abzielen muss, sollte hier das Augenmerk auf die institutionellen und organisatorischen Schnittstellen zwischen Zivilgesellschaft und den (öffentlichen bzw. staatlichen) Organisationen gerichtet werden, in denen die Innovationen fortwirken sollen. Hier geht es darum, das Problemlösungspotenzial neuer Ideen, Modelle und Praktiken zu erkennen und diese dann so zu adaptieren, dass sie breitenwirksam institutionalisiert werden können. Dies bedeutet u. a. die Entwicklung von neuen Organisations- und Verteilungsformen, die Schaffung neuer rechtlicher Rahmen sowie die Einbindung anderer Organisationen und Institutionen. Hier würden die Akteure des Rands, die ja an den Schnittstellen zwischen den Subsystemen bzw. in den Subsystemen agieren, eine Hauptverantwortung für den gesellschaftlichen Wandel tragen.

Analog zur wirtschaftlich-technischen Innovation kann man diese Fragestellung wie folgt beschreiben. Ein Engpass auf der Ebene der Ideen bedeutet, dass *Produktinnovationen* fehlen und programmatisch gefördert werden sollten. Was wir Deutschen brauchen, um uns den vielen Herausforderungen erfolgreich zu stellen, sind dann bessere „Produkte" – beispielsweise im Bildungs-, Gesundheits-, Integration- oder Nachhaltigkeitsbereich. Diese Sichtweise impliziert, dass wir neuartige Ergebnisse und Ergebnisvorstellungen benötigen. Damit geht auch ein neues Zielverständnis einher: Was bedeutet es beispielsweise, Armut in Deutschland erfolgreich zu bekämpfen?

Ein Engpass auf der Ebene der institutionellen Diffusionsmechanismen bedeutet hingegen, dass es an *Prozessinnovationen* mangelt. Dieser Ansicht nach gibt es genug gute Produkte; so weiß man in Deutschland etwa,, wie man Armut erfolgreich bekämpft und wann man die Schlacht gewonnen hat. Zudem kommen immer neue Ideen und Konzepte hinzu. Hier bedarf es neuer und innovativer Wege, diese guten und erfolgreichen Produkte effektiver und effizienter in die Breite zu verteilen. Der Fokus der Innovationstätigkeit sollte daher auf die institutionellen Mechanismen an den Schnittstellen verschiedener Sektoren und sozialen Subsystemen gerichtet sein.

6. Schlussbetrachtung

Die hier dargestellte Analyse ausgewählter Interviewbefragungen hat einen ersten kritischen Blick auf die Diskussion um Social Entrepreneurship in Deutschland ermöglicht. Dabei wird klar, dass – dem regen Interesse in eher begrenzten Teilöffentlichkeiten zum Trotz – Social Entrepreneurship momentan ein Randdiskurs in der deutschen politischen Landschaft ist. Die Analyse hat ferner gezeigt, dass man in der institutionellen Landschaft, die sich in Deutschland aktuell um den Begriff und die Praxis des Social Entrepreneurship formiert, von einem Kern an Organisationen und Akteuren sowie von einem Rand sprechen kann. Am Rand finden wir Akteure in Organisationen des öffentlichen, privaten und zivilgesellschaftlichen Sektor, die zwar Interesse (oder Sorge) an der Idee des Social Entrepreneurship bekunden. Im Kern finden wir Organisationen und Akteure, die entweder selber Social Entrepreneurship betreiben oder deren raison d'être anderweitig – etwa durch Förderung oder Betreuung – direkt mit Social Entrepreneurship zusammenhängt.

Auch ist ein großes Konfliktpotenzial in der Diskussion erkennbar. Wahrnehmungen, Auffassungen und Meinungen zu Social Entrepreneurship verteilen sich auf Spektren, deren Pole oft weit auseinander liegen. Ferner werden gegensätzliche Positionen zu Social Entrepreneurship zum Teil scharf formuliert und bestimmt vertreten. Oft sind die Pole dieser Spektren nicht nah an der wirklichen Praxis von Social Entrepreneurship in Deutschland. Wichtig scheint uns hier, dass zukünftige Sachpolitik (im Sinne von Policy, also nicht zwingend vom Staat ausgehende Maßnahmen) dieses Konfliktpotenzial zu entschärfen versucht, indem verschiedene Auffassungen und Definitionen von Social Entrepreneurship, Social Business oder sozialer Innovationen eine Raum erhalten, sich zu entfalten und gegenseitig zu befruchten.

Obwohl man von einem institutionell und organisatorisch definierten Kern und Rand des sich noch in der Entwicklung befindlichen Policy Netzwerkes sprechen und man in der Diskussion schon Konfliktlinien ausmachen kann, decken sich die institutionellen und begrifflichen Trennlinien nicht immer. Wie wir gesehen haben, bilden sich zu vielen Themen keine starken Cluster. Dies deutet auf eine gewisse Plastizität und Durchlässigkeit in sowohl der Debatte als auch der Institutionenlandschaft hin, die durchaus als Chance zu verstehen ist: Es ist genau diese Durchlässigkeit, die verhindern kann, dass die Debatte sich in Positionen, die wenig mit der Realität des Social Entrepreneurship zu tun haben, unproduktiv polarisiert.

Die Analyse der Teilstichprobe hat ebenfalls ergeben, dass die Akteure – sowohl im Kern als auch am Rand der Community – die Frage beschäftigt, was denn nun das eigentliche Problem ist, für das Social Entrepreneurship eine mögliche Antwort sein könnte. Liegt das Problem in Deutschland nun an einer Produktinnovations- oder Prozessinnovationsschwäche? Haben wir mit anderen Worten nur keine gute Ideen, wie wir unsere Probleme lösen können, oder können wir diese guten Ideen nicht richtig in die Breite umsetzen? Wie wir gesehen haben, ist die Antwort auf diese Frage nicht trivial. Denn sollte es einen Engpass an Ideen geben, dann rücken Akteure des Kerns mit ihren propagierten Konzepten zur Gestaltung von sozialer Produktinnovation verstärkt in den Mittelpunkt eine sachpolitischen Förderstrategie für Social Entrepreneurship. Liegt der Flaschenhals jedoch bei den Transmissions- und Diffusionsmechanismen, werden die Akteure des Rands stärker gefordert, institutionelle und organisatorische Innovationen zu generieren und zu fördern. Beide Perspektiven müssen sich freilich nicht notwendigerweise wechselseitig ausschließen: Möglich ist, dass es in Deutschland sowohl bei der Generierung neuer Ideen als auch bei ihrer Verbreitung institutionelle Engpässe gibt. Diese zu überwinden eröffnet dann die Aussicht, kreative Erstinnovationen und flächenmäßige Verbreitung noch stärker miteinander zu verzahnen.

Eines scheint aus der Analyse jedenfalls klar ersichtlich: Um eine fruchtbare Debatte zu führen, die genug Konflikte enthält, um Lerneffekte zu erzielen, aber gleichzeitig eine unproduktive Polarisierung vermeidet, wird es nötig sein, viele verschiedene Akteure in diese Debatte nachhaltig einzubeziehen. Um soziale Innovationen zu fördern, ob diese nun auf der Produkt- oder auf der Prozessebene ansetzen, wird es nötig sein, institutionelle, politische und rechtliche Räume zu schaffen, die individuelles Experimentieren, gemeinsames Lernen und wechselseitige Vernetzung zulassen.

Literaturverzeichnis

Beckmann, Markus/Ney, Steven (2013): Wenn gute Lösungsansätze keine Selbstläufer werden: Vernetzung als Skalierungsstrategie in fragmentierten Entscheidungslandschaften am Beispiel des Social Labs in Köln, in diesem Band.

Bornstein, David (2004): How to Change the World: Social Entrepreneurs and the Power of New Ideas. Oxford University Press, Oxford, UK.

DiMaggio, Paul T./Powell, Walter W. (1983): The Iron Cage Revisited. Institutional Isomporphism and Collective Rationality in Organizational Fields. In: American Sociological Review Vol. 48(2): 147-160.

Douglas, Mary (1987): How Institutions Think. Routledge and Kegan Paul, London.

Hood, Christopher (1998): The Art of the State, Oxford University Press, Oxford.

Luhmann, Niklas (1990): Die Wissenschaft der Gesellschaft, Frankfurt a.M.

Luhmann, Niklas (1997): Die Gesellschaft der Gesellschaft, Frankfurt a.M.

Ney, Steven/Beckmann, Markus/Gräbnitz, Dorit/Mirkovic, Rastislava (2013): Social Entrepreneurs and Social Change. Tracing Impacts of Social Entrepreneurship Through Ideas, Structures, and Practices. In: International Journal of Entrepreneurial Venturing (im Erscheinen).

Schumpeter, Joseph A. (1911, 2006): Theorie der wirtschaftlichen Entwicklung. Nachdruck der ersten Auflage herausgegeben und ergänzt um eine Einleitung von Jochen Röpke und Olaf Stiller, Berlin.

Teilnehmer 1, Experteninterview, 14.9.2010

Teilnehmer 2, Experteninterview, 13.8.2010

Teilnehmer 3, Experteninterview, 23.8.2010

Teilnehmer 4, Experteninterview, 27.9.2010

Teilnehmer 5, Experteninterview, 25.10.2010

Teilnehmer 6, Experteninterview, 3.12.2010

Teilnehmer 7, Experteninterview, 11.10.2010

Teilnehmer 8, Experteninterview, 6.10.2010

Teilnehmer 9, Experteninterview, 27.9.2010

Teilnehmer 10, Experteninterview, 30.9.2010

Teilnehmer 11, Experteninterview, 19.10.2010

Teilnehmer 12, Experteninterview, 23.9.2010

Teilnehmer 13, Experteninterview, 27.1.2011

Teilnehmer 14, Experteninterview, 7.10.2010

Teilnehmer 15, Experteninterview, 7.10.2010

Teilnehmer 16, Experteninterview, 9.9.2010

Teilnehmer 17, Experteninterview, 14.9.2010

Teilnehmer 18, Experteninterview, 14.9.2010

Thompson, Michael/Ellis, Richard J./Wildavsky, Aaron B. (1990): Cultural Theory. Westview Press, Boulder, Colorado.

Yunus, Muhammad (1998): Banker to the Poor: The Story of the Grameen Bank. Aurum Press, London.

Yunus, Muhammad (2007): Creating a World Without Poverty: Social Business and the Future of Capitalism. Public Affairs, New York, NY.

IV
West-Konsortium

Social Entrepreneurship im etablierten Wohlfahrtsstaat. Aktuelle empirische Befunde zu neuen und alten Akteuren auf dem Wohlfahrtsmarkt.

Rolf G. Heinze / Anna-Lena Schönauer / Katrin Schneiders / Stephan Grohs / Claudia Ruddat

1. Einleitung

Im internationalen Vergleich hat sich die wissenschaftliche Diskussion um die gesellschaftliche Relevanz des Phänomens „Social Entrepreneurship" (SE) in Deutschland relativ spät entwickelt. In Asien wurde die Debatte insbesondere durch die von Muhammad Yunus 1983 gegründete Grameen Bank angestoßen und spätestens seit der Auszeichnung Yunus' mit dem Friedensnobelpreis wird SE in vielen Nationen zunehmend als Chance wahrgenommen, soziale Missstände effektiv und nachhaltig zu bekämpfen. Insbesondere in den angelsächsischen Staaten war ein regelrechter Hype zu beobachten (vgl. z.B. Bornstein2007; Nicholls 2006; kritisch Edwards 2010).

Angeregt und finanziell gefördert wurde die deutsche Debatte insbesondere durch Stiftungen (z.B. Stiftung Mercator, Vodafone-Stiftung, Siemens-Stiftung, Schwab) und Verbände (Ashoka). Neben Medien und Politik hat das Phänomen mittlerweile auch die wissenschaftlichen Diskurse erreicht(vgl. die Beiträge in Hackenberg/Empter 2011 und Jähnke et al. 2011). Die verzögerte Aufnahme der Diskurse in Deutschland ist u.a. auf unterschiedliche wohlfahrtsstaatliche Settings zurückzuführen; während Social Entrepreneurship in Entwicklungs- und Schwellenländern und in Grenzen auch in angelsächsischen Industriestaaten auf Systeme defekter, defizitärer oder weitgehend privater Erbringung sozialer Dienstleistungen trifft, besteht in Deutschland eine gewachsene Tradition staatlich oder durch Wohlfahrtsorganisationen erbrachter sozialer Dienste (vgl. Bode/Evers 2004 sowie die Beiträge in Evers et al. 2011). Daher stellt sich nicht nur aus wissenschaftlicher Perspektive die Frage, welche Rolle dieser „neuen" Form sozialer Aktivitäten in einem etablierten Wohlfahrtsstaat zukommen kann. Grundsätzlich ist davon auszugehen, dass stark ausgeprägte wohlfahrtsverbandliche Strukturen, wie sie den deutschen Wohlfahrtsstaat weiterhin prägen, Aktivitäten „neuer" Akteure erschweren.

Allerdings lässt sich in den letzten Jahren eine gewisse Durchlässigkeit dieser korporatistischen Strukturen beobachten. Ausgelöst durch veränderte institutionelle Rahmenbedingungen haben sich die Trägerstrukturen des sozialen Dienstleistungssektors erheblich gewandelt. Erkennbar sind sowohl trägerinterne Umstrukturierungen als auch Verschiebungen zwischen den einzelnen Trägertypen sowie das Entstehen neuer Trägerformen. Während sich die öffentliche Hand aus einigen Handlungsfeldern sukzessive zurückgezogen hat (bspw. der stationären Altenpflege), übernimmt sie in anderen Feldern (bspw. der Kinder- und Jugendhilfe) neue Aufgaben (vgl. Grohs 2010; Schneiders 2010). Aufgrund unterschiedlicher Entwicklungen in den genannten sozialpolitischen Handlungsfeldern wird davon ausgegangen, dass der Bereich der Altenhilfe und -pflege einen größeren Spielraum für SEs bietet als der Bereich der Kinder- und Jugendhilfe, der sich durch eine starke Persistenz der etablierten Strukturen in den öffentlich finanzierten Bereichen auszeichnet.[1] Mit SEs tritt neben die „etablierten" Träger ein (vermeintlich) neuer Trägertyp, der für sich in Anspruch nimmt, durch Verknüpfungen von sozialem Engagement und unternehmerischem Handeln die Effektivität sozialer Dienstleistungen zu verbessern. An diese sogenannten „Social Entrepreneurs" wird von einem Teil der Wissenschaft und Öffentlichkeit die Hoffnung geknüpft, durch die Integration unternehmerischer Prinzipien das Finanzierungs- und Innovationsproblem sozialpolitischer Leistungen zu lösen (vgl. zusammenfassend Heinze et al. 2011). Ein wichtiges Kennzeichen von SE ist ihre Innovationsfähigkeit, die sich darin äußert, dass SEs soziale Probleme durch „neue" Dienstleistungen (Produktinnovationen) oder innerhalb neuer Organisationsformen (Prozessinnovationen) besser lösen als etablierte Akteure bzw. Strukturen. Die Dritte-Sektor-Theorie und die Innovationstheorie im öffentlichen Sektor (vgl. u. a. Borins 2001; Mulgan/Albury 2003; Zimmer 2007) unterstreichen jedoch, dass Innovationen im sozialen Sektor nicht nur durch neue Akteure – Social Entrepreneurs – hervorgerufen werden. Nicht zuletzt durch den zunehmenden Wettbewerb mit anderen Anbietern, aber auch aufgrund ihres eigenen professionellen Verständnisses sind die etablierten Akteure, insbesondere Wohlfahrtsverbände, vermehrt auf die Umsetzung innovativer Konzepte angewiesen. Vor diesem Hintergrund ist davon auszugehen, dass nicht nur von SEs Innovationen vorangetrieben werden, sondern sich auch innerhalb etablierter Strukturen innovative Projekte entwickeln können.

---

1   Allerdings haben sich auch hier Nischenbereiche ausgebildet, in denen durchaus neue Akteure auftreten, wie z. B. spezialisierte Einrichtungen der stationären Jugendhilfe.

Vor diesem Hintergrund soll daher zunächst eine begriffliche Klärung des schillernden Begriffs „Social Entrepreneurship" vorgenommen werden (2) und ein analytischer Rahmen für die empirische Annäherung an das Feld skizziert (3) und das methodische Vorgehen umrissen werden (4). Ausgehend von der entwickelten Arbeitsdefinition wird anhand von zwei Handlungsfeldern (der Förderung von Kindern mit Migrationshintergrund in Grund- und Förderschulen sowie der kultursensiblen Altenhilfe und Altenpflege) das Spektrum sozialunternehmerischer Aktivitäten in Deutschland aufgezeigt und systematisiert. Hierfür wird auf qualitative und quantitative Daten zurückgegriffen, die im Rahmen empirischer Untersuchungen in den beiden Sektoren Altenhilfe und Jugendhilfe erhoben wurden(5.)Im abschließenden Fazit werden die Implikationen unserer Befunde diskutiert und die Relevanz und das Innovationspotential des Phänomens der Social Entrepreneurs in einem etablierten Wohlfahrtsstaat eingeordnet (6.).

2. „Social Entrepreneurship": Konturen eines schillernden Begriffs

Unter dem Motto „Everyone can change the world" (Bornstein 2007; Elkington/ Hartigan 2008; Bornstein/Davis 2010) ist „Social Entrepreneurship" (im weiteren SE) in den letzten Jahren zum Hoffnungsträger einer Reaktivierung des Sozialen, einer Versöhnung von Unternehmertum und Gemeinwohl stilisiert worden. Diskursgeschichtlich stellt es das aktuelle „Gegenmodell" zu den als defizitär und verkrustet dargestellten etablierten Strukturen der Wohlfahrtsproduktion dar. Nach dem tendenziellen Abflauen der Begeisterung für das Modell der Bürger- oder Zivilgesellschaft ist mit SE ein neuer Topos auf den akademischen Markt getreten. Im Mittelpunkt stehen dabei nicht die brachliegenden Ressourcen der Gesellschaft, sondern die Innovationskraft und das Engagement von Einzelpersönlichkeiten. Ausgewählte Gründerpersönlichkeiten werden insbesondere von den Mittlerorganisationen Ashoka und Schwab Foundation in Szene gesetzt und im Rahmen der aufkommenden SE Literatur diskutiert (vgl. die Beiträge in Hackenberg/Empter 2011; Jähnke et al. 2011).

Bislang hat sich in Deutschland keine einheitliche Definition des aus dem angelsächsischen Bereich stammenden Begriffs des „Social Entrepreneurship" durchsetzen können. Die simple Übersetzung aus dem Englischen („Sozialunternehmertum") ist ebenso wenig eindeutig wie die häufig anzutreffende Gleichsetzung des Begriffs mit (vermeintlich) philanthropischen Gründerpersönlichkeiten. Neben der Abhängigkeit vom jeweiligen institutionellen Kontext variieren die Interpretationen dessen, was unter SE zu verstehen ist, mit der wissenschaftlichen

Disziplin, aber auch mit der Motivation, Message oder Handlungsorientierung des den Begriff verwendenden Autors.[2]

Insbesondere in der betriebswirtschaftlichen Entrepreneurship-Forschung wird SE als Teilphänomen von Unternehmertum erfasst (vgl. Perrini/Vurro 2006). Vielfach fokussiert SE auf die Erfassung des einzelnen, förderungswürdigen Social Entrepreneurs. Diese starke Fokussierung auf den einzelnen Initiator bzw. Handelnden geht von einer hervorstechenden Stellung einer Einzelperson (ggf. innerhalb einer Organisation) aus. Entweder hat sie die Erschließung eines neuen Handlungsfelds initiiert oder eine neue, den herausragenden Erfolg der Organisation begründende Herangehensweise an ein gesellschaftliches Problem eingeführt. Der in diesem Sinne verstandene Social Entrepreneur findet seine Motivation in dem Willen, eine drängende gesellschaftliche Frage zu bearbeiten. Ein solches Verständnis wird beispielsweise der Förderung durch ASHOKA zugrunde gelegt (vgl. Ashoka 2010). Meist ist das Engagement des Social Entrepreneurs biographisch erklärbar. Die zumindest teilweise vorhandene Risikobereitschaft begründet sich hier aus einer philanthropischen Haltung. Diese Fokussierung und Personalisierung mag im Hinblick auf eine Lenkung der medialen Aufmerksamkeit zweckmäßig sein, begrenzt allerdings den Untersuchungsgegenstand auf eine äußerst kleine Gruppe von Akteuren, deren Eruierung infolge der subjektiven Kriterien übermäßig von der Selbstwahrnehmung der Einzelperson abhängig wäre. Ausgehend von den Teilbegriffen ‚Social' und ‚Entrepreneurship' umfasst SE in Deutschland u. E. jedoch ein sehr viel weiteres Akteursspektrum und ein breites Angebotsfeld (vgl. auch Heinze et al. 2011). Als „social" können solche „entrepreneurships" bezeichnet werden, die in zweifacher Weise gesellschaftliche Relevanz aufweisen: hinsichtlich ihres Aufgabenspektrums und ihrer Ausstrahlungskraft in die Gesellschaft. Der Tätigkeitsbereich sollte insofern Dienstleistungen umfassen, die sich an Menschen in besonderen Problemlagen bzw. mit besonderen Hilfebedarfen richten und dazu dienen, diese Problemlagen zu reduzieren und Hilfebedarfe zu befriedigen(vgl. Heinze/Naegele 2010).

Die den SE unterstellte Gemeinwohlorientierung äußert sich in den realisierten Effekten und ist konstitutives Element der jeweiligen Unternehmenskultur. Der Begriff des „Unternehmerischen" („Entrepreneurship") kann im organisationssoziologischen Sinne als innovationsorientiertes, strategisches und seine Risiken selbst verantwortendes Handeln von Organisationen verstanden werden.

---

2   Aber auch im angelsächsischen Raum ist der Begriff alles andere als eindeutig. Die unterschiedlichen Autoren setzen dabei auf sehr unterschiedliche Schwerpunkte die zu variablen Implikationen bezüglich der Untersuchungseinheit, der Rechtsform, der Finanzierung und der Eigentümerstruktur führen (Dees/Anderson 2006; Kerlin 2006; Defourny/Nyssens 2010; Teasdale 2012).

Unternehmerisches Handeln zeichnet sich demnach erstens durch seine strategische Orientierung aus: Es ist in Abgrenzung zu bürokratischem Handeln an Zielen und Ergebnissen orientiert und nicht an einer ,Abarbeitung' vorgegebener Aufgaben. Strategisches Handeln heißt auch die Nutzung von Verfahren und Instrumenten, die es ermöglichen, rechtzeitig auf ein Nichterreichen der Ziele zu reagieren (Management). Zweites Kennzeichen unternehmerischen Handelns ist die Innovationsorientierung. Ziel dieser Orientierung ist es, neue Handlungsfelder zu entdecken und zu bearbeiten oder bekannte Felder (durch Evaluation) neu anzugehen(vgl. Kirzner 1999). Drittes Kennzeichen ist die Verantwortlichkeit für mögliches Scheitern, also eine Internalisierung des eigenen Geschäftsrisikos. Die Inkorporierung dieser Handlungsorientierung in eine Organisation mit einer im weiteren Sinne „sozialen" Aufgabe stellt also ein zentrales Kennzeichen von SE dar.

Die Thematisierung der Verknüpfung von unterschiedlichen Handlungsorientierungen innerhalb einer Organisation ist nicht neu. So greift bspw. das Konzept des „Dritten Sektors" (Salamon/Anheier 1996) aber auch des „Intermediären Raums" (Evers 1995) gerade solche Organisationen auf, die sich keinem der drei Sektoren „Markt", „Staat" oder „Gemeinschaft" eindeutig zuordnen lassen, sondern vielmehr Handlungsorientierungen und Steuerungsphilosophien aller drei Sektoren integrieren. Zu diesen „Dritte-Sektor-Organisationen" werden auch die deutschen Wohlfahrtsverbände gezählt. Durch die veränderten institutionellen Kontexte in Richtung von Vermarktlichung und Professionalisierung hat sich die Position der Wohlfahrtsverbände innerhalb dieses intermediären Raumes verändert und ausdifferenziert. Zwischen den einzelnen organisatorischen Ebenen innerhalb eines Verbandes aber auch zwischen operativen Einheiten auf einer Ebene bestehen zum Teil erhebliche Unterschiede in Bezug auf die Balance zwischen marktlichen, hierarchischen und solidarischen Handlungsorientierungen. Dabei ist nach einer Phase der Schwerpunktsetzung auf eine stärkere Marktorientierung erkennbar, dass einige Organisationen aufgrund des entstehenden Legitimationsdefizits (Schneiders 2010) zunehmend auf Elemente der solidarischen Einbettung abheben. Insgesamt kann konstatiert werden, dass der soziale Dienstleistungssektor und die ihn konstituierenden Organisationen durch eine zunehmende Hybridität (Evers/Ewert 2010) geprägt sind.

Zu diesen hybriden Organisationen können auch die o. g. Social Entrepreneurs gezählt werden. Es stellt sich daher die Frage, ob es sich hierbei um eine originär neue Organisationsform handelt und ob Social Entrepreneurs neue Formen der Produktion sozialer Dienstleistungen entwickeln, die gegenüber den etablierten Trägern über spezifische Vorteile verfügen und ggf. zu einer Lösung des Dilemmas von zunehmenden Bedarfen bei gleichzeitig stagnierenden öffentlichen Ressourcen beitragen können. SE bewegt sich dabei (ebenso wie andere Organisationen des „Dritten Sektors") zwischen den Polen einer marktgetriebenen – auch gewinnorientierten – Orientierung, einer an gemeinschaftlichen Werten orientierten Perspektive und einer auf das „große Ganze" gerichteten „staatsorientierten" bürokratischen Rationalität. SE weisen – so die These – eine besondere Form des Mischungsverhältnisses dieser drei Handlungsorientierungen auf. „Hybridity is not therefore any mixture of features from different sectors, but according to this view, is about fundamental and distinctly different governance and operational principles in each sector"(Billis 2010: 3 sowie die Beiträge in Brandsen et al. 2010).

SE können daher, müssen aber keine Non-Profit-Organisationen im Sinne des „Dritten Sektors" sein, da sie entgegen der von Salomon/Anheier (1996: 125ff) entwickelten Kriterien für Dritte Sektor Organisationen zumindest zeitweise keine formale Struktur aufweisen und neben einer Gemeinwohl- auch eine Profitorientierung aufweisen können. Dabei ist darauf hinzuweisen, dass die der John-Hopkins-Studie zugrunde liegende Definition von Dritte Sektor Organisationen als Residualkategorie (weder eindeutig „Markt" noch eindeutig „Staat") der tatsächlichen Struktur und Ausgestaltung der unter diesem Label zusammengefassten Organisationen immer weniger gerecht wird (vgl. zu UK und USA die Beiträge in Billis 2010). SE kann nicht nur in Bezug auf die Integration verschiedener Handlungsorientierungen als hybrid bezeichnet werden, auch die legale Verfasstheit kann keiner Rechtsform eindeutig zugeordnet werden. So ist SE nach der oben skizzierten Definition sowohl als Einzelunternehmen, Stiftung, gemeinnütziger Verein/Verband als auch in Form von Public Private Partnership denkbar. Innerhalb eines solchen „neuen" SE-Sektors könnten sehr unterschiedliche Organisationsformen verortet werden. Das Spektrum würde dabei von der unternehmensnahen Stiftung mit einem Budget von mehreren Mio. Euro und dem Mitarbeiterstab eines Konzerns über die Initiative eines Einzelnen, der sich eines von ihm als drängend empfundenen sozialen Problems annimmt und dies zunächst als Einzelunternehmer ohne weitere Mitarbeiter bearbeitet, reichen.

Zusammenfassend gehen wir also von einem auf einen spezifischen „Handlungsstil", nicht auf eine spezifische Organisationsform gerichteten Begriff von Social Entrepreneurship aus, was dem Begriff –so man ihn ernst nehmen will – u. E. eher gerecht wird. Belastbare Daten zur Zahlder Organisationen, die diesem SE Sektor zugerechnet werden können sowie den von ihnen bearbeiteten Tätigkeitsfeldern, sind bislang jenseits der eindeutig dem privat-gewerblichen bzw. Marktsektor zuzuordnenden Unternehmen, für den auch amtliche Statistiken vorliegen, nur in unsystematischer Form vorhanden. Dies ist vor allem auf die Hybridität der Organisationen zurückzuführen, die eine eindeutige Zuordnung erschwert. Der hier interessierende Sektor des „Social Entrepreneurship" im hier verwendeten weiteren Sinn wird in Deutschland aber um ein Vielfaches größer sein, als die bei den beiden Organisationen Ashoka und Schwab-Foundation akkreditierten 40 bzw. 11 Fellows bzw. Social Entrepreneurs (Stand Juli 2012). Diese These soll anhand einer empirischen Untersuchung in zwei sozialpolitischen Handlungsfeldern überprüft werden, dessen analytischer Rahmen im Folgenden dargestellt wird.

3. Social Entrepreneurs als hybride Organisationen: analytischer Rahmen

In der Literatur zu „Social Entrepreneurship" lassen sich zwei wesentliche Perspektiven identifizieren: Während „Essentialisten" auf SE als eigenen Typus fokussieren und sie in einem engen Sinne gemäß dem Mainstream-SE-Diskurs als distinktes Phänomen identifizieren (vgl. Jansen et al. 2010), betrachten „Subsumisten" SE als Sonderfall von Organisationen der sozialen Leistungsproduktion, die sich durch verschiedene Mischungsverhältnisse der Spezifika von Markt, Gemeinschaft und Staat auszeichnen und sich eher durch ein „mehr und weniger" als ein „entweder-oder" kennzeichnen(vgl. Heinze et al. 2011). Aus letzterer Perspektive interessieren eher spezifische Mischungsverhältnisse und die Einbettung in das Ensemble anderer Träger der Wohlfahrtsproduktion. Dies wird umso relevanter, möchte man den SE Begriff im internationalen Vergleich nutzbar machen. Es ist darauf hinzuweisen, dass sich der SE Diskurs zuerst in Entwicklungsländern etablierte und im Anschluss auf die „defizitären"/„defekten" Wohlfahrtsstaaten des angelsächsischen Raumes ausbreitete (vgl. Nicholls 2006; Defourny/Nyssens 2010). Eine Übertragung des Konzepts auf die hinsichtlich sozialer Dienste „dichter besiedelten" kontinentaleuropäischen oder gar skandinavischen Verhältnisse muss daher vorhandene Strukturen und Akteure, mithin ihre institutionelle Einbettung berücksichtigen und ihre eventuelle Disparität von anderen Organisationen des Dritten Sektors herausarbeiten (vgl. Kerlin 2012).

Im Folgenden wird das Spektrum von Akteuren und Organisationsformen ausgelotet, die einem „weiten Begriff" des SE zuzuordnen sind. SE lässt sich, in Anlehnung an die oben entwickelte Arbeitsdefinition, in vier Dimensionen operationalisieren. Diese Dimensionen schaffen den Analyserahmen, um die vorzufindenden Organisationsstrukturen zu verorten und einen empirischen Einblick in das diffuse Feld zu erlauben.

Eine *erste* Unterscheidung betrifft den Innovationsgrad: Stellen die Angebote tatsächlich an professionellen Standards orientiert „neue" Dienstleistungen zur Verfügung oder werden nur etablierte Verfahren mit neuen Begrifflichkeiten versehen? Zum *zweiten* wird der Impuls für die Initiierung des Angebotes bzw. Projektes untersucht: Werden die Organisationen von neuen Akteuren gegründet („Entrepreneurs") oder entwickeln sie sich aus etablierten Institutionen heraus („Intrapreneurs"). Damit verbunden ist die *dritte* Dimension: Entsprechen die realen SEs dem in der euphorischen SE-Literatur häufig kolportierten Einzelkämpfer (z. B. Elkington/Hartigan 2008) oder bewegen sie sich innerhalb etablierter Netzwerke? *Viertens* werden die internen Prozesse der Organisationen betrachtet: Orientiert sich die Steuerung der Organisationen eher an bürokratischen Routinen oder an Prinzipien eines strategisch orientierten Managements? Tabelle 1 bietet einen Überblick über die Operationalisierung der Analysedimensionen.

Tabelle 1:   Analysedimensionen

Pol 1	Dimension	Pol 2
Innovator	**Innovationsgrad** Innovative organisatorische Strukturmerkmale Neue inhaltliche Schwerpunkte	**Inkrementalist**
Entrepreneur	**Impuls** Gründung außerhalb und unabhängig von bestehenden Organisationen	**Intrapreneur**
Einzelkämpfer	**Vernetzung** Bestehende Kooperationsstrukturen Kooperationsbereitschaft	**Vernetzungs- stratege**
Manager	**Steuerung** Nutzung betriebswirtschaftlicher Instrumente Dokumentation	**Bürokrat**

Die Messung der Dimensionen von SE stellt methodisch eine Herausforderung dar. Zur Ermittlung der *Innovationskraft* der Akteure haben wir die Innovativität der angebotenen Projekte anhand ihrer Strukturmerkmale und inhaltlichen Schwerpunktsetzung bewertet (vgl. Kapitel 5.1). Ausgehend von der These, dass innovative Projekte auch von Akteuren innerhalb etablierter Strukturen initiiert werden, wurde nach den Motivationen für die *Initiierung* und der Organisationsform des Projektes gefragt. Ein weiteres zentrales Element von SE ist die *Vernetzung* mit anderen im Feld aktiven Akteuren. Zur Ermittlung des Vernetzungsgrades wurden bestehende Vernetzungen, Vernetzungsbereitschaft und Kooperation im Rahmen der Projekte erfasst. Die *Steuerung* bzw. Strategiefähigkeit wurde durch Fragen zur Nutzung betriebswirtschaftlicher Methoden, sowie Durchführung von Evaluationen/Dokumentation operationalisiert.

Die Auswahl der sozialpolitischen Handlungsfelder orientierte sich an zwei in der klassischen Entrepreneurship-Literatur diskutierten „Idealtypen" des Unternehmers, dem Schumpeterschen Innovator und dem Kirznerschen Nischenentdecker (vgl. Kirzner 1999). Während der erstere tatsächlich Neuerungen erfindet und einführt, entdeckt Kirzners Unternehmer brachliegende Nischen als Betätigungsfeld und nutzt so Gelegenheiten. Je dichter das Feld bestehender Angebote bestellt ist, desto weniger Lücken tun sich auf, die unternehmerisches Handeln des anspruchsloseren Typs zulassen. Daher ist davon auszugehen dass in etablierten Wohlfahrtsstaaten, der Unternehmertypus und die Bedeutung von Sozialunternehmern anders gelagert sind. Während das Handlungsfeld der Förderung von Kindern mit Migrationshintergrund in Primarschulen[3] eher dem innovatorischen Typ in einem schon etablierten Feld zugeordnet werden kann, handelt es sich bei der kultursensiblen Altenhilfe[4] um ein zwar stark expandierendes Handlungsfeld, aber quantitativ betrachtet noch um eine Nische innerhalb der Altenhilfe und –pflege insgesamt.

4. Forschungsdesign

Um die Frage nach der Rolle von Social Entrepreneurs im deutschen Falleines etablierten Wohlfahrtsstaats zu untersuchen, wurden zunächst innovative Projekte in den jeweiligen Handlungsfeldern identifiziert und anschließend hinsichtlich ihrer Strukturen und Handlungsstile untersucht. Durch diese Vorgehensweise konnten sowohl innovative Projekte von etablierten als auch von neuen Akteuren erfasst werden. Auf der Grundlage unserer These, dass der Spielraum für Social Entrepreneurs von der Dominanz der etablierten Strukturen abhängig ist, wurden für die konkrete Umsetzung der Untersuchung die Altenhilfe und Altenpflege und die Kinder- und Jugendhilfe ausgewählt. Ausgelöst durch eine sich ausbreitende

---

3   In den letzten Jahren haben zahlreiche internationale Schulleistungsuntersuchungen wie z. B. die PISA und IGLU Studien gezeigt, dass Kinder und Jugendliche mit Migrationshintergrund in Deutschland in den verschiedenen Leistungsbereichen signifikant schlechter abschneiden als Schüler/-innen ohne Migrationshintergrund. Dieser Leistungsrückstand erfordert eine gezielte Förderung insbesondere der sprachlichen Fähigkeiten der Kinder und Jugendlichen mit Migrationshintergrund (vgl. Gogolin et al. 2003).

4   Kultursensible Altenhilfe und -pflege „hat zum Ziel, pflegebedürftigen Menschen ein Leben mit ihren je eigenen kulturellen Prägungen und Bedürfnissen zu ermöglichen (Arbeitskreis Charta für eine kultursensible Altenpflege 2002: 26). In der Praxis fokussieren die Projekte auf ältere Menschen mit Migrationshintergrund, die in Deutschland leben.

Ökonomisierung ist der Bereich der Altenhilfe- und Altenpflege durch eine zunehmende Öffnung für privat-gewerbliche Anbieter geprägt (Schneiders 2010). Dahingegen lässt sich im Bereich der Kinder- und Jugendhilfe eine starke Persistenz der Trägerstrukturen gegenüber Privatisierungs- und Ökonomisierungsentwicklungen beobachten(Grohs 2010).

Das methodische Vorgehen der hier vorgestellten empirischen Untersuchung basiert auf einem Mixed-Method-Design, das quantitative und qualitative Methoden verschränkt. In einem ersten Schritt wurde in beiden Handlungsfeldern eine Online-Befragung durchgeführt, deren primäres Ziel die Identifizierung innovativer Projekte war. In einem zweiten Schritt wurden auf der Grundlage dieser Befragung für jedes Handlungsfeld zwei Fallstudien zur Validierung und Vertiefung der Ergebnisse der quantitativen Studie ausgewählt, die typischen theoretischen Merkmalen entsprechen.

Die Identifizierung von Social Entrepreneurs wird durch die disperse bzw. hybride Organisationsstruktur dieser „neuen" Akteure erschwert. Daher war die Auswahl der Untersuchungseinheiten von erheblicher Bedeutung. Im Bereich der Bildungsförderung von Kindern mit Migrationshintergrund spielen die Grund- und Förderschulen eine zentrale Rolle, da sie in den Schulgesetzen der Bundesländer als originäre Aufgabe u. a. mit der Förderung dieser Kinder beauftragt werden. Ausgehend von der These, dass ein Großteil der Projekte in Kooperation bzw. mit Wissen der Schulen durchgeführt werden, haben wir zur Identifizierung innovativer Projekte neuer und etablierter Akteure die Schulleitungen aller deutschen Grund- und Förderschulen befragt. Im zweiten Handlungsfeld wurde mit der Befragung von Einrichtungen im Bereich der Altenhilfe und Altenpflege eine analoge Vorgehensweise gewählt – hier haben wir mangels Informationen zur Grundgesamtheit zur Datengewinnung ein kumulatives Sampling-Verfahren(Schneeballverfahren) angewendet. Befragt wurden auf Grund der besseren Identifizierbarkeit also nicht SEs als Solche, sondern typische Ankerinstitutionen, an denen Projekte von SEs ansetzen. Die Fallstudien wurden auf der Grundlage der Online-Befragung nach den Kriterien inhaltliche und organisatorische Innovativität ausgewählt. Im Rahmen der Fallstudien wurden zehn Interviews geführt. Befragt wurden neben Schulleitungen und Leitern/-innen von Einrichtungen bzw. Projekten, Mitarbeiter/-innen sowie die jeweiligen Kooperationspartner und Finanziers der Projekte.

5. Ergebnisse

Im Weiteren werden auf Grundlage dieser Daten die von uns identifizierten Projekte und Einrichtungen hinsichtlich ihrer Innovativität, ihrer Initiierung, der Ausgestaltung von Kooperationsbeziehungen, der strategischen Ausrichtung, den Finanzierungsquellen und gesellschaftliche Rahmenbedingungen analysiert.

5.1 Identifizierung von innovativen Projekten

Im ersten Handlungsfeld der Förderung von Kindern mit Migrationshintergrund (Kids) wurden bundesweit die Schulleitungen von 15.238 Grund- und Förderschulen per Mail angeschrieben. Von den 1.605 Schulen, die an der Befragung teilgenommen haben(dies entspricht einer Rücklaufquote von 11%), gaben 821 Schulen an, dass Projekte für Kinder mit Migrationshintergrund angeboten werden. Der inhaltliche Schwerpunkt dieser Projekte liegt in über 90% der Fälle auf der sprachlichen Förderung der Schüler/-innen (sowohl der deutschen als auch der Muttersprache).

Unter Einbeziehung der von den Schulleitungen zur Verfügung gestellten Projektbeschreibungen wurden auf der Grundlage eines Gutachtens der Bund-Länderkommission zur Förderung von Kindern und Jugendlichen mit Migrationshintergrund (vgl. Gogolin et al. 2003)Indikatoren zur Bewertung der Innovativität der Angebote gebildet. Die Projekte wurden hinsichtlich ihrer Innovativität anhand folgender Indikatoren überprüft: inhaltliche Ausrichtung, Arbeitsform, Zielgruppe und zeitliche Dimension. Dementsprechend wurden folgende Ausprägungen der Kategorien als innovativ betrachtet:

1. Inhaltliche Ausrichtung: Projekte zur Sprachförderung der deutschen und der Muttersprache sowie Projekte zur Förderung der interkulturellen Fähigkeiten.

2. Arbeitsform: Projekte, die in einer Mindestfrequenz (mehr als einmal wöchentlich) angeboten werden.

3. Zielgruppe: Angebote, die die Eltern der Kinder mit einbeziehen.

4. Zeitliche Dimension: Projekte, die nach der Grundschule in der weiterführenden Schule weitergeführt werden oder aus dem vorschulischen Bereich (Kindergarten/Kindertagesstätte/Vorschule fortgeführt werden (ganzheitliche Konzepte).

Insgesamt konnten auf der Basis dieser Innovationskriterien 152innovative Projekte (26%) identifiziert werden. Die weiteren 444 Projekte werden im Folgenden als „traditionelle Projekte" bezeichnet.

Im zweiten Handlungsfeld der kultursensiblen Altenhilfe und Altenpflege (Care) wurden im Rahmen eines Schneeball-Sampling Verfahrens 1.099 Einrichtungen im Bereich der Altenhilfe und Altenpflege angeschrieben. 55 Einrichtungen der 155, die an der Befragung teilgenommen hatten, gaben an, dass sie ein Projekt im Bereich kultursensiblen Altenhilfe bzw. –pflege anbieten. Inhaltlich werden v. a. Beratungs- und Freizeitangebote, also Alten*hilfe* angeboten. Die Beurteilung der Innovativität in diesem Bereich stößt insofern an Grenzen, als in diesem noch relativ jungen Feld keine Indikatoren zur Bewertung vorliegen. Daher wurden die Befragten um eine subjektive Einschätzung der „Neuartigkeit" ihrer „Dienstleistungen" gebeten. Auf der Grundlage dieser Einschätzung wurden 27 innovative und 21 traditionelle Projekte identifiziert.

Die Auswahl der Fallstudien erfolgte auch in diesem Handlungsfeld nach dem Kriterium der Innovativität. Tabelle 2 bietet einen Überblick über die ausgewählten Fallstudien[5].

Tabelle 2: Übersicht der Fallstudien in den Handlungsfeldern

Fälle	Beschreibung	Akteure	Finanzierung
Kids I	Sprachförderung unter Einbeziehung der Eltern sowie von Jugendlichen aus der Zielgruppe	Jugendförderverein, Grundschule, Sparkasse, Kommune	Stiftungen(Sparkasse und Aktion Mensch)
Kids II	Gymnasiasten unterrichten Grundschüler	etablierte Wohltätigkeitsorganisation, Grundschule, Gymnasium	Spenden und Teilnahmegebühren
Care I	Sozialberatung und Gruppenarbeit in Länder- und länderübergreifenden Gruppen	Wohlfahrtsverband, eingebunden in lokales, themenbezogenes Netzwerk (Runder Tisch)	Eigenmittel, kommunale Aufwandsentschädigung für Ehrenamtliche
Care II	Demenz-WG im GbR-Modell	Unternehmerin (ehem. Mitarbeiterin eines Wohlfahrtsverbandes), kommunales Wohnungs-unternehmen, Wohlfahrtsverband, Migrantenorganisation, lokaler Verein	Stiftung des Wohnungsunternehmens und Pflegeversicherung

Quelle: eigene Darstellung

---

5   Die Fallstudien werden in diesem Aufsatz in anonymisierter Form dargestellt. Namen von Personen, Projekten, Organisationen und Orten wurden aus den Interviewauszügen entfernt.

5.2 Initiierung: Etablierte und neue Akteure

Die Initiierung von innovativen Projekten kann durch verschiedene Akteure erfolgen. Unterschieden wird zwischen den im jeweiligen Handlungsfeld etablierten und „neuen" Akteuren. Als Etablierte bezeichnen wir im Handlungsfeld der Förderung von Kindern mit Migrationshintergrund Schulen, Schulleitungen und Schulträger. Eltern (-initiativen), Fördervereine, Stiftungen und Unternehmen haben wir als „neue Akteure" definiert. Im Feld der kultursensiblen Altenhilfezählen zu den etablierten Akteuren u. a. Träger oder Mitarbeiter/-innen von Wohlfahrtsverbänden, während Initiativgruppen oder Migrantenorganisationen als neue Akteure gelten. Als dritte Variante haben wir in beiden Handlungsfeldern auch die gemeinsame Initiierung durch etablierte und „neue" Akteure identifiziert.

Die Befragungsergebnisse der quantitativen Studie zeigen in beiden Handlungsfeldern eine Dominanz der etablierten Akteure (vgl. Abb. 1).

Abbildung 1: Initiierung von Projekten durch etablierte Akteure (in Prozent)

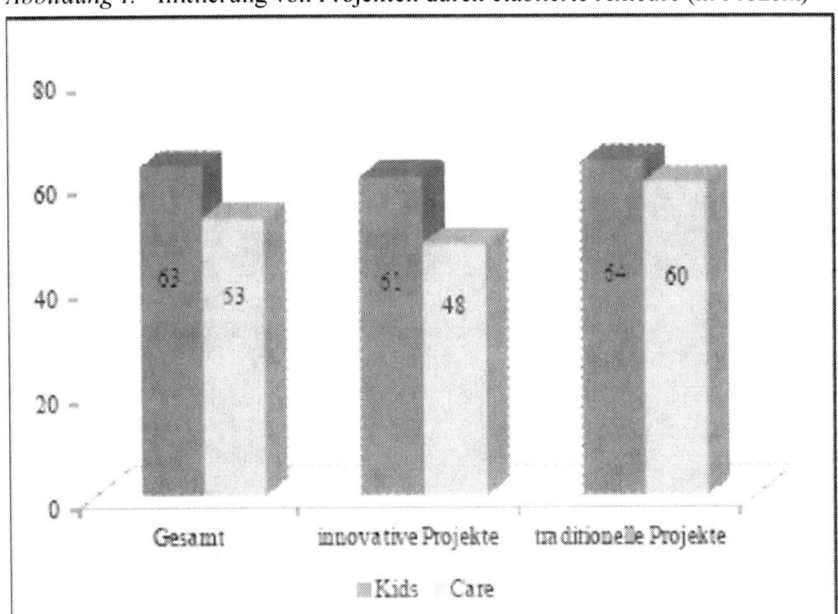

Quelle: eigene Darstellung (N(Kids): 582; N(Care): 47)

Der Großteil aller Projekte insbesondere im Handlungsfeld der Förderung von Kindern mit Migrationshintergrundwird von etablierten Akteuren initiiert. In diesem Handlungsfeld zeigen sich in Bezug auf die Initiierung bzw. den Impuls zur Gründung nur minimale Unterschiede zwischen innovativen und traditionellen Projekten. Im Handlungsfeld kultursensibler Altenhilfe hingegen werden innovative Projektehäufiger von neuen Akteuren initiiert. Der Umkehrschluss, dass innovative Projekte ausschließlich von „neuen" Akteuren initiiert werden, ist jedoch nicht zulässig. Im Gegenteil: die Initiierungsaktivitäten der „neuen" Akteure unterscheiden sich in diesem Handlungsfeld zwischen innovativen und traditionellen Projekten nicht. Abweichungen zeigen sich lediglich in der dritten Kategorie (gemeinsame Initiierung durch etablierte und „neue" Akteure). Während von den traditionellen Projekten lediglich 5% durch eine Kooperation initiiert werden, sind über 22% der innovativen Projekte, durch eine gemeinsame Initiierung entstanden.

Die Fallstudien in den beiden Handlungsfeldern zeigen ebenfalls, dass etablierte Akteure eine entscheidende Rolle bei der Initiierung auch innovativer Projekte spielen. Darüber hinaus konnte unabhängig von der formalen Organisationsstruktur beobachtet werden, dass sowohl für die Initiierung als auch für die Umsetzung charismatische und engagierte Persönlichkeiten von Bedeutung sind (im Handlungsfeld der Förderung von Kindern mit Migrationshintergrund vor allem die Schulleitung). In zwei weiteren Fallstudien (Fallstudie Care II und Kids I) zeigte sich aber auch, dass etablierte Organisationen nicht immer genügend Spielraum für engagierte Mitarbeiter/-innen bieten. In diesen Fällen haben die Akteure zur Umsetzung ihrer Projektideen die etablierten Organisationen verlassen bzw. eine neue Organisation (z. B. Verein) gegründet. Das Gegenteil zeigte sich in Fallstudie Care I. Hier konnte ein innovatives Projekt in einer etablierten Organisation – in diesem Fall ein großer Wohlfahrtsverband – sowohl initiiert als auch umgesetzt werden.

Die Datenanalyse der quantitativen Untersuchung zeigt eindeutig, dass etablierte Akteure eine zentrale Rolle bei der Initiierung von innovativen Projekten spielen. Die Fallstudien haben dieses Ergebnis grundsätzlich bestätigt; zusätzlich scheinen erstens engagierte, motivierte Persönlichkeiten eine zentrale Rolle zu spielen und zweitens sollten etablierte Organisationen mehr Spielräume für engagierte Mitarbeiter/-innen schaffen, um innovative Projekt(ideen) innerhalb vorhandener Strukturen zu entwickeln.

5.3 Inkubatoren der Innovativität: Vernetzung und Kooperation

Der Indikator der Vernetzung wurde auf zwei Ebenen untersucht. Zum einen auf der Ebene der Schule bzw. Einrichtung und zum anderen auf der Projektebene. Für die erste Ebene werden im Folgenden die Begriffe „Vernetzungsgrad" und „Vernetzungsbereitschaft" verwendet, auf der Projektebene sprechen wir von „Kooperationen".

Die Vernetzung und Kooperation ist grundsätzlich stark abhängig von den Persönlichkeiten, die in einer Organisation tätig sind, da Vernetzung und Kooperation ein hohes Maß an Engagement und Einsatzbereitschaft von den Akteuren erfordern. Die Schulen und Einrichtungen der kultursensiblen Altenhilfe sind nach eigenen Aussagen sehr gut in ihr (lokales) Umfeld eingebunden. Schulen weisen den höchsten Vernetzungsgrad zu anderen Schulen, der Kommunalverwaltung und zum Schulamt auf. Fast die Hälfte aller Schulen gibt an, dass sie in einem regelmäßigen Kontakt zu Sportvereinen und Kirchen steht. Darüber hinaus haben ein Viertel der Schulen Kontakte zu Jugendeinrichtungen und Unternehmen. Eher seltener sind Kontakte zu Stiftungen (13 %) oder Migrantenorganisationen (8 %).

> „Wir haben verschiedene Kooperationen mit Institutionen vor Ort, mit der Musikschule, wir haben uns als Powerschule zertifiziert, wir machen viel mit Ernährung und Bewegung und Entspannung. Diese drei Säulen, dann haben wir ein Schulorchester zusammengebaut mit Unterstützung des Fördervereins und der Musikschule vor Ort." (Interviewauszug Kids II)

Auch in den Einrichtungen der Altenhilfe und Altenpflege ist der Vernetzungsgrad sehr hoch. Über 80 % der Einrichtungen geben an, regelmäßigen Kontakt zur Kommunalverwaltung und zu Wohlfahrtsverbänden zu haben. Aber auch mit Migrantenorganisationen, Kirchen und Initiativen stehen über die Hälfte der Einrichtungen in einem regelmäßigen Austausch. Ein geringerer Vernetzungsgrad besteht häufig zu Stiftungen (44 %) und Hochschulen (37 %). Den niedrigsten Vernetzungsgrad weisen die Einrichtungen zu Unternehmen auf (23 %).

Neben dem Vernetzungsgrad spielt auch die Bereitschaft zur Vernetzung eine zentrale Rolle. Diese Bereitschaft ist ein Indikator für die Aufgeschlossenheit von Institutionen gegenüber ihrem Umfeld. In beiden Handlungsfeldern lässt sich eine hohe Bereitschaft beobachten. Im Bereich der Altenhilfe und Altenpflege geben 89 % der Einrichtungen an, dass sie gerne mit weiteren Institutionen kooperieren würden. Am häufigsten werden Stiftungen und Hochschulen genannt. Die Vernetzungsbereitschaft der Schulen ist mit 75 % etwas geringer ausgeprägt. Die meisten Schulen wünschen sich vor allem Kontakte zu Kommunen, Stiftungen und Unternehmen.

Auf Grund des hohen Vernetzungsgrades und der ausgeprägten Bereitschaft, Kooperationen einzugehen, verwundert es nicht, dass knapp jedes zweite der durch die Studie identifizierten Projekte in Kooperation angeboten wird. Die Unterschiede, die sich hierbei in Bezug auf das jeweilige Handlungsfeld ergeben, sind marginal. Deutliche Differenzen zeigen sich jedoch zwischen den innovativen und traditionellen Projekten. Innovative Projekte werden häufiger im Rahmen von kooperativen Projekten angeboten als traditionelle Projekte. Im Handlungsfeld der Förderung von Kindern mit Migrationshintergrund liegt die Differenz bei 7 Prozentpunkten, im Handlungsfeld kultursensibler Altenhilfe liegt die Differenz bei 28 Prozentpunkten. Dass Kooperationen wichtig sind für den Erfolg eines Projektes ist den Akteuren durchaus bewusst.

> „Das ist jetzt mittlerweile auch in diesen ganzen Jahren was, wo ich mehr denn je überzeugt bin, also dass das einfach Sinn macht hier auch möglichst viele Kooperationen zu schaffen, ob das jetzt wir sind oder andere. Dass man einfach diese unterschiedlichen Sichtweisen nutzen kann, einmal durch die Experten im System und dann aber auch nochmal von außen, die dann noch einmal ein anderes Spiel reinbringen und auch andere Handlungsmöglichkeiten und eigentlich war unsere Kooperation immer getragen von dem Gedanken, dass genau das Sinn macht." (Interviewauszug Kids I)

Dieses Zitat verdeutlicht, dass Kooperationen und Kooperationspartner die Qualität in Projekten steigern können. Unterschiedliche Erfahrungen, Ideen sowie das Wissen und die Kompetenzen der verschiedenen Akteure fließen in das Projekt ein und generieren auf diesem Weg einen Mehrwert.

In einem Projekt der kultursensiblen Altenhilfe (Fallbeispiel 2) zeigt sich, dass Kooperationen in manchen Fällen die Initiierung von Projekten erst ermöglichen.

> „Das war ebenso eine taktische Überlegung und dann haben wir erst an so eine türkische Demenz-WG gedacht. Sind viel rumgelaufen und haben mit Gott und der Welt geredet, aber dann gemerkt, die sind nicht so weit. Pardon…also die versorgen ihre dementiell erkrankten Menschen in der Familie…keine Ahnung…jedenfalls hatten wir da keinen Zugang. Und dann fielen uns die Russen, die auch eine sehr große Community hier sind, ein und das war dann ein bisschen einfacher also mit [Name des Vereins] haben wir kooperiert, die uns den Zugang geschaffen haben." (Interviewauszug Care II)

Die Idee einer Wohngemeinschaft für Demenzerkrankte speziell für Menschen mit einem türkischen Migrationshintergrund aufzubauen, scheiterte an der fehlenden Nachfrage in der Zielgruppe. Durch die öffentliche Kommunikation der Projektidee und der damit verbundenen Probleme führte dazu, dass die Projektidee modifiziert wurde, die Angehörigen der Zielgruppe schließlich in die Umsetzung des Projektes mit einbezogen wurden und das Projekt nicht schon in der Anfangsphase scheiterte. In den Fallstudien spielte die Kooperation mit der Zielgruppe und deren Einbezug in die Angebotserstellung ganz grundsätzlich eine wichtige Rolle. Insgesamt wurden in drei der vier Fallstudien Menschen mit Migrationshintergrund nicht nur als Zielgruppe gesehen, sondern gezielt in die Umsetzung, Erbringung und Entwicklung des Angebotes mit einbezogen.

5.4 Strategische Ausrichtung

Die strategische Ausrichtung der Projekte wurde anhand von zwei verschiedenen Indikatoren operationalisiert: der Existenz von Dokumentationen und dem „Einsatz betriebswissenschaftlicher Instrumente". Im Rahmen der quantitativen Befragung wurden verschiedene Dokumentationsformen abgefragt (vgl. Tab.3).

Tabelle 3: Verwendung verschiedener Dokumentationsformen nach Handlungsfeld

	Kids	Care
Pressebericht	12%	15%
regelmäßige interne Berichte	41%	36%
regelmäßige Berichte an Dritte	15%	25%
öffentliche Berichte	7%	13%
Evaluationen	7%	7%
unsere Arbeit wird nicht dokumentiert	18%	4%

Quelle: eigene Darstellung (N(Kids): 656; N(Care): 48)

In beiden Handlungsfeldern finden „regelmäßige interne Berichte" am häufigsten und Evaluationen am seltensten Anwendung. Damit findet ein Instrument am häufigsten Anwendung, das zwar standardisiert, aber mit geringem Informationsgehalt ausgestattet ist, wenn es um zukunftsgerichtetes Lernen oder Weiterentwicklung der Projekte geht.

Die Messung der Wirkung und die anschließende Anpassung der Prozesse und Projektziele machen die Evaluation zu einem Dokumentationsinstrument, das über den bloßen Beschreibungscharakter des Berichtes hinausgeht. In den Fallstudien im Handlungsfeld der Förderung von Kindern mit Migrationshintergrund zeigte sich jedoch eine grundsätzliche Skepsis im Bezug auf Evaluationen. Die Förderung von Kindern, unabhängig in welcher Form ist, nach Ansicht der Pädagogen ein vielseitiger und ganzheitlicher Prozess, der in einem Evaluationsverfahren nicht vollständig erfasst und somit die Entwicklung lediglich in verkürzter Form festhalten könne. Aber auch im Handlungsfeld kultursensibler Altenhilfe wird dieses Instrument der Wirkungsmessung nur selten angewendet, ganz im Gegensatz zur Dokumentation im Allgemeinen. In diesem Bereich geben lediglich 4% der Einrichtungen, dass ihre Arbeit überhaupt nicht dokumentiert wird, im Handlungsfeld Förderung von Kindern mit Migrationshintergrund ist dieser Anteil mit 18% deutlich höher, was auf eine weniger starke strategische Orientierung in diesem Handlungsfeld schließen lässt.

Zur Analyse des zweiten Indikators(„Einsatz betriebswirtschaftlicher Instrumente") wurde der Einsatz von Balanced Scorecards, Businessplänen oder Finanzplänen erfasst. Auf Grund der stärkeren Ökonomisierung und Finanzierungsabhängigkeit ist der Einsatz solcher Instrumente im Handlungsfeld kultursensibler Altenhilfe erwartungsgemäß häufiger anzutreffen. Immerhin 35% der Einrichtungen geben an, dass sie eines dieser Verfahren nutzen. Das Instrument der Finanzplanung findet dabei mit 20% am häufigsten Anwendung. In der Förderung von Kindern mit Migrationshintergrund werden betriebswirtschaftliche Instrumente etwas seltener eingesetzt (30%). Auch in diesem Handlungsfeld kommen Finanzpläne am häufigsten zum Einsatz. Diese sind insbesondere dann notwendig, wenn für das Projekt bei Dritten Mittel eingeworben werden müssen, was durch das folgende Zitat deutlich wird:

> „Und in diesem Kontext, als es darum ging, was ist eigentlich so, der Effekt, wenn man jahrelang so eine Arbeit gemacht hat, wie muss man das nochmal zusammenkriegen?Da ist dann diese Idee entstanden und wir haben gesagt, OK, wir machen mal eine Kalkulation. Ich habe dann zur Gabi gesagt, so jetzt mach du mal eine Konzeption und dann haben wir das Gerüst für eine Antragsstellung erarbeitet. Und dann haben wir zusammen – weil ich da die Erfahrungen dazu hab – haben das natürlich auch gut unterfüttert und so und haben an die [Name der Stiftung] einen Antrag gestellt und haben eine tolle Förderung gekriegt."(Interviewauszug Kids I)

Diese Indikatoren mit einer unternehmerischen Handlungsorientierung gleichzusetzen ist zumindest für die Akteure selbst nicht evident. In einem Interview mit zwei Mitarbeiterinnen einer der großen Wohlfahrtsverbände im Fallbeispiel Care I erhielten wir auf die Frage, ob sie im Rahmen des Projektes unternehmerisch handeln würden, folgende Antwort:

> „Aber ich lasse mir jetzt auf dem Mund zergehen, das Stichwort „Unternehmerisches Handeln". Und dann stelle ich mir einen Geschäftsführer vor, der sagt: „Wir schreiben dieses Jahr schwarze Zahlen", oder vielleicht sagt er mir nächstes Jahr: „Wir schreiben rote Zahlen." Das war jetzt nur eine kurze Ergebnisformulierung was sie da gesagt haben, aber natürlich muss ein Wohlfahrtsverband ein Träger unternehmerisch agieren." (Interviewauszug Care I)

Ein wenig später präzisiert sie dann:

„Insgesamt agiert der Verband aber unternehmerisch, nicht gewinnorientiert, aber er hat Personalkosten und am Ende muss es eben aufgehen."(Interviewauszug Care I)

Im gleichen Interview wurden wenig später die offeneren Strukturen dieses Handlungsfeldes explizit, die hinsichtlich der Anbieterstrukturen durchaus als marktähnlich bezeichnet werden können:

„Aber natürlich ist es auch so, dass in dem Moment, wo ein Thema gesellschaftlich oder kommunal so hochgehoben wird, stehen natürlich auch andere Akteure auf der Matte und sagen, das machen wir jetzt auch und grundsätzlich finde ich das gut. Wir kämpfen ja für ein freieres, größeres Angebot. Wir sehen den Bedarf und wollen mehr Unterstützung. Und nicht nur bei uns, aber eben auch bei uns. Manchmal hat man schon so ein bisschen das Gefühl, es entsteht ein Markt."(Interviewauszug Care I)

Ausgehend von diesem Zitat ließe sich das Projekt aus Fallstudie Care I nach der hier gewählten Definition durchaus als ein Beispiel für Social Entrepreneurship bezeichnen. Dieses in einem Wohlfahrtsverband initiierte und umgesetzte Projekt erfüllt alle Kriterien unseres breiteren Social Entrepreneurship Begriffs: das Projekt löst auf eine innovative Art und Weise ein soziales Problem, nämlich die Integration von älteren Menschen mit Migrationshintergrund, die Hauptressource sind ehrenamtliche Helfer, die selbst einen Migrationshintergrund haben und das Projekt wird in einer unternehmrisch handelnden Organisation umgesetzt.

Betrachtet man den Zusammenhang zwischen innovativen Projekten und der strategischen Ausrichtung, so zeigt sich in der Förderung von Kindern mit Migrationshintergrund, dass insbesondere die traditionellen Projekte, ausgehend von den zugrunde gelegten Indikatoren, eine stärkere strategische Ausrichtung aufweisen. Traditionelle Projekte werden im Vergleich zu den innovativen deutlich häufiger evaluiert. Eine solche Evaluation wird bei traditionellen Projekten in 12 % der Fälle durchgeführt und somit mehr als doppelt so oft wie in innovativen Projekten (5 %). Auch Instrumente der unternehmerischen Betriebsführung finden in traditionellen Projekten mit 22 % deutlich häufiger Anwendung als bei den innovativen. Hier sind es lediglich 14 % der Projekte, in denen Instrumente der unternehmerischen Betriebsführung angewendet werden.[6] Demnach stellt sich grundlegend die Frage, ob unternehmerisches und strategisches Handeln Handlungsorientierungen sind, die gerade in den etablierten Organisationen ihre Anwendung finden, bzw. die Frage danach, ob die Definition von „Social Entrepreneurship" an dieser Stelle zu kurz greift. Immerhin treffen die Eigenschaften „innovativ" und „strategisch" auch auf Projekte zu, die in der allgemeinen De-

---

6   Im Handlungsfeld kultursensibler Altenhilfe zeigen die Testverfahren keine signifikanten Unterschiede zwischen der strategischen Ausrichtung von innovativen und traditionellen Projekten.

batte als das Gegenteil eines Social Entrepreneurs angesehen werden wie z.B.
Projekte von Wohlfahrtsverbänden. Solche Projekte lassen sich unter der „neuen"
Terminologie des „Social Intrapreneurs" fassen. Das dritte Element der zugrun-
de liegenden Definition von „unternehmerisch" ist, dass Social Entrepreneurs ihr
„Risiko selbst verantworten" inwieweit dies auf die identifizierten innovativen
Projekte zutrifft, zeigt sich im folgenden Abschnitt.

5.5 Finanzierung

Die Frage nach dem „Risiko" soll anhand der Finanzierung der Projekte näher
untersucht werden. Im Einzelnen wird dargestellt, welche Ressourcen für die Finanzierung der Projekte genutzt werden und inwiefern versucht wird, neue Fi-
nanzquellen zu erschließen. Abbildung 2 veranschaulicht, welche Ressourcen in
den beiden Handlungsfeldern zur Finanzierung der Projekte herangezogen werden. Unterteilt sind die Angaben auch hier wieder in traditionelle und innovative
Projekte. Es zeigt sich, dass in beiden Handlungsfeldern in fast allen Fällen „eigene Mittel"[7] zur Finanzierung der Projekte herangezogen werden. Gleich häufig
werden öffentliche Mittel und Mittel von Dritten für die Finanzierung von Projekten eingesetzt. Eher selten fließen selbst erwirtschaftete Mittel in die Projekte ein. Grundsätzlich weisen die beiden Handlungsfelder eine ähnliche Finanzierungsstruktur auf. Größere Unterschiede finden sich lediglich hinsichtlich des
Einsatzes öffentlicher Projektmittel und Mitteln von Dritten. Auf letztere greifen Projekte aus dem Handlungsfeld kultursensibler Altenhilfe deutlich häufiger
zurück als Projekte im Handlungsfeld der Förderung von Kindern mit Migrationshintergrund. Insgesamt zeigt sich, dass Projekte aus dem Feld kultursensibler
Altenhilfe mehr Finanzierungsquellen heranziehen als die Projekte im Schulbereich. Während die Anzahl der Finanzierungsquellen im Bereich der Förderung
von Kindern mit Migrationshintergrund zwischen den traditionellen und innovativen Projekten kaum differiert, zeigen sich in der kultursensiblen Altenhilfe deutliche Unterschiede. Für die innovativen Projekte werden im Schnitt mehr Finanzierungsquellen herangezogen als für die traditionellen Projekte.

---

7   Bei den Schulen handelt es sich um Mittel der Schule oder des Schulträgers und bei den Ein-
     richtungen der Altenhilfe und Altenpflege um Mittel der Einrichtung oder des Trägers.

Abbildung 2: Finanzierungsquellen der Projekte (in Prozent)

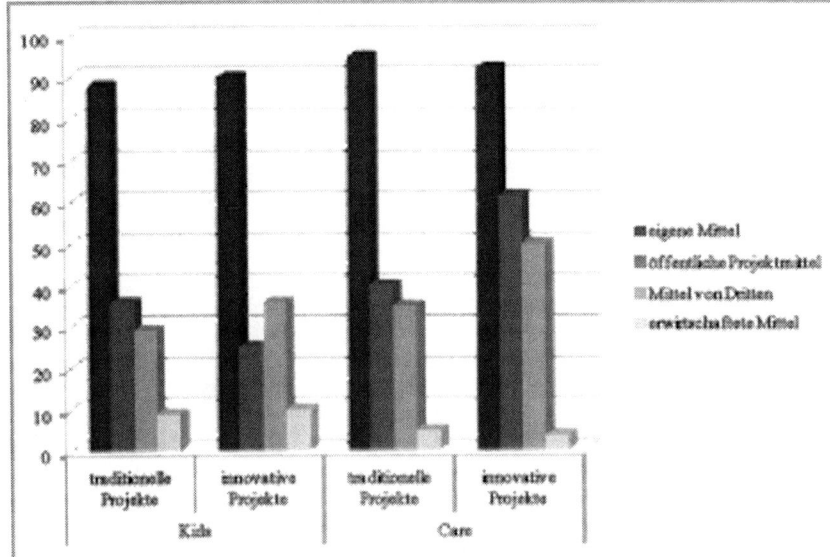

Quelle: eigene Darstellung (N(Kids): 568; N(Care): 46)

Vergleicht man die Finanzierungsstrukturen in den einzelnen Handlungsfeldern
in Abhängigkeit von der Innovativität der Projekte, zeigt sich, dass für die innovativen Projekten weniger häufig öffentliche Projektmittel verwendet werden
und dafür häufiger Mittel von Dritten, wie z. B. Stiftungen und Unternehmen.
Im Handlungsfeld kultursensibler Altenhilfe zeigt sich hingegen, dass im Unterschied zu traditionellen Projekten der Einsatz von öffentlichen Mitteln und Mitteln von Dritten ansteigt, während es bei den anderen Finanzierungsquellen kaum
zu Veränderungen kommt. In diesem Bereich scheint es bei den innovativen Projekten daher nicht zu einer Verschiebung nach dem Prinzip je-mehr-desto-weni-
ger zu kommen, sondern einfach nur zu einem „mehr" an Finanzierungsquellen.
    Das Thema Finanzierung wurde im Rahmen der Fallbeispiele noch einmal
von einem anderen Blickwinkel aus betrachtet. Alle vier Fallbeispiele unterscheiden sich hinsichtlich ihrer Finanzierungsstrukturen.
    Im Fallbeispiel Kids I wird die Finanzierung durch zwei Finanzquellen des
Projektes sichergestellt: durch einen gemeinnützigen Verein und eine Stiftung.

Das größte Problem, dass in diesem Projekt hinsichtlich der Finanzierung besteht, ist der begrenzte Finanzierungszeitraum.

> „Haben wir jetzt gut genutzt, mit dem Projekt [Projektname] Das [Projektname] werden wir in einem anderen Setting, werden wir weitermachen. Die Frage ist, wie wird das finanziert [...]."(Interviewauszug Kids I)

Im Projekt Kids II, welches durch eine etablierte Wohltätigkeitsorganisation ins Leben gerufen wurde, wurde ein Verein gegründet, um die Finanzierung des Projektes sicherzustellen.

> „Ja, das ist ein Verein, der ist also vom Finanzamt anerkannt, wir dürfen Spendenquittungen ausstellen, da kostet die Mitgliedschaft zehn Euro im Jahr. Das ist ja nicht nennenswert."(Interviewauszug Kids II)

Neben den Mitgliedsbeiträgen für den Verein nutzt die Organisation weitere Quellen zur Spendenakquise und zur Mitteleinwerbung.

> „Ich muss kurz sagen, wir machen einmal im Jahr so ein Konzert, wo wir etwa so 8.000 bis 10.000€ übrig behalten für das Projekt und einmal im Jahr nehmen wir an einem Weihnachtsmarkt teil hier, in [Name der Stadt], [...], wo wir Glühwein ausschenken und wo wir auch Wichtel basteln. [...] Da nehmen wir dann auch nochmal irgendwie 5-6-7.000€ ein und dann ist es so, dass die [...] Mitglieder, wenn die einen runden Geburtstag haben und sagen „Was wünsche ich mir da, ich wünsche mir einfach, ich stell ein Sparschwein auf mit einer Spende für [Name des Projektes], und da kommen durchaus auch schon mal namenhafte Beträge zusammen."(Interviewauszug Kids II)

Großen Wert legt die Organisation darauf, dass die Spenden den Gymnasiasten zu Gute kommen, die die Förderung für die Kindergarten- und Grundschulkinder übernehmen. Anderweitig anfallende Kosten versucht die Organisation auf anderen Wegen zu finanzieren.

> „Das heißt, wir versuchen, wenn wir Prospekte drucken, da muss irgendein Unternehmen die Druckkosten übernehmen und alles Mögliche, was so an Sonderkosten entsteht, die möchte ich am liebsten, dass diese das Projekt nicht belasten, sondern das Geld wirklich einsetzen und dann ist die Spendenbereitschaft auch sehr groß, weil wir auch einen sehr großen Wirkungsgrad haben." (Interviewauszug Kids II)

Der große Vorteil dieser Organisation besteht dabei insbesondere in einem sehr gut ausgebauten Netzwerk in allen gesellschaftlichen Bereichen, so dass die Organisation ihren eigenen Ansprüchen im Rahmen des Projektes gerecht werden kann.

Im ersten Fallbeispiel im Feld kultursensibler Altenhilfe (Care I) ist die Finanzierung durch die Einbindung des Projektes in einen Wohlfahrtsverband sichergestellt. Darüber hinaus werden die Kosten des Projektes durch den Einsatz von Ehrenamtlichen möglichst gering gehalten. Nichts desto weniger handelt es sich um einen Zuschussbereich innerhalb des Verbandes, der von anderen Bereichen mitgetragen werden muss.

> „Wir sind ja hier in der Seniorenarbeit, kann ich ja mal sagen, wir sind ein Zuschussbereich. Innerhalb des Verbandes gibt es Bereiche, die sind auskömmlich finanziert, wir sind es als Seniorenarbeit nicht. Wir profitieren von – ich sage mal – den Kitas, die wir haben oder von anderen Bereichen, wo eher am Ende 3,50 DM überbleiben." (Interviewauszug Care I)

Beim zweiten Fallbeispiel verfügt das an dem Projekt beteiligte Wohnungsunternehmen über eine eigene Stiftung, welche das Projekt (neben Bezügen aus der Pflegeversicherung) absichert. Absichert meint in diesem Fall, dass die aufgebaute Demenz-WG nur bei 100%iger Auslastung kostenmäßig tragfähig ist. Es kommt jedoch häufiger vor, dass Plätze vorübergehend frei sind und für diesen Fall können Mittel aus der Stiftung genutzt werden.

> „Dieses GbR Modell schreckt dann doch viele und der Kostenfaktor, den wir über eine hausinterne Stiftung eventuell abfangen können, der ist bei anderen finanziell nicht darstellbar." (Interviewauszug Care II)

5.6 Die institutionelle Einbettung von Social Entrepreneurship

In einem abschließenden Analyseschritt ist der Frage nachzugehen, inwieweit sich die gesellschaftlich-institutionellen Rahmenbedingungen auf die Projekte auswirken, um die eingangs formulierten Fragestellungen nach den möglichen Nischen für Social Entrepreneurship in Deutschland zu überprüfen. Die Rahmenbedingungen werden in vier Kategorien gegliedert:

1. Rechtliche Rahmenbedingungen
2. Einfluss der Lokalpolitik
3. Einfluss des Trägers
4. Konkurrenz durch weitere/ähnliche Projekte

Die Analyse der vorliegenden quantitativen Befragungsdaten ergab, dass die Rahmenbedingungen sich im Großteil der Fälle weder fördernd noch hemmend auf die Initiierung oder Umsetzung der Projekte auswirken (vgl. Tab. 4).

Tabelle 4: Auswirkungen von Rahmenbedingungen auf die Projekte

	fördernd	kein Einfluss	hemmend
Kids			
Rechtliche Rahmenbedingungen	19%	60%	21%
Lokalpolitik	36%	57%	7%
Träger	26%	69%	5%
Konkurrenz durch ähnliche Projekte	6%	90%	6%
Care			
Rechtliche Rahmenbedingungen	14%	75%	11%
Lokalpolitik	61%	39%	0%
Träger	85%	13%	2%
Konkurrenz durch ähnliche Projekte	7%	84%	9%

Quelle: eigene Darstellung (N(Kids): 509; N(Care): 43)

Es zeigte sich in der Auswertung der quantitativen Studie, dass insbesondere die Schulen im Großteil ihrer Projekte keinen Einfluss der abgefragten Rahmenbedingungen wahrgenommen haben. Lediglich der Bereich der rechtlichen Rahmenbedingungen wurde von 20 % der Schulen als hemmend empfunden. Im Bereich der kultursensiblen Altenhilfe wurde der Einfluss der Träger und der Lokalpolitik als eher fördernd wahrgenommen.

Im Rahmen der qualitativen Falluntersuchungen konnten die Einflüsse der Rahmenbedingungen näher untersucht und konkretisiert werden. Dabei zeigte sich, dass in zwei der vier Fallbeispiele die etablierten Träger einen negativen Einfluss auf die Tätigkeiten und die Umsetzung neuer Projekte ausübten. Diese beiden Beispiele stammen aus je einem Handlungsfeld. Im Bereich der Förderung von Kindern mit Migrationshintergrund zeigte sich, dass in der öffentlichen Jugendhilfe bürokratische Strukturen die Umsetzung von Projekten hinauszögerten.

> „Man kann es sagen, wir sind ein Verein, der von den damaligen Mitarbeiterinnen der Jugendhilfe gegründet wurde, also weil das was man da in der Jugendhilfe, in der öffentlichen leisten konnte, an verschiedenen Stellen, nicht umsetzbar war. In den 70iger Jahren gab es ja dann auch diese Finanzgeschichten, ähnlich wie hier jetzt und da hat man natürlich auch gesagt. Die Jugendhilfe, die braucht da länger, um bestimmte Projekte und bestimmte Angebote einzubringen. Und das ist eigentlich so dieser Hintergrund." (Interviewauszug Kids I)

Die Lösung dieses Problems war die Gründung eines Vereins. In diesem Verein engagieren sich Mitarbeiterinnen und Mitarbeiter der öffentlichen Jugendhilfe ehrenamtlich. In diesem Verein können dann die Projekte umgesetzt werden, die sich in der öffentlichen Jugendhilfe nicht oder nur schwerer umsetzten lassen. Auch im Handlungsfeld kultursensibler Altenhilfe stehen engagierte, motivierte Persönlichkeiten vor Problemen mit den etablierten Organisationen. In dem konkreten Fall handelt es sich um die ehemalige Mitarbeiterin eines Wohlfahrtsverbandes.

> „Und ich hatte das unternehmerische Vorgehen vorgeschlagen, aber ich war auch keine Leitung, ich war eine Mitarbeiterin und ich war überidentifiziert und ich sage mal unternehmerisch, deshalb war ich sicherlich eine sehr problematische Mitarbeiterin, weil ich halt eben das so weiterentwickeln wollte. Ich war sozusagen eher leitungsmäßig in meinem Kopf unterwegs und habe dann den Konflikt mit der Geschäftsführung auf die Spitze getrieben, das kann man als Mitarbeiter, das geht ja gut insbesondere dann, wenn man eine schwache Geschäftsführung hat, dann geht das ganz gut. Und ich hatte sozusagen den Streit dahingehend fokussiert, sozusagen. Ich war der Ansicht wir müssten die Beratungsstelle anders weiterentwickeln und sowohl meine Leitung als auch meine Kollegen waren der Meinung dass das nicht so ist und dann ist die logische Konsequenz das sie entweder in die innere Kündigung gehen oder richtig kündigen." (Interviewauszug Care II)

Die Konsequenz war, dass diese Mitarbeiterin den Verband verlassen hat und ein eigenes Unternehmen gründete. Entstanden ist daraus die Idee, Demenz-WGs im GbR-Modell zu betreiben. In diesem Projekt lassen sich Innovationen nicht nur auf der Produkt-, sondern auch der Strukturebene identifizieren. Hinsichtlich der Kooperations- und Finanzierungsstrukturen erscheint dieses Projekt einzigartig, woraus jedoch eine Reihe weiterer Probleme entstanden sind.

> „Unsere These wäre zunächst gewesen, dass man lokal arbeiten muss, um überhaupt solche Projekte zu erkennen, weil nur auf lokaler Ebene kann man sehen, wo der Bedarf ist. Wir haben aber zunächst nicht daran gedacht, dass die Kommune so hinderlich sein kann." (Interviewauszug Care II)

In diesem Fallbeispiel wird die Kommune als hinderlich empfunden. Die Akteure sind frustriert, sie fühlen sich der Willkür der Kommune ausgesetzt. Wobei die Grenzen zwischen Kommune und rechtlichen Rahmenbedingungen verschwommen sind, was anhand des folgenden Zitates deutlich wird:

> „Nur um das auf den Punkt zu bringen, wir haben ja eine ausgeprägte Bürokratie in Deutschland, es ist ja bei uns im Projekt zentral, dass die Stadt in vielen Projekten einfach die Projekte behindert mit zu viel Bürokratie. Das ist dann quasi auch hier der Fall. Wenn man uns fragen würde „Was könnte die Stadt machen, um solche Projekte zu fördern." Dann würde ich sagen, dass wir gar keine aktive Unterstützung brauchen oder wollen, aber dass die zumindest nicht mit mehr Regulierung das Ganze verschlimmern." (Interviewauszug Care II)

Was genau die Interviewte unter „ausgeprägter Bürokratie" versteht, zeigt das folgende Zitat:

> „Wir sind ja ein Land, in dem alles organisiert wird. Die WGs werden jetzt andersrum angegriffen, weil jetzt schießt man ja mit dem vollen Brandschutz, den vollen Hygienestandards und so was alles auf diese armen kleinen Wohngemeinschaften." (Interviewauszug Care II)

Anhand dieses Interviewauszuges wird deutlich, dass in Deutschland rechtliche Strukturen vorherrschen, die Unternehmungen wie die Demenz-WG erschweren können und von den engagierten Akteuren als hinderlich zum Teil sogar als willkürlich empfunden werden.

Ein positives Beispiel für den Einfluss von Trägern und Kommune ist das Fallbeispiel I im Handlungsfeld kultursensible Altenhilfe. Gerade hier war es möglich in einem Wohlfahrtsverband ein innovatives Projekt umzusetzen. Dabei wirkte sich der Einfluss der Kommune eher fördernd auf das Projekt aus.

> „Grundsätzlich, einmal so zur Erklärung. Es ist in [Name der Stadt] so, dass die Zusammenarbeit mit der Stadt [...] auf Kooperation ausgelegt ist. Es gibt das sogenannte stadtweite Netzwerk. Da hat die Koordination die Stadt [...]. In diesem stadtweiten Netzwerk sind alle Anbieter – sag ich mal -, alle Träger. Sind es nicht nur die Wohlfahrtsverbände...Nein es ist auch der Seniorenbeirat vertreten, die verschiedenen Träger kommen da zusammen und besprechen dies oder jenes was da in der Seniorenlandschaft gerade los ist, was es zu koordinieren gibt, wo es irgendetwas zusammen zu gestalten gibt. Das ist hier der Boden, der hier gelegt wurde, um 2003 rum. Das transportiert sich in die Stadtbezirke. [...] Da gibt es immer einen städtischen Sozialarbeiter der koordiniert, das stadtbezirkliche Netzwerk und da kommen dann alle zusammen. Da trifft dann auch die Kollegin von der [Namen des Wohlfahrtsverbandes] Seniorenarbeit vielleicht den F. vom Pflegedienst oder jemand ganz anderes von [Name eines Wohlfahrtsverbandes], oder der Kirche. Also das ist so das Grundgerüst hier und das ist schon mal viel wert. Das ist schon einmal eine gute Basis, um überhaupt voneinander zu wissen und zu gucken, was machen die einen, was machen die anderen." (Interviewauszug Care I)

Anhand der beiden Fallbeispiele im Handlungsfeld kultursensible Altenhilfe zeigt sich wie stark der Einfluss von Trägern und Kommunen abhängig ist von einzelnen Persönlichkeiten und deren Engagement.

6. Die Bedeutung von Social Entrepreneurship in Deutschland

Die dargestellten empirischen Befunde zeigen, dass das Phänomen des aus dem angelsächsischen Raum importierten „Social Entrepreneurship" in einem durch etablierte und vernetzte Strukturen gekennzeichneten Wohlfahrtsstaat eine weniger ausgeprägte Rolle spielt. In Deutschland wird die Erbringung sozialer Dienstleistungen traditionell von intermediären Akteuren zwischen Staat, Markt und

Gesellschaft organisiert, so dass das Spielfeld bereits weitgehend besetzt ist. Es stellt sich die Frage, ob Social Entrepreneurship im engeren Sinne, als marktförmige, unternehmerische Lösung sozialer Probleme, über den Einzelfall hinaus in der Lage ist, effizienter und effektiver zu agieren als Staat und Verbände, die ihrerseits ihre Legitimation aus der Bearbeitung von durch Marktversagen verursachten Problemen ziehen.

Es hat sich gezeigt, dass es sich bei den (vermeintlichen) Social Entrepreneurs oftmals weder um inhaltlich besonders innovative noch um eine originär neue Form der Leistungserstellung handelt, die gegenüber den Angeboten etablierter Träger über spezifische Vorteile verfügen, sondern dass etablierte Akteure ähnlich agieren können und ggf. neue Ideen und Strukturen *innerhalb* etablierter Organisationen entwickeln (Intrapreneurship). Auch in den etablierten Organisationen, den Wohlfahrtsverbänden, wurden im Zuge der Einführung neuer Steuerungsmodelle bereits seit mehr als 15 Jahren betriebswirtschaftliche Instrumente der Unternehmensführung und -steuerung eingeführt (vgl. u. a. Grohs/ Bogumil 2011; Dahme/Kühnlein/Wohlfahrt 2005; Liebig 2005; die Beiträge in Evers/Heinze 2008; Schneiders 2010: 57f). Auch wenn dieser Prozess von Teilen der Akteure der Sozialen Arbeit als „Ökonomisierung" bzw. „Verbetriebswirtschaftlichung" diskreditiert wird (vgl. für eine differenzierte Auseinandersetzung Möring-Hesse 2008; für eine emotionale Seithe 2011), zeigt doch der rasante Anstieg der Zahl der Studiengänge des Sozialmanagements und der Sozialwirtschaft (Boeßenecker/Markert 2007), dass die Notwendigkeit einer stärkeren Wirkungsorientierung von einem Großteil der etablierten Akteure erkannt worden ist (vgl. die Beiträge in Epler/Miethe/Schneider 2011).

Die von uns identifizierten Projekte entsprechen nur in geringer Zahl dem in der Social Entrepreneurship-Literatur gefeierten philanthropischen Unternehmertypus, der mit etablierten Strukturen bricht, Neues auf die Beine stellt und durch die Diffusion seines Ansatzes den deutschen Sozialstaat transformiert. Vielmehr handelt es sich in der Regel um Projekte, die sich aus bestehenden Strukturen heraus entwickeln (Intrapreneurship) und von konkreten Problemlagen angestoßen werden. Innovation entsteht vielmehr insbesondere dort, wo etablierte Akteure zusammenarbeiten und gemeinsame, oft hybride Lösungen finden. Dieses Ergebnis weist zumindest in den von uns untersuchten Handlungsfeldern auf eine nur beschränkte empirische Relevanz des Typus „Social Entrepreneur" im engeren Sinne hin. Zwar bestätigen die Ergebnisse, dass im bereits stärker ökonomisierten Handlungsfeld der kultursensiblen Altenhilfe, verstärkt neue Akteure neben die Etablierten treten, jedoch wird in der Empirie ebenfalls deutlich, dass sich diese wiederum durch eine starke Vernetzung mit etablierten Akteuren auszeichnen. Die Tatsache, dass wir in beiden Feldern nur eine relativ geringe Zahl von Social Entrepreneurs identifizieren konnten, mag zum Teil auf das methodische Design zurückzuführen sein.

Bezüglich unserer These, dass sich korporatistische Strukturen bzw. rechtliche Rahmenbedingungen hemmend auswirken, ergibt sich ein uneinheitliches Bild: Während sich die Befragten der quantitativen Analyse relativ zufrieden mit den Rahmenbedingungen zeigten, äußerten die Akteure in den Fallstudien zum Teil erhebliche Kritik. Kontrastiert man unsere empirischen Befunde mit der diskursiven Prominenz von SE, ist fraglich, ob sich ein Paradigmenwechsel vollziehen wird. Es ist unbestritten, dass das Konzept des Social Entrepreneurship aufgrund seines vermeintlichen visionären Charakters eine hohe Attraktivität aufweist – insbesondere in Kreisen außerhalb des engeren Policy-Netzwerks der Sozialpolitik. Hier eröffnet sich (scheinbar) ein Ausweg aus dem Dilemma der wachsenden sozialen Aufgaben bei stagnierenden öffentlichen Finanzen. Zudem wird ein qualitativer Mehrwert durch das persönliche Engagement der „Unternehmer" im Bereich der sozialen Dienstleistungen erwartet. Die Ausführungen zu den Begrifflichkeiten sowie die Darstellung der empirischen Realitäten im deutschen sozialen Dienstleistungssektor haben jedoch gezeigt, dass die Übertragung eines Modells aus dem angelsächsischen Raum auf die deutsche „Wohlfahrtsstaatswirklichkeit" nur begrenzt möglich ist. Vielmehr müssen zunächst Begrifflichkeiten und Konzepte an das jeweilige wohlfahrtsstaatliche Regime angepasst werden und die jeweiligen institutionellen Kontexte einbezogen werden. Im Rahmen unserer quantitativen und qualitativen Untersuchungen ist zudem deutlich geworden, dass Social Entrepreneurship als Selbstbeschreibung der Akteure im Sozialbereich bislang kaum auftritt, so dass wir dieses Kriterium zu Recht nicht zur Fallauswahl genutzt haben.

Welchen Stellenwert haben nun die von uns identifizierten Beispiele von Social Entrepreneurship? Tatsächliche Konkurrenz zwischen etablierten Formen der Wohlfahrtsproduktion und den neuen Initiativen des „Social Entrepreneurship" ist bislang – auch angesichts des noch bescheidenen Ausmaßes und unterschiedlicher Zielgruppen von SE – noch nicht erkennbar. Die Projekte bewegen sich einerseits in Nischen und „stemmen" kein allzu großes Risiko. Damit wird ein mögliches Scheitern in seinen Auswirkungen begrenzt. Etablierte Träger werden so kaum unter Druck gesetzt. Allerdings entwickeln die Modelle eine „andere" Form sozialen Handelns, die von Etablierten durchaus gesehen wird – und nicht selten in das eigene Handlungsrepertoire integriert wird. SEs entwickeln in diesem Kontext z. T. neue Ansätze, indem sie bislang engagementferne Gruppen gezielt ansprechen (z. B. Schüler mit Migrationshintergrund im IBFS – Chancenwerk) oder bewusst auf „hippe" Organisationsformen setzen (z. B. „Rock your life"). Insofern bieten neue innovative Projekte, das Potential neues Engagement zu generieren. Nicht zuletzt dürfte der überwiegende Teil der sich als SEs bezeichnenden Projekte aus privatem Engagement entstanden sein, so dass sich hier – nicht unvergleichbar mit der Institutionalisierung der Selbsthilfebewegung der 1970er und 1980er Jahre – eine Institutionalisierung von Engagement vollzieht. Ein Wettbewerb um Engagierte und Arbeitskräfte ist bislang nicht erkennbar. Allerdings könnte die gegenwärtige Aufmerksamkeit für SEs, die nicht zuletzt durch nicht unerheblichen Aufwand von Mittlerorganisationen geschaffen wird, zu zwei nicht intendierten, aber problematischen Effekten führen. Angesichts der medialen Präsenz ist zu befürchten, dass Initiativen „altmodischen" Zuschnitts in der neuen Aufmerksamkeitsökonomie einen geringeren Anteil des Kuchens am Aufkommen von Spenden und Fördermitteln abbekommen könnten, bzw. gezwungen werden, mit ähnlichen medialem Aufwand um diese zu werben – was zu einer Verschiebung ihres Arbeitsfokus weg von der eigentlichen Problembearbeitung hin zu Vermarktung führt. Dies schließt die Gefahr des „Rosinenpickens" hinsichtlich der Zielgruppen ein, so dass die Aufmerksamkeit auf Gruppenverschoben wird, bei denen leichter medial vermittelbare Erfolge erzielt werden können. Zum zweiten etablieren sich gegenwärtig neue SE nahe Formen von „Rating-Agenturen" für Sozialprojekte, die potentiellen Mäzenen Handreichungen für „Social Investments" bereitstellen (z. T. mit erheblichen Kosten). Die sich etablierenden Systeme der Wirkungsmessung laufen relativ unverbunden zur lange anhaltenden Debatte um Wirkungsorientierung in der sozialen Arbeit (vgl. für einen Überblick Otto 2007)und dem öffentlichen Sektor, so dass die Gefahr besteht, dass eine sehr spezifische, weitgehend nicht öffentlich gesetzte Perspektive über die Verteilung von Mitteln bestimmt.

Dringlicher als die Beachtung dieser potentiellen Probleme ist allerdings das Erfordernis der Koordination zwischen Angeboten bzw. Akeuren. Kooperation, Vernetzung und mehr Wettbewerb und Management sind die Schlüsselfragen im Bereich sozialer Dienstleistungen. Die bisher nebeneinander stehenden Einrichtungen müssen „neu" vernetzt werden, so dass Reibungsverluste verhindert und Ressourcen gebündelt werden in Richtung des Aufbaus einer lokalen sozialen Infrastruktur. Die neuen Akteure im Sozialsektor (SEs) sollten hier beachtet, aber ihre Relevanz(nach den bisher vorliegenden Befunden) nicht überschätzt werden. SEs können als Innovationsinkubator fungieren, aber ihre Ausstrahlungskraft ist dann am größten, wenn sie in Kooperation mit bzw. innerhalb der etablierten Strukturen (Intrapreneurship) agieren. Insofern bewirken SEs in etablierten Wohlfahrtsstaaten nicht „Change" im Sinne weitreichender Strukturwandels, sondern das Setzen kleiner feiner Unterschiede.

Literaturverzeichnis

Arbeitskreis „Charta für eine kultursensible Altenpflege" (Hrsg) (2002): Handreichung für eine kultursensible Altenpflege, Köln: o. V.

Ashoka (2010): Jahresbericht 2009, Berlin: o. V., download unter http://germany.ashoka.org/sites/germany.ashoka.org/files/Ashoka_JB_2009%20final%20Web.pdf. letzter Zugriff 02.11.2010.

Billis, David (Hg.) (2010): Hybrid Organizations and the Third Sector: Challenges for Practice, Theory and Policy. Basingstoke: Palgrave Macmillan.

Bode, Ingo (2004): Disorganisierter Wohlfahrtskapitalismus Die Reorganisation des Sozialsektors in Deutschland, Frankreich und Großbritannien, Wiesbaden: Verlag für Sozialwissenschaften 2004

Bode, Ingo/ Evers, Adalbert (2004): From institutional fixation to entrepreneurial mobility? The German third sector and its contemporary challenges. In: Evers, Adalbert/ Laville,Jean-Louis (Hg.): The third sector in Europe. Cheltenham: Elgar, S. 101-121.

Boeßenecker, Karl-Heinz/Markert, Andreas (2007): Sozialmanagement studieren. Studienangebote im Bereich Sozialmanagement und Sozialwirtschaftund Analysen veränderter Rahmenbedingungen, Düsseldorf: HBS (Arbeitspapier 141).

Borins, Sandford (2001): The Challenge of Innovating in Government: PricewaterhouseCoopers Endowment for the Business of Government.

Bornstein, David (2007): How to change the world. Social entrepreneurs and the power of new ideas. Oxford: Oxford University Press.

Bornstein, David/ Davis, Susan (2010): Social entrepreneurship. What everyone needs to know. Oxford, New York: Oxford University Press.

Brandsen, Taco; Dekker, Paul; Evers, Adalbert (2010): Civicness in the governance and delivery of social services. Baden-Baden: Nomos.

Dahme/Heinz-Jürgen/Kühnlein, Gertrud/Wohlfahrt, Norbert (2005): Zwischen Wettbewerb und Subsidiarität.Wohlfahrtsverbände unterwegs in die Sozialwirtschaft, Berlin: edition sigma.

Dees, J. Gregory/Anderson, Beth Battle (2006): Framing a Theory of Social Entrepreneurship: building on Two Schools of Practice and Thought. In: Mosher-Williams, R., Association for Research on Nonprofit Organizations und Voluntary Action (Hg.): Research on social entrepreneurship: understanding and contributing to an emerging field: Aspen Institute (ARNOVA occasional paper series), S. 39-66.

Defourny, Jacques/ Nyssens, Marthe (2010): Conceptions of Social Enterprise and Social Entrepreneurship in Europe and the United States: Convergences and Divergences. In: Journal of Social Entrepreneurship 1 (1), S. 32-53.

Edwards, Michael (2010): Small Change. Why BusinessWon't Save the World. C San Francisco: Berrett-Koehler Publishers.

Elkington, John/ Hartigan, Pamela (2008): The power of unreasonable people. How social entrepreneurs create markets that change the world. Boston: Harvard Business School Press.

Eppler, Natalie/Miethe, Ingried/Schneider, Armin (2011): Qualitative und quantitative Wirkungsforschung: Ansätze, Beispiele, Perspektiven. Opladen: Verlag Barbara Budrich

Evers, Adalbert (1995): Part of the welfare mix: The third sector as an intermediate area. In: Voluntas 6 (2), S. 159-182.

Evers, Adalbert/ Ewert, Benjamin (2010): Hybride Organisationen im Bereich sozialer Dienste – Ein Konzept, sein Hintergrund und seine Implikationen. In: Klatetzki, Thomas (Hg.): Soziale personenbezogene Dienstleistungsorganisationen. Soziologische Perspektiven. Wiesbaden: VS Verlag, S. 103-128.

Evers, Adalbert/Heinze, Rolf G. (Hrsg.) (2008): Sozialpolitik. Ökonomisierung und Entgrenzung, Wiesbaden: VS Verlag.

Evers, Adalbert/Heinze, Rolf G./Olk, Thomas (Hg.) (2011): Handbuch Soziale Dienste, Wiesbaden

Gogolin, Ingrid/ Neumann, Ursula/ Roth, Hans-Joachim (2003): Förderung von Kindern und Jugendlichen mit Migrationshintergrund. Gutachten. Bonn: BLK (Materialien zur Bildungsplanung und zur Forschungsförderung, 107).

Grohs, Stephan (2010): Modernisierung kommunaler Sozialpolitik. Wiesbaden: VS Verlag.

Grohs, Stephan/Bogumil, Jörg (2011): Management sozialer Dienste. In:Evers, Adalbert/Heinze, Rolf G./Olk, Thomas (Hg.): Handbuch Soziale Dienste, Wiesbaden

Hackenberg, Helga/ Empter, Stefan (Hg.) (2011): Social Entrepreneurship im deutschen Wohlfahrtsstaat – Hybride Organisationen zwischen Markt, Staat und Gemeinschaft. Wiesbaden: VS Verlag.

Heinze, Rolf G./ Naegele, Gerhard (2010): Integration und Vernetzung – Soziale Innovationen im Bereich sozialer Dienste. In: Howaldt, Jürgen/ Jacobsen, Heike (Hg.): Soziale Innovation. Auf dem Weg zu einem postindustriellen Innovationsparadigma. Wiesbaden: VS Verlag, S. 297-313.

Heinze, Rolf G./ Grohs, Stephan/ Schneiders, Katrin (2011): Social Entrepreneurship im deutschen Wohlfahrtsstaat – Hybride Organisationen zwischen Markt, Staat und Gemeinschaft. In: Hackenberg, Helga/ Empter, Stefan (Hg.): Social Entrepreneurship im deutschen Wohlfahrtsstaat – Hybride Organisationen zwischen Markt, Staat und Gemeinschaft. Wiesbaden: VS Verlag, S. 86-102.

Jähnke, Petra/ Christmann, Gabriela B./ Balgar, Karsten (Hg.) (2011): Social Entrepreneurship. Perspektiven für die Raumentwicklung Wiesbaden: VS Verlag.

Jansen, Stephan A./ Richter, Saskia/ Hahnke, Elisabeth/ Achleitner, Ann-Kristin/ Spiess-Knafl, Wolfgang/ Volk, Sarah/Then, Volker/ Mildenberger, Georg/ Scheuerle, Thomas/ Schmitz, Blörn (2010): Defining Social Entrepreneurship (Eine Definition von Social Entrepreneurship). Zeppelin Universität. Friedrichshafen, Heidelberg, München (Working Paper).

Kerlin, Janelle A. (2006): Social Enterprise in the United States and Europe: Understanding and Learning from the Differences. In: Voluntas 17 (3), S. 246-262.

Kerlin, Janelle A. (2012): Defining Social EnterpriseAcross Different Contexts:A Conceptual FrameworkBased on InstitutionalFactors. In: Nonprofit and Voluntary Sector Quarterly 20 (10) 1-12.

Kirzner, Israel M. (1999): Creativity and/or Alertness: A Reconsideration of the Schumpeterian Entrepreneur. In: The Review of Austrian Economics 11 (1/2), S. 5-17.

Kirzner, Israel M (1999): Creativity and/or Alertness: A Reconsideration of the Schumpeterian Entrepreneur. In: The Review of Austrian Economics 11 (1-2), 5-17.

Liebig, Reinhard (2005): Wohlfahrtsverbände im Ökonomisierungsdilemma. Freiburg: Lambertus.

Möring-Hesse, Matthias (2008): Verbetriebswirtschaftlichung und Verstaatlichung. Die Entwicklung der sozialen Dienste und der Freien Wohlfahrtspflege, in: Zeitschrift für Sozialreform H. 2 (54.Jg.), S. 141-160.

Mulgan, Geoff/ Albury, David (2003): Innovation in the Public Sector, Working Paper Version 1.9, October, Strategy Unit, UK Cabinet Office.

Nicholls, Alex (Hg.) (2006): Social Entrepreneurship. New Models of Sustainable Social Change. Oxford: Oxford University Press.

Otto, Hans-Uwe (2007): Zum aktuellen Diskurs um Ergebnisse und Wirkungen im Feld der Sozialpädagogik und Sozialarbeit – Literaturvergleich nationaler und internationaler Diskussion. Expertise im Auftrag der Arbeitsgemeinschaft für Kinder- und Jugendhilfe – AGJ. Berlin.

Perrini, Francesco/Vurro, Clodia (2006): Social entrepreneurship: Innovation and social change across theory and practice. In: Mair, Johanna/ Robinson, Jeffrey/ Hockerts, Kai (Hg.): Social entrepreneurship. Basingstoke. Hampshire: Palgrave Macmillan.

Salamon, Lester M./ Anheier, Helmut (1996): The emerging nonprofit sector. An overview. Manchester: Manchester Univ. Press.

Schneiders, Katrin (2010): Vom Altenheim zum Seniorenservice. Institutioneller Wandel und Akteurkonstellationen im sozialen Dienstleistungssektor.Baden-Baden: Nomos.

Seithe, Mechthild (2011): Schwarzbuch Soziale Arbeit. 2. Aufl., Wiesbaden: VS-Verlag

Teasdale, Simon (2012): What's in a Name? Making Sense of Social Enterprise Discourses. In: Public Policy and Administration 27 (2), S. 99-119.

Zimmer, Annette (2007): Vereine – Zivilgesellschaft konkret. Wiesbaden: VS Verlag.

Die Verankerung von Social Entrepreneurship im Sozialgesetzbuch

Ataner Öztürk

Social Entrepreneurship beschäftigt Wirtschafts-, Politik- und Sozialwissenschaften. Für die Zukunft ist zu vermuten, dass sich auch die Rechtswissenschaft vermehrt diesem Thema widmen wird. Die ersten Impulse hierzu setzte die Europäische Kommission durch eine Mitteilung über eine „Initiative für soziales Unternehmertum – Schaffung eines ‚Ökosystems' zur Förderung der Sozialunternehmen als Schlüsselakteure der Sozialwirtschaft und der sozialen Innovation"[1]. Kurze Zeit später folgte der Vorschlag für eine Verordnung über „Europäische Fonds für soziales Unternehmertum"[2].

Im Folgenden werden überblicksartig einige der Fragestellungen skizziert, die sich bei einer (sozial-)rechtswissenschaftlichen Auseinandersetzung mit Social Entrepreneurship ergeben. Ausführliche Antworten würden einerseits den Rahmen eines Sammelbandbeitrages sprengen. Zum anderen strebt der Verfasser im Rahmen eines Promotionsverfahrens die Veröffentlichung einer detaillierten Darstellung an, sodass hier nur diejenigen Aspekte erläutert werden, die für das Verständnis der rechtspolitischen Handlungsempfehlung erforderlich sind.

1. Verortung im Regelungskontext

Der deutsche Sozialstaat weist eine stetig im Wandel begriffene Regelungsstruktur für das Sozialwesen auf, die in den letzten Jahrzehnten mit dem Sozialgesetzbuch zumindest auf Bundesebene einer einheitlichen Kodifikation zugeführt wurde. Darin werden nicht nur Sozialleistungsansprüche des Einzelnen[3] geregelt. Das Sozialgesetzbuch bestimmt auch die Rahmenbedingungen für die Finanzierung von sozialen Einrichtungen, damit eine entsprechende Infrastruktur bereitsteht.

---

1   KOM(2011) 682 endgültig.
2   KOM(2011) 862 endgültig.
3   Die maskuline Form bezieht sich hier, wie auch in den folgenden Bezeichnungen, gleichermaßen auf beide Geschlechter.

1.1   Soziales Unternehmertum und das Leistungserbringerrecht

Dieses sogenannte Leistungserbringerrecht[4] zielt darauf ab, dass Bedürftige vor
Ort Anbieter antreffen, bei denen sie entsprechende Hilfen für ihre Bedarfsla-
gen erhalten können. Social Entrepreneurship wirkt wie eine Irritation aus den
Wirtschafts- und Sozialwissenschaften auf das Teilsystem Leistungserbringerrecht[5]. Denn die Trägerlandschaft zeichnet sich durch eine Dreiteilung in öffentliche, privat-gewerbliche und frei-gemeinnützige Einrichtungsträger aus[6]. Dies gilt
insbesondere bei der Erbringung von Dienstleistungen im sozialrechtlichen Dreiecksverhältnis[7]. Diese Entgeltfinanzierung ist charakterisiert durch eine markt-
wirtschaftliche Organisation. Die Einrichtungsträger tragen nach einer Zulassung
zur Leistungserbringung das unternehmerische Risiko der Auslastung ihrer Kapazitäten. Infolgedessen stehen sie in einem Wettbewerb zueinander. Social Entrepreneure und ihre Organisationen können als Erbringer von sozialen Dienstleistungen die für ihre soziale Mission erforderliche Finanzierung erhalten, wenn
sie die gesetzlich bestimmten Anforderungen für einen Marktzugang erfüllen[8]
und sich an die in Rahmenverträgen ausgehandelten Abwicklungsmodalitäten
halten. Hieran wird jedoch der eingeschränkte Aktionsradius für Leistungserbringer deutlich. Die staatliche Kostenübernahme gilt für gesetzlich bestimmte
Dienstleistungen, sodass die Entgeltfinanzierung beim Gedanken der Kostenef-
fizienz für standardisierte Leistungen verharrt[9].

1.2   Kooperation in der Wohlfahrtspflege

Dagegen bedarf es in sozialen Brennpunkten kreativer Lösungen für einen positiven gesellschaftlichen Wandel. Auf diesen der Sozialen Arbeit zugehörigen
Tätigkeitsbereichen erschöpfen sich die Bedarfe der Leistungsempfänger nicht
im Monetären, sondern sind häufig medizinischer, sprachlicher oder geistig-see-

---

4   Pionierarbeit leisten Becker/Meeßen/Nueder/Schlegelmilch/Schön/Vilaclara, VSSR 2011, S.
     323-359, fortgeführt in VSSR 2012, S. 1-47, mit den ersten zusammenhängenden Darstellung
     für alle Bereiche der Leistungserbringung im Sozialrecht.

5   Vgl. zu Systemtheorie und Rechtswissenschaft: *Duss*, Stichwort „Systemtheorie", in: Schmo-
     eckel/Stolte (Hrsg.), S. 389.

6   Einen ausführlichen Überblick zur Trägerlandschaft bietet *Merchel*, S. 11-16.

7   Ausführlich zum sozialrechtlichen Dreiecksverhältnis und auch zu zweiseitigen Rechtsbe-
     ziehungen *von Boetticher/Münder*, in: Evers/Heinze/Olk (Hrsg.), S. 206, 214 ff.

8   Vgl. beispielsweise die Anforderungen für den Abschluss eines Versorgungsvertrages im
     Bereich der sozialen Pflegeversicherung: § 72 Abs. 3 S. 1 SGB XI.

9   Vgl. für den Bereich der Kinder- und Jugendhilfe § 78b Abs. 2 S. 1 SGB VIII: „Die Verein-
     barungen sind mit den Trägern abzuschließen, die unter Berücksichtigung der Grundsätze der
     Leistungsfähigkeit, Wirtschaftlichkeit und Sparsamkeit zur Erbringung der Leistung geeignet
     sind."

lischer Natur. Vielfältige Problemlagen wie die Verwahrlosung von Kindern, soziale Stigmatisierung auf Grund von Behinderung bis hin zu Obdachlosigkeit und Drogensucht, vor allem aber Massenarbeitslosigkeit verbunden mit gesellschaftlich nicht verarbeiteter Zuwanderung bedingen eine unheilvolle Gemengelage in manchen Stadtteilen. Unter den Stichworten Gemeinwesenarbeit[10] und Sozialraumorientierung[11] sucht die Soziale Arbeit praxistaugliche Antworten auf diese Probleme. Die einschlägigen Regelungsgebiete sind das Kinder- und Jugendhilferecht und die Sozialhilfe. Es handelt sich um das klassische Feld der öffentlichen und freien Wohlfahrtspflege, weil für privat-gewerbliche Anbieter keine Aussicht auf Gewinne bestehen. Aufgrund dessen arbeiten öffentliche und freigemeinnützige Träger zusammen, um hier wirkungsvoll zu agieren. Diese Form des Korporatismus[12] zeigt sich auch im Gesetzestext. In § 17 Abs. 3 S. 1 und S. 2 SGB I, d. h. dem Allgemeinen Teil des Sozialgesetzbuches, verdichtet sich diese über 140 Jahre gewachsene Zusammenarbeit zu einem Kooperationsgebot[13]:

„In der Zusammenarbeit mit gemeinnützigen und freien Einrichtungen und Organisationen wirken die Leistungsträger darauf hin, dass sich ihre Tätigkeit und die der genannten Einrichtungen und Organisationen zum Wohl der Leistungsempfänger wirksam ergänzen. Sie haben dabei deren Selbständigkeit in Zielsetzung und Durchführung ihrer Aufgaben zu achten."

2. Teilhabe am Wohlfahrtssystem

Den Ausgangspunkt bildet das Anliegen, eine systemimmanente Teilhabe von Sozialunternehmern an der wohlfahrtsstaatlichen Ordnung zu ermöglichen. Bei einer rechtlichen Umsetzung ist die Maximalforderung eines eigenen Gesetzes für soziales Unternehmertum vergleichbar dem Verordnungsvorschlag der Europäischen Union abzulehnen. In einem über Jahrzehnte gewachsenen Wohlfahrtssystem, das sich immer wieder als anpassungs- und leistungsfähig erweist, wird ein solch grundsätzlicher Paradigmenwechsel des Gesetzgebers angesichts der in absoluten Zahlen noch dünnen empirischen Befundlage den Bedürfnissen der Akteure nicht gerecht.

Darüber hinaus existiert für die etablierte freie Wohlfahrtspflege ebenfalls kein eigenes Gesetz. Vielmehr finden sich Regelungen hierzu in verschiedensten

---

10   Hierzu *Hinte/Lüttringhaus/Oelschlägel*, Grundlagen und Standards der Gemeinwesenarbeit.
11   Umfassend *Nellissen*, Sozialraumorientierung im aktivierenden Sozialstaat.
12   Ausführlich zum Korporatismus *Grzeszick*, S. 18 f.
13   *Kingreen/Rixen*, DÖV 2008, S. 741, 746, sprechen von der „normativen Summe" eines historischen Prozesses, sodass die *public private partnership* zu den dogmatischen Gründungsinstitutionen des Sozialrechts" zähle.

Fachgesetzen[14]. Das gleiche Vorgehen bei sozialem Unternehmertum wäre nicht von Nachteil. Ein eigenes Gesetz regelt lediglich einen Teilaspekt, wie es der Verordnungsvorschlag der EU-Kommission für den gesellschaftsrechtlichen Bereich in Finanzierungsfragen tut. Indessen ermöglicht die Berücksichtigung der Interessen von Sozialunternehmern in den jeweiligen Fachgebieten die Etablierung eines in der Wahrnehmung der Rechtsanwender wirkmächtigen Rechtsstatus. Mit der Förderung der freien Wohlfahrtspflege als historisches Vorbild stehen dementsprechend diejenigen Vorschriften im Mittelpunkt, die deren Wachstum in den letzten Jahrzehnten aus rechtlicher Sicht befördert haben. Konstitutiv hierfür enthält § 5 Abs. 3 S. 2 SGB XII (Sozialhilfe) folgende Regelung:

> „Die Träger der Sozialhilfe sollen die Verbände der freien Wohlfahrtspflege in ihrer Tätigkeit auf dem Gebiet der Sozialhilfe angemessen unterstützen."

Träger der Sozialhilfe sind dabei gemäß § 3 Abs. 2 S. 1 SGB XII regelmäßig die kreisfreien Städte und Kreise. Über den nicht konkretisierten Begriff der „Verbände der freien Wohlfahrtspflege" herrscht dagegen Uneinigkeit. Nach allen Auffassungen erfasst der Passus die in der Bundesarbeitsgemeinschaft der freien Wohlfahrtspflege organisierten sechs Spitzenverbände, ihre Untergliederungen sowie die Mitgliedseinrichtungen[15]. Hierunter fallen: Arbeiterwohlfahrt, Deutscher Caritasverband, Der Paritätische Gesamtverband, Deutsches Rotes Kreuz, Diakonisches Werk der Evangelischen Kirche in Deutschland und die Zentralwohlfahrtsstelle der Juden in Deutschland[16]. Ausgehend von dem Ausdruck „Verband" gestattet eine Ansicht die Unterstützung von Vereinigungen, die zumindest eine diesen Organisationen vergleichbare Struktur und Ausrichtung aufweisen[17]. Demgegenüber verweisen andere auf einen möglichen Verstoß gegen den Gleichbehandlungsgrundsatz aus Art. 3 Abs. 1 Grundgesetz[18] sowie der Vereinigungsfreiheit in Art. 9 Abs. 1 Grundgesetz[19], wenn kleine Träger, wie die Organisationen von Sozialunternehmern, nur der fehlenden verbandlichen Mitgliedschaft wegen von einer Förderung ausgeschlossen seien. Sie dringen auf eine erweiternde Auslegung[20]. Tatsächlich dokumentiert der einzig frei zugängliche Rahmenfördervertrag für das Land Berlin, dass zumindest dort Vereinbarungen ausschließ-

---

14   Eine umfassende Darstellung der Sondertatbestände zur Privilegierung der freien Wohlfahrtspflege findet sich bei *Kreutz*, S. 108-174.
15   Siehe *Schellhorn*, in: Schellhorn/Schellhorn/Hohm, SGB XII, § 5 Rn. 16.
16   Ausführlich zu den Leistungsprofilen der einzelnen Wohlfahrtsverbände: *Moos/Klug*, S. 50 ff.
17   *Schellhorn*, in: Schellhorn/Schellhorn/Hohm, SGB XII, § 5 Rn. 17.
18   *Münder*, in: Bieritz-Harder u. a. (Hrsg.), LPK-SGB XII, § 5 Rn. 8.
19   Vgl. *Neumann*, RsDE Bd. 4 (1989), S. 1, 9.
20   Vgl. *Wahrendorf*, in: Grube/Wahrendorf (Hrsg.), SGB XII, § 5 Rn. 6.

lich mit den in der Landesgemeinschaft der freien Wohlfahrtspflege organisierten sechs Spitzenverbänden getroffen werden[21].

3. Das Problem der Begriffsbestimmung

Wenn innerhalb der frei-gemeinnützigen Träger die herausragende Rolle der Wohlfahrtsverbände historisch gewachsen ist, so könnte ein neuer Fördertatbestand das Nämliche für Social Entrepreneurship bewirken. Als Hürde erweist sich allerdings die noch nicht abgeschlossene Begriffsbestimmung von sozialem Unternehmertum in den Wirtschafts- und Sozialwissenschaften. Dies spiegelt sich nicht nur in den verschiedenen wissenschaftlichen Beiträgen wider. Divergenzen bestehen auch in den Definitionen der Förderprogramme. Die KfW-Bank legt ihren Schwerpunkt in den wirtschaftlichen Bereich und fasst unter Sozialunternehmen

> „Geschäftsmodelle mit innovativen sozialen Dienstleistungen oder Produkten, die der Lösung von gesellschaftlichen Problemen (zum Beispiel in den Bereichen Bildung, Familie, Umwelt, Armut, Integration) dienen und mittel- bis langfristig selbsttragend sind"[22].

Demgegenüber typisiert die Europäische Kommission soziales Unternehmertum folgendermaßen:

> „...: Unternehmen, die Sozialdienstleistungen erbringen und/oder Güter und Dienstleistungen für besonders schutzbedürftige Bevölkerungsgruppen anbieten (Vermittlung von Wohnraum, Zugang zu Gesundheitsdienstleistungen, Betreuung von älteren oder behinderten Personen, Integration sozial schwacher Bevölkerungsgruppen, Kinderbetreuung, Zugang zu Beschäftigung und lebenslangem Lernen, Pflegemanagement usw.) und/oder
>
> Unternehmen, die bei der Produktion von Waren bzw. der Erbringung von Dienstleistungen ein soziales Ziel anstreben (soziale und berufliche Eingliederung durch den Zugang zur Beschäftigung für Personen, die insbesondere aufgrund ihrer geringen Qualifikation oder aufgrund von sozialen oder beruflichen Problemen, die zu Ausgrenzung und Marginalisierung führen, benachteiligt sind), deren Tätigkeit jedoch‘ auch nicht sozial ausgerichtete Güter und Dienstleistungen umfassen kann.‘‘

Weitergehend findet sich in der Mitteilung sowie dem Verordnungsvorschlag der Europäischen Kommission gar eine abstrakte Definition:

> „Unter ‚Sozialunternehmertum‘ versteht die Kommission Unternehmen, für die das soziale oder gesellschaftliche gemeinnützige Ziel Sinn und Zweck ihrer Geschäftstätigkeit darstellt,

---

21   Siehe http://www.berlin.de/sen/soziales/vertraege/rahmenfoerdervertrag/index.html; letzter Abruf: 07.10.2012.

22   www.kfw.de/kfw/de/I/II/Download_Center/Foerderprogramme/versteckter_Ordner_fuer_ PDF/6000002294_M_091_Sozialunternehmen.pdf; letzter Abruf: 06.10.2012.

was sich oft in einem hohen Maße an sozialer Innovation äußert, deren Gewinne größtenteils wieder investiert werden, um dieses soziale Ziel zu erreichen und deren Organisationstruktur oder Eigentumsverhältnisse dieses Ziel widerspiegeln, da sie auf Prinzipien der Mitbestimmung oder Mitarbeiterbeteiligung basieren oder auf soziale Gerechtigkeit ausgerichtet sind."

3.1 Parallelen zwischen freier Wohlfahrtspflege und Social Entrepreneurship

Vor dem Hintergrund der oben vorgetragenen Definitionen lassen sich freie Wohlfahrtspflege und Sozialunternehmertum indes kaum voneinander abgrenzen[23]. Tatsächlich bestehen konzeptionelle Parallelen zwischen der freien Wohlfahrtspflege und Social Entrepreneurship. Sozialunternehmer zeichnen sich insbesondere durch eine soziale Mission aus. Ihr Handeln dient der Lösung eines gesellschaftlichen Problems[24]. Die EU-Kommission spricht in diesem Zusammenhang von einem sozialen Auftrag. Begrifflich nähert sich dies der Anerkennung der freien Wohlfahrtspflege als Träger eigener sozialer Aufgaben in § 5 Abs. 1 SGB XII (Sozialhilfe). Das Bundesverfassungsgericht bestätigte, dass es sich bei der Tätigkeit der freien Wohlfahrtspflege nicht um eine Privatisierung von staatlichen Aufgaben handelt, sondern diese Trägergruppe auf der Grundlage einer eigenen Aufgabenstellung aktiv wird[25]. Die soziale Aufgabenträgerschaft unterscheidet frei-gemeinnützige Träger von privat-gewerblichen, die infolge der alleinigen Ausrichtung auf Gewinnerzielung keine Träger sozialer Aufgaben sind. In der etablierten Wohlfahrtspflege besteht indes die Tendenz, Social Entrepreneurs in die Nähe von privat-gewerblichen Anbietern zu rücken[26]. Dies trifft nur auf wenige zu. Die meisten führen zumindest ihre soziale Aktivität in gemeinnütziger Rechtsform aus[27].

3.2 Innovation als entscheidender Unterschied

Freie Wohlfahrtspflege und Social Entrepreneurship lassen sich jedoch auch nicht gleichsetzen, wie die Definitionen es suggerieren. Zunächst einmal bezeichnet der englische Ausdruck „social" im Gegensatz zur deutschen Übertragung „sozial" nicht nur Sachverhalte des Sozialwesens, sondern bedeutet „gesellschaftlich"[28].

---

23   Zu Recht bemerkt der Geschäftsführer der Paritätischen Bundesakademie *Liewold*, in: Deutscher Verein für öffentliche und private Fürsorge e.V. (Hrsg.), S. 14, dass die Europäische Kommission „die Freie Wohlfahrtspflege in Deutschland vor Augen gehabt haben" müsse.
24   Vgl. *Rummel*, S. 37.
25   Vgl. BVerfGE 22, S. 180, 202.
26   Siehe *Deutscher Caritasverband*, S. 6.
27   Vgl. die Fallbeispiele bei *Rummel*, S. 43 ff.
28   *Vallens*, in: Deutscher Verein für öffentliche und private Fürsorge e.V. (Hrsg.), S. 10.

Deswegen erfasst Social Entrepreneurship auch Betätigungsfelder wie Umwelt-schutz, Energie und biologischer Anbau. Diese Ziele gehören nicht zum Aufga-benkreis der freien Wohlfahrtspflege. Anhand der Begriffsbestimmung in § 66 Abs. 2 S. 1 der Abgabenordnung wird dies deutlich:

> „Wohlfahrtspflege ist die planmäßige, zum Wohle der Allgemeinheit und nicht des Erwerbs wegen ausgeübte Sorge für notleidende oder gefährdete Mitmenschen."

Wohlfahrtspflege rückt den einzelnen Menschen in den Mittelpunkt, bei Social Entrepreneurship scheint dies hingegen die Gesellschaft zu sein. Solange diese Unterschiede nicht geklärt sind, erscheint es verfrüht, Sozialunternehmertum als Basis eines gesetzlichen Tatbestandes zu nehmen.

Anders als beim Vorschlag der Europäischen Kommission muss sich eine kontextuelle Lösung auf die vorhandenen gesetzlichen Begriffe beziehen[29]. Da-bei sind zur Bildung eines Rechtsbegriffs aus der Vielzahl der Eigenschaften ei-nes Regelungsgegenstandes diejenigen Merkmale herauszuarbeiten, die das je-weilige Interesse in den Fokus nehmen[30]. Das Merkmal Innovation bringt das gesetzgeberische Interesse am deutlichsten zum Ausdruck. So sprechen sowohl das KfW-Förderprogramm („innovative Geschäftsmodelle") als auch die Mittei-lung der EU-Kommission („in einem hohen Maß an sozialen Innovationen") von Innovationen. Der Begriff „Entrepreneurship" hängt überdies mit demjenigen der „Innovation" zusammen. Sie gehen auf die Lehren des Ökonomen *Schum-peter* zurück, auf den regelmäßig rekurriert wird[31]. Demgemäß schafft der Un-ternehmer durch Neukombinationen von Ressourcen Innovationen, für die eine Nachfrage besteht, sodass sich ein Markt etabliert[32]. Mittels der dabei erzielten Renditen entsteht Wirtschaftswachstum und daraus erklärt sich auch das gesetz-geberische Interesse[33].

Die Aufgabe des Social Entrepreneurs besteht nun in der Umsetzung einer innovativen Strategie zur Lösung eines gesellschaftlichen Problems[34]. Demgegen-über ist für die freie Wohlfahrtspflege Innovativität lediglich ein Ziel unter an-deren. Sie stellt kein konstitutives Element ihres Handelns dar. Die in etablierten Wohlfahrtsstrukturen tätigen Sozialunternehmer werden daher auch abgrenzend Social Intrapreneure genannt. Sie wären mit einem Gesetzesbegriff „Innovatio-

---

29   Vgl. *Wank*, S. 72.
30   Vgl. *Larenz/Canaris*, S. 266 f.
31   Siehe *Ziegler*, in: Jähnke u. a. (Hrsg.), S. 271.
32   Vgl. *Schumpeter*, S. 133.
33   Hierauf bezieht sich der Politikkoordinator bei der Generaldirektion Markt und Dienstlei-stungen *Vallens*, in: Deutscher Verein für öffentliche und private Fürsorge (Hrsg.), S. 10.
34   Vgl. *Birkhölzer*, in: Jähnke u. a. (Hrsg.), S. 23.

nen" in die Förderung einbezogen. Eine Einbindung der freien Wohlfahrtspflege empfiehlt sich allein schon aus dem Grunde, dass eine Diffusion der von Sozialunternehmern geschaffenen Innovationen nur durch Nutzung bereits vorhandener Infrastruktur gelingen kann. Ferner erreicht der Begriff eine hohe Abstraktionsstufe, weshalb die im Soge der Debatte um Social Entrepreneurship rankenden und diesem nachgeordnete Konzepte wie „social impact bonds", „social hubs" etc. darunter subsumiert werden könnten.

3.3 Vom Schlagwort zum Rechtsbegriff

Um die Gefahr der inhaltlichen Beliebigkeit eines gesetzlichen Tatbestandmerkmals „Innovation" zu vermeiden, sind die Wortbedeutung und der wissenschaftliche Kontext heranzuziehen. Der Begriff impliziert aus seinem spätlateinischen Ursprung[35] heraus, dass es sich um eine Neuerung handeln muss, die mit einer Verbesserung einhergeht[36]. In dieser Konnotation hat Innovation Eingang in die Gesetzessprache gefunden, wohingegen die Wortschöpfung Sozialunternehmertum neu eingeführt werden müsste. Diesbezüglich sei auf § 97 Abs. 4 S. 2 des Gesetzes gegen Wettbewerbsbeschränkungen verwiesen, in dem ausdrücklich die Berücksichtigung innovativer Aspekte bei der Vergabe öffentlicher Aufträge erlaubt wird. Ebenso enthält § 135 Abs. 1 S. 1 SGB III (Arbeitsförderung) folgende Bestimmung:

> „Die Zentrale der Bundesagentur kann bis zu einem Prozent der im Eingliederungstitel enthaltenen Mittel einsetzen, um innovative Ansätze der aktiven Arbeitsförderung zu erproben."

Diese Gesetzesstelle veranschaulicht beispielhaft den bisherigen Ansatz, bei dem sich Innovationsförderung auf Modellprojekte beschränkt, wie dies Sozialunternehmer zutreffend bemängeln[37]. Die Förderung bleibt somit auf der Ebene der Invention, d. h. der Ideenfindung stehen. In den Wirtschaftswissenschaften wird allerdings zwischen den Stadien Invention, Innovation und Diffusion unterschieden. Im Gegensatz zur Invention steht bei einer Innovation die Anwendungsreife bereits fest[38]. Im wirtschaftlichen Kontext ergibt eine Förderung von Inventionen Sinn, weil die Diffusion auf funktionierenden Märkten über die Renditeaussichten der etablierten Neuerung geschieht. Im Sozialwesen halten dagegen häufig staatliche Zuschüsse erforderliche Angebote aufrecht. Für eine flächendecken-

---

35   Stichwort „Innovation" im Duden Deutsches Universalwörterbuch.
36   Vgl. *Burgi*, NZBau 2011, S. 577, 579.
37   Vgl. *Höll/Oldenburg*, S. 2.
38   Vgl. *Hoffmann-Riem*, Der Staat Bd. 47 (2008), S. 588, 590.

de Etablierung von Innovationen wäre eine Verknüpfung zwischen innovativem Charakter eines Angebots und Bezuschussung ratsam.

3.4 Soziale Arbeit als Oberbegriff

Dem Regelungszusammenhang im Sozialgesetzbuch entspricht es, die Innovation auf die Soziale Arbeit als Wissenschaft und Profession des Sozialwesens zu beziehen. Dadurch sind nicht nur die bereits identifizierten Sozialunternehmer Regelungsgegenstand, sondern es wären auch die in diesem Berufsstand Unentdeckten erfasst, sodass eine möglichst große Regelungswirkung erzielt würde. Die Europäische Kommission verwendet zwar den Ausdruck „soziale Innovationen". Dieser Begriff lässt sich allerdings von den Wirkungen technischer Innovationen nicht immer abgrenzen[39]. Aus diesem Grund ist der Passus „Innovationen in der Sozialen Arbeit" geeigneter.

Tatsächlich sind einige der im Sozialwesen tätigen Social Entrepreneure ausgebildete Sozialarbeiter oder Sozialpädagogen[40]. Ihre Neuerungen lassen sich mühelos dem Tatbestand „Innovationen in der Sozialen Arbeit" zuordnen. Weitergehend umfasst Soziale Arbeit als Oberbegriff im Anschluss an *Goll* die Unterkategorien Wohlfahrtspflege sowie die Selbsthilfe und private Wohltätigkeit[41]. Zugleich enthält Soziale Arbeit zahlreiche inhaltliche Äquivalente zum sozialen Unternehmertum. So sind die Zielgrößen der Sozialen Arbeit ein gelingender Alltag, Emanzipation und Autonomie[42]. Im sozialen Unternehmertum drücken die Begriffe „Empowerment"[43] und „Capability"-Ansatz[44] genau diese aktivierende statt einer bloß betreuenden Haltung aus.

4. Ein Unterstützungsgebot als Rechtsfolge

Die Ausgestaltung der Rechtsfolgenseite orientiert sich an den vielfältigen Bedürfnissen der Sozialunternehmer. Die EU-Kommission befürwortet einen verbesserten Zugang zu Finanzmitteln sowie eine stärkere Anerkennungskultur[45]. Diesbezüglich eignet sich in Anlehnung an den eingangs erwähnten Fördertat-

---

39   Vgl. *Parpan-Blaser*, S. 54 ff.
40   Dies trifft beispielsweise auf Sandra Schürmann von Projektfabrik und Heidrun Meyer von Papilio zu, vgl. *Ashoka*, S. 44 und 60.
41   *Goll*, S. 78.
42   *Parpan-Blaser*, S. 65; vgl. auch *Dölle*, in: Hackenberg/Empter (Hrsg.), S. 205 f.
43   *Oldenburg*, in: Hackenberg/Empter (Hrsg.), S. 119, 123.
44   *Ziegler*, in: Jähnke u. a. (Hrsg.), S. 271, 278.
45   KOM(2011) 682 endgültig.

bestand für die Wohlfahrtsverbände in § 5 Abs. 3 S. 2 SGB XII der Ausdruck „unterstützen". Zuvorderst zielt dies auf eine finanzielle Unterstützung. So bildet diese Bestimmung die Rechtsgrundlage für die Förderung durch Zuschüsse auf dem Gebiet der Sozialhilfe. Ihre Bedeutung erschöpft sich jedoch nicht hierin, sondern setzt sich fort in Beratungsleistungen beispielsweise bei Bauplänen[46]. Zur Skalierung der Innovationen von Sozialunternehmern bedarf es zudem einer verstärkten Zusammenarbeit, insbesondere im Sinne einer Vernetzung mit der etablierten Wohlfahrtspflege, seien es der Staat oder die Kommune, seien es Einrichtungen der Wohlfahrtsverbände[47]. Ein Unterstützungsgebot für Innovationen könnte eine staatliche oder kommunale Vernetzung von Sozialunternehmern und Wohlfahrtsverbänden legitimieren.

4.1 Diffusion über Kooperationen: Das Beispiel Papilio

Die praktische Relevanz dieser Gesetzesänderung und das Potential, das die Zusammenarbeit von öffentlichen Institutionen und Wohlfahrtsverbänden mit Sozialunternehmern birgt, illustriert folgendes Beispiel. Der von der anerkannten Sozialunternehmerin *Heidrun Mayer* gegründete *Papilio e.V.*[48] setzt sich für eine Gewalt- und Suchtprävention im Kindergartenalter ein. Hierzu werden verschiedene interaktive und für den Alltag taugliche Spiele und Maßnahmen wie ein Puppentheater mit Kindern durchgeführt. Dabei sollen Kinder die Wahrnehmung von Gefühlen bei sich verbessern und Empathie für andere entwickeln. Daneben werden Erzieher und Eltern fortgebildet. Ihr Erziehungsverhalten soll sich auf eine positive soziale und emotionale Entwicklung des Kindes ausrichten. Dieser ganzheitliche Ansatz wird seit den Ursprüngen in Augsburg nunmehr in elf Bundesländern durchgeführt und dient insbesondere Kindern, die in sozialen Brennpunkten aufwachsen[49]. Inzwischen fördert die Stiftung Wohlfahrtspflege NRW in Zusammenarbeit mit dem Ministerium für Gesundheit, Emanzipation, Pflege und Alter sowie den in der Landesarbeitsgemeinschaft der Wohlfahrtsverbände NRW organisierten Spitzenverbänden der freien Wohlfahrtspflege[50] eine Verbreitung von *Papilio* in Nordrhein-Westfalen. In der dreijährigen Projektphase sollen 144 Erzieher fortgebildet und zertifiziert werden. Die Wohlfahrtsverbände sind Träger der Einrichtungen, sodass eine Diffusion des Modells erwartet wird[51].

---

46   *Schellhorn*, in: Schellhorn/Schellhorn/Hohm, § 5 SGB XII Rn. 19.
47   Vgl. *Höll*, in: König/Oerthel/Puch (Hrsg.), S. 162, 169.
48   http://www.papilio.de/verein_papilio-ev.php, letzter Abruf: 5.10.2012.
49   Westdeutsche Allgemeine Zeitung v. 11.07.2012.
50   http://www.papilio.de/werwannwo_nordrhein-westfalen.php, letzter Abruf: 05.10.2012.
51   So die Ausführungen des geschäftsführenden Vorstandsmitglieds bei der Stiftung Wohlfahrtspflege *Grobusch* in ihrem Grußwort, http://www.papilio.de/papilio_projekt-nrw-stiftung.php;

4.2 Die Achtung der Selbständigkeit der Wohlfahrtsverbände

Ein staatlicher Zwang zur Zusammenarbeit von Wohlfahrtsverbänden und Sozialunternehmern, der über ein Unterstützungsgebot hinausginge, begegnet hingegen sowohl einfach-rechtlichen als auch verfassungsrechtlichen Bedenken. Einfachgesetzlich normieren §§ 17 Abs. 3 S. 2 SGB I (Allgemeiner Teil), 4 Abs. 1 S. 2 SGB VIII (Kinder- und Jugendhilfe), 5 Abs. 2 S. 2 SGB XII (Sozialhilfe), dass die Selbständigkeit der Wohlfahrtspflege zu achten ist. Diese Bestimmungen resultieren aus dem Grundrecht auf karitative Tätigkeit, das für die kirchlichen Träger als Ausfluss der Religionsfreiheit in Art. 4 Grundgesetz gilt[52] und sich für die nicht-konfessionellen aus der allgemeinen Handlungsfreiheit in Art. 2 Abs. 1 Grundgesetz ableitet[53]. Infolgedessen sind sie Träger eigener sozialer Aufgaben. Wenn dieses Rechtsinstitut der sozialen Aufgabenträgerschaft ernst genommen wird, sollte eine Zusammenarbeit stets im Belieben der Wohlfahrtsverbände wie auch der Sozialunternehmer stehen.

4.3 Rechtsgrundlage für eine Anschlussfinanzierung

Das Unterstützungsgebot böte auch eine Rechtsgrundlage, die Förderlandschaft um eine Anschlussfinanzierung zu erweitern, damit Social Entrepreneurs mittels Wachstums ihre Ideen verbreiten können[54]. Allerdings muss hierzu der Begriff „Verbreitung" im Tatbestand zusätzlich auftauchen. Einen ersten Schritt in diese Richtung eröffnet nunmehr das Bundesministerium für Familie, Senioren, Frauen und Jugend, das mit der KfW-Bank ein Programm zur Anschlussfinanzierung von Sozialunternehmen ins Leben gerufen hat[55]. Die hier vorgeschlagene Gesetzesänderung führt diesen Ansatz fort und liefert eine dauerhafte Rechtsgrundlage für die stärkere Berücksichtigung der Wirkungen sozialer Innovationen bei der kommunalen Mittelvergabe und der Regelfinanzierung sozialer Dienste[56].

---

letzter Abruf 05.10.2012.

52 Ausführlich hierzu *Isensee*, in: Listl/Pirson (Hrsg.), S. 716 f.
53 Vgl. BVerfGE 20, S. 150, 157.
54 Vgl. hierzu *Höll/Oldenburg*, S. 1.
55 www.kfw.de/kfw/de/I/II/Download_Center/Foerderprogramme/versteckter_Ordner_fuer_PDF/6000002294_M_091_Sozialunternehmen.pdf; letzter Abruf: 06.10.2012.
56 Vgl. zu dieser Forderung *Höll/Oldenburg*, S. 2.

5. Fazit

Somit ist der Tatbestand vollständig:

„Die Verbreitung von Innovationen in der Sozialen Arbeit soll unterstützt werden."

Eine Verortung dieses Fördertatbestandes bietet sich in dem bereits zu Beginn angeführten § 17 Abs. 3 SGB I als neuer Satz 3 an. § 17 SGB I gilt für alle Bücher des Sozialgesetzbuches, sodass die Förderung der Tätigkeit von Sozialunternehmern im gesamten Sozialwesen gewährleistet wäre.

Literaturverzeichnis

Ashoka Deutschland gGmbH: Wissen was wirkt, Wirkungsanalysen 2011 der Ashoka fellows, abrufbar unter:
http://germany.ashoka.org/sites/germanysix.ashoka.org/files/2011_Wirkungsanalysen_Ashoka-Fellows.pdf; letzter Abruf: 06.10.2012.
Becker Ulrich/Meeßen, Iris/Nueder, Magdalena/Schlegelmilch, Michael/Schön, Markus/Vilaclara, Ilona: Strukturen und Prinzipien der Leistungserbringung im Sozialrecht, Vierteljahresschrift für Sozialecht (VSSR) 2011, S. 325-359, fortgeführt in VSSR 2012, S. 1-47.
Bieritz-Harder, Renate/Conradis, Wolfgang/Thie, Stephan: Sozialgesetzbuch XII –Sozialhilfe – Lehr- und Praxiskommentar, 9. Auflage, Baden-Baden 2012.
Birkhölzer, Karl: Internationale Perspektiven sozialen Unternehmertums, in: Jähnke, Petra/Christmann, Gabriela B./Balgar, Karsten (Hrsg.): Social Entrepreneurship. Perspektiven für die Raumentwicklung, Wiesbaden 2011, S. 23-36.
Boetticher, Arne von/Münder, Johannes: Rechtliche Fragen sozialer Dienste – zentrale Entwicklungen und Eckpunkte der Diskussion, in: Evers, Adalbert/Heinze, Rolf G., Olk, Thomas (Hrsg.): Handbuch Soziale Dienste, Wiesbaden 2011, S. 206-225.
Burgi, Martin: Die Förderung sozialer und technischer Innovationen durch das Vergaberecht, Neue Zeitschrift für Baurecht und Vergaberecht (NZBau) 2011, S. 577-584.
Deutscher Caritasverband: Soziale Innovationen – Eckpunktepapier, abrufbar unter: http://www.caritas.de/fuerprofis/presse/stellungnahmen/05-22-2012-sozialeinnovationendurchdieca; letzter Abruf: 08.10.2012.
Deutscher Verein für öffentliche und private Fürsorge e. V. (Hrsg.): Sozial, unternehmerisch, innovativ? Soziales Unternehmertum und soziale Innovation in der EU. Dokumentation der Konferenz vom 28. Februar 2012, Berlin 2012, abrufbar unter:
http://www.deutscher-verein.de/03-events/2012/materialien/dokumentation-p-601-12/PDF_Soziales_Unternehmertum_web.pdf, letzter Abruf: 08.10.2012.

Dölle, Daniel: Potentiale von Social Entrepreneurship für die Kinder- und Jugendhilfe, in: Hackenberg, Helga/Empter, Stefan (Hrsg.): Social Entrepreneurship im deutschen Wohlfahrtsstaat – Hybride Organisationen zwischen Markt, Staat und Gemeinschaft, Wiesbaden 2011, S. 203-219.

Goll, Eberhard: Die freie Wohlfahrtspflege als eigener Wirtschaftssektor: Theorie und Empirie ihrer Verbände und Einrichtungen, Baden-Baden 1991.

Grube, Christian/Wahrendorf, Volker (Hrsg.): SGB XII Sozialhilfe mit Asylbewerberleistungsgesetz, 4. Auflage, München 2012.

Grzeszick, Bernd: Wohlfahrt zwischen Staat und Markt – Korporatismus, Transparenz und Wettbewerb im Dritten Sektor, Berlin 2010.

Hinte, Wolfgang/Lüttringhaus, Maria/Oelschlägel, Dieter: Grundlagen und Standards der Gemeinwesenarbeit – Ein Reader zu Entwicklungslinien und Perspektiven, 3. Auflage, Weinheim und München 2011.

Hoffmann-Riem, Wolfgang: Soziale Innovation. Eine Herausforderung auch für die Rechtswissenschaft, Der Staat Band 47 (2008), S. 588-605

Höll, Rainer/Oldenburg, Felix: Wie überwinden wir Hürden für soziale Problemlöser? – Sechs Ansätze zur Verbreitung sozialer Innovation und Social Entrepreneurship in Deutschland, abrufbar unter http://germany.ashoka.org/sites/germanysix.ashoka.org/files/Ashoka_SozialeInnovation.pdf; letzter Abruf: 06.10.2012.

Höll, Rainer: Wie Social Entrepreneurs und Wohlfahrtspflege gemeinsam soziale Probleme lösen können, in: König, Joachim/Oerthel, Christian/Puch, Hans-Joachim (Hrsg.): Soziale Nachhaltigkeit: Wer erzieht, pflegt und hilft morgen?, abrufbar unter http://www.consozial.de/AFTP/kongress-doku/Dokumentation-ConSozial-2011.pdf; letzter Abruf: 06.10.2012

Isensee, Josef: Die karitative Betätigung der Kirchen und der Verfassungsstaat, in: Listl, Joseph/Pirson, Dietrich (Hrsg.): Handbuch des Staatskirchenrechts der Bundesrepublik Deutschland, 2. Auflage, Berlin 1995, S. 665-756.

Kingreen, Thorsten/Rixen, Stephan: Sozialrecht: Ein verwaltungsrechtliches Utopia? – Ortsangaben zur (Wieder-)Entdeckung einer Referenzmaterie des öffentlichen Rechts, Die öffentliche Verwaltung (DÖV) 2008, S. 741-750.

Kreutz, Marcus: Soziale Dienstleistungen durch gemeinnützige Einrichtungen der Freien Wohlfahrtspflege – als Förderung der Kultur und Erhaltung des kulturellen Erbes nach dem Vertrag zur Gründung der Europäischen Gemeinschaft, Baden-Baden 2009.

Larenz, Karl/Canaris, Claus-Wilhelm: Methodenlehre der Rechtswissenschaft, 3. Auflage, [Studienausg.] Berlin u. a. 1995.

Merchel, Joachim: Trägerstrukturen in der Sozialen Arbeit. Eine Einführung, 2. Auflage, Weinheim und München 2008.

Moos, Gabriele/Klug, Wolfgang: Basiswissen Wohlfahrtsverbände, München 2009.

Nellissen, Gabriele: Sozialraumorientierung im aktivierenden Sozialstaat – eine wettbewerbs-, sozial- und verfassungsrechtliche Analyse, Baden-Baden 2006.

Neumann, Volker: Der Verband der freien Wohlfahrtspflege als Rechtsbegriff, Beiträge zum Recht der sozialen Dienste und Einrichtungen (RsDE) Band 4 (1989), S. 1-30.

Oldenburg, Felix: Wie Social Entrepreneurs wirken – Beobachtungen zum Sozialunternehmertum in Deutschland, in: Hackenberg, Helga/Empter, Stefan (Hrsg.): Social Entrepreneurship im deutschen Wohlfahrtsstaat – Hybride Organisationen zwischen Markt, Staat und Gemeinschaft, Wiesbaden 2011, S. 119-123.

Parpan-Blaser, Anne: Innovationen in der Sozialen Arbeit. Zur theoretischen und empirischen Grundlegung eines Konzepts, Wiesbaden 2011.

Rummel, Miriam: Wer sind Social Entrepreneurs in Deutschland? Soziologischer Versuch einer Profilschärfung, Wiesbaden 2011.

Schellhorn, Walter/Schellhorn, Helmut/Hohm, Karl-Heinz: SGB XII – Sozialhilfe. Ein Kommentar für Ausbildung, Praxis und Wissenschaft, 18. Auflage, Köln 2010.

Schmoeckel, Mathias/Stolte Stefan (Hrsg.): Examinatorium Rechtsgeschichte, Köln u. München 2008.

Schumpeter, Joseph Alois: Theorie der wirtschaftlichen Entwicklung. Hypoheses non fingo – Nachdruck der 1. Auflage Leipzig 1912; Hrsg. u. Einf. v. Röpke, Jochen/Stiller, Olaf, Berlin 2006.

Wank, Rolf: Die juristische Begriffsbildung, München 1985.

Ziegler, Rafael: Capability Innovation – Social Entrepreneurship und soziale Innovationen aus Entwicklungsperspektive, in: Jähnke, Petra/Christmann, Gabriela B./Balgar, Karsten (Hrsg.): Social Entrepreneurship. Perspektiven für die Raumentwicklung, Wiesbaden 2011, S. 271-293.

V
Zusammenfassende Handlungsempfehlungen der Konsortien

Zusammenfassende Handlungsempfehlungen der Konsortien

Auf der Grundlage ihrer Forschungsergebnisse haben die Teilkonsortien jeweils eigene Handlungsempfehlungen für Politik, Wissenschaft, Wirtschaft und Sozialunternehmern erarbeitet. Die Handlungsempfehlungen der einzelnen Konsortien identifizieren übergreifend zwei Teilaspekte, in denen der stärkste Handlungsbedarf besteht, nämlich

a. Vernetzung und

b. Finanzierung und Wachstum

Der Aufbau der folgenden Handlungsempfehlungen orientiert sich an diesen inhaltlichen Schwerpunkten.

		POLITIK	PRIVATE KAPITALGEBER	GRÜNDER & MANAGEMENT ("ENTREPRENEURE")	WOHLFAHRTLICHE TRÄGER ("INTRAPRENEURE")	HOCHSCHULEN
organisationsbezogen	Finanzierung & Ressourcen	(P1) Wirkungsbasierte klassische Mittelvergabe (z.B. Social Impact Bonds)[1]	(G1) Anpassung Finanzierungs-angebote an Lebenszyklus[2] (vgl. G1)	(O1) Anpassung der Ressourcen-strategie an Lebenszyklus[2] (vgl. F1)	(W1) Agieren als Sozialinvestoren (Corporate Social Venturing)	(U1) Etablierung "Nationales Kompetenzzentrum Sozialorganisationen" (Vorzeigeführung der Forschungsfelder)
	Governance & Stakeholder-Beziehungen	(P2) Anpassung Steuer-, Vergabe- und Gemeinnützigkeitsrecht[3] (hybride Ziele und Finanzierungsinstrumente)	(G2) Beachtung Exit-Strategien bei Förderungen[2]	(O2) Stärkung der Governance Strukturen[4] (Aufsichtsgremien)	(W2) Stärkung der internen Innovationskulturen (Intrapreneurship)	(U2) Hochschulen als zivilgesellschaftliche Akteure (Volunteering, Praktika)
		(P3) Entwicklung eines Sozialunternehmensindex[4] (vgl. G2)	(G3) Entbürokratisierung der Fördermittelvergabe (vgl. G4)	(O3) Systematisierung der Wachstums- & Skalierungspfade[5]		(U3) Unterstützung Sozialunternehmertod ex (Governance-Leitfaden) (vgl. P3, G2)
			(G4) Angebote von problem-orientierten Coachings	(O4) Systematisierung der Wirkungsmessung und Reportings (vgl. F5)		
			(G5) Gestaltung einer transparenten und wirkungsbasierten Förderung[8] (vgl. G4)			
innovationsbezogen	Entstehung & Etablierung	(P4) Ausbau Engagement-strategie und Aufbau Fonds (Lokale Bürokratie / Länder- bzw. Bundesagentur auf Fonds für Soziale Innovation)	(G6) Komplementäre, spezialisierte und riskantere Förderungsstrategien (reduzierbare Fellowships)	(O5) Intensivierung Ressourcen-Mobilisierung/Kooperationen (z.B. der entstehende Verband)	(W3) Schaffung von Innovationsgesellschaften? (incl. Kooperationsangebote und Übernahmen) (vgl. P5)	(U4) Gründungsunter-stützung & Beratung (Intrapreneure)
		(P5) Förderung von Öffentlichen Innovationsgesellschaften? (Kommune /Land/ Bund, themenübergreifend)		(O6) Kommunikationsstrategien	vgl. (W1/ W 2)	(U5) Lehre & Weiterbildung (Service Learning, Outreach, Community based Research)
		(P6) Förderung der Innovationen in einzelnen Politikfeldern (vgl. W3)				
	Selektion & Verbreitung	(P6) Förderung der Innovationen in einzelnen Politikfeldern (Gesundheit, Migration, Bildung)				(U6) Bereitstellung Bildungsbasierter Bildungstätigkeit der Gründer (Einsatzbereitschaft treten)
		(P7) Aufbau Transferagentur zur Vernetzung 8E und Intermediären 2				

5.1 Süd-Konsortium

Das Südkonsortium hat sich schwerpunktmäßig mit den Themen Organisation, Kommunikation, Finanzierung und Märkte von Sozialunternehmern beschäftigt. Dabei wurde in einem interdisziplinären Ansatz eine Definition von Social Entrepreneurship erarbeitet und die theoretischen Grundlagen für die Schwerpunktthemen entwickelt. Diese theoretischen Grundlagen wurden anschließend in einem zweigeteilten empirischen Verfahren überprüft. Es wurden leitfadengestützte Interviews mit 30 Sozialunternehmen durchgeführt als auch die Ergebnisse einer Fragebogenstudie, die von 250 Sozialunternehmen ausgefüllt wurde, ausgewertet.

Die Handlungsempfehlungen des Südkonsortiums sind nach Anspruchsgruppen (Politik, private Kapitalgeber, Gründer & Management, wohlfahrtliche Träger und Hochschulen) sowie nach den Bezugspunkten Organisation und Innovation gegliedert. Einen Überblick gibt die nachfolgende Grafik. Die Einzelempfehlungen werden im Anschluss erläutert, gegliedert nach den übergreifenden Aspekten „Vernetzung" sowie „Finanzierung und Wachstum".

Vernetzung

Empfehlung für die Politik:

Entwicklung eines „Sozialunternehmerkodex"

Ähnlich des „Deutschen Nachhaltigkeitskodex" könnte ein „Sozialunternehmerkodex" Standards der Personalführung, Fördermittelverwendung etc. formulieren und die Legitimation der Tätigkeit von Sozialunternehmen langfristig stärken. Damit würde bereits jetzt über die Phase positivierender Medienberichterstattung hinaus Kommunikationsrisiken durch Negativfälle oder Missbrauchsbeispiele („freeriding") vorgebeugt.

Ausbau der „Engagement-Strategie" und Aufbau eines „Fonds für Soziale Innovationen"

Vorherige Erfahrungen im beruflichen Kontext mit den bearbeiteten sozialen Problem oder dessen Lösungsansätzen waren einerseits die häufigste Gründungsmotivation von Social Entrepreneurs, andererseits ist freiwilliges Engagement eine wichtige Ressource in vielen Sozialunternehmen. Aus diesen Gründen ist die Förderung einer starken Engagementkultur einschließlich unternehmerischen Denkens eine wichtige Voraussetzung für die Entwicklung und Etablierung innovativer Ideen, die in allen gesellschaftlichen Schichten erfolgen und auch in der Bildungspolitik berücksichtig werden sollte. Ein Fondsaufbau für Soziale Innovationen seitens der Kommunen, Länder und des Bundes wäre denkbar.

Empfehlung für Förderer

Angebote von problemorientierten Coachings

Allgemeine Fortbildungen zu Themen wie Personalführung, Fundraising o.ä. sind insbesondere für bereits etablierte Sozialunternehmer mit hoher zeitlicher Belastung oftmals zu allgemein. Effizienter wären Austauschmöglichkeiten und Coachings zu konkreten Problemstellungen, die die Sozialunternehmer aus ihrem Alltag mitbringen. Dabei sollten die Coaches ein Verständnis für die Funktionsweise des dritten Sektors mitbringen.

Aufbau einer Transferagentur zur Vernetzung von Social Entrepreneuren und Intermediären

Zur besseren Koordinierung von Förderung wäre es denkbar, eine „Transferagentur" zu gründen, welche sich mit der Vernetzung von Investoren sowie der Bereitstellung von Infrastruktur befasst. Damit könnte auch eine verbesserte Finanzierungssituation in der Wachstumsphase nach Auslauf der Gründungsförderung gestärkt werden. Transferagenturen können zudem dazu genutzt werden, junge Sozialunternehmen mit großen wohlfahrtlichen Trägern zu vernetzen.

Empfehlung für wohlfahrtliche Träger

Innovationschnittstellen schaffen

Ähnlich wie die staatlichen Strukturen sollten auch größere wohlfahrtliche Träger eine Innovationsschnittstelle einrichten, die neue innovative Lösungen im jeweiligen Sektor sichtet und als Ansprechpartner für die Skalierung unternehmerischer Initiativen dient. Formen des Umgangs mit innovativen Gründerorganisationen könnten neben Investitionen auch Kooperation und abgesprochene Übernahmen sein.

Empfehlung für Hochschulen

Governance von Sozialunternehmen als Forschungsfeld etablieren

Für eine strategische Zusammenarbeit mit Aufsichtsgremien fehlt es aktuell noch an Know-How und Best-Practice-Beispielen im Sektor. Es wird deshalb empfohlen, einen Leitfaden zu Corporate Governance zu erstellen, welcher die Spezifika von Sozialunternehmen berücksichtigt. Der Leitfaden soll Hilfestellungen für Sozialunternehmen und die Mitglieder ihrer Aufsichtsgremien enthalten.

Finanzierung und Wachstum

Empfehlung für die Politik

Wirkungsbasierte staatliche Mittelvergabe (z. B. „Social Impact Bonds")

Bei der Finanzierung durch die öffentliche Hand stellen Vorschriften für die Mittelverwendung oftmals ein Hindernis für Sozialunternehmen dar. Restriktionen, die von Sozialunternehmen regelmäßig erwähnt werden, sind fehlende Flexibilität in der Auszahlung und Finanzierung auf Basis von Kostenerstattung, wodurch die Finanzierung von Kapitalkosten ausgeschlossen wird. Beides erschwert unternehmerisches Verhalten bei der Durchführung von sozialen Projekten. Neben einer Lockerung der Restriktionen bei der Finanzierung durch die öffentliche Hand wäre eine Einführung von wirkungsbasierter Mittelvergabe zu empfehlen.

Anpassung des Steuer-, Vergabe- und Gemeinnützigkeitsrechts

In Interviews mit sozialen Investoren wurde regelmäßig auf das Fehlen von steuerlichen Rahmenbedingungen für die Finanzierung von Sozialunternehmen und insbesondere für den Einsatz von sog. Hybridkapital verwiesen. Hybride Finanzierungsinstrumente haben den Vorteil, dass sie sich flexibel an die Bedürfnisse von Sozialunternehmen anpassen lassen. Um ihre Einsatzmöglichkeiten zu verbessern, sollten die steuerlichen Rahmenbedingungen überprüft werden.

Innovationen in einzelnen Politikfeldern fördern

Durch gezielte Förderung innovativen Denkens und Handelns innerhalb der jeweiligen Politikfelder (Bildung, Integration, soziale Mobilität, Pflege, etc.) könnte die Entstehung neuer Ansätze weiter gestärkt werden. Da die Wachstums- bzw. Skalierungsstrategien zeigen, dass deutsche Sozialunternehmer vor allem durch hochgradig hybride Finanzierung nachhaltig gesichert werden, in der öffentlichen Förderung und der Zugang zu Quasimärkten des sozialen Sektors eine entscheidende Rolle spielen, müssen die Anreize in den großen sozialen Quasi-Märkten auf ihre Innovationsförderlichkeit hin überprüft werden. Einzelmaßnahmen zur Sozialunternehmerförderung sind weit weniger wirksam als Allokationsanreize der großen Versicherungssysteme und Trägerfinanzierung.

Empfehlung für Förderer

Anpassung der Finanzierungsangebote an den Lebenszyklus

Sozialunternehmen haben während ihres Lebenszyklus unterschiedliche Bedürfnisse hinsichtlich ihrer Finanzierung. Gerade in der Gründungsphase benötigen Sozialunternehmen innovationsfreundliches Kapital, welches in späteren Phasen durch Mezzaninkapital oder Fremdkapital abgelöst werden kann. Das zeigt sich auch in der Verschiebung der Einkommensstruktur. Kapitalgeber müssen sich der unterschiedlichen Finanzierungsbedarfe bewusst sein. Der Aufbau einer gesonderten Transferagentur zur Vernetzung der Sozialunternehmen mit den Intermediären wird empfohlen.

Beachtung von Exit-Strategien bei Förderungen

Aktuell berücksichtigen Kapitalgeber bei ihren Investitionsentscheidungen nicht immer die Planung ihres Exits. Exit-Optionen sollten allerdings von Anfang an mit bedacht werden, um das langfristige Überleben eines Sozialunternehmens zu sichern. Hierzu zählt auch die Planung zukünftiger Finanzierungsquellen.

Entbürokratisierung der Fördermittelvergabe

Insbesondere die Fördermittelvergabe von Stiftungen wird häufig als zu aufwändig im Verhältnis zu den vergebenen Mitteln kritisiert. Darüber hinaus könnten Stiftungen spezialisierte Antragsexperten für öffentliche Fördertöpfe zur Verfügung stellen, die solche (zentralisierte) Serviceangebote für mehrere Sozialunternehmen kostenfrei anbieten. Entsprechende Compliance-Regeln (z. B. keine Bearbeitung konkurrierender Anträge für dieselben Fördertöpfe) müssten formuliert werden.

Gestaltung einer transparenten und wirkungsbasierten Förderung

Zur Filterung und Unterstützung der wirkungsvollsten Ansätze (auch für die Übernahme in staatliche Strukturen) sollten transparente Vergabekriterien und die Messung der sozialen Wirkung vorangetrieben werden. Dies ist zum einen eine wichtige Voraussetzung, um die effektivsten Ansätze herauszufiltern und beispielsweise Entlastungen des Sozialstaats auch monetär beziffern zu können, zum anderen trägt es dazu bei, private Initiativen für das Gemeinwohl zu legitimieren, da hier ja oftmals die demokratische Willensbildung entfällt. Da Sozialunternehmen für aussagekräftige Wirkungsstudien zudem häufig die Mittel fehlen, könnten hierfür spezifische Zuschüsse gegeben werden, die somit zu einer Qualitätsförderung beitragen.

Komplementäre, spezialisierte und riskante Förderungsstrategien

Empirisch lässt sich belegen, dass Preise, Stipendien und Auszeichnungen an immer wieder die gleichen Initiativen vergeben werden. Eine Abstimmung der Förderungen untereinander und Spezialisierung auf verschiedene Schwerpunkte hätte den Vorteil, die Fördergelder breiter zu streuen und damit eine breitere Auswahl an Innovationen zu fördern.

Finanzierung weiterer Forschung

Wissenschaftliche Untersuchungen und konzeptionelle Grundlagenarbeit sind wichtig für die Stärkung und Wirkung sozialunternehmerischer Initiativen in der Gesellschaft. So müssen zum Beispiel die spezifischen Rahmenbedingungen von Sozialunternehmen noch besser verstanden und in entsprechenden Handlungsempfehlungen übersetzt werden. Erfolgsfaktoren und effektive Wege der Verbreitung müssen genau analysiert werden, um effiziente Förderstrukturen zu schaffen. Umgekehrt besteht bei allen Förderbemühungen auch die Gefahr, dass Ideen ohne langfristige Erfolgsperspektive zu lange am Leben gehalten werden oder ineffizient gefördert werden.

Empfehlung für Gründer

Anpassung der Ressourcen an den Lebenszyklus

Sozialunternehmen haben während ihres Lebenszyklus unterschiedliche Bedürfnisse hinsichtlich ihrer Finanzierung. Die Gründungsphase steht im Zeichen der normativen Überzeugung von Kapitalgebern und freiwilligen Engagierten. Zusätzlich zu innovationsfreundlichem Kapital können hier Vertrauensnetzwerke, sog. „crowdfunding" und freiwillige Arbeitsleistung eine elementare Rolle spielen.

Systematisierung der Wachstums- und Skalierungspläne

Ein großer Teil der befragten Sozialunternehmen praktiziert eher gelegenheitsorientierte denn systematisch geplante Wachstums- und Skalierungsstrategien. Für eine stärkere Wirkungsverbreitung sollten die einschlägigen Empfehlungen (gründliche Analyse und Nachweisbarkeit der eigenen Wirkung, systematische Auswahl und Planung der Skalierungsstrategien) berücksichtigt werden.

Systematisierung der Wirkungsmessung und Reporting

Wirkungsmessung und Reporting wird von den Sozialunternehmen häufig noch wenig systematisch betrieben. Gründe dafür sind zum Beispiel Reporting-Vorgaben von Kapitalgebern oder mangelnde finanzielle oder personelle Ressourcen. Dennoch sind Wirkungsmessung und Reporting wichtig sowohl als interner Steuerungsmechanismus als auch für die Legitimation der eigenen Arbeit und sollte daher systematisch betrieben werden. Ein einheitlicher Standard für das Reporting, bspw. den Social Reporting Standard, würde zudem die Transparenz im Sektor erhöhen und den Aufwand langfristig verringern.

Empfehlung für wohlfahrtliche Träger

Agieren als Sozialinvestoren („Corporate Social Venturing")

Zur Stärkung und als weiter Finanzierungsoption für der Lösung innovativer Entwicklungen im Sozialsektor sollten größere Träger der freie Wohlfahrtspflege verstärkt in einer Logik von Sozialinvestoren agieren und in vielversprechenden Ansätze von Sozialunternehmen investieren, die perspektivisch in die eigenen Strukturen übernommen werden können.

Internes Innovationsklima stärken („Intrapreneurship")

Trägern der freien Wohlfahrtspflege kommt aus der Innovationsperspektive eine doppelte Rolle zu. Zum einen können sie durch ihre ausdifferenzierte Strukturen und besseren finanziellen Möglichkeiten der Unterstützung und Verbreitung von sozialunternehmerischen Initiativen dienen. Zum anderen können sie selbst innovative Lösungen entwickeln und umsetzen („Intrapreneurship"). In der Studie zeigte sich, dass Innovationen in etablierten, größeren wohlfahrtlichen Organisationen eine wichtige Voraussetzung sind, um die Existenz der Organisation an (Quasi)-Märkten zu sichern. Zudem bestehen hier oftmals aus Ressourcensicht günstigere Voraussetzungen, um innovative Lösungen auszuprobieren. Governance- und interne Kommunikations-Strukturen müssten dementsprechend in-

novationsfreundlich gestaltet sein, zum Beispiel in Form interner Innovations-
fonds, die kompetitiv vergeben werden (vgl. Universitäten).

Empfehlung für Hochschulen

*Hochschulen als zivilgesellschaftliche Akteure – Bildungsabhängigkeit
thematisieren*

Als Institution der Zivilgesellschaft sollten Universitäten nicht ausschließlich in
einem positivistischen Sinn Forschungsbefunde im Feld „Soziales Unternehmertum" beschreiben, sondern sich auch akzentuiert an der entsprechenden Debatte
beteiligen. So wäre zum Beispiel die hohe Bildungsabhängigkeit bei Gründungen zu thematisieren, die politische Akteure in der Engagement-Förderung berücksichtigen sollten.

*Erforschung der Erfolgsfaktoren/ Rahmenbedingungen als Forschungsfeld
etablieren*

Neben den spezifischen Rahmenbedingungen von Sozialunternehmen, die noch
besser verstanden und in entsprechenden Handlungsempfehlungen übersetzt werden sollten (vgl. zum Beispiel Governance-Leitfaden), müssen auch die Erfolgsfaktoren und effektive Wege der Verbreitung genau analysiert und verstanden
werden, um effiziente Förderstrukturen zu schaffen. Umgekehrt besteht bei allen Förderbemühungen auch die Gefahr, dass Ideen ohne langfristige Erfolgsperspektive zu lange am Leben gehalten werden oder ineffizient gefördert werden.
Wissenschaftliche Forschung sollte daher auch Grundlage für einen Selektions-
mechanismus sein, der Freerider Problematiken vermindert und bei der Identifikation erfolgversprechender Ideen hilft.

5.2 Nord-Konsortium

Der empirische Teil des SEEAGIL Projekts bestand aus zwei Teilen.

1. Der erste Teil zielte darauf ab, die sachpolitische und institutionelle Landschaft zu erheben, die sich um das Phänomen und dem Begriff Social Entrepreneurship entwickelt. Zweck der ersten Forschungsphase war es, die Netzwerke, die entweder schon bestehen oder die im Entstehen begriffen sind, zu erfassen. Ferner wollten wir feststellen, wie der Begriff "Social Entrepreneurship" in verschiedenen Experten- und Stakeholderkreisen aufgenommen worden ist. Deshalb hat das Nordkonsortium in der ersten Forschungsphase eine relativ breit angelegte qualitative Studie von Experten in der Politik, der Verwaltung, in der Wirtschaft und Zivilgesellschaft vorgenommen. Diese Studie hat sich auf die Bundesebene der relevanten policy communities (also Bildung, Umwelt und Integration) beschränkt. In dieser Projektphase haben wir uns überwiegend an ein Top-down Verfahrens gehalten: Wir haben die Organisationen und Personen, die aufgrund ihrer Organisationsziele bzw. -funktion ein Interesse an Social Entrepreneurship haben sollten, identifiziert und sie zu einem Interview eingeladen. Insgesamt wurden 55 Interviews geführt.

2. In der zweiten Projektphase rückte die Interaktion von Social Entrepreneur und der institutionellen Umwelt in den Forschungsmittelpunkt. Um erfolgreiche und weniger erfolgreiche Strategien zu untersuchen, konzentrierte sich das SEEAGIL Team auf drei spezifische Fallstudien, jeweils eine in den Feldern Bildung, Umwelt und Integration. Hier wurde eine kumulative Sampling-Strategie, das sogenannte Snowball-Sampling, verfolgt, in dem vom Social Entrepreneur und dem sozialen Unternehmen ausgehend, die verschiedenen Akteure in der relevanten Umwelt befragt wurden. In dieser Phase verfolgte das Nordkonsortium eine bottom up Sampling-Strategie in der die institutionelle Umwelt aus der Forschung mit den einzelnen Social Entrepreneuren rekonstruiert worden ist. Hier wurden 35 Interviews geführt.

Vernetzung

Um die wechselseitige Verständigung zwischen Unternehmen, Stiftungen, etablierten wohlfahrtsstaatlichen Organisationen und dem öffentlichen Sektor zu fördern, empfiehlt es sich, den Diskurs und Austausch weiter gezielt zu fördern, da sowohl der Begriff von Social Entrepreneurship als auch die damit verbundenen Potentialzuschreibungen und subjektiven Bewertungen in Deutschland höchst heterogen sind.

Für die Initiierung und Durchführung derartiger Formate sind insbesondere jene Akteure geeignet, die nicht selbst mit der Bereitstellung sozialer Dienste direkt betraut sind (Stiftungen, Verwaltung, Wissenschaft) und damit als neutrale Agendasetter Social Entrepreneure, privatwirtschaftliche Dienstleister und wohlfahrtsstaatliche Träger einladen können. Insofern sind Formate wie die Fortführung des durch das Bundesministerium für Familie, Senioren, Frauen und Jugend (BMFSFJ) organisierten Multi-Stakeholder-Prozesses zu begrüßen.

Ferner scheint es sinnvoll, den Social Entrepreneuren sowie den für das jeweilige Problem umsetzungsrelevanten potentiellen Partnern den Zugang zu entscheidungsrelevanten Netzwerken zu erleichtern. Das heißt:

- Keine Förderung möglichst breiter Netzwerke als Selbstzweck, sondern Fokussierung problemrelevanter Netzwerke

- Fokussierung auf die relevante Ebene, z. B. Fokus auf kommunale/regionale Netzwerke relevanter Entscheidungsträger

- Fokussierung auf das verbindende Thema, z. B. Netzwerke zu Bildung, Migration, Gesundheit

- Weiterverfolgung des Ansatzes nicht-virtueller „Social Labs", „Social Hubs" und deren Infrastruktur (Räume, Overhead etc.)

Finanzierung und Wachstum

Sowohl auf der Ebene der Anerkennung wie auch auf der Ebene der Ressourcenallokation sollten grundsätzliche Verteilungskonflikte zwischen den neuen und etablierten Akteuren vermieden werden. Wenn das Verhältnis von neuen Akteuren der Social-Entrepreneurship-Community und den etablierten Trägern beiden Seiten als reines Null-Summen-Spiel erscheint, sind unproduktive Grabenkämpfe und Verteilungskonflikte vorprogrammiert. Derartige Konfliktlinien lassen sich insbesondere auf zwei Ebenen beziehen: Einerseits liegen wechselseitige Frustrationen und Verletzungen aufgrund fehlender Wertschätzung und unterstellten, meist unbelegten bzw. unbelegbaren Vorwürfen vor. Andererseits bestehen neben diesen eher atmosphärischen Reibungen konkrete Rivalitäten um knappe Fördermittel und andere Ressourcen. Im Allgemeinen scheint dieser Wettbewerb der sozialen Innovationen eher nicht förderlich zu sein.

Allerdings wäre es wohl ebenfalls ein Fehler, Spannungen zwischen Akteuren zur Gänze auflösen oder verwalten zu wollen. Daher sollten die bestehenden Reibungsflächen produktiv genutzt werden, um innovationsfördernde und wettbewerbsorientierte Prozesse des institutionellen Lernens zu etablieren.

Mit Blick auf die Ebene der Anerkennung heißt das für Social Entrepreneure und etablierte Träger auf eine wechselseitig wertschätzende Kommunikation zu setzen. In diesem Kontext wäre es vielleicht sinnvoll, den Schwerpunkt der öffentlichen Debatte von Akteuren (d. h. soziale Unternehmer, Social Entrepreneurs, oder etablierte Träger) auf die eigentlichen Produkte und Prozesse (d. h. soziale Innovationen und neue Problemlösungen) zu verlagern.

Auf der Ebene der Anerkennung wären für Stiftungen, andere Förderer, Wissenschaft und Medien vor allem folgende Leitlinien hilfreich:

- Vermeidung der heroisierenden Darstellung der immer gleichen individuellen Gründerpersonen, die implizit die bestehenden Strukturen als pauschal nicht innovativ, nicht effizient, nicht risikobereit etc. charakterisiert

- stärkere Anerkennung von Social *Intra*preneuren und interessanten Projekten in bestehenden Organisationen, um aufzuzeigen, dass Social Entrepreneurship bzw. soziale Innovationen und etablierte Trägerorganisationen kompatibel sind und sich nicht nur auf Neugründungen beziehen

- Aufmerksamkeit, Anerkennung und Wissensverbreitung über erfolgreiche Ansätze der Zusammenarbeit zwischen Newcomern und etablierten Akteuren (z. B. Social Franchising, Kooperationsprojekte) fördern

Mit Blick auf die Ebene der Ressourcenallokation heißt das für Stiftungen, öffentliche Hand und andere Geldgeber:

- Gezielte Initiierung von Positiv-Summen-Spielen durch spezielle Förderinstrumente: Bestimmte Förderprogramme können nur dann Ressourcen bewilligen, wenn etablierte Player und neue Social Entrepreneurship-Akteure gemeinsam einen Förderantrag stellen. Beispiele erfolgreicher Kooperationsförderung wären hier die Forschungsprogramme der Europäischen Kommission.

- Förderpreise für gelungene Kooperationen zwischen Etablierten und Newcomern: statt eines grundsätzlichen Verteilungskampfs zwischen Etablierten und Neuen auf diese Weise Wettbewerb um sinnvolle und innovationsfördernde Kooperationen in Gang setzen.

- Verbesserter Zugang zu Wachstumskapital, mit Fokus nicht auf Pilotprojekte und Anfangsphase, sondern auf Skalierung und Verstetigung erfolgreicher Ansätze

5.3 West-Konsortium

Im sozialen Dienstleistungssektor ist seit einigen Jahren die Entstehung hybrider Organisationsformen erkennbar. Diese neuen Organisationsformen changieren hinsichtlich ihrer internen Governance sowie ihrer Außendarstellung zwischen den traditionellen Sektoren mit den Steuerungsprinzipien Wettbewerb (Markt), Hierarchie (Staat) und Solidarität (Gemeinschaft). Einen Teil dieser Hybride kann man als soziale Unternehmen im Sinne des Social Entrepreneurship bezeichnen. Bislang lagen keine gesicherten empirischen Erkenntnisse über das Ausmaß und die spezifischen „Vermischungen" der neuen Organisationsformen vor. Anhand von zwei Sektoren (kultursensible Altenhilfe und Schulische Förderung von Kindern mit Migrationshintergrund) wurden im Projekt die Erscheinungsformen analysiert.

Ausgehend von der empirischen Analyse der Verbreitungen und Formen der Kooperation war es Ziel, sowohl Antworten auf die realen Wandlungsprozesse im System der Wohlfahrtsproduktion als auch die strategischen Debatten um die Ausbreitung und Funktion von Social Entrepreneurship in Deutschland und deren Beitrag zur Steigerung der Innovationsfähigkeit zu geben. Die zentrale Fragestellung dabei lautete: Erfüllen die identifizierten Social Entrepreneurship-Initiativen lediglich eine Lückenbüßer-Funktion oder stoßen sie Innovationen an, die auch auf andere etablierte Bildungsanbieter, Wohlfahrtsproduzenten und Leistungsträger ausstrahlen? Im Rahmen des Projektes wurde zunächst in interdisziplinärer Zusammenarbeit eine (Arbeits-)definition des Social Entrepreneurship entwickelt. Auf dieser Basis wurden eine umfangreiche empirische Untersuchung (1) sowie eine detaillierte Analyse der rechtlichen Rahmenbedingungen (2) für SE durchgeführt.

1. Die empirische Untersuchung beruhte auf der Triangulation quantitativer und qualitativer Methoden. In einem ersten Schritt wurde eine bundesweite quantitative Online-Befragung aller Grund- und Förderschulen und Einrichtungen der kultursensiblen Altenhilfe und Altenpflege durchgeführt. Insgesamt konnten Daten zu 1.605 Projekten für Kinder mit Migrationshintergrund bzw. 155 Angeboten der kultursensiblen Altenhilfe ausgewertet werden. In einem zweiten Schritt wurden auf Basis der quantitativen Ergebnisse aus jedem der beiden Untersuchungsfelder zwei innovative Projekte identifiziert, die im Rahmen von qualitativen Fallstudien vertieft analysiert wurden. Sowohl im Fragebogen als auch im Rahmen der quantitativen Analyse standen Innovativität, Kooperationsfähigkeit und -bereitschaft, Finanzierungsstruktur und strategisches Vorgehen der Akteure im Mittelpunkt.

2. Das Ziel der juristischen Untersuchung lag in der Überprüfung der gesetzlichen Anschlussfähigkeit für Sozialunternehmer im Sinne des Social
Entrepreneurship an die sozialstaatliche Ordnung. Das Sozialwesen wurde
in den Fokus der Untersuchung gestellt, da dieser Bereich zum einen als das
häufigste Betätigungsfeld der bereits identifizierten Sozialunternehmer ist
und in diesem Feld zum anderen die größte Schnittmenge zur etablierten
freien Wohlfahrtpflege besteht. Der Gegenstand der Untersuchungen waren
die Regelungsstrukturen im Sozialwesen einschließlich der sozial motivierten Dienstleistungen im Schulbereich (im Wesentlichen im SGB hinterlegt).
Nicht untersucht wurden die etwaigen Folgefragen aus den Rechtsgebieten
des Gesellschafts- und des Steuerrechts.

Vernetzung

In den etablierten Strukturen des deutschen Wohlfahrtsstaates existieren durchaus
Potentiale für die Entstehung und Umsetzung von innovativen Initiativen. Sowohl
in der quantitativen als auch in der qualitativen Untersuchung wurde nachgewie-
sen, dass spezifische Rahmenbedingungen die Entstehung von Social Intrapreneurs und Entrepreneurs entscheidend fördern können:
    So sind beispielsweise gut ausgebaute Kooperationsstrukturen insbesonde-
re lokaler Akteure eine wichtige Voraussetzung für die Entstehung von innovativen Projekten.
    Als entscheidend für die Umsetzung und die Initiierung der Projekte erwiesen
sich insbesondere charismatische und engagierte Persönlichkeiten, die dazu beitragen die Vernetzung unter den am Projekt beteiligten Organisationen zu fördern.
    Neben dem Engagement einzelner Personen ist für die erfolgreiche Umset-
zung darüber hinaus auch von besonderer Bedeutung, dass „Experten" sowie die
konkrete Zielgruppe aktiv in die Planungs- und Umsetzungsphase der Projekte
mit einbezogen werden. Gerade in den von untersuchten Handlungsfeldern, in
denen Menschen mit Migrationshintergrund angesprochen werden sollen, wurde deutlich, dass ohne die gezielte, den jeweiligen kulturellen Besonderheiten
Rechnung tragende Ansprache und entsprechende Partizipationsmöglichkeiten
für die Zielgruppen und ihre Angehörigen die Umsetzung innovativer Projekte
stark erschwert wird.
    Darüber hinaus ist die Verbreitung von Informationen über innovative und
erfolgreiche Projekte für die Förderung neuer Innovationen von zentraler Bedeutung. Daher sollte das Augenmerk darauf gelegt werden, Informationen zu sammeln und an zentraler Stelle effektiv zu verbreiten. Eine Möglichkeit wäre die

Einrichtung einer Internetplattform, auf der innovative Projekte vorgestellt und Informationen zu Fördermöglichkeiten, rechtlichen Rahmenbedingen etc. bereitgestellt werden.

Finanzierung und Wachstum

Als wachstumsfördernd würde sich eine Ausweitung der Freiräume für die betroffenen Akteure innerhalb ihrer Organisationen auswirken. Die Fallanalysen zeigen, dass Mitarbeiter andernfalls unter Umständen die Organisation verlassen, um ihr Projekt auf einem anderen Weg zu realisieren, bzw. dass dieses Innovationspotential wegen mangelnder Förderung verloren geht.

Zentral für die Entstehung und Umsetzung von innovativen Projekten ist außerdem, dass Transparenz bezüglich des Zugangs zu Fördertöpfen und Finanziers hergestellt oder zumindest gefördert wird und dass bürokratische Hürden soweit möglich minimiert werden.

Da innovative Projekte im Sozialbereich Zeit benötigen, um ihre Wirkung zu entfalten, ist es besonders wichtig, dass die Finanzierung langfristiger als bislang erfolgt, so dass die Akteure eine gewisse Planungssicherheit erhalten.

Auf politischer Ebene ist ein Umdenken in der Förderpraxis unausweichlich. Bisher ist es auf der Bundes- und Landesebene gängige Praxis, im Zuge einer Top-Down-Förderstrategie große Förderprogramme mit entsprechenden Fördertöpfen aufzusetzen, auf die sich Organisationen, Institutionen oder einzelne Akteure bewerben. Die Studienergebnisse belegen jedoch, dass innovative Projekte vor allem auf lokaler Ebene in Kooperation von verschiedenen Organisationen und Akteuren entstehen. Damit gerade dieses Innovationspotential nicht ungenutzt bleib, muss der Weg zu einer Bottom-up-Förderung gefunden werden.

Aus rechtlicher Perspektive ist die Teilhabe bei der institutionellen Förderung durch Zuschüsse (finanzielle Leistungen i. w. S.) von Seiten staatlicher und kommunaler Träger für eine Verbreitung der von Social Entrepreneurs eingeführten Innovationen vielfach unerlässlich. In den nach Sachgebieten unterteilten Sozialgesetzbüchern finden sich neben Regelungen über definitive Rechtsansprüche der Leistungsberechtigten auch „ermessenslenkende", richtlinienartig gefasste Vorgaben zur Gestaltung einer entsprechenden Angebotsstruktur, wobei deren Bereitstellung grundsätzlich in die Verantwortung der Länder und Kommunen gelegt wird. Die grundlegende Norm hierzu stellt § 17 Abs. 3 S. 1 SGB I dar.

§ 17 Abs. 3, Sätze 1 und 2 SGB I lauten:

„In der Zusammenarbeit mit gemeinnützigen und freien Einrichtungen und Organisationen wirken die Leistungsträger darauf hin, dass sich ihre Tätigkeit und die der genannten Einrichtungen und Organisationen zum Wohl der Leistungsempfänger wirksam ergänzen. Sie haben dabei deren Selbständigkeit in Zielsetzung und Durchführung ihrer Aufgaben zu achten. ..."

Unsere Empfehlung geht dahin, diese Regelung um folgenden Zusatz als neuen Satz 3 zu erweitern: „Die Verbreitung von Innovationen in der sozialen Arbeit soll unterstützt und gefördert werden."

Die Aufnahme der Verbreitung innovativer Ansätze in das Zusammenarbeitsgebot sowie entsprechende Anpassungen der Subsidiaritätsklauseln in § 4 Abs. 3 SGB VIII (Jugendhilfe) und § 5 Abs. 3 S. 2 SGB XII (Sozialhilfe) hätte folgende Vorteile und Konsequenzen:

- Die Änderung ließe sich gesetzestechnisch leicht bewerkstelligen. Zwar erwächst aus dieser Bestimmung kein unmittelbarer Anspruch auf eine Förderung, insbesondere die Art der Förderung läge weiterhin im Ermessen der jeweiligen staatlichen Stelle. Dem Zusammenarbeitsgebot kommt aber als verbindliche Direktive für die Auslegung und Anwendung der übrigen Bereiche des Sozialgesetzbuches eine hohe Bedeutung zu, da das Sozialgesetzbuch Buch I für alle übrigen Bücher gilt und § 17 nicht unter dem Vorbehalt einer anderweitigen Regelung steht.

- Den staatlichen und kommunalen Akteuren bliebe genügend Spielraum, die Verbreitung sozialinnovativer Ansätze entsprechend dem jeweiligen regionalen bzw. lokalen Nutzen zu forcieren. Wirkungsorientierte Vertragsgestaltungen ähnlich derjenigen von „Social Impact Bonds" fänden in der vorgeschlagenen Änderung eine Legitimation.

- Des Weiteren stünden die Bereitstellungsverantwortlichen unter Rechtfertigungsdruck, wenn innovativen Sozialunternehmern Zuwendungen versagt bleiben. Die Aufnahme der Förderung sozialinnovativer Ansätze in das Zusammenarbeitsgebot bedeutete eine Gleichstellung mit der etablierten freien Wohlfahrtspflege in der Förderung.

- Die Kodifikation in einer zentralen sozialrechtlichen Norm würde den Ansatz der durchgängigen Nutzung von Innovationen jenseits der Ebene bloßer

Modellprojekte auf lange Sicht in der Wahrnehmung aller sozialstaatlichen Akteure etablieren.

- Indem allgemein auf Innovationen rekurriert wird statt auf die Förderung von Sozialunternehmern oder deren Organisationen als Einrichtungsträger, würden überdies die sogenannten Intrapreneure, d. h. innerhalb der Struktur eines bestehenden Wohlfahrtsverbandes, ebenfalls von der Klausel profitieren. Dem Anliegen der Entwicklung hybrider Organisationsformen trüge dies explizit Rechnung, da die dort entstehenden sozialen Innovationen ihrerseits das „Unterstützungsgebot" geltend machen könnten.

Dort, wo innerhalb einer gesetzlich genau definierten Regelungsstruktur Entgeltansprüche bestehen (so bei einem Tätigwerden als Leistungserbringer in einem Zweig der Sozialversicherung oder als Vertragspartner eines öffentlichen Auftrages), können auch Social Entrepreneurs agieren, wenn sie die insoweit unvermeidliche Gewähr der Dauerhaftigkeit und Standardisierbarkeit zu bieten vermögen. Konkret im Recht der öffentlichen Aufträge besteht bereits die Möglichkeit zur rechtssicheren Förderung von Innovationen (vgl. v. a. § 97 Abs. 4 S. 2 des Gesetzes gegen Wettbewerbsbeschränkungen), insbesondere auch im Bereich sozialer Dienstleistungen.

5.4 Ost-Konsortium

Social Marketing zielt auf die Änderung von Einstellungen und Verhaltenswei-sen, die (a) mit ordnungsrechtlichen Mitteln und Wissensvermittlung allein nicht zu erreichen sind und die (b) dem Wohlergehen der Gesellschaft und somit dem öffentlichen Interesse dienen. Im Rahmen des Projekts wurde untersucht, wie Social Entrepreneurs über Social Marketing Menschen zu umweltfreundlichem Verhalten und zum Engagement für Entwicklungszwecke anregen und damit zu sozialem Wandel beitragen.

Theoretisch geleitet vom Ansatz des Partizipativen Sozialen Marketings, identifiziert die Untersuchung Erfolgsfaktoren im zielgruppenorientierten So-cial Marketing mit einem medialen Fokus auf Neuen und Sozialen Medien und Eventkultur als neuen Kommunikationsfeldern.

Die empirische Untersuchung beruht auf vier qualitativen Fallstudien zu so-zialunternehmerischen Initiativen im Bereich Umweltschutz und Entwicklungszu-sammenarbeit. Drei der Fallstudien sind in Deutschland und, zum Zwecke eines kulturellen Vergleichs, eine in Kanada angesiedelt. Zwei der Initiativen zielen auf umweltschonende Nutzung von Energie und Wasser, zwei auf innovative und trans-parente Ansätze der Spendengenerierung für Umwelt- und Entwicklungsprojekte.

Die Methoden der Untersuchung umfassten leitfadengestützte qualitative In-terviews mit den Initiativen und ihren externen Partnern sowie Experten im Be-reich Social Marketing und Sozialunternehmertum, quantitative Online-Umfra-gen und qualitative Kurzinterviews unter den Zielgruppen, sowie Analysen der Nutzung des Online-Angebots der Initiativen (Webtraffic).

Vernetzung

Die persönliche Ansprache der Zielgruppe über bestehende soziale Netzwerke und Veranstaltungen ist ein wichtiger Erfolgsfaktor für Social Marketing. Beson-ders erfolgreich sind dabei oft Initiativen, die ihre Zielgruppe mit einer positiven Botschaft (bei jüngeren Zielgruppen auch einem hohen „Spaßfaktor") motivieren und mit einem niedrigschwelligen Angebot konkreter Handlungsmöglichkeiten in die Lage versetzen, selbst aktiv zu werden und ihr persönliches Umfeld eben-falls dazu anzuregen.

Auch wenn Social Media und Neue Medien vor allem bei der Informations-verbreitung eine wichtige Rolle spielen, tragen sie wenig dazu bei, eine emotio-nale Bindung zur betroffenen Organisation und ihrer Botschaft zu etablieren. Soziale Netzwerke, persönliche Begegnung und Erlebnisse – etwa während Veranstaltungen – sind also ein zentraler Kanal, den auch kleinere Initiativen nicht zugunsten neuer Medien vernachlässigen sollten, um das größtmögliche Publikum zu erreichen.

Kenntnis und systematische Anwendung von Methoden des Social Marketing ist bei Social Entrepreneuren jedoch eher schwach ausgeprägt. Teilweise erfolgt eine „intuitive" Herangehensweise. Initiativen, die Verhaltens- und Einstellungsänderungen bei ihrer Zielgruppe bewirken wollen, könnten daher von der Herangehensweise des Social Marketing in mehrerlei Hinsicht profitieren: beispielsweise bei der Kampagnenplanung und Zielgruppenorientierung.

Finanzierung und Wachstum

Förderer sollten Wert darauf legen, dass von ihnen unterstützte Initiativen, sofern sie Ziele im Bereich Social Marketing verfolgen, diese Elemente einbeziehen.

In diesem Zusammenhang ist es für Förderer solcher Initiativen ebenfalls empfehlenswert, ihren Fördernehmern ein problemorientiertes Coaching zu Social Marketing anzubieten und Mittel für das systematische Entwickeln und Testen neuer Instrumente und Angebote zur Verfügung stellen.

Geförderte Initiativen sollten darüber hinaus dabei unterstützt werden, die Wirksamkeit ihrer Instrumente zu beurteilen, um Verbesserungspotential zu ermitteln.

Förderrichtlinien sollten verstärkt kleinere Änderungen in der Projektdurchführung zulassen, so dass es möglich ist, neue Ideen auszuprobieren und diese im Falle eines Misserfolgs zu verwerfen. insbesondere kleinere Organisationen profitieren durch solch eine – im Vergleich zu staatlichen Institutionen, Wohlfahrts- oder Umweltverbänden größere – Flexibilität.

Autoreninformation

Prof. Dr. Dr. Ann-Kristin Achleitner (Jg. 1966) ist seit 2001 Inhaberin des Lehrstuhls für Entrepreneurial Finance (unterstützt durch die KfW Bankengruppe) und Wissenschaftliche Co-Direktorin des Center for Entrepreneurial and Financial Studies (CEFS) an der Technischen Universität München. Von 1994 bis 2000 war sie Professorin für Banking und Finance an der European Business School (ebs). Studium und Promotion der Wirtschafts- und Rechtswissenschaften sowie Habilitation erfolgten an der Universität St. Gallen. Sie ist u.a. Mitglied der Regierungskommission Deutscher Corporate Governance Kodex sowie Mitglied in den Aufsichtsräten von Munich Re, Linde, Metro und GDF Suez.

Markus Beckmann, Prof. Dr. rer. pol. (geb. 1977), ist seit November 2012 Inhaber des Lehrstuhls für Corporate Sustainability Management an der Friedrich-Alexander-Universität Erlangen-Nürnberg. Zuvor lehrte er als Juniorprofessor für Social Entrepreneurship an der Leuphana Universität Lüneburg. 2009 wurde er im Fach Wirtschaftsethik an der Martin-Luther-Universität Halle-Wittenberg promoviert. Er studierte Sprachen, Wirtschafts- und Kulturraumstudien an der Universität Passau, der Universidad de Málaga und der University of Washington, Seattle. Seine Arbeitsschwerpunkte liegen im Bereich Nachhaltigkeitsmanagement und Social Entrepreneurship, Wirtschafts- und Unternehmensethik sowie Corporate Social Responsibility.

Christian Dietsche (geb. 1977), war 2005 freier Mitarbeiter am Wuppertal Institut für Klima, Umwelt, Energie und arbeitete anschließend bis 2010 als Wissenschaftlicher Mitarbeiter am Institut für Geographie der Otto-Friedrich-Universität Bamberg bzw. am Geographischen Institut der Universität zu Köln, an denen er unter anderem ein Projekt zu Corporate Social Responsibility in globalen Wertschöpfungsketten durchführte. Nach Fertigstellung seiner Promotionsschrift wechselte er als Wissenschaftlicher Mitarbeiter zum Leibniz-Zentrum für Agrarlandschaftsforschung (ZALF). Seit 2010 ist er Wissenschaftlicher

Mitarbeiter am IÖW. Seine Arbeitsschwerpunkte liegen in den Bereichen CSR, Umwelt- und Sozialstandards, Nachhaltigkeitsberichterstattung und Social Entrepreneurship.

Dorit Gräbnitz schloss ihr Studium an der Humboldt Universität zu Berlin mit einem Diplom der Agrarwissenschaften und einem Master der Agrarökonomie mit Auszeichnung ab. Innerhalb ihrer Forschungsarbeiten beschäftigt sie sich mit institutionellen Fragestellungen und sozialen Innovationen.

Stephan Grohs, Dr. (geb. 1974) ist wissenschaftlicher Assistent am Lehrstuhl für Vergleichende Policy-Forschung und Verwaltungswissenschaft an der Universität Konstanz. Er studierte Sozialwissenschaften an der Humboldt-Universität zu Berlin und promovierte an der Ruhr-Universität Bochum mit einer Arbeit zur Modernisierung kommunaler Sozialpolitik. Seine Arbeitsschwerpunkte umfassen Public Management-Reformen, vergleichende Verwaltungswissenschaft, Lokale Politikforschung und Policy-Analyse.

Rolf G. Heinze, Prof. Dr. soz. wiss. (geb. 1951) studierte an der Universität Bielefeld (1977 Diplom in Soziologie, dort auch 1979 Promotion). Von 1977 – 1984 Wiss. Assistent an den Universitäten Hamburg und Paderborn (1984 Habilitation an der Universität Paderborn), von 1986 bis 1988 Professor für Soziologie an der Universität Paderborn. Seit 1988 ist er Lehrstuhlinhaber für Allgemeine Soziologie, Arbeit und Wirtschaft an der Ruhr-Universität Bochum (RUB) und seit 1994 geschäftsführender Wissenschaftlicher Direktor des Instituts für Wohnungswesen, Immobilienwirtschaft, Stadt- und Regionalentwicklung (InWIS) an der RUB. Seine Forschungsschwerpunkte liegen im Wandel zur Dienstleistungsökonomie, neuen Sektoren und Governancestrategien sowie Entwicklungsperspektiven moderner Wohlfahrtsgesellschaften. Er ist in zahlreichen wissenschaftlichen Beiräten vertreten und betreibt wissenschaftliche Politikberatung (derzeit u.a. Mitglied der Sachverständigenkommission der Bundesregierung für den Siebten Altenbericht). Homepage: www.sowi.rub.de/heinze/.

Marianne Henkel (geb. 1976) ist wissenschaftliche Mitarbeiterin am Lehrstuhl für Umweltethik an der Universität Greifswald und Mitglied der BMBF-geförderten Nachwuchsforschungsgruppe GETIDOS. Nach einem Studium der Umweltwissenschaften mit Schwerpunkt Wassermanagement arbeitete sie in einer Beratung an der Schnittstelle von Umwelt und Entwicklungszusammenarbeit, unter Anderem zu sozialunternehmerischen Initiativen für Nachhaltigkeit. Ihre Arbeitsschwerpunkte umfassen Sozialunternehmertum, Entwicklung und ökonomische Ansätze des Ökosystemschutzes.

Martin Hölz (geb. 1979) studierte Soziologie und Religionswissenschaft in Heidelberg (Magister Artium 2011). Seit 2011 ist er am Centrum für Soziale Investitionen und Innovationen (CSI) der Universität Heidelberg beschäftigt. Seine aktuellen Forschungsschwerpunkte liegen im Bereich der Methoden der empirischen Sozialforschung sowie der Wissenschaftssoziologie. Gegenwärtig arbeitet er als wissenschaftlicher Mitarbeiter im von der DFG geförderten Projekt „'The way we ask for money...' Eine qualitative Studie zum Wandel der wissenschaftlichen Antragspraxis"

Stephan A. Jansen, Prof. Dr. (geb. 1971), ist seit September 2003 Gründungspräsident und Geschäftsführer der Zeppelin Universität. Als Inhaber des Lehrstuhls für „Strategische Organisation & Finanzierung (SOFI)" und Initiator des „Civil Society Center | CiSoC" forscht er zu Fragen der Organisations-, Netzwerk- und Managementtheorien zu allen drei Sektoren. Er war Forschungsmitglied an der Stanford University (1999, 2010) und der Harvard Business School (2000-2001) und hat Aufsichtsrats- und Beiratsmandate von Ministerien und Unternehmen inne, u.a. „Forschungsunion" der Bundesregierung, dem Innovationsdialog der Bundeskanzlerin, seit 2006 als persönlicher Berater von Bundesfinanzminister a.D. Peer Steinbrück. Letzte Buch-Veröffentlichungen u.a.: Transparenz (2010, Hrsg.), Rationalität der Kreativität? (2009, Hrsg.); Mergers & Acquisitions (5. Auflage, 2008); Zukunft des Öffentlichen (2007, Hrsg.); Demographie (2006, Hrsg.).

Bernhard Lorentz, Prof. Dr. (geb. 1971), ist seit 2008 Vorsitzender der Geschäftsführung der Stiftung Mercator. Im Stiftungsbereich ist er seit 2000 tätig. Nach Stationen beim Drägerwerk in Lübeck (1996-1998), bei der Commerzbank AG in Frankfurt (1998-2000) sowie als Assistent an der Humboldt-Universität zu Berlin und Projektleiter für internationale Fördervorhaben bei der ZEIT-Stiftung übernahm er die Position als Executive Director der Hertie School of Governance sowie die Leitung des Berliner Büros der Hertie Stiftung. Von 2005 bis 2008 verantwortete er die Bereiche Corporate Responsibility und Stiftungen bei Vodafone und war in dieser Funktion auch Geschäftsführer der Vodafone Stiftung. Er studierte Geschichte und Jura in Deutschland und England und verfasste seine Promotion zu „Industrieelite und Wirtschaftspolitik 1928-1950". Seit 2007 lehrt er als Gastdozent am Institut für Kultur- und Medienmanagement der Freien Universität Berlin Stiftungsmanagement und Stiftungsstrategie und wurde dort 2011 zum Honorarprofessor bestellt. Seine letzten Veröffentlichungen bezogen sich insbesondere auf die Themenbereiche Wirkung von Stiftungen, Social Entrepreneurship und Klimawandel.

Judith Mayer, M.Sc. (Jg. 1985) ist seit 2011 Wissenschaftliche Mitarbeiterin am Lehrstuhl für Entrepreneurial Finance (unterstützt durch die KfW Bankengruppe) an der Technischen Universität München. Sie forscht zu Finanzierung und Governance von Sozialunternehmen auf internationaler Ebene.

Rastislava Mirković, MA, (geb. 1971) hat Master Studiengänge in Osteuropastudien (FU Berlin) und in slawischer Literatur und Sprachen (Universität Amsterdam) absolviert. Ihr interdisziplinäres Forschungsinteresse liegt im Bereich der Minderheits- und Migration-Fragen, i.e. Evolution der staatlichen Institutionen in den neuen unabhängigen Staaten, und deren Instrumente, die die Inklusion der Minderheiten in Nachkriegsgesellschaften ermöglichen. Seit 2010 beschäftigt sie sich mit der Rolle von Social Entrepreneurs als Integrationsmotoren sowie migrations- und integrationspolitischen Debatten in Deutschland. Im Jahr 2011 hat sie ein Social Entrepreneurship unter den Name „Serbisch zum Mitnehmen" mitgegründet (www.serbisch-zum-mitnehmen.com).

Steven Ney, Prof. Dr. (geb. 1969), Professor of Policy Sciences and Social Entrepreneurship. Nach Tätigkeit in der außeruniversitären Forschung, promovierte Steven Ney 2006 in der Abteilung für Vergleichende Politikwissenschaft der Universität Bergen in Norwegen. Von 2005 bis 2009 war er als Professor für Politikwissenschaft an der Singapore Management University tätig. Darüber hinaus arbeitet Steven Ney seit 2005 am Health and Global Change Project des International Institute for Applied Systems Analysis in Laxenburg, Österreich, mit. Steven Ney, in der politikwissenschaftlichen Policy Analyse ausgebildet, konzentriert sich in seiner Forschungsarbeit darauf, politische und soziale Problemslösungsprozesse zu entschlüsseln. Insbesondere versucht er wissenschaftlich nachzuvollziehen, wie Akteure in Politik, Gesellschaft und Verwaltung komplexen und wissenschaftlich unsicheren Policy Problemen gegenübertreten. Seit seiner Berufung 2009 an den Lehrstuhl für Social Entrepreneurship der Jacobs University erforscht er, welchen Beitrag Social Entrepreneurship zu eben diesen sozialen und politischen Lern- und Problemlösungsprozessen in Deutschland und Europa momentan leistet und in Zukunft leisten kann.

Ataner Öztürk, Ass.iur, studierte Rechtswissenschaften an der Heinrich-Heine-Universität Düsseldorf und der University of Hull in England. Während des Rechtsreferendariats absolvierte er ein Ergänzungsstudium an der Deutschen Universität für Verwaltungswissenschaften Speyer. Nach dem zweiten Staatsexamen begann er als wissenschaftlicher Mitarbeiter an der Johannes Gutenberg-Universität Mainz am Lehrstuhl für Öffentliches Recht von Prof. Dr. Bernd Grzeszick, LL.M. Im Jahre 2010 wechselte er an die Ruhr-Universität Bochum zum Lehrstuhl für Deutsches und Europäisches Öffentliches Recht von Prof. Dr. Martin Burgi. Seit Anfang 2013 ist er als juristischer Mitarbeiter im Justitiariat der Ruhr-Universität Bochum tätig.

Saskia Richter, (geb. 1978) studierte Sozialwissenschaften an der Georg-August-Universität Göttingen (Diplom-Sozialwirtin 2003). 2009 Promotion im Fach Politikwissenschaft mit einer Biografie über Petra Kelly („Die Aktivistin") ebenfalls an der Universität Göttingen. 2008 bis 2010 wissenschaftliche Mitarbeiterin am Friedrich-Meinecke-Institut der Freien Universität Berlin (Geschichtswissenschaft). 2010 bis 2012 Postdoktorandin und Projektkoordination im Mercator-Forschernetzwerk MEFOSE am Civil Society Center der Zeppelin Universität in Friedrichshafen. Seit 2012 Dozentin für Politikwissenschaft an der Universität Hildesheim. In der Forschung beschäftigt sie sich mit innovativen Partizipationsformen in historischer Perspektive und im internationalen Vergleich derzeit mit dem Schwerpunkt Politik und Internet.

Claudia Ruddat, Dr. (geb. 1978) ist wissenschaftliche Mitarbeiterin am Lehrstuhl für Allgemeine Soziologie, Arbeit und Wirtschaft an der Ruhr-Universität Bochum. Sie absolvierte den deutsch-französischen Doppeldiplomstudien-gang Politikwissenschaft zwischen dem IEPLille und der WWU Münster. Ihre Promotion zu arbeitsmarktpolitischen Reformbegründungen schloss sie an der Bremen International Graduate School of Social Sciences ab. Ihre Arbeitschwer-punkte umfassen die Arbeitsmarktforschung, die Bereitstellung sozialer Dienst-leistungen sowie die vergleichende Staatstätigkeitsforschung.

Thomas Scheuerle (geb. 1981) studierte vom 2003 bis 2010 Volkswirtschaft (Diplom 2010), Sportwissenschaft sowie Medien- und Kommunikationswis-senschaft (Magister Atrium 2008) an den Universitäten Heidelberg, Mannheim und Kapstadt. Er arbeitet seit 2010 als wissenschaftlicher Mitarbeiter am Cen-trum für Soziale Investitionen und Innovationen (CSI) der Universität Heidel-berg. Seine thematischen Schwerpunkte sind Strategie und Wirkungsskalie-rung von Sozialunternehmen sowie die Anwendung verhaltensökonomischer Erkenntnisse zur Erreichung sozialer und ökologischer Ziele (FRONTIER For-schungsprojekt finanziert im Rahmen der Exzellenzinitiative an der der Univer-sität Heidelberg). Zudem ist er im Beratungsteam des CSI beschäftigt. In seiner Doktorarbeit am Institut für Wirtschaft und Ökologie der Universität St. Gal-len beschäftigt er sich mit Geschäftsmodellen im Dreieck von Wirtschaft, Po-litik und Zivilgesellschaft, die Anreize für nachhaltiges Konsumverhalten im Mobilitätssektor setzen.

Björn Schmitz (geb. 1978) studierte Betriebswirtschaftslehre an der Dualen Hochschule Baden-Württemberg in Mannheim (2001 Diplom-Betriebswirt) und später Soziologie, Philosophie und Psychologie an der Ruprecht-Karls-Univer-sität Heidelberg (2009 Magister Artium). Seit 2007 arbeitet er am Centrum für soziale Investitionen und Innovationen (CSI) in Heidelberg. Seine momentanen Forschungsschwerpunkte sind Hybride Organisationen, Sozialunternehmertum, soziale Wirkungsmessung und soziale Innovationen. Aktuell arbeitet er als Pro-jektmanager im EU-geförderten Projekt „TEPSIE", welches sich mit sozialen Innovationen in Europa in empirischer und theoretischer Hinsicht beschäftigt.

Katrin Schneiders, Prof. Dr. (geb. 1968) ist Professorin für Sozialwirtschaft an der Hochschule Koblenz. Nach einer beruflichen Tätigkeit in der anwen-dungsbezogenen Forschung und Beratung promovierte sie an der Ruhr-Universität Bochum mit einer Arbeit zu Strukturen und Akteuren der Altenpflege in Deutschland. Ihre derzeitigen Lehr- und Forschungstätigkeiten konzentrieren sich auf den demographischen Wandel und seine Auswirkungen auf Wirtschaft und sozialen Dienstleistungssektor, aktuelle Entwicklungstrends in der Sozialwirtschaft sowie lokale Sozialpolitik.

Anna-Lena Schönauer, MA (geb. 1986) ist wissenschaftliche Mitarbeiterin und Doktorandin am Lehrstuhl für Allgemeine Soziologie, Arbeit und Wirtschaft an der Ruhr-Universität Bochum. Sie studierte Sozialwissenschaft mit dem Schwerpunkt Methoden der Sozialforschung. Seit 2011 ist sie Stipendiatin im EVONIK Mikro-Kolleg an der Ruhr-Universität Bochum. Ihre derzeitigen Arbeitsschwerpunkte sind die Akzeptanzforschung sowie die empirische Sozial- und Bildungsforschung.

Rieke Schües, MA (geb. 1985), ist seit August 2011 wissenschaftliche Mitarbeiterin am Lehrstuhl für „Strategische Organisation & Finanzierung (SOFI)" und dem „Civil Society Center | CiSoC". Ihre thematischen Schwerpunkte umfassen die Unternehmensorganisation- und Kommunikation auf nationaler und transnationaler Ebene. Ihre Dissertation beschäftigt sich mit der Reformpolitik der Europäischen Kommission.

Wolfgang Spiess-Knafl (Jg. 1982) schloss das Studium des Wirtschaftsingenieurwesen-Maschinenbaus an der TU Wien mit einjährigen Studienaufenthalten an der INSA Rouen und der PUC Rio de Janeiro 2007 als Diplom-Ingenieur mit Auszeichnung ab. Nach dem Studium arbeitete er als Financial Analyst in der Investment Banking Division von Morgan Stanley in Frankfurt. Von 2009 bis 2012 promovierte er zum Thema »Finanzierung von Sozialunternehmen« bei Prof. Dr. Dr. Ann-Kristin Achleitner am Lehrstuhl für Entrepreneurial Finance der TU München zum Dr. rer. pol. (summa cum laude). Seit 2012 ist er mit dem Ziel einer Habilitation am Civil Society Center und dem Lehrstuhl für Strategische Organisation & Finanzierung der Zeppelin Universität tätig.

Felix Streiter, Dr. jur. LL. M. (geb. 1972), ist seit 2008 bei der Stiftung Mercator tätig, zurzeit als stellvertretender Leiter des Kompetenzzentrums Wissensschaft und Leiter der Rechtsabteilung. Zuvor war er von 2003 bis 2008 Referatsleiter in der Alexander von Humboldt-Stiftung und 2001 Rechtsanwalt bei Linklaters, Oppenhoff & Rädler. Er studierte Rechtswissenschaften an den Universitäten Bayreuth, Genf, Freiburg und an der Duke University (USA). Er promovierte zu „Wissenschaftsförderung durch Mittlerorganisationen" und veröffentlichte mehrere Artikel zum Stiftungs- und Wissenschaftsmanagement.